Felix Klein
Vorlesungen über das Ikosaeder

Felix Klein.

Felix Klein

# Vorlesungen über das Ikosaeder

## und die Auflösung der Gleichungen vom fünften Grade

Herausgegeben mit einer Einführung und mit Kommentaren
von Peter Slodowy

Springer Basel AG

Adresse des Herausgebers:

Professor Dr. Peter Slodowy
Mathematisches Seminar
Bundesstrasse 55
D-W-2000 Hamburg 13

Dieses Werk ist eine Gemeinschaftsausgabe des Birkhäuser Verlags und der B.G. Teubner Verlagsgesellschaft und erscheint parallel bei beiden Verlagen, bei der B.G. Teubner Verlagsgesellschaft als:
TEUBNER-ARCHIV zur Mathematik. Supplement 4 für die Bezieher des TEUBNER-ARCHIVS bei der B.G. Teubner Verlagsgesellschaft, für alle anderen Bezieher bei Birkhäuser Verlag.

**Deutsche Bibliothek Cataloging-in-Publication Data**
**Klein, Felix:**
Vorlesungen über das Ikosaeder und die Auflösung der Gleichungen vom fünften Grade / Felix Klein. – Reprogr. Nachdr. der Ausg. Leipzig, Teubner 1884 / hrsg. mit einer Einf. und mit Kommentaren von Peter Slodowy. – Basel ; Boston ; Berlin : Birkhäuser ; Stuttgart ; Leipzig : Teubner, 1993

ISBN 978-3-0348-9694-8 ISBN 978-3-0348-8594-2 (eBook)
DOI 10.1007/978-3-0348-8594-2
NE: Slodowy, Peter [Hrsg.]


Ursprünglich erschienen bei Birkhäuser Verlag, Basel, Switzerland 1993
B.G. Teubner Verlagsgesellschaft Stuttgart · Leipzig
Printed on acid-free paper in Germany
ISBN 978-3-0348-9694-8

# Inhalt

# Vorwort

Die Wiederveröffentlichung von Felix Kleins "Vorlesungen über das Ikosaeder und die Auflösung der Gleichungen vom fünften Grade" entspricht der ständig wachsenden Nachfrage nach diesem Werk, das vor mehr als hundert Jahren in Leipzig erschien. Ein Gutteil des Interesses an Kleins Buch dürfte sicher auf die ungebrochene Aktualität von "Ikosaedermathematik" zurückzuführen sein, d.h. von Mathematik, in der die Geometrie und Symmetrie des Ikosaeders, wie auch die der anderen Platonischen Körper und der regulären Polygone, eine wesentliche Rolle spielen. In dieser Hinsicht seien die folgenden Entwicklungen in den letzten zwanzig Jahren genannt: Das Studium der sogenannten Kleinschen Singularitäten, auch als Du-Val-Singularitäten, rationale Doppelpunkte oder einfache Singularitäten bekannt (vgl. z.B. DuVal [1934], M.Artin [1966], Brieskorn [1968], [1970], Arnol'd [1972] oder die Übersichtsartikel von Arnol'd [1974], Brieskorn [1976], Durfee [1979], Slodowy [1983]), die Untersuchung gewisser elliptischer und Hilbert-Blumenthal-Modulflächen (vgl. Hirzebruch [1976], [1977], Naruki [1978], Burns [1983]), die Konstruktion eines unzerlegbaren Vektorbündels vom Rang 2 auf dem $\mathbf{P}^4$ (Horrocks-Mumford [1973]) sowie die Analyse seiner Eigenschaften (vgl. Barth-Hulek-Moore [1984], [1987], Barth-Hulek [1985], Decker-Schreyer [1986], Hulek [1986], [1987], Hulek-Lange [1988] sowie den Übersichtsartikel von Hulek [1989]). Ein besonders bemerkenswerter Sachverhalt, zumal im Hinblick auf Kleins Danksagung an Sophus Lie in der Vorrede seines Buches, ist die Beziehung zwischen den Platonischen Körpern, oder genauer den endlichen Untergruppen von $SU(2, \mathbf{C})$, und den komplexen einfachen Liegruppen der Typen $A_r$, $D_r$, $E_r$, die von Grothendieck und Brieskorn entdeckt wurde (vgl. Brieskorn [1970]). Während diese Entdeckung auf tiefliegenden Untersuchungen zur Auflösung und Deformationstheorie der obengenannten Flächensingularitäten sowie zur Geometrie der Konjugationsklassen einfacher algebraischer Gruppen aufbaute, wurde eine direktere, wenn auch formalere Herleitung dieser Beziehung von J. McKay gegeben, der zeigte, wie sich die irreduziblen Charaktere der endlichen binären Gruppen in natürlicher Weise durch die Ecken der erweiterten Coxeter-Witt-Dynkin-Diagramme der zugehörigen Liegruppen parametrisieren lassen (vgl. McKay [1980], Ford-McKay [1979]).

Die meisten der obengenannten Entwicklungen und Resultate haben Anstoß zu weiteren fruchtbaren Forschungen gegeben, die diese Resultate entweder miteinander verbunden oder in komplizierteren Situationen verallgemeinert haben (so wurde McKays Beobachtung weiterentwickelt von Happel-Preiser-Ringel [1980], Iwahori-Yokonuma [1982], Steinberg [1985],

Kostant [1985], Springer [1987]; die Beziehung zur Singularitätentheorie wurde hergestellt von Gonzalez-Sprinberg und Verdier [1981], [1983], Knörrer [1985a], sodann in allgemeinen Zusammenhang gesetzt von Artin-Verdier [1985], Esnault-Knörrer [1985], Auslander [1986], vgl. auch die Übersichtsartikel Knörrer [1985b], Schreyer [1987]). Es hat aber auch immer wieder Entdeckungen gegeben, und es wird sie wohl zukünftig weiter geben, bei denen das Ikosaeder oder die regulären Körper in überraschender Weise neues Licht auf zunächst ferner liegende Sachverhalte geworfen haben. Dabei ist die Anknüpfung an die bisherigen Resultate teilweise ein Problem geblieben (vgl. z.B. Sherbak [1983], [1988] und die Übersichten von Arnol'd [1983] und Bennequin [1984]; während der Vorbereitung zu dieser Einleitung erschienen die Arbeiten von Kronheimer [1986], [1987] und von Capelli-Itzykson-Zuber [1987], Ginsparg [1988], denen theoretisch-physikalische Fragestellungen zugrunde liegen). In jedem Fall hat Kleins "Ikosaederbuch" als beliebte Referenz für "Ikosaedermathematik" gedient, und es wird diese Rolle auch weiterhin spielen.

Wie bedeutend dieser Aspekt des Buches auch sein mag, so präsentiert er es doch nur als einen Steinbruch, in dem man bei Gelegenheit mathematische Schätze finden kann. Will man ein vollständiges Bild des Buches haben, so hat man auch den zweiten Teil seines Titels zu beachten. Kleins Hauptziel war es nämlich, eine originelle Synthese der Theorien über die Gleichungen fünften Grades zu geben, die im Jahre 1858 auf unabhängigem Wege von Hermite, Brioschi und Kronecker mit der Konstruktion transzendentaler Lösungen geschaffen worden waren. Für Klein sollten dabei das Ikosaeder und seine Geometrie im Vordergrund stehen.

An dieser Stelle mag es genügen, eine grobe Beschreibung von Kleins diesbezüglichem Hauptresultat zu geben. Sei dazu $G$ die Ikosaedergruppe, d.h. die Gruppe der Drehsymmetrien eines regulären Ikosaeders. Diese Gruppe operiert auf der dem Ikosaeder umbeschriebenen Kugel, die wir mit der Riemannschen Zahlenkugel, also der komplexen projektiven Geraden $\mathbf{P}^1$ identifizieren. Der Quotient von $\mathbf{P}^1$ nach $G$ identifiziert sich wiederum mit $\mathbf{P}^1$ und die Quotientenabbildung $\mathbf{P}^1 \longrightarrow \mathbf{P}^1/G$ ist eine verzweigte Überlagerung vom Grad 60, der Ordnung von $G$. Das Problem, einen Urbildpunkt unter dieser Abbildung zu berechnen, kann als das der Lösung einer Gleichung vom Grade 60 angesehen werden. Klein nennt eine solche Gleichung eine Ikosaedergleichung. Das Ziel des zweiten Teils des Ikosaederbuches ist der konstruktive Nachweis, daß die Lösung einer beliebigen Gleichung fünften Grades (mit komplexen Koeffizienten) mittels im wesentlichen rationaler Manipulationen auf die Lösung einer Ikosaedergleichung reduziert werden kann. Die Lösung der letzteren kann dann mittels hypergeometrischer Reihen oder mittels elliptischer Integrale und Modulfunktionen bewerkstelligt werden.

Nun steuert Klein in seinem Buch keineswegs geradlinig auf dieses Ziel zu. Seine Intention war es nicht, eine ausgefeilte Theorie mit klaren abgegrenzten Definitionen, Theoremen und formalen Beweisen zu präsentieren. Stattdessen wollte er einen breiten Leserkreis mit zahlreichen mathematischen Ideen und Entwicklungen vertraut machen, die bei seinen eigenen Arbeiten und in seinem Denken eine zentrale Rolle spielten. Dabei ist sein Stil mehr erzählend und beschreibend als systematisch und deduktiv. Nicht nur aus moderner Sicht lassen sich relativ kurze Beweise für Kleins Hauptresultate geben (vgl. die Darstellungen von Weber [1899] und Dickson [1930]). In Anbetracht der Länge und Gewundenheit des Ikosaederbuches mag dies für manchen Leser eine Enttäuschung sein. Andererseits dürften es aber gerade die Fülle des Ikosaederbuches wie auch Kleins Kunst, verschiedene mathematische Gebiete miteinander zu verweben, sein, die das Interesse an diesem Text bis heute wachgehalten haben. Für einige Lobreden in dieser Hinsicht sei etwa auf D. Hilberts berühmten Vortrag auf dem Internationalen Mathematikerkongreß in Paris (Hilbert [1900]) und auf H. Weyls Artikel über Kleins Werk und Persönlichkeit (Weyl [1930]) verwiesen.

Wie prominente Autoren bestätigen (vgl. z.B. Dickson [1930], Serre [1978]), bereitet Kleins Stil dem Leser beträchtliche Schwierigkeiten, zumal wenn er durch moderne Lehrbücher erzogen wurde. Zudem ist der Text des Ikosaederbuches ein Zeugnis des Entwicklungsstadiums der Mathematik zur Zeit seiner Fertigstellung. So präsentiert Klein die Theorie von Galois in einer Formulierung, wie sie im wesentlichen noch auf Galois selbst zurückgeht und in den Lehrbüchern von Serret [1866] und Jordan [1870] elaboriert war. Obwohl sich die Grundzüge schon in Arbeiten von Dedekind und Kronecker finden, benötigte die heutzutage übliche Interpretation der Theorie von Galois in Begriffen von Körpererweiterungen und ihren Automorphismen noch einige Jahrzehnte, um vollen Einfluß zu gewinnen (unter Weber, Hilbert, Steinitz, Artin, Noether, van der Waerden). Auch arbeitete Klein noch nicht in den Kategorien, in die wir heute geometrische Untersuchungen plazieren. In diesem Sinne wechselt er sehr oft seinen Standpunkt. Während einige Abschnitte des Buches, darunter natürlich diejenigen, die sich mit der transzendenten Lösung der Ikosaedergleichung beschäftigen, in den Bereich der komplexen Analysis fallen, können andere der Kategorie der algebraischen Varietäten und regulären Morphismen über einem Grundkörper der Charakteristik Null zugerechnet werden. Obwohl sie nicht als solche erwähnt werden, schenkt Klein den Definitionskörpern dennoch Beachtung, indem er gelegentliche Bemerkungen über die in expliziten Formeln auftretenden Koeffizienten macht. Oft genug wechselt Klein auch zu einem birationalen Standpunkt, d.h. auf die Ebene der Funktionenkörper der involvierten Varietäten. Bekanntlich bedeutet dies keine Abschwächung, solange man sich mit glatten Kurven beschäftigt. Einige Aussagen Kleins über höherdimensionale Varietäten sind jedoch mit Vorsicht anhand der expliziten Formeln in den korrekten Gültigkeitsbereich einzuordnen. In einer anderen Richtung konnte Klein noch keinen Gebrauch von den Begriffen und Resultaten der Darstellungstheorie machen, wie sie ab 1896 von Frobenius, Burnside und Schur entwickelt wurde. Zahlreiche darstellungstheoretische Probleme, die man heutzutage mit charaktertheoretischen Methoden angehen würde, wurden von Klein mit geometrischen oder invariantentheoretischen Argumenten gelöst. Klein war sich der Möglichkeit einer algebraischeren Behandlung vieler Fragen bewußt, aber er betonte immer wieder seine Vorliebe für geometrische Argumentationen, denen er das "Vorrecht der Erfindung" zuschrieb (vgl. Klein [1879a] Einführung, wie auch Abschnitt II, Kap. 5, § 8 des Ikosaederbuches; eine gewisse Unterstützung erhält Kleins Auffassung in den einführenden Bemerkungen von Horrocks und Mumford [1973], wo diese Autoren zwar die Effektivität charaktertheoretischer Rechnungen, aber dabei auch einen Mangel an geometrischer Einsicht konstatieren).

Um dem heutigen Leser den Zugang zu Kleins Ikosaederbuch zu erleichtern, haben wir dem Text eine mathematische Einführung beigefügt, die Kleins Hauptresultate in einer zeitgemäßeren Formulierung erläutert. Dabei machen wir einige Anleihen bei unserem früher erschienenen Aufsatz (Slodowy [1986]). Auch geben wir dort eine Übersicht über den Aufbau des Buches und die Rolle der einzelnen Kapitel. Separat dazu haben wir zahlreiche Anmerkungen verfaßt, die sich — in Form von Marginalien — auf einzelne Kapitel oder Textstellen beziehen, und die vor allem für den Leser gedacht sind, der bereits mit der Lektüre des Buches beschäftigt ist oder sie beendet hat. Die Existenz einer Anmerkung zu einer Textstelle wird durch einen Stern am Rande gekennzeichnet. Am Ende des Buches geben wir eine Skizze der Weiterentwicklungen der Kleinschen Theorie.

Für einen normalerweise nicht historisch arbeitenden Mathematiker ist der Versuch, einen historischen Text wie das Ikosaederbuch verstehen zu wollen, ein durchaus ungewöhnliches Unterfangen. Gewiß gibt es einen mathematischen Kern, der sich klar herausarbeiten läßt. Aber es gibt auch mannigfaltige Verzweigungen und Schattierungen, deren Bedeutung man nur im historischen Kontext erschließen kann. Wir haben hier von einer einheitlichen Darstellung dieses Umfeldes Abstand genommen, da sie zu umfangreich geworden wäre. Es stehen hier auch andere Quellen zur Verfügung, wie Wussing [1969], Scholz [1980], und vor allem Gray [1986], in denen die Bedeutung von Kleins explizitem transformationsgruppentheoretischen Denken herausgearbeitet und die Enstehung seiner Gleichungstheorie im Zusammenhang mit der Entwicklung der Theorien der linearen Differentialgleichungen, der elliptischen Modulfunktionen und der automorphen Funktionen beschrieben wird. Im einzelnen erweisen sich Kleins eigene Kommentare in seinen Gesammelten Mathematischen Abhandlungen [1921], [1922], [1923] und seinen Vorlesungen über die Entwicklung der Mathematik im 19. Jahrhundert [1926] als sehr hilfreich.

Wir können schließlich den Leser nur auf seine eigene Entdeckungsreise schicken durch "that tract of beautiful country, seen at first in the distance, but which will bear to be rambled through and studied in every detail of hillside and valley, stream, rock, wood, and flower" (Cayley [1883], vergleiche auch die Einführung in die erste englische Ausgabe des Ikosaederbuches, 1888).

Bonn, Januar 1990 Peter Slodowy

# Einführung in die Thematik des "Ikosaederbuches"

## § 1. Auflösungen algebraischer Gleichungen aus der Sicht der Galoistheorie

Formeln für die Auflösung linearer und quadratischer Gleichungen sind uns seit der Antike bekannt. Zu Anfang des 16. Jahrhunderts gelang italienischen Mathematikern (Scipio del Ferro, Ferrari, in den Schulen von Tartaglia und Cardano, 1515–1545) die Auflösung der algebraischen Gleichungen dritten und vierten Grades. Für die Lösungen der Gleichungen dritten Grades hat man die sogenannten Formeln von Cardano. Mittels der Substitution $x = y - a/3$ läßt sich jede Gleichung

$$x^3 + ax^2 + bx + c = 0, \qquad a,\ b,\ c \in \mathbf{C}$$

auf eine solche der Form

$$y^3 + py + q = 0$$

reduzieren. Ist $d = q^2/4 + p^3/27$, so lauten die drei Lösungen nun

$$y_{1,2,3} = \sqrt[3]{-q/2 + \sqrt{d}} + \sqrt[3]{-q/2 - \sqrt{d}}$$

(Die durch die beiden dritten Wurzeln verursachte Mehrdeutigkeit von i. allg. neun Werten reduziert sich auf drei unter Berücksichtigung der Tatsache, daß das Produkt beider Wurzeln gleich $-p/3$ ist.)

Bis zum Anfang des 19. Jahrhunderts versuchten viele Mathematiker, darunter Tschirnhaus, Euler, Bézout, Malfatti, Vandermonde, Lagrange, auch Gleichungen höherer Grade durch Iteration und rationale Kombination von Wurzeln (d.h. Radikalen) zu lösen. Erfolg zeigte sich immer nur bei Gleichungen sehr spezieller Form, und schließlich zeigten Ruffini (1799) und Abel (1824/26), daß die Lösung allgemeiner Gleichungen fünften Grades nicht mit Hilfe von Radikalen zu bewerkstelligen ist. Die teilweise berechtigte Kritik an Ruffinis und Abels Beweisen verstummte zwar nur langsam, aber spätestens seit der öffentlichen Rezeption des Werkes von Galois (1831, publiziert 1846) wurde deren Resultat unbezweifelbar.

Aus heutiger Sicht stellt sich die Galoissche Behandlung des Auflösungsproblems für eine algebraische Gleichung

$$P(x) = x^n + a_1x^{n-1} + a_2x^{n-2} + \cdots + a_n = 0$$

mit komplexen oder transzendenten Koeffizienten — dies sind die klassischen Fälle — folgendermaßen dar. Sei $k$ der von den Koeffizienten

$a_1, \ldots, a_n$ über $\mathbf{Q}$ erzeugte Körper (oder auch eine Erweiterung desselben) und $K = k(x_1, \ldots, x_n)$ der von den Lösungen $x_1, \ldots, x_n$ von $P(x) = 0$ erzeugte Zerfällungskörper. Die Galoisgruppe $Gal(P, k)$ der Gleichung $P(x) = 0$ über $k$ ist dann gleich der Galoisgruppe $Gal(K, k)$ der Körpererweiterung $k \subset K$, d.h. gleich der Gruppe aller Körperautomorphismen von $K$, die $k$ elementweise festlassen. Im klassischen Kontext ist $Gal(P, k)$ eine Gruppe von Permutationen der $n$ Wurzeln $x_1, \ldots, x_n$ von $P$. Diese Interpretation ergibt sich jetzt durch Betrachtung der Aktion von $Gal(K, k)$ auf den Wurzeln $x_1, \ldots, x_n$. Diese Wurzeln werden nämlich durch $Gal(K, k)$ permutiert. Zudem wird jeder Automorphismus von $K$ über $k$ auch durch diese Permutation eindeutig festgelegt.

Die Galoisgruppe $Gal(P, k)$ ist ein qualitatives Maß für die Komplexität des Auflösungsprozesses der Gleichung $P(x) = 0$ oder, mit anderen Worten, für die Komplexität der algebraischen Körpererweiterung $k \subset K$.

Jede endliche Gruppe $G$ besitzt eine Kompositionsreihe, d.h. eine Folge von Untergruppen $G_i$

$$G = G_1 \supset G_2 \supset \cdots \supset G_m = \{1\},$$

so daß $G_{i+1}$ normal in $G_i$ und die Quotientengruppe $G_i/G_{i+1}$ einfach ist. (Wir betrachten auch die zyklischen Gruppen von Primzahlordnung als einfach.) Obwohl die Folge der $G_i$ nicht eindeutig bestimmt zu sein braucht, sind es die einfachen Quotienten $G_i/G_{i+1}$, bis auf Anordnung. Einer Kompositionsreihe der Galoisgruppe $G = Gal(P, k) = Gal(K, k)$ entspricht nun eine aufsteigende Folge

$$k = k_1 \subset k_2 \subset \cdots \subset k_m = K$$

der Fixkörper $k_i = K^{G_i}$. Dabei ist $k_{i+1}$ eine Galoiserweiterung von $k_i$ mit der Gruppe $G_i/G_{i+1}$. Das Problem der Konstruktion der Wurzeln $x_1, \ldots, x_n$ der Gleichung $P(x) = 0$ oder — abstrakter — des Körpers $K$ ist damit in eine Reihe von einfacheren Schritten zerlegt, nämlich der Konstruktion der Lösungen geeigneter Hilfsgleichungen $P_i(y) = 0$, $P_i \in k_i[y]$, die den Körper $k_{i+1}$ über $k_i$ erzeugen. Besonders deutlich wird dies in dem Fall, daß die Gruppe $G$ auflösbar ist, d.h. daß alle einfachen Quotienten einer Kompositionsreihe abelsch, also zyklisch von Primzahlordnung sind. Genau in diesem Fall lassen sich nämlich die Wurzeln $x_1, \ldots, x_n$ durch iterierte Radikale darstellen. Nehmen wir an, daß $k$ alle Einheitswurzeln der Ordnung $|G|$ enthält, was sich durch Wurzelziehen erreichen läßt, so folgt die Darstellbarkeit der Wurzeln durch Radikale aus dem folgenden Normalformsatz für zyklische Erweiterungen, der auf die Zwischenerweiterungen $k_i \subset k_{i+1}$ anzuwenden ist.

**Satz.** *Sei $k$ ein Körper und $q \in \mathbf{N}$, $q \geq 2$, eine nicht durch $char(k)$ teilbare Zahl. Der Körper $k$ enthalte die Gruppe $\mu_q$ der $q$-ten Einheitswurzeln. Sei $K \supset k$ eine Galoiserweiterung mit zyklischer Gruppe $Gal(K,k) = \mathbf{Z}/(q)$. Dann gibt es ein $u \in k$, so daß $K$ alle Lösungen der Gleichung $z^q - u = 0$ enthält und von jeder solchen Lösung erzeugt wird, d.h.*

$$K = k(z) \qquad \textit{für alle } z \textit{ mit } \quad z^q - u = 0.$$

*Außerdem gibt es einen Isomorphismus*

$$\rho\colon Gal(K,k) \longrightarrow \mu_q,$$

*so daß $\sigma(z) = \rho(\sigma^{-1}) \cdot z$ für alle $\sigma \in Gal(K,k)$ und $z$ mit $z^q - u = 0$.*

Gleichungen der Form $z^q - u = 0$ wurden früher als "reine Gleichungen" und $z$ als "Lagrangesche Resolvente" bezeichnet.

Während für ein Polynom $P$ des Grades 2, 3 oder 4 die Galoisgruppe als Untergruppe der auflösbaren symmetrischen Gruppe $S_2$, $S_3$ oder $S_4$ ebenfalls auflösbar und somit die Gleichung $P(x) = 0$ durch Radikale lösbar ist, begegnen wir im Fall eines Grades $n \geq 5$ den einfachen Gruppen $A_n$ und den somit nicht auflösbaren Obergruppen $S_n$ (mit Kompositionsreihe $S_n \supset A_n \supset \{1\}$). So tritt $S_n$ als Galoisgruppe $Gal(P, \mathbf{Q}(a_1, \ldots, a_n))$ der allgemeinen Gleichung $n$-ten Grades

$$P(x) = x^n + a_1 x^{n-1} + \cdots + a_n = 0$$

mit algebraisch unabhängigen Koeffizienten $a_1, \ldots, a_n$ auf. Aber auch für die "meisten" Polynome $n$-ten Grades $P$ mit rationalen Koeffizienten gilt $Gal(P, \mathbf{Q}) = S_n$. Beispiele für rationale Polynome 5. Grades mit Galoisgruppe $S_5$ sind solche, die irreduzibel über $\mathbf{Q}$ sind und die genau drei reelle Nullstellen besitzen, wie z.B. das Polynom

$$x^5 - 10x - 2 \qquad \text{(vgl. Artin [1968 Satz 46])}.$$

Die Existenz von Gleichungen, die nicht mit Hilfe von Radikalen gelöst werden können, wirft die folgende natürliche Frage auf: Mittels welcher zusätzlicher Funktionen lassen sich die Wurzeln dieser Gleichungen in den Gleichungskoeffizienten oder — allgemeiner — in Elementen des Grundkörpers darstellen? Natürlich möchte man mit möglichst wenigen und zudem wohlverstandenen Funktionen auskommen. In Anbetracht des weiter oben beschriebenen Reduktionsprozesses genügt es, diese Frage für Gleichungen mit einfacher Galoisgruppe zu stellen. Da eine Antwort im zyklischen Fall durch den Normalformsatz gegeben wird, stellt sich also, in etwas abstrakter Form, die Frage nach einer Normalform für Galoiserweiterungen $k \subset K$ mit gegebener (einfacher, nichtabelscher) Galoisgruppe $G = Gal(K, k)$.

In seinem "Ikosaederbuch" beschäftigt sich Klein mit dieser Frage für den Fall, daß $G$ isomorph zur einfachen Gruppe $A_5$ und somit isomorph zur Ikosaedergruppe ist (vgl. I 1, § 8). In diesem Fall können wir nämlich $K$ als den Zerfällungskörper einer Gleichung fünften Grades über $k$ interpretieren. Es genügt dazu, ein Element $x \in K \setminus k$ zu finden, das von einer zu $A_4$ isomorphen Untergruppe von $G$ fixiert wird. Dieses Element erfüllt dann eine irreduzible Gleichung fünften Grades

$$x^5 + a_1x^4 + a_2x^3 + a_3x^2 + a_4x + a_5 = 0$$

mit Koeffizienten $a_i \in k$, und die Konjugierten $x_1 = x, x_2, \ldots, x_5$ von $x$ erzeugen $K$ über $k$. Die Rolle der durch Radikale auflösbaren reinen Gleichungen wird in Kleins Theorie von der sogenannten "Ikosaedergleichung" eingenommen, deren Definition wir etwas ausführlicher erläutern wollen.

## § 2. Die Ikosaedergleichung

Umschreiben wir einem regulären Ikosaeder eine Sphäre $S^2$, die wir mittels der stereographischen Projektion als Riemannsche Zahlenkugel $\mathbf{P}^1 = \mathbf{C} \cup \{\infty\}$ auffassen, so werden die Rotationen der Ikosaedergruppe $G$ durch gebrochen lineare Transformationen

$$z \longmapsto \frac{az+b}{cz+d}, \qquad z \in \mathbf{C} \cup \{\infty\},$$

realisiert. Klein fixiert das Ikosaeder so, daß seine Eckpunkte die Koordinaten

$$z = 0,\ \infty,\ \varepsilon^\nu(\varepsilon + \varepsilon^4),\ \varepsilon^\nu(\varepsilon + \varepsilon^4), \qquad \nu = 0,\ 1,\ 2,\ 3,\ 4, \quad \varepsilon = \exp(2\pi i/5),$$

erhalten. Die Koeffizienten $a$, $b$, $c$, $d$ lassen sich dann als Elemente des Körpers $\mathbf{Q}(\varepsilon)$ wählen. Wir erhalten somit eine Einbettung von $G$ in die projektive lineare Gruppe $PGL_2(\mathbf{Q}(\varepsilon))$ über $\mathbf{Q}(\varepsilon)$ (vgl. I 2, § 6).

Wir betrachten nun den Raum der Bahnen $\mathbf{P}^1/G$ von $G$ auf $\mathbf{P}^1$. Dieser identifiziert sich wiederum mit einer komplexen projektiven Geraden $\mathbf{P}^1$, und die natürliche Quotientenabbildung $q\colon \mathbf{P}^1 \longrightarrow \mathbf{P}^1/G$ ist ein über $\mathbf{Q}(\varepsilon)$ definierter Morphismus algebraischer Varietäten. Die Abbildung $q$ realisiert eine verzweigte Überlagerung vom Grad 60. Verzweigungen treten dabei genau in den Punkten der Zahlenkugel auf, die den Seitenmittelpunkten, den Kantenmittelpunkten und den Eckpunkten des Ikosaeders entsprechen. Auf dem Bahnenraum $\mathbf{P}^1/G \cong \mathbf{P}^1$ fixiert Klein eine inhomogene Koordinate $u$ (bei ihm mit $Z$ bezeichnet), so daß die Bilder der singulären Bahnen in entsprechender Reihenfolge 0, 1, $\infty$ sind. Aufgrund dieser Fixierungen läßt sich nun die Gestalt der Abbildung

$$q\colon \mathbf{P}^1 \longrightarrow \mathbf{P}^1/G$$
$$z \longmapsto u$$

explizit bestimmen. Bezüglich homogener Koordinaten $z_1$, $z_2$, $z = z_1/z_2$, schreibt sich $q$ als ein Quotient

$$u = q(z) = \frac{P(z_1, z_2)}{Q(z_1, z_2)}$$

von homogenen Polynomen $P$, $Q$ des Grades 60, die invariant sind unter der binären Ikosaedergruppe $\hat{G}$, dem Urbild von $G \subset PGL_2(\mathbf{Q}(\varepsilon))$ in $SL_2(\mathbf{Q}(\varepsilon))$. Zudem muß $P$ (bzw. $Q$, bzw. $Q - P$) proportional zur dritten (bzw. fünften, bzw. zweiten) Potenz einer Form $H$ (bzw. $f$, bzw. $T$) sein, die genau in den Seitenmittelpunkten (bzw. Eckpunkten, bzw. Kantenmittelpunkten) des Ikosaeders einfach verschwindet. Solche Formen lassen sich ausgehend von $f$ leicht bestimmen (vgl. I 2, § 13 und § 14):

$$\begin{aligned}
f &= z_1 z_2 (z_1^{10} + 11 z_1^5 z_2^5 - z_2^{10}),\\
H &= -(z_1^{20} + z_2^{20}) + 228(z_1^{15} z_2^5 - z_1^5 z_2^{15}) - 494 z_1^{10} z_2^{10}\\
T &= (z_1^{30} + z_1^{30}) + 522(z_1^{25} z_2^5 - z_1^5 z_2^{25}) - 10\,005(z_1^{20} z_2^{10} + z_1^{10} z_2^{20}).
\end{aligned}$$

Wir erhalten damit schließlich

$$q(z) = \frac{H(z_1, z_2)^3}{1728\, f(z_1, z_2)^5} = \frac{H(z, 1)^3}{1728\, f(z, 1)^5}.$$

Der Bedingung $q(z) = u$ entspricht nun eine Gleichung vom Grade 60, die sogenannte Ikosaedergleichung

$$((z^{20} + 1) - 228(z^{15} - z^5) + 494 z^{10})^3 + 1728 u z^5 (z^{10} + 11 z^5 - 1)^5 = 0.$$

## § 3. Die Auflösung der Ikosaedergleichung

So wie die Auflösung einer "reinen" Gleichung $z^n - u = 0$, d.h. die Berechnung einer $n$-ten Wurzel einer komplexen Zahl $u$, ein gut verstandener und einfacher analytischer Prozeß ist, wird man ähnliches von der

Auflösung der Ikosaedergleichung verlangen. Für Klein standen dazu zwei Methoden zur Verfügung. Im Anschluß an eine Arbeit von H.A. Schwarz [1873] läßt sich die (lokale) Umkehrfunktion zu $q: \mathbf{P}^1 \longrightarrow \mathbf{P}^1/G$ als Quotient zweier Lösungen einer hypergeometrischen Differentialgleichung

$$z'' + \frac{(\alpha+\alpha'-1)+(\beta+\beta'+1)u}{u(u-1)}z' + \frac{\alpha\alpha'-(\alpha\alpha'+\beta\beta'-\gamma\gamma')u+\beta\beta'u^2}{u^2(u-1)^2}z=0$$

mit dem Exponentendatum $\begin{pmatrix} \alpha & \beta & \gamma \\ \alpha' & \beta' & \gamma' \end{pmatrix} = \begin{pmatrix} 1/6 & 1/10 & 1/4 \\ -1/6 & -1/10 & 3/4 \end{pmatrix}$ schreiben. Daher ist dieselbe als Quotient hypergeometrischer Reihen

$$F(a,b,c;u) = 1 + \frac{a \cdot b}{1 \cdot c}u + \frac{a(a+1)b(b+1)}{1(1+1)c(c+1)}u^2 + \cdots$$

mit geeigneten $a$, $b$, $c \in \mathbf{Q}$ darstellbar.

Eine indirektere, aber historisch umso bedeutsamere Lösung der Ikosaedergleichung ist die mittels elliptischer Integrale und Modulfunktionen. Wir wollen diese Methode etwas genauer beschreiben, da ihr Klein im "Ikosaederbuch" nur wenig Raum schenkt.

Sei $H = \{\tau \in \mathbf{C} | Im(\tau) > 0\}$ die obere Halbebene der komplexen Zahlen und $\Gamma = PSL_2(\mathbf{Z}) = SL_2(\mathbf{Z})/ < \pm 1 >$ die "volle Modulgruppe". Diese operiert eigentlich diskontinuierlich auf $H$ durch gebrochene lineare Transformationen

$$\tau \mapsto \frac{a\tau + b}{c\tau + d}, \qquad \tau \in H, \quad \begin{pmatrix} a & b \\ c & d \end{pmatrix} \in SL_2(\mathbf{Z}),$$

und die natürliche Quotientenabbildung

$$H \longrightarrow H/\Gamma$$

wird durch die Dedekind-Kleinsche $J$-Funktion

$$J: H \longrightarrow \mathbf{C}$$
$$J(\tau) = \frac{1}{1728}\Big(\frac{1}{q} + 744 + 196884q + \cdots\Big), \qquad q = e^{2\pi i \tau},$$

realisiert (vgl. dazu wie auch im folgenden die später genannten Werke von Klein und Fricke sowie als neuere Referenz Serre [1970 Chap. VII]). Sei $\Gamma(5) = \left\{ \left[\begin{smallmatrix} a & b \\ c & d \end{smallmatrix}\right] \in \Gamma \;\middle|\; a-1 \equiv b \equiv c \equiv d-1 \equiv 0(5) \right\}$ die Hauptkongruenzuntergruppe fünfter Stufe. Dann ist die Quotientengruppe $\Gamma/\Gamma(5) \cong PSL_2(\mathbf{F}_5)$ isomorph zur alternierenden Gruppe $A_5$ und somit zur Ikosaedergruppe $G$ (ersteres wurde bereits 1831 von Galois erkannt). Zudem läßt sich die natürliche Aktion dieser Gruppe auf dem Quotientenraum $H/\Gamma(5)$ mit der Aktion der Ikosaedergruppe auf der Riemannschen Zahlenkugel, aus der die zwölf Ikosaederecken entfernt wurden, identifizieren. Wir erhalten also ein kommutatives Diagramm,

$$\begin{array}{ccccc} H & \xrightarrow{J_5} & H/\Gamma(5) & \hookrightarrow & \mathbf{P}^1 \\ & {}_J\searrow & \downarrow{\scriptstyle q'} & & {\scriptstyle q}\downarrow \\ & & H/\Gamma & \hookrightarrow & \mathbf{P}^1/G. \end{array}$$

Hier bezeichnet $q'$ die Einschränkung von $q$ und $J_5$ den sogenannten Hauptmodul fünfter Stufe, der sich explizit als Quotient zweier Thetareihen ausdrücken läßt (vgl. I, 5, § 7, Formel (20)). Um die Ikosaedergleichung $q(z) = u$ zu lösen, kann man nun so vorgehen, daß man zuerst die "Modulgleichung" $J(\tau) = u$ löst und dann $z = J_5(\tau)$ setzt. Die Auflösung der Modulgleichung ist dabei eine vertraute Aufgabe aus der Theorie der elliptischen Kurven. Dazu sei an die Rolle der $J$-Funktion in dieser Theorie erinnert. Jede komplexe elliptische Kurve $E$ läßt sich analytisch als Quotient $\mathbf{C}/\Lambda$ von $\mathbf{C}$ nach dem Periodengitter

$$\Lambda = \left\{ \int_\gamma \omega \;\middle|\; \gamma \in H_1(E, \mathbf{Z}) \right\}$$

einer holomorphen 1-Form $\omega \neq 0$ auf $E$ realisieren. Ohne Beschränkung der Allgemeinheit kann man dabei $\Lambda$ in der Gestalt $\mathbf{Z} + \mathbf{Z}\tau$ für ein $\tau \in H$ annehmen. Zwei verschiedene $\tau$, $\tau' \in H$ liefern isomorphe Kurven $\mathbf{C}/\mathbf{Z}+\mathbf{Z}\tau$ und $\mathbf{C}/\mathbf{Z}+\mathbf{Z}\tau'$ genau dann, wenn $\tau$ und $\tau'$ in der gleichen Bahn von $\Gamma$ liegen, also die Werte $J(\tau)$ und $J(\tau')$ übereinstimmen. Daher heißt $J(\tau)$ die $J$-Invariante der elliptischen Kurve $E = \mathbf{C}/\mathbf{Z} + \mathbf{Z}\tau$. Ist $E$ durch eine affine Gleichung in Weierstraß-Normalform

$$y^2 = 4x^3 - g_2x - g_3$$

gegeben, so berechnet sich der Wert der $J$-Invarianten als $\frac{g_2^3}{g_2^3 - 27g_3^2}$. Zur Lösung der Modulgleichung $J(\tau) = u$ bestimmt man zunächst eine elliptische Kurve $E$ mit $J$-Invariante $u$, z.B. indem man $g_2 = g_3 = \frac{27u}{u-1}$ setzt. Dann ist das Verhältnis $\tau = \frac{\omega_1}{\omega_2}$ zweier primitiver Perioden

$$\omega_i = \int_{\gamma_i} \frac{dx}{y} = \int_{\gamma_i} \frac{dx}{\sqrt{4x^3 - \frac{27u}{u-1}(x+1)}}, \quad \{\gamma_1, \gamma_2\} \text{ eine Basis von } H_1(E_1, \mathbf{Z}),$$

eine Lösung von $J(\tau) = u$.

Während Klein den Zusammenhang der hypergeometrischen Differentialgleichungen mit der Auflösung der Ikosaedergleichung bis zur Erstellung der expliziten Differentialgleichungen in Kapitel I 3 des "Ikosaederbuches" entwickelt, verzichtet er auf die expliziten Reihendarstellungen, die man jedoch in seiner Arbeit [1877 I § 8] finden kann. In umfassenderer Perspektive hat Klein das Thema der hypergeometrischen Funktionen in seinen diesbezüglichen Vorlesungen von 1893/94 (hrsg. von O. Haupt, Klein [1933]) wieder aufgegriffen. Die elliptischen Modulfunktionen berührt Klein nur in wenigen Angaben (siehe I 5, §§ 6–9, II 1, § 3), denn schon bei der Arbeit am Ikosaederbuch hatte er die Abfassung eines separaten Buches über diesen Gegenstand geplant (vgl. die Vorrede). Dieser Plan wurde später in den von R. Fricke ausgearbeiteten Vorlesungen über elliptische Modulfunktionen, Klein-Fricke [1890], [1892], realisiert. Die Lösung der Modulgleichung $J(\tau) = u$ läßt sich übrigens auch mittels hypergeometrischer Reihen bewerkstelligen, da die Perioden $\omega_i$ (nach geeigneter "Umnormierung") als Funktionen von $u$ eine hypergeometrische Differentialgleichung erfüllen. Dies rückt die Modulgleichung näher an die Ikosaedergleichung. Mehr dazu findet man in dem genannten Werk von Klein-Fricke [1890, Kapitel I 2 und I 3]. Explizite Formeln werden z.B. in Klein [1878a] und Fricke [1926 I 4, § 5] angegeben.

## § 4. Kleins Hauptresultat

Das Hauptziel des "Ikosaederbuchs" ist der Nachweis, daß sich die Lösung einer Gleichung fünften Grades auf die Lösung einer Ikosaedergleichung reduzieren läßt. Der zweite Abschnitt des Buches widmet sich diesem Nachweis, wobei die Reduktion explizit durchgeführt wird. Die bloße Möglichkeit der Reduktion läßt sich in zeitgemäßer und präziser Form durch den folgenden Normalformsatz für ikosaedrale Erweiterungen ausdrücken, der in fast vollständiger Analogie zu dem Normalformsatz für zyklische Erweiterungen steht.

**Satz.** *Sei $k \subset \mathbf{C}$ ein Unterkörper der komplexen Zahlen, der die Gruppe $\mu_5$ der fünften Einheitswurzeln enthalte, und sei $K \subset \mathbf{C}$ eine Galoiserweiterung von $k$ mit Gruppe $Gal(K,k) \cong A_5$.*

*Nach gegebenenfalls erforderlicher Ersetzung von $k$ (und entsprechend von $K$) durch eine quadratische Erweiterung gibt es ein $u \in k$, so daß $K$ von jeder Lösung der Ikosaedergleichung $q(z) = u$ erzeugt wird.*

*Außerdem gibt es zu jeder Lösung $z$ von $q(z) = u$ einen Isomorphismus*

$$\rho\colon Gal(K,k) \xrightarrow{\sim} G \subset PGL_2(k), \qquad \rho(\sigma) = \begin{bmatrix} a(\sigma) & b(\sigma) \\ c(\sigma) & d(\sigma) \end{bmatrix}$$

*der Galoisgruppe auf die Ikosaedergruppe $G$ in $PGL_2(k)$, so daß*

$$\sigma^{-1}(z) = \rho(\sigma)(z) = \frac{a(\sigma)z + b(\sigma)}{c(\sigma)z + d(\sigma)}$$

*für alle $\sigma \in Gal(K, k)$.*

Die Analogie zum Satz für zyklische Erweiterungen ist hier nicht vollständig aufgrund der gegebenenfalls erforderlichen Ersetzung von $k$ durch eine quadratische Erweiterung $k' \subset \mathbf{C}$. Da $Gal(K, k)$ keine Untergruppe vom Index 2 enthält, ist $k'$ nicht in $K$ enthalten, und es gilt $Gal(K.k', k') \cong Gal(K, k)$. Eine solche Erweiterung oder eine die Erweiterung erzeugende Quadratwurzel nannte Klein "akzessorisch". Kronecker hatte schon 1861 behauptet, daß die Heranziehung dieser akzessorischen Erweiterung unvermeidbar ist, wenn man allgemeine Gleichungen fünften Grades auf Gleichungen mit nur einem Parameter (wie die Ikosaedergleichung) reduzieren will. Ein erster Beweis dazu wurde von Klein im Jahre 1877 erbracht. Eine Modifikation dieses Beweises schließt das "Ikosaederbuch" ab (II 5, §§ 9, 10, 11). Vom rein algebraischen Standpunkt aus ist die Forderung der Einbettung von $k$ und $K$ in den Körper der komplexen Zahlen unnötig. Wir haben sie nur beibehalten, um den Anschluß an Kleins Situation zu bewahren, in der die Ikosaedergleichung durch transzendente Verfahren lösbar ist.

Im folgenden werden wir ein erzeugendes Element $z$ wie im obigen Satz als *Ikosaedersolvente* für die Erweiterung $k \subset K$ bezeichnen. (Diese Terminologie folgt R. Fricke [1924 III 4 § 16]; entsprechend reservieren wir den Namen *Ikosaederresolvente* für die Gleichung $q(z) - u = 0$.)

Ein konstruktiver Beweis des Normalformsatzes ist einer der wesentlichen Schritte in Kleins effektiver Reduktion der Lösung der Gleichungen fünften Grades auf die Lösung der Ikosaedergleichung. Ohne Beschränkung der Allgemeinheit können wir $K$ als Zerfällungskörper eines Polynoms fünften Grades

$$P(x) = x^5 + a_1x^4 + a_2x^3 + a_3x^2 + a_4x + a_5, \qquad a_1, \ldots, a_5 \in k,$$

ansehen. Sind dann $x_1, \ldots, x_5$ die Wurzeln von $P$, so gilt $K = k(x_1, \ldots, x_5)$, und $Gal(K, k)$ identifiziert sich mit der Gruppe der geraden Vertauschungen dieser Wurzeln. Zur Vereinfachung nehmen wir vorerst die Gleichung $P(x) = 0$ als "allgemein" an, d.h. wir beschränken unsere Betrachtung auf den Fall, daß $K = \mathbf{Q}(\mu_5)(x_1, \ldots, x_5)$ der Körper der rationalen Funktionen in fünf Unbestimmten $x_1, \ldots, x_5$ mit Koeffizienten in $\mathbf{Q}(\mu_5)$ ist. Dann ist

$k = \mathbf{Q}(\mu_5)(a_1, \ldots, a_5, \sqrt{d})$ der Unterkörper von $K$, der über $\mathbf{Q}(\mu_5)$ von den elementarsymmetrischen Funktionen $a_1, \ldots, a_5$ der $x_i$ und von der Wurzel

$$\sqrt{d} = \prod_{i<j}(x_i - x_j)$$

der Diskriminante $d$ von $P$ erzeugt wird. Das Kleinsche Reduktionsverfahren beruht nun auf den folgenden drei Konstruktionen:

I. Nach Ersetzung von $k$ durch eine akzessorische Erweiterung, die z.B. durch eine Quadratwurzel $\sqrt{a}$, $a \in \mathbf{Q}(a_1, \ldots, a_5) \subset k$, erzeugt werden kann, gibt Klein eine explizite Ikosaedersolvente $z \in \mathbf{Q}(\mu_5)(x_1, \ldots, x_5, \sqrt{a})$ an. (Daraus erhält man einen konstruktiven Beweis des Normalformsatzes, auch im allgemeinen Fall.)
II. Da die Quotientenabbildung $q: \mathbf{P}^1 \longrightarrow \mathbf{P}^1/G$ invariant bezüglich der Ikosaedertransformationen ist, muß das Element $u = q(z) = H(z,1)^3/1728\, f(z,1)^5$ invariant unter $Gal(K,k)$ sein, also in $k$ liegen. Klein bestimmt $u$ als explizites Element des Körpers $k = \mathbf{Q}(\mu_5)(a_1, \ldots, a_5, \sqrt{d}, \sqrt{a})$.

III. In Umkehrung zu I konstruiert Klein fünf rationale Funktionen $X_i \in k(Z)$, $i = 1, \ldots, 5$, so daß $x_i = X_i(z)$ für alle $i$.

Wir können nun den von Klein vorgeschlagenen Weg für die Lösung einer Gleichung fünften Grades

$$P(x) = x^5 + \alpha_1 x^4 + \alpha_2 x^3 + \alpha_3 x^2 + \alpha_4 x + \alpha_5 = 0$$

mit komplexen Koeffizienten $\alpha_1, \ldots, \alpha_5$ skizzieren. Zur Vermeidung von Fallunterscheidungen, die erst an expliziten Formeln festzumachen sind, nehmen wir die Koeffizienten $\alpha_i$ als genügend allgemein an. Dann erweisen sich die im folgenden beschriebenen Substitutionen als durchführbar. Klein selbst diskutiert auch nur diesen allgemeinen Fall bis zu Ende. Zunächst ordnet man der Gleichung $P(x) = 0$ eine Ikosaedergleichung $q(z) = \beta$ zu, wobei sich $\beta \in \mathbf{P}^1$ durch die Substitution $a_i \longrightarrow \alpha_i$ aus dem Element $u$ der Konstruktion II ergibt. Mittels analytischer Methoden läßt sich nun eine Lösung $z$ der Ikosaedergleichung $q(z) = \beta$ angeben. Schließlich erhält man die Wurzeln $x_1, \ldots, x_5$ von $P(x)$ aus den rationalen Funktionen $X_i$ der Konstruktion III durch die Substitution $X \longrightarrow z$, $a_i \longrightarrow \alpha_i$.

## § 5. Kleins geometrischer Zugang

Die im vorigen Abschnitt aufgeführten Konstruktionen werden von Klein auf dem Hintergrund einer geometrischen Interpretation durchgeführt. Zur Illustration seines Vorgehens wollen wir jetzt einige der Ideen skizzieren, die dem im Kapitel II 3 eingeschlagenen Lösungsweg zugrundeliegen. Bei diesem Weg startet Klein von einer Gleichung fünften Grades, die bereits die Gestalt einer "Hauptgleichung"

$$y^5 + ay^2 + by + c = 0$$

hat, oder — mit anderen, äquivalenten Worten —, für die sowohl die Summe der Wurzeln als auch die Summe der Quadrate der Wurzeln verschwinden:

$$(H) \qquad \sum_{i=1}^{5} y_i = 0 \quad \text{und} \quad \sum_{i=1}^{5} y_i^2 = 0.$$

Gegebenenfalls unter Benutzung einer akzessorischen Quadratwurzel läßt sich jede Gleichung fünften Grades mittels Tschirnhaustransformationen in diese Form bringen (vgl. II 1 § 2, II 2 §§ 5, 6, II 5 § 2, es ist danach auch keine weitere akzessorische Adjunktion erforderlich).

Grundlegend für Kleins geometrisches Vorgehen ist die Interpretation der fünf Wurzeln $x_1, \ldots, x_5$ einer Gleichung fünften Grades als homogene Koordinaten eines Punktes im vierdimensionalen komplex-projektiven Raum $\mathbf{P}^4 = \mathbf{P}(\mathbf{C}^5)$ (die triviale Gleichung $x^5 = 0$ dürfen wir getrost vergessen). Auf diesem Raum operiert die symmetrische Gruppe $S_5$ durch Vertauschung der Koordinaten. Diese Aktion ist über $\mathbf{Q}$ definiert. Einer einzelnen Gleichung entsprechen im allgemeinen 120 Punkte, die aus allen möglichen Anordnungen der fünf Wurzeln $x_1, \ldots, x_5$ hervorgehen. Die Wurzelquintupel $(y_1 : \cdots : y_5)$ einer Hauptgleichung $P(y) = 0$ unterliegen den obigen Bedingungen $(H)$ und liegen dementsprechend auf einer nichtsingulären, zweidimensionalen, über $\mathbf{Q}$ definierten Quadrik $Q \subset \mathbf{P}^4$:

$$Q = \left\{ (y_1 : \cdots : y_5) \in \mathbf{P}^4 \;\middle|\; \sum_{i=1}^{5} y_i = \sum_{i=1}^{5} y_i^2 = 0 \right\}$$

$$\cap$$

$$\mathbf{P}^3 = \left\{ (y_1 : \cdots : y_5) \in \mathbf{P}^4 \;\middle|\; \sum_{i=1}^{5} y_i = 0 \right\},$$

Die zwei Regelscharen auf einer solchen Quadrik liefern bekanntlich einen Isomorphismus

$$Q \cong \mathbf{P}^1_{(1)} \times \mathbf{P}^1_{(2)},$$

der in unserem Fall über $\mathbf{Q}(\mu_5)$ definiert ist. Die Gruppe $S_5$ überführt $Q$ in sich. Dabei vertauschen die ungeraden Permutationen die Regeln beider

Scharen, während die Gruppe $A_5$ jede der Scharen in sich überführt. Also gibt es Aktionen von $A_5$ auf $\mathbf{P}^1_{(1)}$ und $\mathbf{P}^1_{(2)}$, so daß das Produkt $\mathbf{P}^1_{(1)} \times \mathbf{P}^1_{(2)}$ mit der Diagonalaktion $A_5$-isomorph zu $Q$ wird. Bis auf die Einführung geeigneter Koordinaten auf den projektiven Geraden $\mathbf{P}^1_{(i)}$ identifizieren sich die Bilder von $A_5$ in $Aut(\mathbf{P}^1_{(i)})$ mit der "Standard"-Ikosaedergruppe. Beide Aktionen sind jedoch nicht linear äquivalent. Sie gehen durch einen nichttrivialen äußeren Automorphismus von $A_5$ auseinander hervor. (Solche Automorphismen werden durch Konjugation mit Elementen aus $S_5 \setminus A_5$ induziert.) Sei nun

$$\tilde{Q} = \left\{(y_1 : \cdots : y_5) \in \mathbf{C}^5 \setminus \{0\} \;\middle|\; \sum_{i=1}^{5} y_i = \sum_{i=1}^{5} y_i^2 = 0\right\}$$

und

$$\zeta_i \colon \tilde{Q} \longrightarrow Q \longrightarrow \mathbf{P}^1_{(i)}, \qquad i = 1, 2,$$

die $A_5$-äquivariante und über $\mathbf{Q}(\mu_5)$ definierte Komposition der natürlichen Abbildung $\tilde{Q} \longrightarrow Q$ und der $i$-ten Projektion $Q \longrightarrow \mathbf{P}^1_{(i)}$. Dann liefert $\zeta_i$ eine Ikosaedersolvente für die allgemeine Hauptgleichung. In den expliziten Formeln unterscheiden sich $\zeta_1$ und $\zeta_2$ nur durch das Vorzeichen vor der Wurzel aus der Diskriminante.

Auf die nötigen Rechnungen zur Bestimmung des Elementes $u$ in der Konstruktion II gehen wir nicht ein. Sie ist bei Klein verwoben mit den Rechnungen zur Konstruktion III, d.h. zur Rekonstruktion der Wurzeln der Gleichung fünften Grades aus der Ikosaedersolvente (vgl. II 3 § 5). Wir wollen nur die geometrische Idee dieser Rekonstruktion beschreiben. Zur Darstellung der fünf Wurzeln mittels der zugehörigen Ikosaedersolvente benötigen wir fünf rationale Funktionen auf $\mathbf{P}^1$ oder zunächst fünf binäre Formen, die auf gerade Weise permutiert werden, wenn auf ihr Argument eine Transformation der (binären) Ikosaedergruppe ausgeübt wird. Diese werden von der Geometrie des Ikosaeders geliefert. Der Isomorphismus der Ikosaedergruppe $G$ mit der alternierenden Gruppe $A_5$ wird nämlich realisiert durch die Aktion von $G$ auf fünf dem Ikosaeder einbeschriebenen Oktaedern, deren Eckpunkte genau die $30 = 5 \times 6$ Kantenmittelpunkte erschöpfen (vgl. I 1 § 8, wo Klein anstelle der Oktaeder von rechtwinkligen Tripeln von Querlinien redet). Jedem dieser fünf Oktaeder entspricht eine im wesentlichen eindeutige binäre Form 6. Grades $t_\nu$, $\nu = 1, \ldots, 5$, die genau in den sechs Eckpunkten des Oktaeders verschwindet. Bei geeigneter Normierung werden diese fünf Formen von der (binären) Ikosaedergruppe in gerader Weise permutiert. Ähnliches gilt von den Hesseschen Formen 8. Grades $W_\nu$ der $t_\nu$. Ihre Nullstellen auf $\mathbf{P}^1$ repräsentieren jeweils die acht Eckpunkte eines zu einem Oktaeder dualen Würfels. Klein betrachtet nun die bihomogene, über $\mathbf{Q}(\mu_5)$ definierte Abbildung

$$\begin{array}{ccc} \mathbf{C}^2 \times \mathbf{C}^2 & \longrightarrow & \mathbf{C}^5 \\ \big((z_1, z_2), (m, n)\big) & \longmapsto & (y_1, \ldots, y_5) \end{array}$$
$$y_\nu = mT(z_1, z_2)W_\nu(z_1 + z_2) + nf^2(z_1, z_2)t_\nu(z_1, z_2)W_\nu(z_1, z_2).$$

Hierbei sind $T$ und $f$ die Invarianten der binären Ikosaedergruppe $\hat{G}$ vom Grade 30 und 12. Diese Abbildung induziert aufgrund ihrer Homogenität eine rationale Abbildung

$$\begin{array}{ccc} \eta\colon \mathbf{P}^1 \times \mathbf{P}^1 & \longrightarrow & \mathbf{P}^4 \\ \big((z_1 : z_2), (m : n)\big) & \longmapsto & (y_1 : \cdots : y_5) \end{array}$$

deren "Bild" mit der Quadrik $Q$ übereinstimmt (II 3 § 4). Wie man leicht sieht, genügt zur Berechnung der Wurzeln $y_1, \ldots, y_5$ einer (nichttrivialen) Hauptgleichung die Konstruktion eines entsprechenden Punktes $(y_1 : \cdots : y_5) \in Q \subset \mathbf{P}^4$. Sei $z$ die Ikosaedersolvente einer solchen Hauptgleichung. Mittels invariantentheoretischer Methoden bzw. eines Koeffizientenvergleichs bestimmt Klein (in II 3 § 5) Koeffizienten $m$, $n$ (in rationaler Abhängigkeit von den Koeffizienten $a$, $b$, $c$ und der Wurzel aus der Diskriminante der ursprünglichen Gleichung), so daß $\eta\big((z : 1), (m : n)\big) = (y_1 : \cdots : y_5)$, wobei $y_1, \ldots, y_5$ die Wurzeln der Gleichung sind.

## § 6. Der Aufbau des "Ikosaederbuches"

Da Klein selbst keine zusammenfassende inhaltliche Übersicht über sein Buch gegeben hat, mag es nach den obigen mathematischen Ausführungen nützlich sein, kurz etwas über Inhalt und Stellung der einzelnen Kapitel des Buches zu sagen. Dieses besteht aus zwei Abschnitten zu je fünf Kapiteln. Während sich der zweite Abschnitt ausschließlich mit der Theorie der Gleichungen fünften Grades auseinandersetzt, behandelt der mehr vorbereitende erste Abschnitt Konstruktionen und Fragen, die für alle regulären Körper sinnvoll sind, wobei dem Ikosaeder aufgrund der späteren Anwendungen gelegentlich besondere Beachtung widerfährt.

So führt das erste Kapitel I 1 die Polyedergruppen als Symmetriegruppen der regulären Körper ein. Es untersucht Untergruppen, Konjugationsklassen, natürliche Isomorphismen, Triangulation und Fundamentalbereich auf der dem Polyeder umbeschriebenen Kugel sowie die Erzeugung der Gruppen durch spezielle Elemente.

Im zweiten Kapitel I 2 wird die einem Polyeder umbeschriebene Kugel als Riemannsche Zahlenkugel $\mathbf{C} \cup \{\infty\}$ bzw. als projektive Gerade $\mathbf{P}^1$

interpretiert. Für die jetzt mittels gebrochen linearer Transformationen operierenden Polyedergruppen $G$ gibt Klein explizite Matrixrealisationen an. In diesem Zusammenhang treten auch die binären Polyedergruppen $\hat{G}$ als Urbilder der Gruppen $G$ unter dem natürlichen Homomorphismus $SL_2(\mathbf{C}) \longrightarrow PGL_2(\mathbf{C})$ auf. Das wichtigste Resultat des Kapitels ist die explizite Beschreibung der Quotientenabbildung $q\colon \mathbf{P}^1 \longrightarrow \mathbf{P}^1/G$ mittels invarianter binärer Formen.

Ziel des dritten Kapitels I 3 ist die funktionentheoretische Untersuchung der von Klein so benannten Fundamentalaufgabe, die in der (lokalen) Umkehrung der Abbildung $q\colon \mathbf{P}^1 \longrightarrow \mathbf{P}^1/G$ oder der Lösung der entsprechenden einparametrigen "Polyedergleichung" vom Grade $|G|$ (= Ordnung von $G$) besteht. Neben einer geometrischen Beschreibung der verzweigten Überlagerung $q$ erstellt er eine Differentialgleichung dritter Ordnung für die Umkehrfunktion. Letztere läßt sich als Quotient von Fundamentallösungen einer hypergeometrischen Differentialgleichung realisieren. Gleichzeitig betrachtet Klein hier auch das bei diesen Entwicklungen natürlich auftretende "Formenproblem" für die binären Polyedergruppen. In Analogie zur Fundamentalaufgabe bezieht sich dieses auf die (lokale) Umkehr der binären Quotientenabbildung $\mathbf{C}^2 \longrightarrow \mathbf{C}^2/\hat{G}$.

Das vierte Kapitel I 4 analysiert die Fundamentalaufgaben, d.h. die Lösung der Polyedergleichungen vom algebraischen Standpunkt der Galoisschen Theorie. Aus heutiger Sicht geht es dabei um die Untersuchung der Körpererweiterung $K^G \subset K$, bei der $K$ der Funktionenkörper der projektiven Geraden $\mathbf{P}^1$ über dem Konstantenkörper $\mathbf{Q}(\mu_n)$ ($n$ passend, d.h. $n = 5$ im Ikosaederfall) und $K^G$ der Fixkörper unter der auf $K$ operierenden Polyedergruppe $G$ ist. Nach einem zeitgenössischen Abriß der Galoisschen Theorie beschreibt Klein relevante Zwischenkörper durch erzeugende Elemente und ihre minimalen Gleichungen über $K^G$ ("Resolventen"). Wegen der späteren Anwendungen finden dabei die Resolventen fünften (und sechsten) Grades der Ikosaedergleichung besondere Beachtung.

Der erste Abschnitt des Buches wird durch das Kapitel I 5 abgeschlossen, das zunächst die bisherigen Entwicklungen mit allgemeineren oder verwandten Fragestellungen in Beziehung setzt (Klassifikation der endlichen Untergruppen von $PGL_2(\mathbf{C})$, Formenprobleme und deren Reduktion für beliebige endliche oder diskrete Gruppen) und dann die Lösung der Polyedergleichungen durch elliptische Integrale und Modulfunktionen skizziert.

Das Kapitel II 1 leitet den zweiten Abschnitt des Buches mit einer historischen Übersicht ein, in der Klein die transzendenten und algebraischen Aspekte der Lösungen der Gleichungen fünften Grades durch Hermite, Brioschi und Kronecker skizziert. Gleichzeitig dient es als thematische Vorbereitung auf die systematischen Entwicklungen der folgenden Kapitel.

Allerdings besitzt auch noch das Kapitel II 2 vorbereitenden Charakter, indem es Kleins geometrische Interpretation gleichungstheoretischer Situationen und Konstruktionen ("Bilder von Gleichungen", "Tschirnhaustransformationen", "Resolventen") vorstellt. Dabei führen die Verhältnisse bei Gleichungen fünften Grades praktisch unmittelbar auf die Geometrie des dreidimensionalen projektiven Raumes $\mathbf{P}^3$ und seiner Untervarietäten. So schließt das Kapitel auch mit einer detaillierten Diskussion der Graßmannvarietät aller Geraden des $\mathbf{P}^3$ sowie der linearen Erzeuger auf einer nichtsingulären Quadrik.

Nach Kleins eigenen Worten erreichen wir in Kapitel II 3 den Mittelpunkt des "Ikosaederbuches". Hier führt er die von uns im obigen Abschnitt "*5. Kleins geometrischer Zugang*" skizzierte Lösungstheorie der Hauptgleichungen fünften Grades in jeder Einzelheit durch. Nach einer ersten elementaren, aber kunstvollen Methode erläutert er auch einen begrifflicheren, invariantentheoretischen Zugang, der auf Gordan zurückgeht. Abschließend geht er von dem gewonnenen Standpunkt auf die Bring-Jerrard-Normalform and Hermites Lösungsmethode ein.

Von seiner unmittelbaren Zielsetzung her entfernt sich das Kapitel II 4 wieder von den Gleichungen fünften Grades. Es behandelt die Reduktion eines "Formenproblems", d.h. des Problems der Umkehr eines ternären Ikosaederquotienten $\mathbf{C}^3 \longrightarrow \mathbf{C}^3/G$, auf die Lösung der Ikosaedergleichung. Zu diesem Zweck entwickelt Klein die Invarianten- und (einen Teil der) Kovariantentheorie der ternären Ikosaedergruppe (vgl. vor allem §§ 2, 3 bzw. 8, 9, 10). Die Motivation für diese Entwicklungen liegt in den älteren Arbeiten Brioschis und Kroneckers, in denen die sogenannten Jacobischen Gleichungen sechsten Grades, als Resolventen von Gleichungen fünften Grades, eine zentrale Rolle spielen. Klein zeigt, daß das Problem der Lösung dieser Gleichungen im wesentlichen äquivalent zum obigen Formenproblem ist (§ 6). Brioschis Resolventen fünften Grades der Jacobischen Gleichungen ordnen sich ebenfalls auf natürliche und geometrisch höchst interessante Weise ein. Insgesamt liefert dieses Kapitel viele Anknüpfungen an reiche geometrische Strukturen, auf die Klein aber nicht immer voll eingeht. Ebenfalls fallen die Formeln zur Reduktion des Formenproblemes etwas weniger detailliert aus als im vorhergehenden Kapitel.

Das letzte Kapitel II 5 kann sich nun auf die vorangegangenen stützen, um allgemeine Gleichungen fünften Grades auf die Ikosaedergleichung zu reduzieren. Dazu stehen zwei Methoden zur Verfügung. Einmal läßt sich jede Gleichung fünften Grades durch Tschirnhaustransformation in eine Hauptgleichung verwandeln und dann gemäß den Prinzipien von Kapitel II 3 behandeln. Zudem zeigt Klein jetzt mittels liniengeometrischer Konstruktionen, daß sich die Gleichungen fünften Grades auf das Formenproblem des Kapitels II 4 reduzieren lassen, welches dort bereits auf die Ikosaedergleichung zurückgeführt war. Eine eingehende Analyse erhellt die innere Verwandtschaft beider Methoden, deren Differenz letztlich auf der verschiedenen Anordnung fundamentaler Schritte, wie der Einführung einer akzessorischen Quadratwurzel, beruht. Die Benutzung einer solchen Wurzel erweist sich im allgemeinen Fall als unvermeidlich, und diese Tatsache ermöglicht Klein zum Abschluß des Buches den Beweis einer Behauptung Kroneckers, nach der es keine einparametrige rationale Resolvente für die allgemeine Gleichung fünften Grades geben kann.

# VORLESUNGEN

# ÜBER DAS IKOSAEDER

UND DIE

# AUFLÖSUNG

DER

# GLEICHUNGEN VOM FÜNFTEN GRADE

VON

**FELIX KLEIN,**

O. Ö. PROFESSOR DER GEOMETRIE A. D. UNIVERSITÄT LEIPZIG.

MIT EINER LITHOGRAPHIRTEN TAFEL.

LEIPZIG,

DRUCK UND VERLAG VON B. G. TEUBNER.

1884.

# Vorrede.

Die Theorie des Ikosaeders hat in den letzten Jahren für fast alle Gebiete der modernen Analysis eine solche Bedeutung gewonnen, dass es nützlich schien, eine zusammenhängende Darstellung derselben zu veröffentlichen. Erweist sich dieselbe als brauchbar, so denke ich in gleicher Richtung weiter zu gehen und die Lehre von den elliptischen Modulfunctionen sowie die allgemeinen Untersuchungen über eindeutige Functionen mit linearen Transformationen in sich, wie sie in neuester Zeit entstanden sind, in ähnlichem Sinne zu bearbeiten. Es würde auf solche Art ein mehrbändiges Werk entstehen, von welchem ich eine Förderung der Wissenschaft jedenfalls insofern erwarte, als es Vielen den Zugang zu aussichtsreichen Gebieten der neueren Mathematik eröffnen kann.

Indem ich wegen der Begrenzung des Stoffes, welche ich dieses Mal eingehalten habe, im Allgemeinen auf die folgende Darstellung selbst verweise, möchte ich hier nur besonders auf den zweiten Abschnitt, der die Auflösung der Gleichungen fünften Grades behandelt, aufmerksam machen. Es sind jetzt volle 25 Jahre her, dass die Herren *Brioschi*, *Hermite* und *Kronecker* in vereinten Arbeiten die moderne Theorie der Gleichungen fünften Grades geschaffen haben. Aber so oft auch ihre Untersuchungen genannt werden, ein eigentliches Verständniss in weiteren Kreisen des mathematischen Publikums haben dieselben bis jetzt nicht gefunden. Indem ich im Folgenden die Lehre vom Ikosaeder voranstelle und als die eigentliche Grundlage des Auflösungsprocesses betrachte, entsteht eine Ansicht der Theorie, wie sie einfacher und durchsichtiger wohl nicht mehr gewünscht werden kann.

Eine besondere Schwierigkeit, die sich bei der Durchführung meiner Absicht darbot, lag in der Verschiedenartigkeit der in die Ikosaedertheorie eingreifenden mathematischen Disciplinen. Es schien mir diesbezüglich am Zweckmässigsten, nach keiner Seite specifische Vorkenntnisse vorauszusetzen, sondern überall solche Erläuterungen und Literaturangaben einzuschalten, welche zu einer ersten Orientirung auf dem gerade in Betracht kommenden Gebiete ausreichen dürften. Was ich dagegen vom Leser verlange, ist eine gewisse Reife des mathematischen Urtheils, vermöge deren kurzgefasste Schlüsse genügen, um jedesmal vom Einzelnen zum Allgemeinen aufzusteigen. Es sind dies dieselben Grundsätze, welche ich von jeher in meinen höheren Vorlesungen befolgte (wie ich denn auch in den Einzelheiten der Darstellung meiner Vorlesungspraxis gefolgt bin); in diesem Sinne wolle man den Titel verstehen, den ich meinen Darlegungen gegeben habe.

Ich kann diese kurzen Vorbemerkungen nicht schliessen, ohne meinen verehrten Freunden, den Herren Prof. *Lie* in Christiana und Prof. *Gordan* in Erlangen, für vielfache Anregung und Unterstützung meinen besonderen Dank auszusprechen. Meine Verpflichtungen gegen Hrn. Lie gehen in die Jahre 1869—70 zurück, wo wir in engem Verkehre mit einander unsere Studienzeit in Berlin und Paris abschlossen. Wir fassten damals gemeinsam den Gedanken, überhaupt solche geometrische oder analytische Gebilde in Betracht zu ziehen, welche durch *Gruppen von Aenderungen* in sich selbst transformirt werden. Dieser Gedanke ist für unsere beiderseitigen späteren Arbeiten, soweit dieselben auch auseinander zu liegen scheinen, bestimmend geblieben. Während ich selbst in erster Linie Gruppen *discreter* Operationen ins Auge fasste und also insbesondere zur Untersuchung der regulären Körper und ihrer Beziehung zur Gleichungstheorie geführt wurde, hat Hr. Lie von vorneherein die schwierigere Theorie der *continuirlichen* Transformationsgruppen und somit der *Differentialgleichungen* in Angriff genommen. — Es war im Herbst 1874, dass ich mit Hrn. Gordan nähere Beziehung gewann. Ich hatte damals bereits für mich die Theorie des Ikosaeders begonnen (ohne noch die früheren Arbeiten von Hrn. *Schwarz* zu kennen, auf die in der Folge wiederholt Bezug zu nehmen sein wird), aber ich betrachtete meine ganze Art der Fragestellung nur erst als eine Uebungsaufgabe. Wenn jetzt aus den damaligen Anfängen eine weitreichende Theorie entstanden ist, so verdanke ich dies in erster Linie Hrn. Gordan. Ich gedenke hier nicht besonders seiner eigenen einschlägigen Arbeiten, über welche noch fernerhin ausführlich Bericht erstattet werden soll. Wohl aber muss ich an dieser Stelle anführen, was durch blosse Citate nicht ausgedrückt werden kann: dass Hr. Gordan mich bei meinen Arbeiten immer wieder anspornte, wenn ich ermüdete, und dass er mit der grössten Uneigennützigkeit mir über viele Schwierigkeiten hinweghalf, die ich allein nie überwunden hätte.

Leipzig, den 24. Mai 1884.

**F. Klein.**

# Inhalts-Verzeichniss.

## Abschnitt I.

## Theorie des Ikosaeders in engerem Sinne.

### Kapitel I.

### Die regulären Körper und die Gruppentheorie.



### Kapitel II.

### Einführung von $x + iy$.

## Kapitel III.

### Formulirung und functionentheoretische Discussion der Fundamentalaufgaben.



## Kapitel IV.

### Ueber den algebraischen Charakter unserer Fundamentalaufgaben.



## Kapitel V.

### Allgemeine Theoreme und Gesichtspunkte.

## Abschnitt II.

## Theorie der Gleichungen fünften Grades.

### Kapitel I.

Ueber die historische Entwickelung der Lehre von den Gleichungen fünften Grades.



### Kapitel II.

Einführung geometrischer Hülfsmittel.



### Kapitel III.

Die Hauptgleichungen vom fünften Grade.

## Kapitel IV.

### Das Problem der A und die Jacobi'schen Gleichungen sechsten Grades.



## Kapitel V.

### Die allgemeinen Gleichungen fünften Grades.



---

## Verzeichniss einiger Druckfehler.

p. 56: In Formel (57) muss die Determinante ein positives Vorzeichen haben.

p. 70, Z. 14 v. o.: statt $Z$-Kugel zu lesen $z$-Kugel.

p. 73, Z. 3 v. o.: Der Factor ist beim Ikosaeder ebenfalls gleich $+1$. Da fernerhin (Z. 13 v. o.) derselbe Factor noch einmal wiederkehrt, so bleiben die Formeln (21) doch richtig.

p. 79, Z. 3 v. o.: statt $Z$ zu setzen $z$.

p. 121, Formel (8): statt $\frac{1}{z} p^2$ muss $\frac{1}{2} p^2$ stehen.

p. 121, Z. 7 v. o.: statt Kap. II zu lesen Kap. III.

---

# Abschnitt I.

# Theorie des Ikosaeders in engerem Sinne.

# Kapitel I.

## Die regulären Körper und die Gruppentheorie.

### § 1. Die Fragestellung.

Wenn wir im Folgenden von dem Ikosaeder, oder überhaupt einem regulären Körper sprechen, so ist dieser Ausdruck in übertragenem Sinne zu verstehen. Wir operiren nämlich nicht eigentlich mit allgemeinen Raumconstructionen, sondern beschränken uns im Wesentlichen auf die *Kugeloberfläche*, welche durch die Ecken des regulären Körpers hindurchgelegt ist, und auf die wir die Kanten und Seitenflächen des regulären Körpers durch geradlinige Projection vom Mittelpunkte der Kugel aus übertragen denken. Das nähere Object unserer Betrachtung ist also eine bestimmte *Kugeltheilung*, und nur der bequemeren Ausdrucksweise wegen greifen wir auf die Benennungen und zum Theil auch die Constructionen der Raumgeometrie zurück.

Den regulären Körpern, wie sie die Alten kannten, rechnet man in neuerer Zeit gewöhnlich noch die *Kepler*'schen Körper (deren Seitenflächen sich wechselseitig durchdringen) hinzu. Wollte man sie in der erwähnten Weise durch Centralprojection auf die Oberfläche der Kugel übertragen, so würde eine mehrfache Ueberdeckung der Kugel entstehen. Es ist sogar nicht schwer zu sehen, dass es ähnlicher Ueberdeckungen von regulärem Charakter unendlich viele giebt*). Aber derartige relativ complicirte Verhältnisse sollen in der Folge bei Seite gelassen werden. Wir untersuchen allein jene einfachen Figuren, welche in dem genannten Sinne dem *regulären Tetraeder*, dem *Oktaeder*, dem *Würfel*, dem *Ikosaeder* und dem *Pentagondodekaeder* entsprechen. Ihnen werden wir dann noch eine sechste Configuration hinzurechnen, welche dem *ebenen regulären n Eck* correspondirt. In der That können wir letzteres, indem wir uns den von den Seiten des regulären $n$ Ecks begrenzten Ebenentheil als doppelt denken, als einen regulären Körper, als *Dieder*, wie wir sagen wollen, bezeichnen: nur dass dieser Körper, der elemen-

*) Vgl. hierzu das neue Werk von *Hess:* Einleitung in die Lehre von der Kugeltheilung mit besonderer Berücksichtigung ihrer Anwendung auf die Theorie der gleichflächigen und der gleicheckigen Polyeder. Leipzig 1883.

taren Vorstellung eines solchen zuwider, keinen Raum einschliesst. Uebertragen wir das Dieder durch Centralprojection auf die Oberfläche der umgeschriebenen Kugel, so haben wir zunächst, den $n$ Ecken desselben entsprechend, auf einem grössten Kreise (der fortan als Aequator benannt werden soll) $n$ äquidistante Punkte, zwischen ihnen, als Gegenbild der Kanten des Dieders, die $n$ Stücke, in welche dieser Kreis durch die $n$ Punkte zerlegt wird. Wir setzen dann, wie es naturgemäss ist, den beiden soeben unterschiedenen Begrenzungsebenen des Dieders die beiden vom Aequator umgrenzten Halbkugeln entsprechend.

Es sind nun aber, und dies muss von vornherein hervorgehoben werden, im Folgenden nicht eigentlich die hiermit aufgezählten Figuren selbst, die den Gegenstand unserer Betrachtung ausmachen, vielmehr sind es jene *Drehungen*, oder auch *Spiegelungen*, oder kurz gesagt: *diejenigen elementargeometrischen Operationen*, durch welche die genannten Figuren mit sich selbst zur Deckung kommen. *Die Figuren sind für uns nur das Orientirungsmittel, vermöge dessen wir die Gesammtheit gewisser Drehungen oder sonstiger Umänderungen übersehen.* Daher wird für uns der einzelne reguläre Körper mit seiner *Polarfigur*, die bei denselben Operationen ungeändert bleibt, wie er selbst, untrennbar verbunden sein. In diesem Sinne gehört das *Oktaeder* mit dem *Würfel* zusammen, dessen Ecken den Mittelpunkten der Seitenflächen des Oktaeders entsprechen, das *Ikosaeder* mit dem *Pentagondodekaeder*, das analoge Lage hat. Von demselben Princip ausgehend werden wir mit dem *Tetraeder* zusammen immer das zugehörige *Gegentetraeder* in Betracht ziehen (dessen Ecken den Ecken des ursprünglichen Tetraeders diametral gegenüber stehen), wir werden endlich beim *Dieder*, den beiden Seitenflächen desselben entsprechend, die beiden *Pole* der Kugel markiren*). So sind es also im Grunde viererlei Gestaltungen, die unserer Betrachtung unterliegen. Wir werden dieselben im Folgenden kurz durch die Benennungen *Dieder*, *Tetraeder*, *Oktaeder* und *Ikosaeder* charakterisiren. Wenn wir den Fall des Ikosaeders in den späteren Entwickelungen vielfach ganz besonders hervorheben, wenn wir, dementsprechend, das Ikosaeder allein in der Ueberschrift dieses Abschnittes genannt haben, so geschieht es, weil der Fall der Ikosaederconfiguration unter den übrigen Fällen in jeder Beziehung der interessanteste ist.

Indem wir uns jetzt die Aufgabe stellen, die in Rede stehenden Drehungen etc. zu studiren, durch welche die genannten Configurationen

---

*) Die Configuration des Dieders ist also dieselbe, welche sonst wohl als *Doppelpyramide* bezeichnet wurde.

in sich übergehen, gebietet sich von vornherein der Anschluss an jene wichtige und umfassende Theorie, welche zumal durch *Galois'* bahnbrechende Arbeiten geschaffen worden ist*) und die man als *Gruppentheorie* bezeichnet**). Ursprünglich aus der Gleichungstheorie erwachsen und dementsprechend auf die *Vertauschungen* irgend welcher Elemente bezüglich, umfasst diese Theorie, wie man seit lange erkannt hat, überhaupt jede Frage, bei der es sich um eine geschlossene Mannigfaltigkeit irgend welcher *Operationen* handelt. Man sagt von beliebigen Operationen, dass sie eine *Gruppe* bilden, wenn je zwei der Operationen zusammengesetzt immer wieder eine Operation unter der bereits gegebenen erzeugen. In diesem Sinne haben wir sofort den Satz:

*Die Drehungen, welche einen regulären Körper mit sich selbst zur Deckung bringen, bilden in ihrer Gesammtheit eine Gruppe.*

Denn es ist klar, dass irgend zwei Drehungen dieser Art, hinter einander angewandt, immer wieder eine Drehung derselben Beschaffenheit erzeugen. — Anders ist es mit den *Spiegelungen*, vermöge deren ein regulärer Körper in sich verwandelt wird. *Diese bilden für sich genommen keine Gruppe.* Denn zwei Spiegelungen ergeben, hinter einander angewandt, keine Spiegelung, sondern eine Drehung. Wohl aber wird wieder eine Gruppe gebildet, wenn wir diese Spiegelungen mit den eben genannten Drehungen und gewissen anderen, aus ihnen durch Zusammensetzung entstehenden Operationen zusammen nehmen. Wir werden übrigens diese Gruppen in der Folge nur beiläufig betrachten und sie dann als *erweiterte* Gruppen bezeichnen.

## § 2. Gruppentheoretische Vorbegriffe.

Ehe wir uns den speciellen Gruppen zuwenden, die bei den regulären Körpern auftreten, wird es nützlich sein, gewisse allgemeine Begriffe zur Sprache zu bringen, die in der Gruppentheorie anderwärts ihre Ausbildung gefunden haben. Ich bitte den Leser, welcher mit diesen Theorien noch nicht vertraut ist, sich in Verbindung mit der kurzen Darlegung, die hier gegeben werden soll, (und die bei späteren Gelegenheiten noch nach verschiedenen Richtungen vervollständigt wer-

*) 1829; man vgl. *Oeuvres de Galois* in Liouville's Journal, sér. I, t. 11 (1846).

**) Wenn sich die Erläuterungen des Textes fast ganz auf gruppentheoretische Betrachtungen beschränken, so werden den Geometer über diese hinaus die merkwürdigen Lagenverhältnisse interessiren, welche im einzelnen Falle auf Grund der gruppentheoretischen Beziehungen, und von ihnen beherrscht, erwachsen. Ich möchte hier auf die Untersuchungen aufmerksam machen, welche die Herren *Reye* und *Stephanos* in diesem Sinne der Theorie des Würfels haben zu Theil werden lassen (Acta Mathematica, t. I (p. 93, 97), Mathem. Annalen XXII (p. 348), 1883).

den wird) mit einer der ausführlicheren Darstellungen bekannt zu machen, welche die Gruppentheorie neuerdings gefunden hat*).

Wir betrachten im Folgenden, von einzelnen Ausnahmen abgesehen, nur *endliche* Gruppen. Eine solche Gruppe ist zunächst charakterisirt durch die *Anzahl*, $N$, der Operationen, welche sie umfasst, wobei man die sogenannte „identische" Operation immer als eine mitzählt; wir bezeichnen diese Zahl als *Grad* der Gruppe. Des Weiteren werden wir die *Periodicität* der einzelnen Operationen angeben, d. h. die Anzahl der Wiederholungen, deren die einzelne Operation bedarf, um zur Identität zurückzuführen, hierüber hinaus aber die Gesammtheit der *Untergruppen* unserer Gruppe, d. h. alle solche Zusammenstellungen eines Theiles unserer Operationen, welche für sich genommen Gruppencharakter besitzen. Der Grad einer Untergruppe ist immer ein Theiler des Grades $N$ der Hauptgruppe. Die einfachsten Untergruppen (und überhaupt Gruppen) sind allemal jene, welche aus den Wiederholungen einer einzelnen Operation entstehen, deren Grad also gleich der Periode der betreffenden Operation ist; sie mögen *cyclische* Untergruppen, bez. Gruppen, genannt werden.

Aber eine blosse Aufzählung der hiermit geforderten Dinge genügt nicht; wir wünschen vielmehr auch über die *Stellung* der einzelnen Operationen, Untergruppen u. s. w. innerhalb der Gesammtgruppe orientirt zu werden. In dieser Beziehung beachte man die folgenden Definitionen.

Verabreden wir zunächst, dass wir unter dem Producte zweier Operationen $S$ und $T$:

$$ST$$

diejenige Operation verstehen wollen, welche entsteht, wenn wir zuerst $S$ und dann $T$ eintreten lassen. Im Allgemeinen ist keineswegs:

$$ST = TS,$$

tritt dies im besonderen Falle ein, so nennt man die beiden Operationen $S$ und $T$ *vertauschbar*. Man bilde sich nun allgemein:

$$STS^{-1} = T'$$

(wo $S^{-1}$ diejenige Operation bezeichnet, welche mit $S$ verbunden, die 1, d. h. die Identität, erzeugt). Sind $S$ und $T$ nicht vertauschbar, so ist

*) Cf. *J. A. Serret*, Traité d'algèbre supérieure (Paris, 4. éd. 1879), deutsch von Wertheim (Leipzig, 2. Aufl., 1878—79); *C. Jordan*, Traité des substitutions et des équations algébriques (Paris 1870); *E. Netto*, Substitutionentheorie und ihre Anwendung auf die Algebra (Leipzig 1882). Insbesondere sei noch auf die Aufsätze verwiesen, welche Hr. *Dyck* in den Bänden 20 und 22 der Mathematischen Annalen (1882, 83) als „Gruppentheoretische Studien" hat erscheinen lassen.

$T'$ von $T$ verschieden; wir sagen dann, *dass $T'$ aus $T$ durch Transformation hervorgehe*, und nennen $T$ und $T'$ innerhalb der Gesammtgruppe *gleichberechtigt*. In der That wird $T'$ mit $T$ in allen wesentlichen Eingenschaften übereinstimmen, z. B. (wie man sofort sieht*)) dieselbe Periodicität besitzen.

Es durchlaufe jetzt $T$ die Operationen $T_1, T_2, \cdots T_k, \cdots$ irgend einer Untergruppe. Dann geschieht (indem wir bei allen $T$ jedesmal das nämliche $S$ verwenden) dasselbe mit dem zugehörigen $T'$, so zwar, dass $T_i' T_k' = T_e'$ ist, sobald $T_i T_k$ mit $T_e$ zusammenfällt**). Die Gruppen der $T$ und der $T'$ nennen wir dann ihrerseits innerhalb der Gesammtgruppe *gleichberechtigt*.

Wir müssen nun insbesondere den Fall betrachten, dass beiderlei Untergruppen (die ursprüngliche und die transformirte) zusammenfallen. Geschieht dies bei sämmtlichen Operationen $S$, die wir aus der Gesammtgruppe zur Transformation unserer Untergruppe auswählen mögen, erweist sich unsere Untergruppe somit als nur mit sich selbst gleichberechtigt, so nennen wir sie eine *ausgezeichnete* Untergruppe. Jede Gruppe enthält, sofern wir diese Definition urgiren wollen, zwei ausgezeichnete Untergruppen: das ist einmal die Gesammtheit aller ihrer Operationen, d. h. die Gruppe selbst, und andererseits jene einfachste Gruppe, die allein aus der identischen Operation besteht. Umfasst eine Gruppe von diesen beiden, uneigentlichen Fällen abgesehen, keinerlei ausgezeichnete Untergruppe, so heisst sie *einfach*, andernfalls *zusammengesetzt*.

Bei den zusammengesetzten Gruppen erforschen wir insbesondere deren *Zerlegung*. Man zerlegt eine Gruppe, indem man eine möglichst ausgedehnte***) in ihr enthaltene ausgezeichnete Untergruppe angiebt, dann weiter eine neue, in der so gewonnenen Untergruppe ausgezeichnet enthaltene und dabei möglichst ausgedehnte Untergruppe, etc. und so fortfährt, bis man zur Identität gekommen ist. Es braucht kaum gesagt zu werden, dass sich unter Umständen dieser Zerlegungsprocess auf mannigfache Weise abändern lässt.

Ueber diese einfachsten, bei der einzelnen Gruppe in Betracht kommenden Definitionen hinaus muss ich noch derjenigen Beziehung zwischen zwei Gruppen gedenken, die man als *Isomorphismus* bezeichnet.

---

*) Ist $T' = STS^{-1}$, so ist $(T')^2 = STS^{-1} \cdot STS^{-1} = ST^2S^{-1}$, überhaupt $(T')^r = ST^rS^{-1}$. Wird also $T^n = 1$, so ist auch $(T')^n = 1$, und umgekehrt, w. z. b. w.

**) Denn es ist wieder $T_i' T_k' = ST_iS^{-1} \cdot ST_kS^{-1} = ST_iT_kS^{-1} = ST_eS^{-1}$.

***) D. h. eine solche, welche nicht noch in einer umfassenderen und ebenfalls ausgezeichneten Untergruppe enthalten ist.

Zwei Gruppen heissen isomorph, wenn man ihre Operationen $S$, $S'$ derart einander zuweisen kann, dass immer $S_i S_k$ dem $S_i' S_k'$ entspricht, sofern $S_i$ dem $S_i'$, $S_k$ dem $S_k'$ entsprechend gesetzt ist.

Die isomorphe Beziehung kann eine wechselseitig eindeutige sein; man spricht dann von *holoedrischem* Isomorphismus. Es sind in diesem Falle die beiden Gruppen abstract genommen überhaupt identisch, und es ist nur die *Bedeutung* der beiderseitigen Operationen, in denen eine Verschiedenheit liegen kann. Die Untergruppen der einen Gruppe liefern also ohne Weiteres die Untergruppen der anderen Gruppe, etc. etc.

Aber die Zuordnung kann auch eine mehrdeutige sein, worauf man den Isomorphismus als *meriedrisch* bezeichnet. Auch dann noch entspricht jeder Untergruppe der $S$ eine solche der $S'$, und umgekehrt, nur dass die beiderlei Untergruppen nicht denselben Grad zu besitzen brauchen. Zugleich liefern gleichberechtigte Untergruppen solche der anderen. Es werden sich also auch ausgezeichnete Untergruppen der einen Gruppe in solche der anderen verwandeln. Insbesondere entspricht der Identität, wenn wir sie den $S$ zurechnen, innerhalb der $S'$ eine ausgezeichnete Untergruppe, und umgekehrt*).

In der Folge werden wir hauptsächlich mit solchen Beispielen von meriedrischem Isomorphismus zu thun haben, bei denen jedem $S$ nur ein $S'$ entspricht, jedem $S'$ aber zwei $S$ zugeordnet sind (so dass die Anzahl der $S$ doppelt so gross ist, als die Anzahl des $S'$). Wir werden dann schlechtweg von einem *hemiedrischen* Isomorphismus reden.

## § 3. Die cyclischen Rotationsgruppen.

Indem wir uns nunmehr zur näheren Betrachtung der Gruppen wenden, welche von den Drehungen gebildet werden, die eine der in § 1 genannten Configurationen mit sich zur Deckung bringen, müssen wir die einfachsten Rotationsgruppen, *diejenigen, die durch Wiederholung einer einzigen periodischen Rotation erzielt werden*, voranstellen. Offenbar bleiben bei einer solchen Gruppe zwei Punkte unserer Kugel, die wir die beiden *Pole* nennen wollen, ungeändert, und es besteht die Gruppe, wenn sie im Ganzen $n$ Rotationen umfasst, aus den $n$ Drehungen durch einen Winkel

$$= 0, \frac{2\pi}{n}, \frac{4\pi}{n}, \ldots\ldots \frac{2(n-1)\pi}{n}$$

um die die beiden Pole verbindende Axe.

Constatiren wir zuvörderst, dass je zwei Drehungen dieser Gruppe

*) Vgl. ausser den bereits genannten Publicationen insbesondere: *Capelli*, sopra l'isomorfismo . . . . im 16. Bande des Giornale di Matematiche (1878).

mit einander vertauschbar sind. Daher ist jede einzelne Drehung, sowie jede Untergruppe, die man aus einzelnen Drehungen zusammensetzen kann, nur mit sich selber gleichberechtigt. Ob aber solche Untergruppen existiren, hängt vom Charakter der Zahl $n$ ab. Ist $n$ Primzahl, so ist die Existenz einer eigentlichen Untergruppe von vornherein ausgeschlossen (weil ihr Grad ein Theiler von $n$ sein müsste); ist $n$ zusammengesetzt, so giebt es jedem Theiler von $n$ entsprechend eine und nur eine Untergruppe, deren Grad gleich diesem Theiler ist*). Wir werden eine *Zerlegung* unserer Gruppe erhalten, wenn wir zunächst die Untergruppe aufsuchen, die in diesem Sinne einem möglichst umfassenden in $n$ enthaltenen Theiler entspricht, und dann die so erhaltene Untergruppe in demselben Sinne weiter behandeln.

Wollen wir gleich hier den Begriff des Isomorphismus einüben, so bemerken wir, dass unsere Gruppe mit dem Inbegriff der „cyclischen" Vertauschungen von irgend $n$ in bestimmter Reihenfolge genommenen Elementen:

$$(a_0, a_1, a_2, \cdots\cdots a_{n-1})$$

holoedrisch isomorph ist. In der That können wir die bezeichneten Vertauschungen den bisher betrachteten Drehungen in einfachster Weise geometrisch zuordnen. Wir haben nur die $n$ *Punkte* zu construiren:

$$a_0, a_1, a_2, \cdots\cdots a_{n-1},$$

die aus einem beliebig gegebenen Punkte $a_0$ durch unsere Drehungen hervorgehen, und nun zuzusehen, wie diese Punkte ihrerseits sich bei den Drehungen permutiren.

Es ist überflüssig, bei so augenscheinlichen Dingen noch länger zu verweilen. Wir mussten sie anführen, weil die cyclischen Gruppen so zu sagen die Elemente sind, aus denen sich alle anderen aufbauen.

## § 4. Die Gruppe der Diederdrehungen.

Indem ich mich jetzt zur Configuration des Dieders wende, bitte ich den Leser, sich hier und bei den parallellaufenden Entwickelungen der folgenden Paragraphen zugehörige Zeichnungen anfertigen zu wollen oder sich geradezu an einem leicht zu verschaffenden *Modelle* die in Betracht kommenden Verhältnisse zu überlegen. Denn es handelt sich um durchaus concrete Dinge, welche vermittelst der genannten Hülfsmittel jedesmal leicht erfasst werden, aber ohne dieselben der Vorstellung gelegentlich Schwierigkeiten bereiten können. Auch würde

---

*) Ich gebe diese und ähnliche Behauptungen im Texte ohne Beweis, weil sie dem Leser entweder ohnehin geläufig sein werden oder ihm doch bei ruhigem Nachdenken ohne Weiteres einleuchten müssen.

ich die betreffenden Entwickelungen durchweg sehr viel ausführlicher haben anlegen müssen, hätte ich nicht eine Mitwirkung des Lesers in dem erwähnten Sinne voraussetzen wollen.

Wir benannten bereits jenen grössten Kreis unserer Kugel, welcher die $n$ Eckpunkte des Dieders trägt, als *Aequator*, haben auch schon die beiden zugehörigen *Pole* markirt. So ist zuvörderst klar, dass das Dieder bei der cyclischen Gruppe von $n$ Drehungen, bei der diese Pole festbleiben, in sich übergeht. Aber die Gruppe der zum Dieder gehörigen Drehungen ist hiermit noch nicht erschöpft. Wir wollen auf dem Aequator in der Mitte zwischen je zwei aufeinander folgenden Diedereckpunkten einen neuen Punkt markiren; die $n$ so entstehenden Punkte nennen wir die *Kantenhalbirungspunkte* des Dieders. Wir bezeichnen dann ferner jeden Durchmesser, der einen Eckpunkt oder einen Kantenhalbirungspunkt des Dieders enthält, als eine *Nebenaxe* desselben. Es gibt $n$ Nebenaxen des Dieders: ist $n$ ungerade, so enthält jede derselben einen Eckpunkt und einen Kantenhalbirungspunkt, ist $n$ gerade, so vertheilen sich die Nebenaxen auf zwei Kategorien, je nachdem sie zwei Eckpunkte oder zwei Kantenhalbirungspunkte verbinden. Auf alle Fälle bleibt das Dieder ungeändert, *wenn man es um eine beliebige dieser Nebenaxen umklappt*, d. h. durch den Winkel $\pi$ um die Nebenaxe dreht. So stellen sich also neben die schon erwähnte cyclische Gruppe von $n$ Drehungen $n$ weitere Drehungen, jede von der Periode 2.

*Ausser den hiermit aufgezählten Drehungen umfasst die Diedergruppe keine anderen.* In der That erkennen wir auf folgende Weise (die auch später immer wieder angewandt werden soll), dass die Zahl der Diederdrehungen gleich $2n$ sein muss. Wir überlegen zunächst, dass jeder Diedereckpunkt vermöge einer Diederdrehung in jeden anderen verwandelt werden kann, was $n$ Möglichkeiten abgiebt, dann aber, dass das Dieder, sofern wir einen Eckpunkt festhalten, nur noch auf zwei Weisen mit sich selbst zur Deckung gebracht werden kann, nämlich durch die Umklappung um die durch den betreffenden Eckpunkt hindurchlaufende Nebenaxe und durch die identische Operation. Jetzt muss die Anzahl der Diederdrehungen offenbar gleich dem *Producte* der beiden Theilzahlen sein, sie wird also gleich $2n$, w. z. b. w.

Ich will jetzt den Leser nicht durch Aufzählung aller in der Diedergruppe enthaltenen Untergruppen ermüden. Vielmehr mögen wir sofort jene erste cyclische Gruppe von $n$ Drehungen betrachten und beweisen, *dass diese als Untergruppe innerhalb der Gesammtgruppe des Dieders ausgezeichnet ist.* In der That, recurriren wir auf die Definition des § 2. Wir bezeichnen mit $T$, $T'$ Drehungen um die Hauptaxe des Dieders, mit $S$ irgend eine andere Diederdrehung. Dann verlangt unsere Behauptung, zu zeigen, dass $STS^{-1} = T'$ ist. Aber wenn $S$ selbst eine Drehung um die Hauptaxe bedeutet, so ist diese Relation selbstverständlich, — und ist $S$ eine Umklappung um eine der Nebenaxen, so wird der Effect dieser Umklappung, soweit die Hauptaxe in Betracht kommt, durch das folgende $S^{-1}$ wieder rückgängig gemacht, worauf in der That abermals unsere Relation resultirt.

Wir können den hiermit geführten Beweis auf ein allgemeines Princip beziehen, das wir hier um so lieber anführen, als es in der Folge noch wiederholt zur Anwendung kommen soll. Vereinbaren wir zunächst, dass wir, bei unseren Configurationen, solche geometrische Gebilde, welche durch eine Operation der zugehörigen Gruppe aus einander hervorgehen, als *gleichberechtigt* bezeichnen wollen. Wir construiren jetzt alle Gebilde, die mit einem gegebenen gleichberechtigt sind. Es seien nun $T_i$ diejenigen Operationen unserer Gruppe, welche die Eigenschaft haben, von den so construirten Gebilden jedes einzelne ungeändert zu lassen. *Dann bilden die $T_i$ innerhalb der Gesammtgruppe offenbar eine ausgezeichnete Untergruppe.* Denn jede Operation $ST_iS^{-1}$ gehört selbst zu den $T_i$, weil das $S$ nur eine Permutation der zu Grunde liegenden Gebilde bewirkt, welche durch $S^{-1}$ wieder rückgängig gemacht wird. — Die Anwendung dieses Principes auf unseren Fall ist deutlich. Wir haben nur als zu Grunde liegende gleichberechtigte Gebilde die beiden Pole des Dieders zu betrachten. Zufällig ist dabei (im Sinne des allgemeinen Princips), dass diejenigen Drehungen, welche den einen dieser Pole ungeändert lassen, von denjenigen, welche beide Pole zugleich in sich überführen, überhaupt nicht unterschieden sind.

Durch ähnliche Ueberlegungen bestimmen wir diejenigen unter den Diederdrehungen, welche miteinander gleichberechtigt sind. Ich sage in dieser Hinsicht, *dass jetzt von den Drehungen um die Hauptaxe die beiden, welche um $\frac{2k\pi}{n}$ und $-\frac{2k\pi}{n}$ drehen, gleichberechtigt sind, während die Umklappungen um die Nebenaxen bei ungeradem $n$ alle gleichberechtigt ausfallen, sich aber bei geradem $n$ in zwei Kategorien gleichberechtigter zerlegen.* Erstere Behauptung entspricht dem Umstande, dass bei den zwei in Vergleich gezogenen Drehungen um die Hauptaxe die beiden Pole des Dieders resp. in gleicher Weise afficirt werden*), letztere Behauptung der früheren Angabe, dass die Nebenaxen des Dieders entweder alle gleichberechtigt sind, oder, bei geradem $n$, sich

*) Indem nämlich eine Drehung durch $-\frac{2k\pi}{n}$ um den einen Pol mit einer Drehung durch $+\frac{2k\pi}{n}$ um den anderen Pol zusammenfällt.

auf zwei Arten gleichberechtigter Linien vertheilen. Hierüber hinaus bringen wir in beiden Fällen ein allgemeines Princip zur Verwendung, das wir dahin aussprechen können, dass wir sagen: *Solche zwei Operationen sind jedesmal gleichberechtigt, welche resp. zwei gleichberechtigte Gebilde in analoger Weise in sich selbst überführen.* Ich unterlasse es, des Längeren beim Beweise dieses Princips zu verweilen.

Sollen wir endlich eine *Zerlegung* der Diedergruppe angeben, so ist eine solche in dem früher Gesagten bereits implicite enthalten. Als umfassendste und zugleich ausgezeichnete Untergruppe wählen wir die Gruppe der $n$ Drehungen um die Hauptaxe. Diese selbst aber behandeln wir weiter nach den Angaben des vorigen Paragraphen.

Wir definiren noch eine Gruppe von Buchstabenvertauschungen, die mit der Diedergruppe holoedrisch isomorph ist. Zu dem Zwecke wollen wir jetzt die $n$ Eckpunkte des Dieders in ihrer natürlichen Reihenfolge mit

$$a_0, \; a_1, \cdots\cdots a_{n-1}$$

bezeichnen. So haben wir zunächst, wie im vorigen Paragraphen, den $n$ Drehungen um die Hauptaxe entsprechend, diejenigen cyclischen Vertauschungen der $a_\nu$, welche bez. $a_\nu$ durch $a_{\nu+k}$ ersetzen (die Indices modulo $n$ genommen). Wir finden ferner, dass bei der Umklappung um diejenige Nebenaxe, welche durch den Punkt $a_0$ hindurchläuft, $a_\nu$ durch $a_{n-\nu}$ ersetzt wird. Aus beiden Operationen zusammen erwächst die *metacyclische* Gruppe*), welche durch folgende Transformation der Indices vorgestellt wird:

$$\nu' \equiv \pm \nu + k \text{ (mod. } n),$$

und diese also ist mit unserer Diedergruppe holoedrisch isomorph, oder, was dasselbe ist, in abstractem Sinne identisch.

## § 5. Die Vierergruppe.

Die Erläuterungen des vorigen Paragraphen, wie schon die Definition des Dieders in § 1, setzen $n > 2$ voraus. Ist $n = 2$, so verliert die Figur des Dieders ihre Bestimmtheit, insofern dann die Eckpunkte des Dieders durch unendlich viele grösste Kreise verbunden werden können. Dem entsprechend erhalten wir als zugehörige Rotationsgruppe zunächst eine sogenannte *continuirliche***) Gruppe. So

---

*) Allgemein bezeichnet man so nach *Kronecker* jede Gruppe von Vertauschungen der $a_0, a_1, \cdots a_n$, welche durch $\nu' \equiv c n + k$ (mod. $n$) gegeben ist.

**) Man vergl. die ausgedehnten Untersuchungen von *Lie* im norwegischen Archiv (von 1873 an) und in Bd. XVI der Math. Annalen. Neuerdings hat Mr. *Poincaré* in seinen noch öfter zu nennenden Untersuchungen über eindeutige Functionen mit

interessant und überaus wichtig die Theorie der continuirlichen Gruppen in vielem Betracht ist, so wenig wird dieselbe im Folgenden von Bedeutung werden. Wir wollen daher im Falle $n = 2$ die Diederfigur dadurch zu einer bestimmten machen, dass wir unter den unendlich vielen durch die beiden Eckpunkte hindurchlaufenden grössten Kreisen einen bestimmten als Aequator auswählen. Die Hauptaxe der Figur bildet dann mit den beiden Nebenaxen ein *rechtwinkeliges Axenkreuz* und wir erhalten, ganz den Festsetzungen des vorigen Paragraphen entsprechend, eine zugehörige Gruppe von $2n = 4$ Drehungen. Treffen wir unter Zugrundelegung dieses Axenkreuzes eine gewöhnliche Coordinatenbestimmung, so wird der Punkt $x, y, z$ durch diese Drehungen in die weiteren Punkte:

$$\begin{array}{rrr} x, & -y, & -z; \\ -x, & y, & -z; \\ -x, & -y, & z \end{array}$$

verwandelt.

Offenbar umfasst unsere neue Gruppe von der Identität abgesehen nur Operationen von der Periode 2, und es ist zufällig, dass wir eine dieser Operationen an die Hauptaxe der Figur, die beiden anderen an die Nebenaxe geknüpft haben. · Dementsprechend will ich die Gruppe mit einem besonderen Namen belegen, der nicht mehr an die Diederconfiguration erinnert, und sie als *Vierergruppe* benennen.

Die Vierergruppe hat die ausgezeichnete Eigenschaft, die man sofort beweist, dass alle ihre Operationen *vertauschbar* sind*). Dementsprechend erscheint jede Operation als nur mit sich selber gleichberechtigt**). Die Zerlegung der Vierergruppe werden wir in der Weise bewerkstelligen, dass wir zunächst zu einer beliebigen Untergruppe von 2 Rotationen hinabsteigen, bei denen eine der drei Axen festbleibt, und dann von dieser zur Identität.

---

linearen Transformationen in sich das Wort „continuirliche Gruppe" in einem anderen Sinne gebraucht. Er bezeichnet als solche jede Gruppe von unendlich vielen, ob auch *discreten* Operationen, bei welcher unendlich kleine Transformationen auftreten. Die hierin liegende Modification des Sprachgebrauchs scheint mir indessen nicht zweckmässig.

*) Man zeigt leicht, dass zwei Drehungen nur dann vertauschbar sind, wenn entweder (wie bei der Vierergruppe) sich ihre Axen rechtwinkelig kreuzen und jede die Periode 2 hat, oder wenn (wie bei der cyclischen Gruppe) ihre Axen zusammenfallen.

**) Dem widerspricht nicht, wenn *innerhalb der sogleich zu studirenden umfassenderen Gruppen* die 3 Drehungen von der Periode 2, welche die Vierergruppe enthält, als gleichberechtigt erscheinen.

## § 6. Die Gruppe der Tetraederdrehungen.

Wir bemerkten schon oben, dass bei allen Drehungen, welche ein reguläres Tetraeder mit sich zur Deckung bringen, auch dessen Gegentetraeder in sich selbst verwandelt wird. Durch ihre acht Ecken bestimmen diese Tetraeder zusammengenommen einen *Würfel.* Indem wir sodann diejenigen 6 Kugelpunkte markiren, welche den Mittelpunkten der Seitenflächen dieses Würfels entsprechen, erhalten wir die 6 Ecken eines regulären *Oktaeders.* Man erkennt hieraus bereits die enge Beziehung, in welcher die Gruppe der Tetraederdrehungen zu der sogleich zu studirenden Oktaedergruppe steht. Wir wollen unsere Figur noch vervollständigen, indem wir das rechtwinkelige Axenkreuz der Oktaederdiagonalen und ebenso die 4 (durch den Mittelpunkt der Kugel laufenden) Würfeldiagonalen hinzufügen.

Indem wir jetzt die in § 4 entwickelten Principien zur Anwendung bringen, finden wir zunächst, *dass die Tetraedergruppe 12 Drehungen umfasst.* In der That: es gibt 4 gleichberechtigte Tetraedereckpunkte, und jeder dieser Eckpunkte bleibt bei 3 Drehungen ungeändert: bei der identischen Drehung und bei 2 Drehungen von der Periode 3, deren Axe die durch den Tetraedereckpunkt hindurchlaufende Würfeldiagonale ist.

Wir haben mit dem Gesagten zugleich die Einsicht gewonnen, *dass 8 von unseren 12 Drehungen die Periode 3 besitzen.* Von ihnen sind (wiederum auf Grund der in § 4 dargelegten Principien) je 4 gleichberechtigt, nämlich jedesmal diejenigen 4, welche um den bei ihnen festbleibenden Eckpunkt des gegebenen Tetraeders in *gleichem Sinne* durch $\frac{2\pi}{3}$ $\left(\text{oder durch } \frac{4\pi}{3}\right)$ zu drehen scheinen. Zu diesen 8 Drehungen und der Identität treten dann noch *3 gleichberechtigte Drehungen von der Periode 2.* Es sind die Umklappungen um die 3 zu einander rechtwinkeligen Oktaederdiagonalen, welch' letztere jetzt unter einander als gleichberechtigt erscheinen, weil sie bei jeder Drehung von der Periode 3 unter einander permutirt werden. Mit der Identität zusammen bilden die 3 in Rede stehenden Drehungen offenbar eine Vierergruppe.

Wir schliessen sofort, *dass die hiermit gewonnene Vierergruppe innerhalb der Tetraedergruppe ausgezeichnet ist.* Denn die 3 unter sich gleichberechtigten Oktaederdiagonalen bleiben alle bei den Drehungen der Vierergruppe, und nur bei ihnen, ungeändert. Wir können also die Tetraedergruppe in der Art zerlegen, dass wir zunächst zur Vierergruppe hinabsteigen und dann diese im Sinne des vorigen Paragraphen weiter behandeln. Ich unterlasse es, zu beweisen, dass eine andere Zerlegung der Tetraedergruppe nicht möglich ist, und dass überhaupt ausser der Vierergruppe innerhalb der Tetraedergruppe keine anderen Untergruppen vorhanden sind, als die einfachen cyclischen Gruppen, die durch Wiederholung einer einzelnen Drehung erwachsen*).

Betrachten wir noch die Art und Weise, wie sich, bei den Tetraederdrehungen, die 4 Würfeldiagonalen (die wir kurz als 1, 2, 3, 4 benennen wollen) permutiren. Zunächst haben wir den evidenten Satz, dass bei keiner Tetraederdrehung (von der Identität abgesehen) die 4 Würfeldiagonalen sämmtlich ungeändert bleiben. Es giebt also auch keine 2 Tetraederdrehungen, welche dieselbe Permutation der 4 Würfeldiagonalen erzeugten. *Daher ist die Gruppe der Tetraederdrehungen mit der Gruppe der zugehörigen Vertauschungen der Würfeldiagonalen holoedrisch isomorph***). Insbesondere sehen wir, dass den Drehungen der ausgezeichneten Vierergruppe die folgenden Anordnungen der 4 Diagonalen entsprechen:

$$\begin{array}{cccc} 1, & 2, & 3, & 4; \\ 2, & 1, & 4, & 3; \\ 3, & 4, & 1, & 2; \\ 4, & 3, & 2, & 1. \end{array}$$

Zu ihnen treten, wenn wir zu den übrigen Tetraederdrehungen schreiten, noch solche 8 hinzu, die sich jedesmal durch cyclische Vertauschung von 3 der 4 Diagonalen ergeben. Wir haben damit, wie wir sehen, genau diejenigen 12 Vertauschungen der 4 Diagonalen erzielt, welche man als die *geraden* Vertauschungen zu bezeichnen pflegt.

## § 7. Die Gruppe der Oktaederdrehungen.

Bei der Gruppe der Oktaederdrehungen haben wir, wie bereits angedeutet, im Wesentlichen dieselbe Configuration zu Grunde zu legen, wie beim Tetraeder. Wir wollen nur noch (auf unserer Kugel) die 12 Punkte markiren, die den Kantenhalbirungspunkten des Oktaeders

*) Theoretisch zu reden erzeugt man alle Untergruppen einer gegebenen Gruppe, indem man zunächst die im Texte genannten cyclischen Gruppen alle bildet und nun von diesen der Reihe nach je zwei, je drei etc. mit einander combinirt. In jedem einzelnen Falle kann ein solches Verfahren natürlich durch zweckmässige Ueberlegungen bedeutend abgekürzt werden.

**) Man vergleiche hiermit das Verhalten der 3 Oktaederdiagonalen. Dieselben werden, weil sie bei den Operationen der Vierergruppe ungeändert bleiben, bei den 12 Tetraederdrehungen nur auf 3 Weisen, nämlich cyclisch, vertauscht. Mit der von diesen Vertauschungen gebildeten Gruppe ist dann die Tetraedergruppe *meriedrisch* isomorph.

entsprechen, und die 6 Durchmesser construiren, welche je 2 dieser Punkte enthalten. Diese 6 Durchmesser nennen wir die Querlinien der Figur.

Natürlich enthält die Oktaedergruppe die 12 Drehungen der Tetraedergruppe in sich, und zwar, wie wir vornherein sagen können, als ausgezeichnete Untergruppe. Denn die 8 Ecken des Würfels lassen sich nur auf eine Weise auf Tetraeder und Gegentetraeder vertheilen, und letztere bleiben gemeinsam bei den 12 in Rede stehenden Drehungen ungeändert. *Hierüber hinaus treten dann noch 12 weitere Drehungen hinzu, welche Tetraeder und Gegentetraeder mit einander vertauschen, so dass die Oktaedergruppe im Ganzen 24 Drehungen umfasst.* Es sind dies erstens 6, unter sich gleichberechtigte, Drehungen durch $\pi$ um die 6 Querlinien der Figur, dann 6 Drehungen durch $\pm\frac{\pi}{2}$ (also von der Periode 4) um die 3 Oktaederdiagonalen. Auch letztere Drehungen erweisen sich als unter einander gleichberechtigt. Denn die 4 Drehungen, bei denen nunmehr die einzelne Oktaederdiagonale fest bleibt, participiren jetzt als ausgezeichnete Untergruppe je an einer Diedergruppe von 8 Drehungen. Ebenso sind jetzt die beiden Drehungen von der Periode 3 um die einzelne Würfeldiagonale, und also überhaupt alle Drehungen von der Periode 3 gleichberechtigt. Denn jede Würfeldiagonale ist Hauptaxe einer Diedergruppe von 6 Drehungen geworden. Die Drehungen von der Periode 2 dagegen sondern sich in zwei scharf geschiedene Kategorien, je nachdem bei ihnen eine Oktaederdiagonale oder eine Querlinie festbleibt. Die Zerlegung der Oktaedergruppe gestalten wir natürlich in der Weise, dass wir zunächst zur Tetraedergruppe hinabsteigen, dann weiter zur Vierergruppe etc. etc. Eine andere Art der Zerlegung giebt es nicht, wie wir denn auch vorstehend alle in der Oktaedergruppe enthaltenen Untergruppen aufgeführt haben.

Wir constatiren endlich, dass sich die Würfeldiagonalen 1, 2, 3, 4 bei den 24 Drehungen der Oktaedergruppe auf 24 Weisen permutiren. *Die Oktaëdergruppe ist also mit der Gesammtheit der Vertauschungen von 4 Elementen holoedrisch isomorph.*

## § 8. Die Gruppe der Ikosaederdrehungen.

Die Gruppe des Ikosaeders, zu der wir uns jetzt wenden, ist für uns unter den anderen zumal auch deshalb die interessanteste, weil sie, wie wir zeigen werden, im Gegensatze zu den Gruppen des Dieders, Tetraeders und Oktaeders, *einfach* ist. Sie theilt diese Eigenschaft mit denjenigen cyclischen Rotationsgruppen, deren Grad eine Primzahl ist.

Behufs Untersuchung der Ikosaedergruppe denken wir uns auf unserer Kugelfläche zu den 12 Ikosaedereckpunkten, wie wir schon sagten, die 20 Eckpunkte des zugehörigen Pentagondodekaeders (die den Mittelpunkten der Seitenflächen des Ikosaeders entsprechen) hinzuconstruirt, übrigens aber auch die 30 Punkte, welche, auf der Kugel, den Kantenhalbirungspunkten des Ikosaeders correspondiren. Die 12 Ikosaedereckpunkte vertheilen sich paarweise auf 6 Durchmesser, welche wir kurz als *Diagonalen* des Ikosaeders bezeichnen wollen. Ebenso reden wir, den 20 Eckpunkten des Pentagondodekaeders entsprechend, von 10 *Diagonalen* des Pentagondodekaeders und endlich von 15, die Kantenhalbirungspunkte zu je zwei enthaltenden *Querlinien*.

Wir überzeugen uns zunächst, *dass die Gesammtzahl der Ikosaederdrehungen 60 beträgt*. In der That bleibt jeder der 12, offenbar unter sich gleichberechtigten, Ikosaedereckpunkte im Ganzen bei 5 Drehungen ungeändert. Wir haben damit zugleich (indem wir die identische Drehung natürlich jeweils bei Seite lassen), jeder der 6 Ikosaederdiagonalen entsprechend, 4 Drehungen von der Periode 5, überhaupt also 24 derartige Drehungen. In demselben Sinne liefern die 10 Diagonalen des Petagondodekaeders $10 \cdot 2 = 20$ Drehungen von der Periode 3 und die 15 Querlinien 15 Drehungen von der Periode 2, womit, wenn wir noch die Identität zuzählen, die Gesammtheit der 60 Drehungen erschöpft ist:

$$24 + 20 + 15 + 1 = 60.$$

Von den hiermit aufgezählten Drehungen erweisen sich die 15 der Periode 2, und ebenso die 20 von der Periode 3, beziehungsweise als gleichberechtigt; denn die 15 Querlinien und die 10 Diagonalen des Pentagondodekaeders sind es, und, ob wir um eine dieser Diagonalen durch $\frac{2\pi}{3}$ oder $\frac{4\pi}{3}$ drehen, kommt insofern für die Gesammtgruppe auf dasselbe hinaus, als ihre beiden Endpunkte wiederum gleichberechtigt sind. Auf Grund derselben Ueberlegungen trennen sich die Drehungen von der Periode 5 in zwei Kategorien von je 12 gleichberechtigten. Die erste Kategorie umfasst alle Rotationen, welche um eine der Ikosaederdiagonalen durch einen Winkel gleich $\pm \frac{2\pi}{5}$ drehen, die andere diejenigen, deren Drehwinkel $\pm \frac{4\pi}{5}$ beträgt.

Mit diesen Angaben haben wir zugleich die *cyclischen Untergruppen* bestimmt, die in der Ikosaedergruppe enthalten sind. Es giebt, wie man sieht, 15 derartige Gruppen $n = 2$, 10 Gruppen $n = 3$, 6 Gruppen $n = 5$; cyclische Gruppen desselben $n$ sind immer gleichberechtigt.

Diese Angaben genügen bereits, um die *Einfachheit* der Ikosaedergruppe zu beweisen. Gäbe es nämlich eine ausgezeichnete Untergruppe. so müsste diese von den cyclischen Gruppen $n = 2$ (weil diese gleichberechtigt sind) entweder *alle* oder *keine* enthalten, ebenso von den cyclischen Gruppen $n = 3$ oder $n = 5$ *alle* oder *keine.* Aber die Gruppen $n = 2, 3, 5$ bringen beziehungsweise 15, 20, 24 von der Identität verschiedene Operationen mit sich. Bezeichnen wir also mit $\eta, \eta', \eta''$ drei Zahlen, welche 0 oder 1 bedeuten können, so wird die Anzahl der Operationen innerhalb der vorausgesetzten ausgezeichneten Untergruppe

$$1 + 15 \cdot \eta + 20 \cdot \eta' + 24 \cdot \eta''$$

betragen. Nun muss aber diese Zahl, wie wir früher bemerkten, ein Theiler des Grades der Gesammtgruppe, also von 60 sein. Dies giebt nothwendig entweder:

$$\eta = \eta' = \eta'' = 0,$$

wodurch unsere Untergruppe mit der Identität zusammenfällt, oder:

$$\eta = \eta' = \eta'' = 1,$$

was heisst, dass die Untergruppe von der Gesammtgruppe nicht verschieden ist. *Die Ikosdedergruppe ist also in der That einfach,* w. z. b. w.

Nach den cyclischen Untergruppen finden wir beim Ikosaeder, wie ein Blick auf das Modell lehrt, an weiteren Untergruppen zunächst *6 gleichberechtigte Diedergruppen* $n = 5$ *und 10 gleichberechtigte Diedergruppen* $n = 3$. Erstere haben die Diagonalen des Ikosaeders, letztere die des Pentagondodekaeders zu Hauptaxen; die zugehörigen Nebenaxen finden sich jeweils unter den 15 Querlinien. Man könnte glauben, dass sich in ähnlicher Weise den 15 Querlinien entsprechend 15 Diedergruppen, deren $n=2$, d. h. Vierergruppen ergeben würden. Hier kommt jedoch der Umstand zur Geltung, dass bei der Vierergruppe die Hauptaxe mit den beiden Nebenaxen gleichwerthig ist. *Dem entprechend erhalten wir nur 5, unter sich gleichberechtigte Vierergruppen.* Dieselben correspondiren einzeln den 5 rechtwinkeligen Tripeln, auf welche man die 15 Querlinien vertheilen kann.

Mit diesen Vierergruppen haben wir diejenige Eigenschaft des Ikosaeders getroffen, die uns in der Folge am allermeisten interessiren wird. Da sich, wie gesagt, aus den 15 Querlinien nur 5 rechtwinkelige Tripel bilden lassen, so muss jedes dieser Tripel nicht nur bei den Drehungen der zugehörigen Vierergruppe, sondern im Ganzen bei 12 Ikosaederdrehungen ungeändert bleiben. *Es zeigt sich, dass diese Drehungen je eine Tetraedergruppe bilden.* In der That, die 8 Ecken des Würfels, der zu dem einzelnen von uns in Betracht zu ziehenden rechtwinkeligen Tripel gehört, finden sich allemal unter den 20 Ecken des Pentagondodekaeders*). Es finden sich also innerhalb der Ikosaedergruppe eo ipso jene 8 Rotationen von der Periode 3 vor, welche, zusammen mit den Drehungen der zu Grunde liegenden Vierergruppe, eine Tetraedergruppe ausmachen. — Noch wollen wir ausdrücklich constatiren, dass die 5 so gefundenen Tetraedergruppen *gleichberechtigt* sind.

Indem wir wieder den Beweis übergehen, dass es ausser den aufgezählten keine weiteren Untergruppen der Ikosaedergruppe giebt, gedenken wir nur noch des Isomorphismus, der sich für die Ikosaedergruppe aus der Existenz der besprochenen 5 rechtwinkeligen Tripel ergiebt. Es zeigt sich, dass bei jeder Drehung von der Periode 5 diese Tripel je in bestimmter Reihenfolge cyclisch vertauscht werden. Bei jeder Drehung von der Periode 3 dagegen bleiben 2 der Tripel ungeändert, und nur die anderen 3 vertauschen sich im Cyclus. Endlich ergiebt sich, dass bei jeder Drehung von der Periode 2 eins der Tripel ungeändert bleibt, während die anderen 4 sich *paarweise* vertauschen. *Auf solche Art erweist sich die Gruppe der 60 Ikosaederdrehungen mit der Gruppe der 60 geraden Vertauschungen von 5 Dingen holoedrisch isomorph.*

Wir hätten natürlich, hier wie in den früheren Fällen, den jedesmaligen Isomorphismus unserer Gruppen mit gewissen Gruppen von Buchstabenvertauschungen voranstellen und dann die Resultate, welche man betreffs letzterer Gruppen in den Lehrbüchern findet, auf erstere übertragen können. Nun wir unsere Gruppen direct, d. h. an den Figuren selbst, untersucht haben, wird es eine nützliche Uebung sein, die von uns gewonnenen Ergebnisse mit den für die isomorphen Gruppen bekannten Eigenschaften zu vergleichen.

## § 9. **Ueber die Symmetrieebenen unserer Configurationen.**

Für den weiteren Fortgang unserer Entwicklungen ist es nützlich, die jedesmaligen *Symmetrieebenen* unserer Configurationen zu construiren, d. h. diejenigen Ebenen, hinsichtlich deren die Configuration ihr eigenes Spiegelbild ist, und dann die *Kugeltheilung* in Betracht zu ziehen, welche durch diese Ebenen vermittelt wird.

Beim *Dieder* können wir ausser der Aequatorebene noch $n$ weitere Symmetrieebenen construiren, nämlich diejenigen Ebenen, welche ausser der Hauptaxe noch je eine Nebenaxe enthalten. Durch diese $(n + 1)$

*) Man sieht gelegentlich (in älteren Sammlungen) Modelle von 5 Würfeln, die sich derart durchdringen, dass ihre $5 \cdot 8 = 40$ Ecken paarweise zusammenfallen und die 20 Ecken eines Pentagondodekaeders vorstellen.

Ebenen wird die Kugel in $4n$ congruente, gleichschenkelige Dreiecke zerlegt, welche 2 Winkel $= \frac{\pi}{2}$ und einen Winkel $= \frac{\pi}{n}$ haben. Von solchen Dreiecken stossen in jedem Diedereckpunkte, wie in jedem Kantenhalbirungspunkte 4, in jedem der beiden Pole $2n$ unter resp. gleichen Winkeln zusammen.

Beim regulären *Tetraeder* existiren 6 Symmetrieebenen, nämlich diejenigen Ebenen, welche, durch eine Kante des Tetraeders hindurchlaufend, auf der gegenüberstehenden Kante senkrecht sind. Man denke sich einen Augenblick das eigentliche Tetraeder, von 4 Ebenen begrenzt, im Raume gelegen. Offenbar wird jedes der 4 in diesen Ebenen gelegenen gleichseitigen Dreiecke durch 3 der Symmetrieebenen vermöge seiner 3 Höhen in 6 abwechselnd congruente und symmetrische Dreieoke zerlegt. Uebertragen wir jetzt diese Eintheilung durch Centralprojection auf die Kugel, so haben wir auf dieser 24 abwechselnd congruente und symmetrische Dreiecke, deren jedes die Winkel $\frac{\pi}{3}, \frac{\pi}{3}, \frac{\pi}{2}$ aufweist, und welche in den Ecken des ursprünglichen Tetraeders, wie auch in den Ecken des Gegentetraeders zu je 6, in den Ecken des zugehörigen Oktaeders zu je 4 unter resp. gleichen Winkeln zusammenstossen.

Beim regulären *Oktaeder* treten den Symmetrieebenen des Tetraeders, die als solche erhalten bleiben, noch 3 weitere hinzu: diejenigen Ebenen, welche von den 3 Oktaederdiagonalen 2 enthalten. Durch die so gewonnenen 9 Ebenen wird dann die aus 8 gleichseitigen Dreiecken bestehende Oberfläche des Oktaeders (das wir uns einen Augenblick auch als eigentlichen Körper frei im Raume gelegen denken wollen) ganz ähnlich zerlegt, wie soeben die Oberfläche des Tetraeders. Indem wir durch Centralprojection zur Kugelfläche übergehen, erhalten wir auf dieser 48 abwechselnd congruente und symmetrische Dreiecke mit den Winkeln $\frac{\pi}{3}, \frac{\pi}{4}, \frac{\pi}{2}$, welche zu je 6 in den Ecken des zugehörigen Würfels, zu je 8 in den Ecken des Oktaeders, zu je 4 in den Endpunkten der Querlinien (den Kantenhalbirungspunkten des Oktaeders) zusammenstossen. Es ist dies diejenige Kugeltheilung, welche in der Krystallographie beim sogenannten Achtundvierzigflächner wohlbekannt ist.

Beim *Ikosaeder* endlich haben wir als Symmetrieebenen diejenigen 15 Ebenen, welche 2 der 6 Ikosaederdiagonalen enthalten. Dieselben zerlegen die 20 gleichseitigen Dreiecke, welche in den Begrenzungsflächen des körperlich gedachten Ikosaeders gelegen sind, genau in der nun schon wiederholt betrachteten Weise. Wir erhalten also auf der

Kugel 120 abwechselnd congruente und symmetrische Dreiecke, deren Winkel $\frac{\pi}{3}, \frac{\pi}{5}, \frac{\pi}{2}$ betragen, und die in den Ecken des Pentagondodekaeders zu je 6, in den Ecken des Ikosaeders zu je 10 und in den Endpunkten der Querlinien zu je 4 zusammenstossen.

Man wolle die Aehnlichkeit der viererlei so erhaltenen Resultate beachten. Allemal handelt es sich um eine Zerlegung der Kugel in *abwechselnd congruente und symmetrische Dreiecke**), welche zu je $2\nu$ in denjenigen Punkten der Kugeloberfläche zusammenstossen, die bei einer cyclischen Untergruppe von $\nu$ Drehungen fest bleiben. Der Zahlen $\nu$ gibt es, den Ecken des einzelnen Dreiecks entsprechend, in jedem Falle dreierlei. Sie erscheinen, nach ihrer Grösse geordnet, in folgender Tabelle zusammengefasst, welche man bei den späteren Entwicklungen vor Augen halten möge:

| | $\nu_1$ | $\nu_2$ | $\nu_3$ |
|---|---|---|---|
| Dieder | 2 | 2 | $n$ |
| Tetraeder | 2 | 3 | 3 |
| Oktaeder | 2 | 3 | 4 |
| Ikosaeder | 2 | 3 | 5 |

Zugleich beachte man, dass die Anzahl der Dreiecke in jedem Falle doppelt so gross ist als der Grad der zugehörigen Rotationsgruppe (den wir in der Folge $N$ nennen werden); sie beträgt in den vier Fällen resp. $4n$, 24, 48, 120.

Wir vervollständigen diese Entwicklungen noch dadurch, dass wir auch bei den *cyclischen Gruppen* gewisse Ebenen construiren, welche wir ihre Symmetrieebenen nennen. Es sollen dies einfach solche $n$ durch die zugehörigen Pole hindurchlaufende Ebenen sein, die durch die Drehungen der Gruppe auseinander hervorgehen. Diese Ebenen zerlegen die Kugel in $2n$ congruente (oder, wenn man lieber will, abwechselnd congruente und symmetrische) *Zweiecke* von der Winkelöffnung $\frac{\pi}{n}$, deren jedes sich von dem einen Pole zum anderen hinzieht.

## § 10. **Allgemeine Punktgruppen, Fundamentalbereiche.**

Wir verwenden nunmehr die Kugeltheilungen, die wir gerade gewonnen haben, zum näheren Studium unserer Operationsgruppen. Wir

*) Wenn wir oben beim Dieder zunächst nur von congruenten Dreiecken sprachen, so ist dies kein Widerspruch, denn wir können auch bei ihm die Dreiecke als abwechselnd congruent und symmetrisch bezeichnen, insofern es sich ja um gleichschenkelige Dreiecke handelt.

betrachten zunächst die *Punktgruppen*, welche entstehen, wenn wir einen beliebigen Kugelpunkt den $N$ Drehungen unserer Gruppen unterwerfen, und die wir *die zur Operationsgruppe gehörigen Punktaggregate* (oder Punktgruppen) nennen wollen. Dabei wollen wir, um zugleich eine bessere Vorstellung und eine bequemere Bezeichnung zu haben, die auf der Kugel abgegrenzten Gebiete abwechselnd *schraffirt* und *nicht schraffirt* denken. Von vornherein ist ersichtlich, *dass bei den Drehungen der einzelnen Gruppe jedes schraffirte Gebiet einmal und nur einmal in jedes andere schraffirte Gebiet übergeführt wird, und ebenso jedes nicht schraffirte Gebiet einmal und nur einmal in jedes nicht schraffirte Gebiet.* In der That stimmt die Zahl $N$ der Drehungen, wie schon bemerkt, allemal mit der halben Anzahl sämmtlicher Gebiete überein. — Ist jetzt irgend ein Kugelpunkt gegeben (der einem schraffirten oder einem nicht schraffirten Gebiete angehören mag), so können wir, dank unserer Gebietseintheilung, ohne weiteres die $(N-1)$ neuen Lagen angeben, die er vermöge der $(N-1)$ von der Identität verschiedenen Drehungen unserer Gruppe annimmt; es sind einfach diejenigen $(N-1)$ Punkte zu markiren, die innerhalb der übrigen $(N-1)$ schraffirten oder nicht schraffirten Gebiete genau so liegen, wie der anfängliche Punkt in dem ursprünglichen Gebiete. Im Allgemeinen sind die $N$ Punkte der so entstehenden Punktgruppe alle verschieden; sie fallen nur dann zum Theil zusammen, wenn der anfängliche Punkt in eine *Ecke* des ihn umschliessenden Gebietes hineinrückt. Stossen in dieser Ecke im Ganzen $\nu$ schraffirte (und natürlich ebenso viele nicht schraffirte) Gebiete zusammen, so wird der Punkt bei $\nu$ Drehungen der Gruppe ungeändert bleiben und im Ganzen nur $\frac{N}{\nu}$ verschiedene Lagen annehmen. Die solchergestalt entstehenden *besonderen* Punktgruppen sind keine anderen, als diejenigen, die wir in den vorangehenden Paragraphen bei Untersuchung der einzelnen Gruppen ohnehin in Betracht gezogen haben*).

An die hiermit construirten Punktgruppen knüpft sich eine Begriffsbildung, welche uns später nützlich wird. *Wir bezeichnen als Fundamentalbereich einer Gruppe von Punkttransformationen allgemein einen solchen Raumtheil, der von jeder zugehörigen Punktgruppe einen und nur einen Punkt enthält***). Die Randpunkte eines solchen Bereiches

*) Wegen der allgemeinen im Texte besprochenen Punktgruppen vergl. das bereits genannte Werk von *Hess*, wo selbige für Zwecke der Polyedertheorie verwendet werden.

**) Vergl. wegen anderweitiger Verwendungen dieses bei allen Anwendungen der Gruppentheorie auf Geometrie wesentlichen Begriffes meine „Neuen Beiträge zur Riemann'schen Functionentheorie“ im XXI. Bande der Math. Annalen (1882).

sind natürlich vermöge der Transformationen der Gruppe paarweise zusammengeordnet und können demselben nur zur Hälfte zugerechnet werden. — Ich sage nun, *dass wir bei unseren Gruppen als Fundamentalbereich jedesmal die Zusammenstellung eines schraffirten und eines angrenzenden nicht schraffirten Gebietes betrachten dürfen.* In der That, wenn wir einen Punkt einmal über einen so definirten Bereich hinwandern lassen, so überdecken die zugehörigen Punktgruppen gerade einmal die gesammte Kugelfläche.

## § 11. **Die erweiterten Gruppen.**

Anknüpfend an die Andeutungen des § 1 *erweitern* wir jetzt die bisher von uns betrachteten Gruppen, indem wir mit den Drehungen derselben die *Spiegelungen an den Symmetrieebenen der jedesmaligen Configuration* verbinden.

Auch hier wieder wird uns die Kugeltheilung des § 10 von Vortheil. In der That erkennt man unmittelbar, *dass das einzelne damals unterschiedene, schraffirte oder nicht schraffirte, Gebiet Fundamentalbereich der erweiterten Gruppe ist, und dass also die erweiterte Gruppe genau 2 N Operationen umfasst.* Was den Beweis dieser Behauptung angeht, so beachte man erstens, dass eine Combination der bisher betrachteten Drehungen mit der Spiegelung an einer einzigen Symmetrieebene genügt, um aus jedem unserer schraffirten Gebiete jedes nicht schraffirte Gebiet zu machen. Andererseits überlege man, dass eine Umformung der Kugel, von der bekannt ist, dass sie eine Drehung ist, oder dass sie aus Verbindung einer Drehung mit einer Spiegelung erwächst, vollständig bestimmt ist, sowie wir wissen, dass sie eines unserer Gebiete in ein bestimmtes anderes überführt.

Die so gewonnenen Fundamentalbereiche haben im Gegensatze zu den im vorigen Paragraphen betrachteten das Besondere, in keiner Weise mehr willkürlich zu sein. In der That sind ihre Randpunkte von vornherein dadurch definirt, dass jeder bei einer bestimmten Operation der erweiterten Gruppe, nämlich bei Spiegelung an einer Symmetrieebene, ungeändert bleibt. Wir können die erweiterte Gruppe erzeugen, indem wir die anfängliche Rotationsgruppe mit der Spiegelung gerade an derjenigen Symmetrieebene verbinden, in welcher der eben betrachtete Randpunkt enthalten ist. *Daher sind die besonderen Gruppen von nur N Punkten, welche bei Anwendung der erweiterten Gruppe aus den Randpunkten der Fundamentalbereiche erwachsen, zugleich allgemeine Punktgruppen im Sinne des vorigen Paragraphen.* Dabei sind sie unter letzteren Punktgruppen die *einzigen*, die zugleich bei den Operationen der erweiterten Gruppe ungeändert bleiben. Natürlich finden sich unter ihnen, entsprechend den Ecken der Fundamentalbereiche, des Weiteren die speciellen soeben genannten Punktgruppen von $\frac{N}{\nu}$ Punkten wieder.

Wir würden jetzt unsere neuen, die *erweiterten* Gruppen, in demselben Sinne gruppentheoretisch untersuchen können, wie wir dies in den vorhergehenden Paragraphen bei den ursprünglichen Gruppen ausgeführt haben. Ich möchte eine solche Discussion dem Leser als eine geeignete Uebungsaufgabe empfehlen und beschränke mich hier in dieser Richtung nur auf folgende Angabe: Selbstverständlich ist innerhalb der erweiterten Gruppe die ursprüngliche Gruppe jedesmal ausgezeichnet enthalten. Aber ausserdem enthalten die erweiterte Oktaeder- und Ikosaedergruppe, sowie die erweiterte Diedergruppe bei geradem $n$ eine ausgezeichnete Untergruppe von nur 2 Operationen. Dieselbe erwächst durch zweimalige Anwendung derjenigen Transformation, welche jeden Kugelpunkt durch den diametral gegenüberliegenden ersetzt*).

## § 12. **Erzeugung der Ikosaedergruppe.**

Bei unseren bisherigen Gruppenbetrachtungen dachten wir uns die einzelnen Gruppen fertig gegeben und suchten gleichmässigen Ueberblick über ihre verschiedenen Operationen und deren gegenseitige Stellung zu gewinnen. In der Folge wird aber ein mehr einseitiges Verfahren von praktischer Bedeutung werden. Es wird sich darum handeln, die Gruppen durch *geeignete erzeugende Operationen* einzuführen, d. h. Operationen anzugeben, aus denen durch Wiederholung und Combination die jedesmalige Gruppe entsteht.

Wir behandeln in diesem Sinne voran die Gruppe der Ikosaederdrehungen, indem wir dabei noch einmal die Gebietseintheilung des § 9, bez. die Fundamentalbereiche des § 10 verwerthen. Das Princip, welches wir dabei zu Grunde legen, haben wir implicite bereits im vorhergehenden Paragraphen verwandt. Da jeder Fundamentalbereich einer Gruppe aus jedem anderen nur je durch *eine* Operation der Gruppe gewonnen wird, so können wir die verschiedenen Fundamentalbereiche durch die Operationen *benennen*, vermöge deren sie aus einem beliebigen

*) Als besonders merkwürdig will ich noch anführen, dass die aus 48 Operationen bestehende erweiterte Oktaedergruppe *dreierlei* ausgezeichnete Untergruppen von 24 Operationen enthält. Es sind dies zunächst, wie selbstverständlich, die ursprüngliche Oktaedergruppe und die erweiterte Tetraedergruppe, dann aber diejenige Gruppe, welche durch Verbindung der ursprünglichen Tetraedergruppe mit der gerade im Texte genannten Operation entsteht. Nur letztere Gruppe, nicht aber die „erweiterte" Tetraedergruppe, ist Untergruppe der „erweiterten" Ikosaedergruppe.

unter ihnen, den wir als Anfangsbereich mit 1 bezeichnen, hervorgehen. Indem wir diese Benennung durchführen, gewinnen wir damit von selbst eine Aufzählung aller Operationen der Gruppe*).

Wir wollen uns, der bequemeren Ausdrucksweise halber, das Ikosaeder so gestellt denken, dass eine seiner Diagonalen *vertical* verläuft. Als ersten Fundamentalbereich wählen wir dann eines der 5 gleichschenkeligen Dreiecke, die, mit den Winkeln $\frac{2\pi}{5}, \frac{\pi}{3}, \frac{\pi}{3}$ ausgestattet, auf der Kugel um den obersten Eckpunkt des Ikosaeders herumgruppirt sind: ein solches Dreieck ist ein Fundamentalbereich der Ikosaedergruppe, weil es aus zwei nebeneinander liegenden Dreiecken der in § 9 gegebenen Kugeltheilung zusammengesetzt ist. Die 5 in Rede stehenden gleichschenkeligen Dreiecke bilden, wollen wir sagen, ein erstes *Fünfeck* des zum Ikosaeder gehörigen Pentagondodekaeders. Diejenige Dreiecksseite, welche zugleich Fünfecksseite ist, bezeichnen wir als die betr. *Grundlinie*.

Jetzt benennen wir die in bestimmter Richtung durch einen Winkel $= \frac{2\pi}{5}$ erfolgende Drehung um die vertical gestellte Ikosaederdiagonale mit $S$. So werden die genannten 5 Fundamentalbereiche in ihrer natürlichen Reihenfolge aus dem ersten derselben durch die Rotationen:

$$1,\ S,\ S^2,\ S^3,\ S^4$$

hervorgehen, *wir werden die Bereiche also mit den Symbolen:*

$$S^\mu,\quad \mu = 0,\ 1,\ 2,\ 3,\ 4,$$

*bezeichnen.*

Wir nehmen nunmehr eine zweite Ikosaederdrehung, $T$, von der Periode 2 hinzu. Es soll dies die Umklappung um diejenige Querlinie des Ikosaeders sein, deren einer Endpunkt der Halbirungspunkt der Grundlinie von 1 ist. Durch dieses $T$ verwandeln sich unsere 5 Bereiche $S^\mu$ in die Bereiche $S^\mu T$, welche zusammengenommen wieder ein Fünfeck unseres Pentagondodekaeders ausmachen, und zwar dasjenige, welches mit dem ersten soeben betrachteten Fünfecke die Grundlinie des ersten Fundamentalbereichs gemein hat. Indem wir nun wieder die Operationen $S$, $S^2$, $S^3$, $S^4$ in Anwendung bringen, erhalten wir aus dem neuen Fünfecke die übrigen 4 an das erste Fünfeck heranreichenden. *Daher sind die Fundamentalbereiche derjenigen 5 Fünfecke, welche das erste umgeben, durch*

$$S^\mu T S^\nu,\quad (\mu,\ \nu = 0,\ 1,\ 2,\ 3,\ 4),$$

*vorgestellt.*

*) Man vergleiche hier die bereits genannten „Gruppentheoretischen Studien" von Hrn. *Dyck* im 20. Bande der Mathem. Annalen. Es wird dort das im Texte ausgesprochene Princip für allgemeine Zwecke der Gruppentheorie verwendet.

Es soll jetzt mit $U$ eine dritte Ikosaederdrehung, ebenfalls von der Periode 2, bezeichnet sein, von der wir allerdings sehen werden, dass sie keine unabhängige Bedeutung besitzt, sich vielmehr aus den beiden $S$, $T$ zusammensetzt. Die Axe von $U$ soll mit einer der *horizontal* verlaufenden Querlinien zusammenfallen, und zwar wollen wir, damit Alles bestimmt sei, insbesondere diejenige horizontale Querlinie wählen, welche senkrecht zur Axe von $T$ steht. Offenbar verwandelt die so bestimmte Drehung $U$ die bisher betrachteten 6 oberen Fünfecke des Pentagondodekaeders in die 6 noch fehlenden *unteren* Fünfecke desselben. Daher haben wir ohne Weiteres, *dass die 30 noch fehlenden Fundamentalbereiche der Ikosaedergruppe durch folgende Benennungen gegeben sind:*

$$S^\mu U,\ S^\mu T S^\nu U,\ (\mu, \nu = 0, 1, 2, 3, 4).$$

Von den Fundamentalbereichen gehen wir nunmehr zu den Drehungen zurück. Dann haben wir den Satz, dessen Ableitung bei unserer jetzigen Betrachtung der Zielpunkt war, *dass nämlich die 60 Drehungen der Ikosaedergruppe durch folgendes Schema gegeben sind:*

$$S^\mu,\ S^\mu T S^\nu,\ S^\mu U,\ S^\mu T S^\nu U,\ (\mu, \nu = 0, 1, 2, 3, 4).$$

Hier bilden die Rotationen

$$S^\mu,\ S^\mu U$$

die zur verticalen Diagonale des Ikosaeders gehörige Diedergruppe $n = 5$, und die Drehungen:

$$T,\ U,\ TU$$

ergeben, mit der Identität zusammengenommen, eine der 5 beim Ikosaeder auftretenden Vierergruppen.

Entwirft man sich, wie es zum vollen Verständnisse der hier entwickelten Sätze unerlässlich scheint, eine Figur, oder operirt man, was noch bequemer ist, mit einem Modelle des Ikosaeders, auf welchem man die verschiedenen Fundamentalbereiche abgrenzt und die zugehörigen Benennungen einträgt, so kann man natürlich sofort alle Operationen ablesen, welche *irgend* eine Untergruppe der Ikosaedergruppe ausmachen. Man hat nur diejenigen Fundamentalbereiche zu markiren, welche aus dem Bereiche 1 durch die Operationen der Untergruppe hervorgehen*).

---

*) Z. B. finde ich für die Tetraedergruppe, welche die gerade angegebene Vierergruppe umfasst:

$$1,\ T,\ STS^3,\ S^3TS,\ S^2TS^4,\ S^4TS^2,$$
$$U,\ TU,\ STS^3U,\ S^3TSU,\ S^2TS^4U,\ S^4TS^2U.$$

Es erübrigt noch, dass wir $U$, wie in Aussicht gestellt, durch eine Combination von $S$ und $T$ erzeugen. Wir unterwerfen zu dem Zwecke etwa den Fundamentalbereich $S^3TS^2$ der Operation $T$. So entsteht ein Fundamentalbereich $S^3TS^2T$, der einem der Fünfecke der unteren Hälfte angehört. Aber denselben Bereich haben wir bisher (wie ein Blick auf die Figur zeigt) $TS^3U$ genannt. Daher ist:

$$S^3TS^2T = TS^3U.$$

In dieser Gleichung betrachten wir $U$ als die Unbekannte. Wir lösen die Gleichung, indem wir auf beiden Seiten linker Hand zunächst mit $T$ und dann mit $S^2$ multipliciren, und dabei $T^2 = 1$, $S^5 = 1$ berücksichtigen. *Auf solche Weise kommt:*

$$U = S^2TS^3TS^2T,$$

und dies ist die von uns gewünschte Relation.

## § 13. **Erzeugung der anderen Rotationsgruppen.**

Was die Erzeugung der anderen Rotationsgruppen angeht, so kann dieselbe ohne Weiteres mit denselben Mitteln erfolgen, die wir jetzt beim Ikosaeder in Anwendung brachten. Aber bei den ersten derselben, den cyclischen und den Dieder-Gruppen, liegt die Sache noch so einfach, dass wir keiner besonderen Methode bedürfen, und bei Tetraeder und Oktaeder ziehen wir in der Folge vor, eine Erzeugung zu benutzen, die der früher angegebenen Zerlegung dieser Gruppen parallel läuft. Ich stelle die betreffenden Resultate, die leicht zu verificiren sind, hier ohne besondere Ableitung zusammen.

Was zunächst die *cyclischen* Gruppen angeht, so werden deren Operationen selbstverständlich durch die Symbole:

$$S^\mu, \ \big(\mu = 0, 1, 2, \cdots, (n-1)\big),$$

gegeben sein, wo $S$ die Drehung durch den Winkel $\frac{2\pi}{n}$ bedeutet. Wir erhalten die Gruppe der *Dieders*, wenn wir irgend eine Umklappung $T$ um eine der Nebenaxen des Dieders hinzunehmen, und also den Operationen $S^\mu$ die anderen:

$$S^\mu T, \ \big(\mu = 0, 1, 2, \cdots, (n-1)\big),$$

hinzufügen. Insbesondere stellen sich jetzt die Operationen der *Vierergruppe* (in Uebereinstimmung mit der soeben gemachten Angabe) durch folgendes Schema dar:

$$1, \ S, \ T, \ ST.$$

Von der Vierergruppe steigen wir nunmehr zur *Tetraedergruppe* auf, indem wir irgend eine der zugehörigen Drehungen von der Periode 3, die wir $U$ nennen wollen, hinzunehmen. Die 12 Drehungen des Tetraeders werden dann durch folgende Tabelle gegeben:

$$\begin{array}{llll} 1, & S, & T, & ST, \\ U, & SU, & TU, & STU, \\ U^2, & SU^2, & TU^2, & STU^2. \end{array}$$

Endlich bekommen wir die 24 Drehungen der *Oktaedergruppe*, indem wir den 12 hiermit aufgezählten Drehungen noch die anderen 12 hinzufügen:

$$\begin{array}{llll} V, & SV, & TV, & STV, \\ UV, & SUV, & TUV, & STUV, \\ U^2V, & SU^2V, & TU^2V, & STU^2V. \end{array}$$

Hier bedeutet $V$ *irgend eine* Oktaederdrehung, die nicht in der Tetraedergruppe enthalten ist, z. B. eine Drehung von der Periode 4
* um eine der Oktaederdiagonalen.

---

Wir schliessen hiermit diese vorläufigen Betrachtungen. Ihre Aufgabe war, an relativ elementaren geometrischen Gebilden die Begriffe der Gruppentheorie in solcher Form einzuführen, dass die gruppentheoretische Ueberlegung und die geometrische Anschauung fortwährend ineinander greifen.

# Kapitel II.

## Einführung von $(x + iy)$.

### § 1. Erster Ansatz und Uebersicht der Entwickelungen dieses Kapitels.

Das entscheidende Moment für den Fortgang unserer Gedankenentwickelung ist jetzt dieses, dass wir dieselbe Kugel, welche wir vorhin den Gruppen von Drehungen etc. unterwarfen nnd auf der wir die zugehörigen Punktgruppen und Fundamentalbereiche studirten, nunmehr als Trägerin der Werthe einer complexen Variabelen $z = (x + iy)$ betrachten. Diese von *Riemann* herrührende Vorstellungsweise, welche zuerst von Hrn. *C. Neumann* in seinen „Vorlesungen über Riemann's Theorie der Abel'schen Integrale" ausführlich dargelegt wurde*), ist heutzutage bekannt genug, so dass ich unmittelbar von ihr Gebrauch machen kann; übrigens sind die im folgenden Paragraphen mitgetheilten Formeln an sich hinreichend, um in die Theorie einzuführen.

Auf Grund der somit eingeführten Repräsentation erscheint das einzelne bisher von uns betrachtete Punktsystem durch eine *algebraische Gleichung* $f(z) = 0$ definirt, wobei der Grad von $f$ mit der Zahl der Punkte übereinstimmt, sofern nicht etwa einer dieser Punkte in $z = \infty$ hineinrückt, was sich in bekannter Weise durch Erniedrigung des Grades um eine Einheit kund gibt. Wir fragen, welche Eigenschaften diese Gleichungen dem Umstande entsprechend besitzen, dass die durch sie repräsentirten Punktgruppen bei gewissen Drehungen der Kugel, oder auch bei gewissen Spiegelungen etc., in sich übergehen.

In dieser Beziehung haben wir zunächst das fundamentale Theorem, welches ich sogleich eingehender begründen und präcisiren werde,

*) Leipzig, 1865. — Man vgl. wegen der allgemeinen Auffassung Riemann's meine Schrift: *Ueber Riemann's Theorie der algebraischen Functionen und ihrer Integrale* (Leipzig, 1882), vgl. andererseits, was den Zusammenhang dieser Einführung von $(x + iy)$ mit der projectiven Auffassung der Flächen zweiten Grades angeht, meine noch öfter zu nennende Arbeit „Ueber binäre Formen mit linearen Transformationen in sich selbst" im 9. Bande der Mathem. Annalen (1875), insbesondere pag. 189 daselbst.

*dass nämlich jede Drehung der* $(x + iy)$*-Kugel um ihren Mittelpunkt durch eine lineare Substitution von* $z$*:*

$$(1) \qquad z' = \frac{\alpha z + \beta}{\gamma z + \delta}$$

*repräsentirt wird.* In der That sind das $z$, welches wir auf der ursprünglichen Kugel, und das $z'$, welches wir in genau derselben Weise auf der gedrehten Kugel mit seinen complexen Werthen ausgebreitet denken können, vermöge der Zusammengehörigkeit der beiderlei Kugelpunkte ausnahmslos *ein-eindeutig*, und überdies, da die Beziehung der beiden Kugeln eine conforme ist*), *analytisch* auf einander bezogen; sie hängen also auf Grund bekannter Sätze**) linear von einander ab. Genau so erkennt man, dass den Spiegelungen und sonstigen inversen Operationen (die aus der Zusammensetzung einer Spiegelung mit beliebigen Drehungen erwachsen) Formeln der folgenden Art entsprechen:

$$(2) \qquad z' = \frac{\alpha \bar{z} + \beta}{\gamma \bar{z} + \delta},$$

wo $\bar{z}$ den conjugirt imaginären Werth $(x - iy)$ von $z$ bedeutet. *Unsere Gleichungen* $f(z) = 0$ *haben also die Eigenschaft, bei einer Gruppe linearer Substitutionen* (1) *oder auch ev. bei einer erweiterten Gruppe, die neben Substitutionen* (1) *eine entsprechende Anzahl von Substitutionen* (2) *enthält, ungeändert zu bleiben****).

Ich muss nun gleich des analytischen Hülfsmittels gedenken, welches sich bei der Aufstellung der Gleichungen $f(z) = 0$ und beim Studium ihrer wechselseitigen Beziehungen wie von selber aufdrängt, und das, vermöge seiner grösseren Vielseitigkeit, in mannigfachem Betracht über die bisherigen, geometrisch anschaulichen Ueberlegungen

---

*) Sie ist sogar eine *congruente*, da ja die entsprechenden Punkte beider Kugeln durch Drehung mit einander zur Deckung gebracht werden können.

**) Leider findet man die hier in Betracht kommenden Fundamentalsätze der Functionentheorie in den Lehrbüchern in der Form entwickelt, dass die conforme Abbildung, welche durch die Functionen vermittelt wird, immer nur beiläufig in Betracht gezogen ist; es ist also für unsere Zwecke jedesmal eine gewisse Umstellung und Combination der explicite gegebenen Beweise erforderlich, die aber dem Leser nicht schwer fallen kann, da es sich bei uns jedesmal nur um ganz elementare Verhältnisse handelt.

***) Das Gleiche gilt natürlich von den Gleichungen $F(z) = 0$, welche zusammenfassend *mehrere* der im Texte betrachteten Punktgruppen repräsentiren. Man kann diese Gleichungen $F(z) = 0$ als Verallgemeinerung der *reciproken* Gleichungen der niederen Analysis betrachten, insofern letztere ja auch bei einer bestimmten Gruppe linearer Substitutionen, nämlich bei der einfachen Gruppe: $z' = z$, $z' = \frac{1}{z}$, ungeändert erhalten bleiben.

hinausführt. *Es sind dies die homogenen Variabelen.* Indem wir $z$ durch $z_1 : z_2$ ersetzen, spaltet sich die Substitution (1) (und analog jede Substitution (2)) in zwei getrennte Operationen:

$$(3) \qquad \begin{cases} z_1' = \alpha z_1 + \beta z_2, \\ z_2' = \gamma z_1 + \delta z_2, \end{cases}$$

wo nun der absolute Werth der *Substitutionsdeterminante* $(\alpha\delta - \beta\gamma)$ von besonderer Wichtigkeit sein wird. Statt der Gleichungen $f(z) = 0$ oder $f\left(\frac{z_1}{z_2}, 1\right) = 0$ werden wir dann, indem wir mit einer geeigneten Potenz von $z_2$ multipliciren, die *Form* $f(z_1, z_2)$ zu betrachten haben. Diese Form hat immer (was ein erster Vortheil der homogenen Schreibweise ist) denselben Grad, wie die zugehörige Punktgruppe, indem das Auftreten des Punktes $z = \infty$ jetzt durch einen Factor $z_2$ von $f$ indicirt ist. Wir erkennen zugleich, dass mit dem Uebergange zur *Form* $f$ eine neue Unterscheidung gesetzt ist. Denn bei den Substitutionen (3) braucht $f$ nicht absolut ungeändert zu bleiben, es kann sich um einen Factor ändern, und es wird sich darum handeln, diesen Factor zu bestimmen. Hierüber hinaus aber gewinnen wir, indem wir die formentheoretischen Betrachtungen voranstellen, den Anschluss an diejenige wichtige Disciplin der modernen Algebra, welche man als *Invariantentheorie der binären Formen* bezeichnet; dieselbe wird uns in den complicirteren Fällen behülflich sein, um aus einer Form $f$ alle anderen in einfacher Weise abzuleiten. Ich nenne gleich das Resultat, in welchem die hiermit geschilderten Betrachtungen culminiren (siehe den vorletzten Paragraphen dieses Kapitels). Es ist dieses, *dass für jede unseren Rotationsgruppen entsprechende Gruppe von linearen Substitutionen* (1) *eine zugehörige rationale Function:*

$$(4) \qquad Z = R(z)$$

*gefunden wird, welche die verschiedenen zur Gruppe gehörigen Punktgruppen repräsentirt, indem man sie einer wechselnden Constanten gleichsetzt.* Aber zugleich gewinnen wir, indem wir jene Substitutionsgruppen etc. wirklich aufstellen, eine Reihe neuer Probleme, an welche später die weitergehende Entwicklung anzuknüpfen haben wird*).

*) Man vergleiche durchweg die bereits genannte Arbeit: *Ueber binäre Formen mit linearen Transformationen in sich selbst*, im 9. Bande der Math. Annalen (1875). Es ist dort zum ersten Male der Gedankengang, der nun in den Entwicklungen des ersten und zweiten Kapitels des Textes zur ausführlichen Darlegung gelangt, in seinen Grundzügen angegeben. Die hauptsächlichen Resultate hatte ich bereits im Juni 1874 der Erlanger physikalisch-medicinischen Gesellschaft mitgetheilt (cf. Sitzungsberichte derselben).

## § 2. Ueber diejenigen linearen Transformationen von $(x + iy)$, welche * den Drehungen um den Kugelmittelpunkt entsprechen.

Sei die Gleichung unserer Kugel bezogen auf ein rechtwinkliges centrales Coordinatensystem:

$$\xi^2 + \eta^2 + \zeta^2 = 1. \tag{5}$$

Wir führen dann die complexe Grösse $z = x + iy$ etwa in der Weise ein, dass wir $(x + iy)$ zunächst in gewöhnlicher Weise in der $\xi\eta$-Ebene (der Aequatorebene) deuten und diese Ebene sodann durch stereographische Projection vom Pole $\xi = 0$, $\eta = 0$, $\zeta = 1$ aus mit der Oberfläche der Kugel in ein-eindeutige Beziehung setzen. Man gewinnt so die Formeln:

$$x = \frac{\xi}{1-\zeta}, \quad y = \frac{\eta}{1-\zeta}, \quad x + iy = \frac{\xi + i\eta}{1-\zeta}, \tag{6}$$

oder auch:

$$\xi = \frac{2x}{1+x^2+y^2}, \quad \eta = \frac{2y}{1+x^2+y^2}, \quad \zeta = \frac{-1+x^2+y^2}{1+x^2+y^2}. \tag{7}$$

Da wir vor allen Dingen jene linearen Substitutionen von $z$ bestimmen wollen, welche den Drehungen der Kugel entsprechen, so interessiren uns die *diametralen* Punkte der Kugel als solche (insofern von ihnen immer ein Paar bei jeder Drehung festbleibt). Um bezüglich derselben einen vorläufigen Satz abzuleiten, substituiren wir in (6) statt $\xi$, $\eta$, $\zeta$ deren negative Werthe. Dann kommt für den diametralen Punkt:

$$x' - iy' = \frac{-\xi + i\eta}{1+\zeta},$$

und also durch Multiplication mit dem Werthe (6) von $(x + iy)$, mit Rücksicht auf (5):

$$(x + iy)(x' - iy') = -1, \tag{8}$$

oder auch, indem wir $(x + iy) = re^{i\varphi}$ setzen:

$$x' + iy' = \frac{1}{r} \cdot e^{i(\varphi + \pi)}. \tag{9}$$

*Diametrale Punkte erhalten also Argumente, deren absolute Beträge reciprok sind, während die Amplituden um $\pi$ differiren.*

Wir betrachten nun zunächst den Fall, dass um die Axe $0 - \infty$ (welche senkrecht zur Aequatorebene steht) durch einen Winkel $\alpha$ gedreht wird, und zwar mag diese Drehung, wenn man von aussen auf den Punkt $\infty$ (den wir uns oberhalb der Aequatorebene gelegen denken) hinabblickt, entgegen dem Drehsinne des Uhrzeigers stattfinden. Ein Punkt, der ursprünglich das Argument $z$ hatte, wird nach der Drehung das Argument $z'$ besitzen. Wir fragen, wie $z'$ mit $z$ zusammenhängt. Offenbar in derselben Weise, wie $(\xi' + i\eta')$ mit $(\xi + i\eta)$, wenn wir die $\xi\eta$-Ebene (die Aequatorebene) in der angegebenen Weise drehen, denn der Nenner $(1 - \zeta)$ in den Formeln (6) bleibt bei der Drehung ungeändert. Nun haben wir aber für die genannte Drehung der $\xi\eta$-Ebene, wenn wir, wie üblich, die positive $\xi$-Axe nach rechts, die positive $\eta$-Axe von uns weg sich erstrecken lassen:

$$\xi' = \xi \cdot \cos\alpha - \eta \cdot \sin\alpha,$$
$$\eta' = \xi \cdot \sin\alpha + \eta \cdot \cos\alpha,$$

oder

$$\xi' + i\eta' = (\cos\alpha + i\sin\alpha)(\xi + i\eta).$$

*Daher kommt in bekannter Weise:*

$$(10) \qquad z' = e^{i\alpha} \cdot z.$$

Wollen wir nun analog eine Drehung durch den Winkel $\alpha$ darstellen, bei der die Punkte $\xi, \eta, \zeta$ und $-\xi, -\eta, -\zeta$ auf der Kugel fest bleiben, und bei welcher der erstere Punkt dieselbe Rolle spielt, wie vorhin der Punkt $\infty$, — so dass also, wenn wir auf $\xi, \eta, \zeta$ von *aussen* hinblicken, die Drehung entgegengesetzt dem Sinne des Uhrzeigers geschieht —, so haben wir in (10) statt $z$, resp. $z'$ eine solche lineare Function von $z$, bez. $z'$ zu setzen, welche in $\xi, \eta, \zeta$ unendlich wird und in $-\xi, -\eta, -\zeta$ verschwindet. Eine solche lineare Function ist allerdings nur bis auf einen Factor bestimmt; sie lautet in allgemeinster Form:

$$C \cdot \frac{z + \frac{\xi + i\eta}{1 + \zeta}}{z - \frac{\xi + i\eta}{1 - \zeta}};$$

aber es ist unnöthig, diesen Factor noch durch irgend eine Festsetzung genauer zu bestimmen, weil er aus der aufzustellenden Formel ohnehin herausfallen muss. In der That erhalten wir, indem wir statt $z$ unseren neuen Ausdruck in (10) eintragen, unabhängig von $C$:

$$\frac{z' + \frac{\xi + i\eta}{1 + \zeta}}{z' - \frac{\xi + i\eta}{1 - \zeta}} = e^{i\alpha} \cdot \frac{z + \frac{\xi + i\eta}{1 + \zeta}}{z - \frac{\xi + i\eta}{1 - \zeta}}$$

oder nach leichter Umsetzung:

$$(11) \qquad e^{\frac{-i\alpha}{2}} \cdot \frac{z'(1 + \zeta) + (\xi + i\eta)}{z'(1 - \zeta) - (\xi + i\eta)} = e^{\frac{i\alpha}{2}} \cdot \frac{z(1 + \zeta) + (\xi + i\eta)}{z(1 - \zeta) - (\xi + i\eta)}.$$

*Dies also ist die gesuchte allgemeine Formel für eine beliebige Drehung.* Löst man sie nach $z'$ auf, so wird es bequem, folgende Abkürzungen einzuführen:

(12) $\xi \sin\frac{\alpha}{2} = a, \quad \eta \sin\frac{\alpha}{2} = b, \quad \zeta \sin\frac{\alpha}{2} = c, \quad \cos\frac{\alpha}{2} = d,$

wobei ersichtlich:

(13) $$a^2 + b^2 + c^2 + d^2 = 1.$$

Man erhält dann nämlich die einfache Form:

(14) $$z' = \frac{(d + ic)z - (b - ia)}{(b + ia)z + (d - ic)} \text{ *)}.$$

Wir haben, wie wir von vornherein beachten mögen, auf solche Weise für jede Drehung der Kugel *zwei* Formeln erhalten. Die Drehung bleibt nämlich ungeändert, wenn wir den Drehwinkel $\alpha$ um $2\pi$ vermehren. Dies aber hat nach Formel (12) zur Folge, dass alle 4 Grössen $a, b, c, d$ ihr Vorzeichen wechseln. Es entspricht dies dem Umstande, dass die Substitutionsdeterminante von (14) gleich $a^2 + b^2 + c^2 + d^2$, also nach (13) gleich 1 wird, was hinsichtlich der Vorzeichen der $a, b, c, d$ gerade noch eine doppelte Möglichkeit frei lässt.

Zugleich haben wir eine bequeme Regel gewonnen, um den Cosinus des halben Drehwinkels einer Rotation, die in der Gestalt

$$z' = \frac{Az + B}{Cz + D}$$

gegeben ist, zu berechnen und dadurch die Periodicität dieser Substitution (sofern es sich um eine periodische Substitution handelt) zu beurtheilen. Denn augenscheinlich kommt durch Vergleich mit (14):

(15) $$\cos\frac{\alpha}{2} = \frac{A + D}{\sqrt{AD - BC}}.$$

## § 3. Homogene lineare Substitutionen. Zusammensetzung derselben.

Wir wollen jetzt, wie es in § 1 schon in Aussicht genommen wurde, Formel (14) in zwei homogene lineare Substitutionen spalten, indem wir einfach schreiben:

(16) $$\begin{cases} z_1' = (d + ic)\, z_1 - (b - ia)\, z_2, \\ z_2' = (b + ia)\, z_1 + (d - ic)\, z_2. \end{cases}$$

Hier bedeuten die $a, b, c, d$ nach Formel (12) zunächst beliebige *reelle* Grössen, welche der Bedingung

$$a^2 + b^2 + c^2 + d^2 = 1$$

unterliegen. Inzwischen können wir bemerken, dass dieselbe Formel unter Aufrechterhaltung dieser Bedingung, sofern wir nur $a, b, c, d$

*) Man sehe die Notiz von *Cayley* im 15. Bande der Math. Annalen (1879): *On the Correspondence of homographies and rotations,* wo diese Formel zum ersten Male explicite aufgestellt ist.

beliebiger complexer Werthe fähig denken, zugleich die allgemeinste binäre lineare Substitution von der Determinante 1 vorstellt. Hierdurch gewinnen die Zusammensetzungsformeln, die wir sofort aufstellen werden, eine allgemeinere Bedeutung, die allerdings in den Entwicklungen, auf die wir uns hier beschränken müssen, nicht weiter zur Geltung kommt.

Um die in Rede stehenden Zusammensetzungsformeln abzuleiten, sei:

$$S \begin{cases} z_1' = (d + ic)\, z_1 - (b - ia)\, z_2, \\ z_2' = (b + ia)\, z_1 + (d - ic)\, z_2, \end{cases}$$

eine erste Substitution, und ebenso

$$T \begin{cases} z_1'' = (d' + ic')\, z_1' - (b' - ia')\, z_2', \\ z_2'' = (b' + ia')\, z_1' + (d' - ic')\, z_2', \end{cases}$$

eine zweite. *Wir erhalten die durch Zusammensetzung entstehende Substitution* $ST$, *indem wir* $z_1'$, $z_2'$ *zwischen beiden Formelsystemen eliminiren.* Natürlich setzen wir das Resultat wieder in die Form (16), schreiben also etwa:

$$ST \begin{cases} z_1'' = (d'' + ic'')\, z_1 - (b'' - ia'')\, z_2, \\ z_2'' = (b'' + ia'')\, z_1 + (d'' - ic'')\, z_2. \end{cases}$$

Dann ergiebt die directe Vergleichung das folgende einfache Resultat:

$$(17) \qquad \begin{cases} a'' = (ad' + a'd) + (bc' - b'c), \\ b'' = (bd' + b'd) + (ca' - c'a), \\ c'' = (cd' + c'd) + (ab' - a'b), \\ d'' = -\,aa' - bb' - cc' + dd'. \end{cases}$$

Wir haben dabei, wie man beachten mag, die symbolische Bezeichnung $ST$ in demselben Sinne verwandt, wie im vorigen Kapitel, indem wir zuerst die Substitution $S$, dann die Substitution $T$ anwandten.

Die Formeln (14), (16), (17) werden wir sofort bei der Aufstellung der Substitutionsgruppen verwenden, die nunmehr den Rotationsgruppen des vorigen Kapitels entsprechen. Vorher jedoch müssen wir der Bedeutung gedenken, welche dieselben Formeln in allgemeinerem Sinne beanspruchen. Dass es richtig sei, bei der Behandlung der Drehungen um einen festen Punkt die Parameter $a$, $b$, $c$, $d$ des vorigen Paragraphen $\left(\text{oder doch jedenfalls ihre Quotienten } \frac{a}{d}, \frac{b}{d}, \frac{c}{d}\right)$ einzuführen, hat *Euler* bereits gefunden*). Inzwischen scheint es, dass die Zusammensetzungsformeln (17) noch lange unbekannt blieben, bis sie von *Ro-*

*) Novae Commentationes Petropolitanae t. 20, pag. 217.

*drigues**) (1840) entdeckt wurden. Dieselben Formeln hat dann *Hamilton* seinem Quaternionencalcul zu Grunde gelegt**), ohne zunächst ihre Bedeutung für die Zusammensetzung von Drehungen zu kennen, die bald darauf von *Cayley* hervorgehoben wurde***). Aber die Beziehung dieser Formeln zur Zusammensetzung binärer linearer Substitutionen blieb damals noch unbemerkt; Hrn. *Laguerre* gebührt das Verdienst, diesen Zusammenhang zuerst von der formalen Seite her erkannt zu haben†). Eine reale Bedeutung hat derselbe erst durch die *Riemann*'sche Interpretation von $(x + iy)$ auf der Kugel und insbesondere durch *Cayley's* Formel (14) erhalten††).

## § 4. Uebergang zu den Substitutionsgruppen. Die cyclischen Gruppen und die Diedergruppen.

*

Wir schreiten nunmehr dazu, die homogenen linearen Substitutionen von der Determinante 1 aufzustellen†††), welche im Sinne der Formeln (14), (16) den früher untersuchten Rotationsgruppen entsprechen. Natürlich sind die Substitutionen, welche wir in solcher Weise gewinnen, wegen des doppelten Vorzeichens der Parameter $a$, $b$, $c$, $d$, *doppelt so zahlreich* als die Rotationen, von denen wir ausgehen. Die Substitutionsgruppe ist also zuvörderst mit der Rotationsgruppe *hemiedrisch* isomorph; die Frage, ob wir die Substitutionsgruppe nicht derart einschränken oder modificiren können, dass *holoedrischer* Isomorphismus eintritt, soll erst in einem späteren Paragraphen untersucht werden.

---

*) Journal de Liouville, 1. série, tome V. *Des lois géométriques qui régissent le déplacement etc.*

**) In der That, betrachten wir die Quaternionen $q$, $q'$:

$$q = ai + bj + ck + d, \quad q' = a'i + b'j + c'k + d',$$

so ist das Product derselben

$$qq' = q'' = a''i + b''j + c''k + d''$$

genau durch die Formeln (17) des Textes gegeben. Es ist interessant, hier die ersten Mittheilungen von Hamilton über seinen Quaternionencalcul, insbesondere seinen Brief an Graves im Philosophical Magazine 1844, 2, p. 489 zu vergleichen.

***) Philosophical Magazine 1843, I, pag. 141.

†) Journal de l'École polytechnique, cah. 42 (1867): *Sur le calcul des systèmes linéaires.*

††) Vgl. namentlich auch Hrn. *Stephanos*' Abhandlung: *Mémoire sur la représentation des homographies binaires par des points de l'espace avec application à l'étude des rotations sphériques*, Math. Annalen Bd. XXII (1883), sowie auch dessen Note: *Sur la théorie des quaternions* (ebenda).

†††) Oder auch, wie ich im Folgenden kurz sagen werde, wo kein Missverständniss zu befürchten ist: die „homogenen Substitutionen“ schlechthin.

Was die allgemeinen Regeln angeht, deren wir uns bei Aufstellung der Substitutionsgruppen bedienen werden, so werden wir natürlich jeweils dem Coordinatensysteme eine möglichst einfache Lage ertheilen und übrigens auf die Sätze recurriren, die wir in § 12 und 13 des vorigen Kapitels betreffs der Erzeugung der einzelnen Rotationsgruppen aufgestellt haben.

Bei den *cyclischen Gruppen* und den *Diedergruppen* ist die Sache noch so einfach, dass wir die Formeln ohne Weiteres hinschreiben können. Es scheint am bequemsten, die beiden bei diesen Gruppen in Betracht kommenden *Pole* mit den Punkten $z = 0$ und $z = \infty$ zusammenfallen zu lassen. Dann hat man für die Drehungen der cyclischen Gruppe:

$$a = b = 0, \quad c = \sin\frac{\alpha}{2}, \quad d = \cos\frac{\alpha}{2}, \quad \alpha = \frac{2k\pi}{n},$$

*und also für die* $2n$ *homogenen Substitutionen der cyclischen Gruppe:*

$$(18) \quad z_1' = e^{\frac{ik\pi}{n}} \cdot z_1, \quad z_2' = e^{\frac{-ik\pi}{n}} \cdot z_2. \qquad (k = 0\ 1, \cdots (2n-1)).$$

Sollen wir jetzt zur Diedergruppe übergehen, so werden wir eine der Nebenaxen etwa so wählen, dass sie mit der $\xi$-Axe unseres räumlichen Coordinatensystems coïncidirt (also die Kugelpunkte $z = +1$ und $z = -1$ verbindet). Wir finden für die zugehörige Umklappung:

$$(19) \qquad z_1' = \mp i z_2, \quad z_2' = \mp i z_1,$$

und also durch Verbindung mit (18) *für die* $4n$ *homogenen Substitutionen der Diedergruppe:*

$$(20) \begin{cases} z_1' = e^{\frac{ik\pi}{n}} \cdot z_1, & z_2' = e^{\frac{-ik\pi}{n}} \cdot z_2; \\ z_1' = ie^{\frac{-ik\pi}{n}} \cdot z_2, & z_2' = ie^{\frac{ik\pi}{n}} \cdot z_1. \end{cases} \qquad (k = 0, 1, \cdots (2n-1)).$$

Dem doppelten Vorzeichen von (19) ist in diesen Formeln bereits Rechnung getragen, indem wir $k$ nicht bloss von 0 bis $(n-1)$, sondern von 0 bis $(2n-1)$ laufen lassen.

Insbesondere haben wir, wie wir ausdrücklich angeben wollen, für die *Vierergruppe* die folgenden 8 homogenen Substitutionen:

$$(21) \qquad \begin{cases} z_1' = \quad i^k \cdot z_1, & z_2' = (-i)^k \cdot z_2; \\ z_1' = -(-i)^k \cdot z_2, & z_2' = \quad i^k \cdot z_1. \end{cases}$$

$$(k = 0, 1, 2, 3).$$

## § 5. Die Gruppen des Tetraeders und des Oktaeders.

Beim Tetraeder und Oktaeder werden wir zweierlei Lagen des Coordinatensystems unterscheiden. Das eine Mal lassen wir, was am natürlichsten scheint, die drei Coordinatenaxen $\xi$, $\eta$, $\zeta$ unseres räumlichen Coordinatensystems einfach mit den Oktaederdiagonalen zusammenfallen. Das zweite Mal drehen wir das so gewonnene Coordinatensysten um seine $\zeta$-Axe durch $45^0$, damit nämlich, was später Vortheil bietet, die $\xi\zeta$-Ebene mit einer Symmetrieebene des Tetraeders coincidirt.

Beginnen wir mit der Betrachtung der *ersteren* Lage. Wir können dann zur Darstellung der Vierergruppe unmittelbar die eben hingeschriebenen Formeln (21) benutzen. Indem wir uns sodann betreffs der Erzeugung der Tetraeder- und Oktaedergruppe der Angaben erinnern, die wir in § 13 des vorigen Kapitels gemacht haben, werden wir zunächst die homogenen Substitutionen bilden, welche den beiden Drehungen ($U$ und $U^2$) von der Periode 3 um eine der Diagonalen des zugehörigen Würfels entsprechen. Offenbar erhalten 2 diametrale Ecken des Würfels die Coordinaten:

$$\xi = \eta = \zeta = \pm \frac{1}{\sqrt{3}},$$

und da

$$\cos\frac{\pi}{3} = \frac{1}{2} = -\cos\frac{2\pi}{3}, \quad \sin\frac{\pi}{3} = \frac{\sqrt{3}}{2} = \sin\frac{2\pi}{3}$$

ist, so erhalten wir für die homogenen Substitutionen, bei denen diese beiden Ecken fest bleiben (unter Beiseitelassung des auch hier wieder auftretenden doppelten Vorzeichens):

$$a = b = c = \pm d = \frac{1}{2}.$$

Entsprechend haben wir die beiden Substitutionen:

$$z_1' = \frac{(\pm 1 + i)\, z_1 - (1 - i)\, z_2}{2}, \quad z_2' = \frac{(1 + i)\, z_1 + (\pm 1 - i)\, z_2}{2}.$$

Indem wir sie mit den Substitutionen (21) nunmehr in geeigneter Weise combiniren, *erhalten wir für die rechten Seiten der 24 homogenen Tetraedersubstitutionen die folgenden Paare linearer Ausdrücke*:

$$(22)\left\{\begin{array}{ll} i^k \cdot z_1, & (-i)^k \cdot z_2; \\ -(-i)^k \cdot z_2, & i^k \cdot z_1; \\ i^k . \dfrac{(\pm 1 + i)\, z_1 - (1 - i)\, z_2}{2}, & (-i)^k . \dfrac{(1 + i)\, z_1 + (\pm 1 - i)\, z_2}{2}; \\ -(-i)^k . \dfrac{(1 + i)\, z_1 + (\pm 1 - i)\, z_2}{2}, & i^k . \dfrac{(\pm 1 + i)\, z_1 - (1 - i)\, z_2}{2}. \end{array}\right.$$

$$(k = 0, 1, 2, 3).$$

Wir gehen zur Oktaedergruppe über, wenn wir noch eine Drehung $V$ durch $\frac{\pi}{2}$ um eine der 3 Coordinatenaxen, etwa um die $\zeta$-Axe, hinzunehmen. Für eine der beiden entsprechenden homogenen Substitutionen haben wir augenscheinlich:

$$(23) \qquad z_1' = \frac{1+i}{\sqrt{2}} \cdot z_1, \quad z_2' = \frac{1-i}{\sqrt{2}} \cdot z_2.$$

*Dementsprechend erhalten wir die rechten Seiten der 24 in der Tabelle (22) noch fehlenden homogenen Oktaedersubstitutionen, indem wir von den 24 in diese Tabelle aufgenommenen linearen Ausdrücken den links stehenden jedesmal mit* $\frac{1+i}{\sqrt{2}}$, *den rechts stehenden mit* $\frac{1-i}{\sqrt{2}}$ *multipliciren.*

Es wird unnöthig sein, die neu entstehenden Ausdrücke hier noch besonders hinzuschreiben.

Was jetzt die *zweite* Lage des Coordinatensystems gegen unsere Configurationen betrifft, so genügt es, um die auf sie bezüglichen Substitutionsformeln zu haben, in den gerade gewonnenen Formeln (22), (23) etc. der Coordinatentransformation Rechnung zu tragen, welche von der ersten Lage zur zweiten hinüberführt. Bei einer solchen Coordinatentransformation wird das ursprüngliche $\frac{z_1}{z_2}$ durch $\frac{1+i}{\sqrt{2}} \cdot \frac{z_1}{z_2}$ und natürlich gleichzeitig das ursprüngliche $\frac{z_1'}{z_2'}$ durch $\frac{1+i}{\sqrt{2}} \cdot \frac{z_1'}{z_2'}$ ersetzt*). Man beachte noch, dass $\frac{1+i}{\sqrt{2}} \cdot \frac{1-i}{\sqrt{2}} = 1$ ist. Wir erhalten so nach kurzer Ueberlegung die Regel:

*Wollen wir die Substitutionsformeln haben, welche der neuen Lage des Coordinatensystems entsprechen, so müssen wir bei den in (22) links stehenden Ausdrücken das* $z_1$ *ungeändert lassen und das* $z_2$ *durch* $\frac{1-i}{\sqrt{2}} \cdot z_2$ *ersetzen, dagegen in den ebenda rechts stehenden Ausdrücken das* $z_1$ *durch* $\frac{1+i}{\sqrt{2}} \cdot z_1$ *ersetzen und das* $z_2$ *ungeändert lassen.*

Bei dem ganz elementaren Charakter dieser Operation unterlasse ich es wieder, die entstehenden Ausdrücke explicite anzugeben.

## § 6. **Die Ikosaedergruppe.**

Es handelt sich jetzt um die homogenen Substitutionen des Ikosaeders. Wir wollen zu dem Zwecke dem Ikosaeder eine solche Lage

*) Indem wir nämlich die Drehung durch 90° um die $O\zeta$-Axe in positivem Sinne vor sich gehend denken.

gegen das Coordinatensystem ertheilen, dass jene Drehung durch $\frac{2\pi}{5}$, welche wir früher (§ 12 des vorigen Kapitels) mit $S$ bezeichneten, in positivem Sinne um die $\zeta$-Axe geschieht, während gleichzeitig die Querlinie, um welche die Umklappung $U$ (siehe ebenda) statt hat, mit der $\eta$-Axe coincidirt. *Dann haben wir den Operationen $S$, $U$ entsprechend sofort folgende Substitutionen:*

$$(24) \qquad \begin{cases} S: \begin{cases} z_1' = \pm \varepsilon^3 z_1, \\ z_2' = \pm \varepsilon^2 z_2; \end{cases} \\ U: \begin{cases} z_1' = \mp \quad z_2, \\ z_2' = \pm \quad z_1, \end{cases} \end{cases}$$

welche zusammengenommen die zur verticalen Ikosaederdiagonale gehörige Diedergruppe erzeugen*). Unter $\varepsilon$ ist dabei, wie immer in der Folge, die fünfte Einheitswurzel:

$$(25) \qquad \varepsilon = e^{\frac{2i\pi}{5}}$$

verstanden.

Unsere Festsetzung hinsichtlich der Lage des Coordinatensystems lässt hinsichtlich der Umklappung $T$, die wir nun noch in Betracht zu ziehen haben, eine doppelte Möglichkeit zu. Die Axe von $T$ kann innerhalb der $\xi\zeta$-Ebene noch entweder durch den ersten und dritten Quadranten des Coordinatensystems $\xi\zeta$ hindurchlaufen, oder durch den zweiten und vierten. *Wir wollen festsetzen, dass das letztere der Fall sein soll.* Verstehen wir dann unter $\gamma$ den spitzen Winkel, den besagte Axe mit $O\zeta$ einschliesst, so wird einer ihrer beiden Endpunkte die Coordinaten erhalten:

$$\xi = -\sin\gamma, \quad \eta = 0, \quad \zeta = \cos\gamma,$$

und es werden also nach (12) (da es sich um eine Drehung durch 180° handelt) die Parameter der zugehörigen Drehung:

$$a = \mp \sin\gamma, \quad b = 0, \quad c = \pm \cos\gamma, \quad d = 0,$$

wo, wie immer in diesen Formeln, die oberen und die unteren Vorzeichen zusammengehören.

Es fragt sich jetzt, wie wir den Winkel $\gamma$ berechnen. Ich will zu dem Zwecke auf die Parameter von $S$ (24):

$$a' = b' = 0, \quad c' = \pm \sin\frac{\pi}{5}, \quad d' = \pm \cos\frac{\pi}{5}$$

und auf die Zusammensetzungsformeln (17) zurückgreifen. Auf Grund dieser Formeln findet sich für den Parameter $d''$ der Operation $ST$:

---

*) Dieselbe ist hier auf ein etwas anderes Coordinatensystem bezogen, als in Formel (20).

$$d'' = -aa' - bb' - cc' + dd'$$
$$= \pm \cos\gamma \cdot \sin\frac{\pi}{5}.$$

Nun hat die Operation $ST$ (wie ein Blick auf die Figur des Ikosaeders zeigt) die Periode 3, es muss also $d''$ mit $\pm \cos\frac{\pi}{3} = \pm\frac{1}{2}$ übereinstimmen. Wir gewinnen somit, wenn wir noch beachten, dass $\cos\gamma$ positiv sein soll:

$$\cos\gamma \cdot \sin\frac{\pi}{5} = \frac{1}{2},$$

oder, wenn wir wiederum die Einheitswurzel $\varepsilon$ einführen und berücksichtigen, dass

$$(\varepsilon^2 - \varepsilon^3)(\varepsilon^4 - \varepsilon) = \varepsilon + \varepsilon^4 - \varepsilon^2 - \varepsilon^3 = \sqrt{5}$$

ist:

$$\cos\gamma = \frac{\varepsilon - \varepsilon^4}{i\sqrt{5}},$$

und hieraus, wieder unter Annahme des positiven Vorzeichens:

$$\sin\gamma = \frac{\varepsilon^2 - \varepsilon^3}{i\sqrt{5}}.$$

Wir tragen nunmehr diese Werthe in die eben gegebenen Ausdrücke $a, b, c, d$ ein und greifen übrigens auf die Formeln (16) zurück. *Dann haben wir schliesslich für die beiden homogenen Substitutionen, welche der Drehung $T$ entsprechen:*

$$(26)\qquad T: \begin{cases} \sqrt{5} \cdot z_1' = \mp(\varepsilon - \varepsilon^4) z_1 \pm (\varepsilon^2 - \varepsilon^3) z_2, \\ \sqrt{5} \cdot z_2' = \pm(\varepsilon^2 - \varepsilon^3) z_1 \pm (\varepsilon - \varepsilon^4) z_2. \end{cases}$$

Aus (24), (26) bilden wir jetzt sofort die gesammten Ikosaedersubstitutionen. Wir brauchen uns nur zu erinnern, dass wir früher die Ikosaederdrehungen in folgende Tabelle gebracht haben:

$$S^\mu,\ S^\mu U,\ S^\mu T S^\nu,\ S^\mu T S^\nu U,\ (\mu, \nu = 0, 1, 2, 3, 4).$$

*Dementsprechend erhalten wir für die 120 homogenen Ikosaedersubstitutionen:*

$$(27)\quad \begin{cases} S^\mu: \begin{cases} z_1' = \pm \varepsilon^{3\mu} \cdot z_1, \\ z_2' = \pm \varepsilon^{2\mu} \cdot z_2; \end{cases} \\ S^\mu U: \begin{cases} z_1' = \mp \varepsilon^{2\mu} \cdot z_2, \\ z_2' = \pm \varepsilon^{3\mu} \cdot z_1; \end{cases} \\ S^\mu T S^\nu: \begin{cases} \sqrt{5} \cdot z_1' = \pm \varepsilon^{3\nu}\left(-(\varepsilon - \varepsilon^4)\varepsilon^{3\mu} \cdot z_1 + (\varepsilon^2 - \varepsilon^3)\varepsilon^{2\mu} \cdot z_2\right), \\ \sqrt{5} \cdot z_2' = \pm \varepsilon^{2\nu}\left(+(\varepsilon^2 - \varepsilon^3)\varepsilon^{3\mu} \cdot z_1 + (\varepsilon - \varepsilon^4)\varepsilon^{2\mu} \cdot z_2\right); \end{cases} \\ S^\mu T S^\nu U: \begin{cases} \sqrt{5} \cdot z_1' = \mp \varepsilon^{2\nu}\left(+(\varepsilon^2 - \varepsilon^3)\varepsilon^{3\mu} \cdot z_1 + (\varepsilon - \varepsilon^4)\varepsilon^{2\mu} \cdot z_2\right), \\ \sqrt{5} \cdot z_2' = \pm \varepsilon^{3\nu}\left(-(\varepsilon - \varepsilon^4)\varepsilon^{3\mu} \cdot z_1 + (\varepsilon^2 - \varepsilon^3)\varepsilon^{2\mu} \cdot z_2\right). \end{cases} \end{cases}$$

Ich will noch auf die einfache Regel aufmerksam machen, vermöge deren sich hier (wie auch schon in den früheren Fällen) die Periodicität der einzelnen Drehung auf Grund von Formel (15) bestimmt. Wir erhalten vermöge dieser Formel für den Drehwinkel $\alpha$ einer Drehung $S^\mu TS^\nu$:

$$\cos\frac{\alpha}{2} = \mp\frac{(\varepsilon - \varepsilon^4)\left(\varepsilon^{3\mu+3\nu} - \varepsilon^{2\mu+2\nu}\right)}{2\sqrt{5}},$$

und analog für den Drehwinkel von $S^\mu TS^\nu U$:

$$\cos\frac{\alpha}{2} = \mp\frac{(\varepsilon^2 - \varepsilon^3)\left(\varepsilon^{3\mu+2\nu} - \varepsilon^{2\mu+3\nu}\right)}{2\sqrt{5}}.$$

*Wir haben also bei $S^\mu TS^\nu$ die Periode 2, wenn $\mu + \nu\varepsilon \equiv 0$, bei $S^\mu TS^\nu U$, wenn $3\mu + 2\nu \equiv 0$ (mod. 5) ist.*

*Wir haben bei $S^\mu TS^\nu$ die Periode 3, wenn $\mu + \nu \equiv \pm 1$, bei $S^\mu TS^\nu U$, wenn $3\mu + 2\nu \equiv \pm 1$ (mod. 5) ist.*

*In den 20 anderen Fällen $S^\mu TS^\nu$, bez. $S^\mu TS^\nu U$ ist die Periode 5.* Hierzu tritt dann noch, wie selbstverständlich, dass alle $S^\mu U$ die Periode 2, alle $S^\mu$, mit alleiniger Ausnahme von $S^0$ (der Identität), die Periode 5 haben.

## § 7. Nicht-homogene Substitutionen. Inbetrachtnahme der erweiterten Gruppen.

Von den homogenen Substitutionen steigen wir natürlich ohne alle Rechnung zu den nicht homogenen Substitutionen hinab. Wenn ich trotzdem hier die betreffenden Formeln in tabellarischer Zusammenstellung gebe, so geschieht es, weil sich dieselben, unter Verzicht auf den bisher festgehaltenen festen Werth der Substitutionsdeterminante, etwas zusammenziehen lassen und dadurch in der That sehr übersichtlich werden. *Wir finden für die nicht-homogenen Substitutionen:*

1) bei den *cyclischen Gruppen:*

$$(28) \qquad z' = e^{\frac{2ik\pi}{n}}\cdot z, \quad \left(k = 0, 1, \cdots (n \dot{-} 1)\right);$$

2) beim *Dieder:*

$$(29) \qquad z' = e^{\frac{2ik\pi}{n}}\cdot z, \quad z' = -\frac{e^{-\frac{2ik\pi}{n}}}{z}, \quad (k \text{ wie vorhin});$$

3) beim *Tetraëder* und erster Annahme hinsichtlich der Lage des Coordinatensystems:

$$(30\text{a}) \quad z' = \pm z, \ \pm\frac{1}{z}, \ \pm i\cdot\frac{z+1}{z-1}, \ \pm i\cdot\frac{z-1}{z+1}, \ \pm\frac{z+i}{z-i}, \ \pm\frac{z-i}{z+i},$$

sowie bei der anderen Annahme:

$$(30\text{b})\quad z' = \pm z,\ \pm\frac{i}{z},\ \pm\frac{(1+i)z+\sqrt{2}}{\sqrt{2}\cdot z-(1-i)},\quad \pm\frac{\sqrt{2}\cdot z-(1-i)}{(1+i)z+\sqrt{2}},$$

$$\pm\frac{(1-i)z+\sqrt{2}}{\sqrt{2}\cdot z-(1+i)},\quad \pm\frac{\sqrt{2}\cdot z-(1+i)}{(1-i)z+\sqrt{2}};$$

4) beim *Oktaeder* unter analoger Unterscheidung der beiden Fälle:

$$(31\text{a})\qquad z' = i^k z,\ \frac{i^k}{z},\ i^k\cdot\frac{z+1}{z-1},\ i^k\cdot\frac{z-1}{z+1},\ i^k\cdot\frac{z+i}{z-i},\ i^k\cdot\frac{z-i}{z+i},$$

sowie:

$$(31\text{b})\qquad z' = i^k\cdot z,\ \frac{i^k}{z},\ i^k\cdot\frac{(1+i)z+\sqrt{2}}{\sqrt{2}\cdot z-(1-i)},\quad i^k\cdot\frac{\sqrt{2}\cdot z-(1-i)}{(1+i)z+\sqrt{2}},$$

$$i^k\cdot\frac{(1-i)z+\sqrt{2}}{\sqrt{2}\cdot z-(1+i)},\quad i^k\cdot\frac{\sqrt{2}\cdot z-(1+i)}{(1-i)z+\sqrt{2}};$$

$k$ hat hier jedesmal die Werthe 0, 1, 2, 3 zu durchlaufen;

5) beim *Ikosaeder:*

$$(32)\qquad z' = \varepsilon^\mu z,\ \frac{-\varepsilon^{4\mu}}{z},\ \varepsilon^\nu\cdot\frac{-(\varepsilon-\varepsilon^4)\varepsilon^\mu\cdot z+(\varepsilon^2-\varepsilon^3)}{(\varepsilon^2-\varepsilon^3)\varepsilon^\mu\cdot z+(\varepsilon-\varepsilon^4)},$$

$$-\varepsilon^{4\nu}\cdot\frac{(\varepsilon^2-\varepsilon^3)\varepsilon^\mu\cdot z+(\varepsilon-\varepsilon^4)}{-(\varepsilon-\varepsilon^4)\varepsilon^\mu\cdot z+(\varepsilon^2-\varepsilon^3)},$$

$$\left(\varepsilon = e^{\frac{2i\pi}{5}};\qquad \mu,\nu = 0, 1, 2, 3, 4\right).$$

Von diesen Formeln gehen wir nun auch sofort zu denjenigen über, die den *erweiterten Gruppen* (wie wir uns in Kap. I ausdrückten) entsprechen. Wenn wir nämlich die einzige Formelgruppe (30a) ausnehmen, so ist übrigens durchweg die $\xi\zeta$-Ebene unseres Coordinatensystems eine Symmetrieebene der gerade in Betracht kommenden Configuration. Nun können wir die erweiterte Gruppe dadurch erzeugen, dass wir die Spiegelung eben an dieser Symmetrieebene mit den Drehungen der ursprünglichen Gruppe combiniren. Diese Spiegelung ist aber analytisch durch die einfache Formel:

$$(33)\qquad z' = \bar{z}$$

gegeben, wo $\bar{z}$ den conjugirten Werth der imaginären Grösse $z$ bedeutet. *Daher werden wir Formeln für die Operationen der erweiterten Gruppen erhalten, wenn wir neben die Formeln (28) bis (32)* (unter alleiniger

Ausnahme von (30a)) *immer auch die anderen stellen, in denen $z$ durch $\bar{z}$ ersetzt ist.*

Ich schliesse diesen Paragraphen mit zwei kleinen historischen Bemerkungen. Von den Substitutionsgruppen (28) bis (32) kommen in der älteren Literatur, ausser den cyclischen Gruppen, die natürlich überall auftreten, hauptsächlich nur zwei Fälle vor, nämlich die Diedergruppe $n = 3$ und die Oktaëdergruppe (31a). Ersterer Fall erscheint dabei nur deshalb in etwas anderer Form, als in (29), weil auf der $z$-Kugel ein anderes Coordinatensystem zu Grunde gelegt ist, für welches derjenige grösste Kreis, den wir bisher als Aequator bezeichneten, mit dem Meridiane der reellen Zahlen zusammenfällt und die Ecken des Dieders die Argumente $z = 0, 1, \infty$ erhalten. Man findet so die Formeln:

$$z' = z, \; \frac{1}{z}, \; 1 - z, \; \frac{1}{1-z}, \; \frac{z}{z-1}, \; \frac{z-1}{z},$$

welche, in der projectiven Geometrie, die 6 zusammengehörigen Werthe des Doppelverhältnisses und, in der Theorie der elliptischen Functionen, (was im Grunde dasselbe ist) die 6 zusammengehörigen Werthe von $k^2$ (dem Quadrate des Legendre'schen Moduls) verbinden. Die Gruppe (31a) findet sich implicite an mehreren Stellen von *Abel's* Werken*). Es handelt sich dort darum, die verschiedenen Werthe von $k^2$ anzugeben, die resultiren, wenn man ein vorgelegtes elliptisches Integral erster Gattung durch *lineare* Substitution in die Legendre'sche Normalform:

$$\int \frac{dx}{\sqrt{1 - x^2 \cdot 1 - k^2 x^2}}$$

transformirt. Abel bemerkt, dass sich diese verschiedenen Werthe durch einen beliebigen derselben in folgender Weise darstellen:

$$k^2, \; \frac{1}{k^2}, \; \left(\frac{1+\sqrt{k}}{1-\sqrt{k}}\right)^4, \; \left(\frac{1-\sqrt{k}}{1+\sqrt{k}}\right)^4, \; \left(\frac{i+\sqrt{k}}{i-\sqrt{k}}\right)^4, \; \left(\frac{i-\sqrt{k}}{i+\sqrt{k}}\right)^4.$$

Zieht man hier überall die vierte Wurzel und ersetzt $\sqrt{k}$ durch $z$, so sind dies offenbar genau die Ausdrücke (31a).

## § 8. Holoedrischer Isomorphismus bei homogenen Substitutionsgruppen.

Was die Discussion der nunmehr gewonnenen Substitutionsgruppen in gruppentheoretischem Sinne angeht, so wird es genügen, hier auf

---

*) Man sehe z. B. t. I, pag. 259 (der neuen Ausgabe von *Sylow* und *Lie*).

die analogen Untersuchungen unseres ersten Kapitels zu verweisen. In der That sind ja unsere nicht-homogenen Substitutionsgruppen mit den damals betrachteten Rotationsgruppen holoedrisch, die homogenen wenigstens hemiedrisch isomorph, wobei noch ausdrücklich bemerkt sei, dass unter den homogenen Substitutionen der „identischen" Rotation allemal die beiden:

$$\left.\begin{aligned} z_1' &= z_1 \\ z_2' &= z_2 \end{aligned}\right\} \text{ und } \left.\begin{aligned} z_1' &= -z_1 \\ z_2' &= -z_2 \end{aligned}\right\}$$

entsprechen.

Hierüber hinaus aber wollen wir uns mit einer Frage von allerdings verwandtem, aber doch nicht rein gruppentheoretischem Charakter beschäftigen, einer Frage, die wir schon oben andeuteten (§ 4), und deren Beantwortung in der Folge für uns von principieller Bedeutung werden wird. Wir haben für eine Gruppe von $N$ Drehungen jedesmal $2N$ homogene Substitutionen gefunden. Wir fragen, ob wir unter diesen $2N$ Substitutionen nicht derart $N$, die eine Gruppe bilden, herausgreifen können, dass *holoedrischer* Isomorphismus mit der Rotationsgruppe statt hat, — oder ob wir einen solchen Isomorphismus nicht wenigstens dadurch erreichen können, dass wir der einzelnen Substitutionsdeterminante, die wir bisher immer gleich $+1$ genommen haben, irgend einen anderen Werth ertheilen.

Wir beginnen mit den Wiederholungen einer einzigen Drehung, d. h. mit den *cyclischen Gruppen*, wobei wir, um die Untersuchung auch nicht scheinbar durch Einführung eines kanonischen Coordinatensystems einzuschränken, ein ganz beliebiges Coordinatensystem zu Grunde legen wollen. Wir nehmen also etwa eine Drehung durch $\frac{2\pi}{n}$, bei welcher ein beliebiger Punkt $\xi, \eta, \zeta$ unserer Kugel fest bleibt. Der zugehörigen linearen Substitution (16):

$$\begin{aligned} z_1' &= (d + ic)z_1 - (b - ia)z_2, \\ z_2' &= (b + ia)z_1 + (d - ic)z_2 \end{aligned}$$

haben wir bislang die Parameter:

$$a = \pm \xi \sin\frac{\pi}{n}, \quad b = \pm \eta \sin\frac{\pi}{n}, \quad c = \pm \zeta \sin\frac{\pi}{n}, \quad d = \pm \cos\frac{\pi}{n}$$

beigelegt. Wir wollen statt ihrer, *indem wir die Substitutionsdeterminante gleich $\varrho^2$ nehmen*, jetzt schreiben:

$$(34) \quad a_1 = \varrho\xi \sin\frac{\pi}{n}, \quad b_1 = \varrho\eta \sin\frac{\pi}{n}, \quad c_1 = \varrho\zeta \sin\frac{\pi}{n}, \quad d_1 = \varrho \cos\frac{\pi}{n}.$$

Indem wir sodann auf die Zusammensetzungsformeln (17) recurriren, erhalten wir als Parameter für die $k^{\text{te}}$ Wiederholung unserer Substitution:

$$a_k = \varrho^k \cdot \xi \sin\frac{k\pi}{n},\; b_k = \varrho^k \cdot \eta \sin\frac{k\pi}{n},\; c_k = \varrho^k \cdot \zeta \sin\frac{k\pi}{n},\; d_k = \varrho^k \cos\frac{k\pi}{n}.$$

Wir verlangen jetzt — damit holoedrischer Isomorphismus mit der zugehörigen Rotationsgruppe stattfindet —, dass die $n^{\text{te}}$ Wiederholung unserer Substitution die Identität sei, dass also:

$$a_n = b_n = c_n = 0,\quad d_n = 1$$

werde. Offenbar ist hierzu erforderlich:

$$\varrho^n = -1.$$

*Wir werden also dann und nur dann holoedrischen Isomorphismus zwischen der Substitutions- und der Rotationsgruppe erzielen, wenn wir in* (34) $\varrho$ *als* $n^{\text{te}}$ *Wurzel aus* $(-1)$ *einführen.* Hiermit ist aber der Werth der Substitutionsdeterminante $\varrho^2$ ebenfalls bestimmt oder doch auf wenige Möglichkeiten eingeschränkt. Ist $n$ ungerade, so können wir $\varrho = -1$ und also die Determinante gleich $+1$ nehmen. Ist aber $n$ gerade, so ist der Werth $+1$ bei der Substitutionsdeterminante unzulässig. Insbesondere müssen wir, wenn $n = 2$ ist, die Determinante gleich $-1$, die Grösse $\varrho$ gleich $\pm i$ wählen.

Betrachten wir jetzt die *Diedergruppen.* Wir haben bei ihnen zunächst die Rotationen $S^\mu$ (mit $S^n = 1$), denen wir, nach dem gerade Gesagten, Substitutionen von der Determinante $\varrho^{2\mu}$ entsprechen lassen müssen, wo $\varrho^n = -1$. Wir haben ferner die Rotationen $S^\mu T$ von der Periode 2. Sicher werden wir, damit holoedrischer Isomorphismus statt habe, die Substitution, welche $T$ entspricht, mit der Determinante $(-1)$ ausstatten. Nun *multipliciren* sich bekanntlich bei Zusammensetzung zweier Substitutionen deren Determinanten. Daher erhalten wir für $S^\mu T$ eine Substitution von der Determinante $-\varrho^{2\mu}$. Aber diese selbst soll wieder, weil $S^\mu T$ die Periode 2 hat, gleich $-1$ sein. Somit haben wir für $\varrho$ die gleichzeitigen Gleichungen:

$$\varrho^n = -1,\; \varrho^{2\mu} = +1, \qquad (\mu = 0, 1, \cdots (n-1)).$$

Offenbar sind dieselben nur verträglich, wenn $n$ ungerade ist (worauf $\varrho = -1$ resultirt). Daher folgt, *dass bei den Diedergruppen der gewünschte holoedrische Isomorphisums nur bei ungeradem* $n$, *niemals aber*
* *bei geradem* $n$ *eintreten kann.*

Wir werden in der Folge auf den negativen Theil dieser Proposition ganz besonderes Gewicht legen, denn aus ihm erschliessen wir sofort einen analogen Satz für die Gruppen des Tetraeders, Oktaeders und Ikosaeders. *Auch bei Tetraeder, Oktaeder und Ikosaeder ist holoedrischer Isomorphismus zwischen der Rotationsgruppe und der Gruppe der homogenen Substitutionen unmöglich.* Sie enthalten nämlich alle als Untergruppe mindestens eine Diedergruppe von geradem $n$ (nämlich eine Vierergruppe), und schon bei dieser liegt, wie wir eben gesehen haben, besagte Unmöglichkeit vor.

## § 9. **Invariante Formen, zu einer Gruppe gehörig. Der Formenkreis der cyclischen und der Dieder-Gruppen.**

Getreu dem allgemeinen Gedankengange, den wir in § 1 dieses Kapitels skizzirt haben, fragen wir jetzt, nachdem wir die homogenen Substitutionsgruppen kennen, die den einzelnen Rotationsgruppen entsprechen, nach allen solchen *Formen* $F(z_1, z_2)$, die bei diesen Substitutionen bis auf einen Factor ungeändert bleiben. Offenbar stellt eine derartige *invariante* Form (ein Ausdruck, den wir fernerhin festhalten * wollen), gleich Null gesetzt, ein Punktsystem unserer Kugel dar, welches bei allen Rotationen der in Betracht kommenden Gruppe ungeändert erhalten bleibt, ein Satz, den man umkehren kann. Nun muss ein solches Punktsystem nothwendig in lauter Punktgruppen jener Art zerfallen, wie wir sie in § 10 des vorigen Kapitels als *zur Gruppe gehörig* bezeichnet haben. Die gesuchten invarianten Formen entstehen also dadurch, dass wir von den Formen, die den genannten Punktgruppen correspondiren, beliebig viele mit einander multipliciren.

Ueber die Art der hiernach vorhandenen *Grundformen* können wir von vorneherein noch gewisse, nähere Angaben machen. Ist $N$ die Anzahl der Drehungen einer Gruppe, so bestehen die zugehörigen Punktgruppen im Allgemeinen aus $N$ getrennten Punkten. Die allgemeine Grundform wird hiernach eine Form vom $N^{\text{ten}}$ Grade sein und übrigens — der einfach unendlichen Anzahl der erwähnten Punktgruppen entsprechend — einen wesentlichen (nicht bloss multiplicativen) Parameter enthalten. Aber es gibt unter den allgemeinen Punktgruppen insbesondere derartige, die nur eine geringere Zahl, sagen wir $\frac{N}{\nu}$, getrennte Punkte umfassen. Dementsprechend wird es *specielle Grundformen*, vom Grade $\frac{N}{\nu}$, geben, die nur insofern als besonderer Fall der allgemeinen Grundform betrachtet werden dürfen, als man sie in die $\nu^{\text{te}}$ Potenz erhebt.

Wollen wir mit diesen allgemeinen Schlüssen noch weiter gehen, so müssen wir den Fall der cyclischen Gruppen nunmehr von den übrigen Fällen abtrennen.

Bei den *cyclischen Gruppen* gibt es unter den allgemeinen Punktgruppen nur zwei besondere, jede allein aus einem Punkte, nämlich aus einem der beiden Pole, bestehend. *Dementsprechend gibt es bei ihnen zwei ausgezeichnete, und zwar lineare Grundformen.* Halten wir an dem Coordinatensysteme fest, das in § 4 bei Behandlung der cyclischen Gruppen eingeführt wurde, so sind dies einfach $z_1$ und $z_2$ selbst. Aber auch die allgemeinen Grundformen können wir hier sehr leicht bilden und zwar vermöge einer Schlussweise, die uns auch in den folgenden Fällen äusserst nützlich sein wird. Wir bilden, um zu den allgemeinen Grundformen überzugehen, die $n^{\text{ten}}$ Potenzen von $z_1$ und $z_2$ und überzeugen uns, dass sie bei den einzelnen Substitutionen (18) je den gleichen Factor $(-1)^k$ annehmen. Hieraus schliessen wir, dass $\lambda_1 z_1^n + \lambda_2 z_2^n$, unter $\lambda_1 : \lambda_2$ einen beliebigen Parameter verstanden, jedenfalls auch eine invariante Form ist. Weil der Grad derselben gleich $n$ (gleich der Anzahl der Rotationen der Gruppe) ist, ist sie zugleich eine Grundform. *Augenscheinlich ist sie ohne Weiteres die allgemeine Grundform.* Denn wir können $\lambda_1 : \lambda_2$ so bestimmen, dass $\lambda_1 z_1^n + \lambda_2 z_2^n$ für einen beliebigen Kugelpunkt verschwindet und also gerade die aus ihm vermöge der Rotationen der cyclischen Gruppe hervorgehende Punktgruppe darstellt. Somit haben wir bei den cyclischen Gruppen die zunächst vorliegenden Fragen überhaupt erledigt. Wir können das Resultat dahin aussprechen, *dass bei den cyclischen Gruppen* (18) *die allgemeinste invariante Form durch*

$$z_1^\alpha \cdot z_2^\beta \cdot \prod_i (\lambda_1^{(i)} z_1^n + \lambda_2^{(i)} z_1^n) \tag{35}$$

*gegeben sei, wo $\alpha$, $\beta$ irgend welche positive ganze Zahlen, $\lambda_1^{(i)}$, $\lambda_2^{(i)}$ irgendwelche Parameter bedeuten.*

In den übrigen Fällen gestaltet sich die Theorie nur dadurch etwas abweichend, dass bei ihnen unter den allgemeinen Punktgruppen von jedesmal $N$ getrennten Punkten *drei von geringerer Punktezahl* auftreten. Wir wollen für die Multiplicitäten, die diesen besonderen Punktgruppen beizulegen sind, sofern wir sie unter die allgemeinen Punktgruppen subsumiren wollen, die Bezeichnungen $\nu_1$, $\nu_2$, $\nu_3$ wieder aufnehmen, die wir in § 9 des vorigen Kapitels verwandten. Besagte Punktgruppen enthalten dann nur bezüglich $\frac{N}{\nu_1}$, $\frac{N}{\nu_2}$ und $\frac{N}{\nu_3}$ getrennte Punkte und liefern uns dementsprechend 3 ausgezeichnete Grundformen $F_1$, $F_2$, $F_3$ resp. von demselben Grade. Wir bilden $F_1^{\nu_1}$, $F_2^{\nu_2}$, $F_3^{\nu_3}$. So zeigt sich, dass diese Potenzen bei den jeweils in Betracht kommenden homogenen Substitutionen alle *denselben* constanten Factor annehmen. *Daher ist jede lineare Combination*

$$\lambda_1 F_1^{\nu_1} + \lambda_2 F_2^{\nu_2} + \lambda_3 F_3^{\nu_3}$$

*eine invariante Form, und zwar, wie ihr Grad zeigt, eine Grundform.* Aber die allgemeine Grundform enthält, wie gesagt, nur einen wesentlichen Parameter, während wir hier in $\lambda_1 : \lambda_2 : \lambda_3$ deren zwei vor uns haben. Wir schliessen daraus, dass es zur Darstellung aller Grundformen bereits genügt, die linearen Combinationen

$$\lambda_1 F_1^{\nu_1} + \lambda_2 F_2^{\nu_2}$$

in Betracht zu ziehen, *dass also zwischen $F_1$, $F_2$, $F_3$ eine Identität bestehen muss:*

(36) $$\lambda_1^{(0)} F_1^{\nu_1} + \lambda_2^{(0)} F_2^{\nu_2} + \lambda_3^{(0)} F_3^{\nu_3} = 0.$$

Indem wir uns immer $F_3^{\nu_3}$ vermöge dieser Identität eliminirt denken, *haben wir schliesslich als Ausdruck der allgemeinsten invarianten Form:*

(37) $$F_1^{\alpha} \cdot F_2^{\beta} \cdot F_3^{\gamma} . \prod_i (\lambda_1^{(i)} F_1^{\nu_1} + \lambda_2^{(i)} F_2^{\nu_2}),$$

wo die positiven ganzen Zahlen $\alpha$, $\beta$, $\gamma$ und die Parameter $\lambda_1^{(i)}$, $\lambda_2^{(i)}$ durchaus willkürlich sind.

Beim *Dieder* gestaltet sich die ganze hiermit besprochene Theorie auf Grund der in § 4 festgestellten Lage des Coordinatensystems noch so einfach, dass wir unmittelbar das Resultat hinschreiben können. Wir haben

$$N = 2n, \quad \nu_1 = \nu_2 = 2, \quad \nu_3 = n$$

und finden dementsprechend:

(38) $$F_1 = \frac{z_1^n + z_2^n}{2}, \quad F_2 = \frac{z_1^n - z_2^n}{2}, \quad F_3 = z_1 z_2,$$

$F_2 = 0$ die Ecken des Dieders, $F_1 = 0$ die Kantenhalbirungspunkte, $F_3 = 0$ das Paar der Pole vorstellt. Zwischen $F_1, F_2, F_3$ besteht dann in Uebereinstimmung mit (36) die Identität:

(39) $$F_1^2 - F_2^2 - F_3^n = 0.$$

Was *Tetraeder*, *Oktaeder* und *Ikosaeder* angeht, so erfordert bei ihnen die Aufstellung der ausgezeichneten Grundformen besondere Ueberlegungen, zu denen wir uns nunmehr hinwenden*).

*) Die bei den einzelnen Fällen in Betracht kommenden Formen $F_1$, $F_2$, $F_3$ zusammen mit den zwischen ihnen stattfindenden Relationen finden sich zum ersten Male bei Hrn. *Schwarz* in dessen Abhandlung: *Ueber diejenigen Fälle, in denen die Gaussische Reihe $F(\alpha, \beta, \gamma, x)$ eine algebraische Function ihres vierten Elementes ist* (Borchardt's Journal Bd. 75 (1872), siehe auch vorläufige Mittheilung in der Züricher Vierteljahrschrift von 1871) berechnet. Wenn ich hier diese grundlegende Arbeit nur erst beiläufig citire, so geschieht es, weil die Gesichtspunkte derselben bei Behandlung der Formen $F$ zunächst ganz andere sind, als die unseren. Ihren Ausgangspunkt bilden gewisse Fragen aus der Theorie *der conformen Abbildung,* auf welche wir erst im folgenden Kapitel des Näheren eingehen können. Dagegen hat Hr. Schwarz weder die Gruppen linearer Substitutionen, noch die sogleich bei uns hervortretende Beziehung zur Invariantentheorie.

## § 10. Vorbereitendes über die Tetraeder- und Oktaederformen.

Bei Tetraeder und Oktaeder haben wir, nach § 5, zweierlei Lage des Coordinatensystems zu unterscheiden. Indem wir mit der ersten derselben beginnen, finden wir für die Ecken des Oktaeders (d. h. jetzt die Durchstosspunkte der räumlichen Coordinatenaxen mit der Kugel) die Argumente

$$z = 0,\ \infty,\ \pm 1,\ \pm i,$$

und *es ist also das Oktaeder einfach durch folgende Gleichung gegeben:*

$$(40) \qquad z_1 z_2 (z_1^4 - z_2^4) = 0.$$

In ähnlicher Weise bestimmen wir die Gleichungen für die beiden zugehörigen Tetraeder, bez. den durch ihre 8 Ecken bestimmten Würfel. Die 8 Würfelecken haben die Coordinaten:

$$\pm \xi = \pm \eta = \pm \zeta = \frac{1}{\sqrt{3}}.$$

Wir werden die Ecken eines der beiden zugehörigen Tetraeder herausgreifen, wenn wir unter den 8 hier möglichen Zeichencombinationen diejenigen 4 wählen, bei denen das Product $\xi\eta\zeta$ positiv ist. Durch Eintragen in die Formeln (6) gewinnen wir so als Argumente der 4 Tetraederecken:

$$z = \frac{1+i}{\sqrt{3}-1},\quad \frac{1-i}{\sqrt{3}+1},\quad \frac{-1+i}{\sqrt{3}+1},\quad \frac{-1-i}{\sqrt{3}-1}.$$

*Sonach erhalten wir* (durch Ausmultipliciren der Linearfactoren) *die Gleichung des ersten Tetraeders in der Form:*

$$(41) \qquad z_1^4 + 2\sqrt{-3}\cdot z_1^2 z_2^2 + z_2^4 = 0.$$

In derselben Weise finden wir für das *Gegentetraeder:*

$$(42) \qquad z_1^4 - 2\sqrt{-3}\cdot z_1^2 z_2^2 + z_2^4 = 0$$

und endlich für den *Würfel,* indem wir die linken Seiten von (41) und (42) mit einander multipliciren:

$$(43) \qquad z_1^8 + 14 z_1^4 z_2^4 + z_2^8 = 0.$$

Ich will die linken Seiten von (40), (41), (42), (43) in der Folge mit $t$, $\Phi$, $\Psi$, $W$ bezeichnen. Drehen wir jetzt das Coordinatensystem, wie wir es in § 5 zum Schlusse in Aussicht nahmen, um die $\zeta$-Axe durch $45^0$, so verwandeln sich diese Formen in andere mit lauter reellen Coefficienten. Ich werde diese Formen durch Accente kennzeichnen, setze also:

$$(44) \qquad \begin{cases} t' = z_1 z_2 (z_1^4 + z_2^4), \\ \Phi' = z_1^4 + 2\sqrt{3}\cdot z_1^2 z_2^2 - z_2^4, \\ \Psi' = z_1^4 - 2\sqrt{3}\cdot z_1^2 z_2^2 - z_2^4, \\ W' = z_1^8 - 14 z_1^4 z_2^4 + z_2^8. \end{cases}$$

Gleich Null gesetzt stellen diese Formen natürlich Oktaeder, Tetraeder und Gegentetraeder, sowie den Würfel auf das neue Coordinatensystem bezogen dar.

## § 11. Der Formenkreis des Tetraeders.

Nach den Erläuterungen des § 9 darf sich unsere ganze Betrachtung der Tetraederformen nunmehr darauf beschränken: einmal die constanten Factoren zu bestimmen, welche die Grundformen:

$$(45)\quad \begin{cases} \Phi = z_1^4 + 2\sqrt{-3}\cdot z_1^2 z_2^2 + z_2^4, \\ \Psi = z_1^4 - 2\sqrt{-3}\cdot z_1^2 z_2^2 + z_2^4, \\ t = z_1 z_2 (z_1^4 - z_2^4), \end{cases}$$

oder die entsprechenden $\Phi'$, $\Psi'$, $t'$ (44) bei den homogenen Substitutionen des Tetraeders erfahren, sodann die lineare Identität anzugeben, welche $\Phi^3$, $\Psi^3$, $t^2$ oder $\Phi'^3$, $\Psi'^3$, $t'^2$ mit einander verbindet.

In ersterer Beziehung erinnern wir an die *Erzeugung* der Tetraedergruppe, wie wir dieselbe in § 13 des vorigen Kapitels aufgestellt und in § 5 des gegenwärtigen Kapitels bereits benutzt haben. Bei den Substitutionen der Vierergruppe (21) bleiben offenbar $\Phi$, $\Psi$, $t$ überhaupt ungeändert. Dagegen erhalten $\Phi$ und $\Psi$ bei jenen Substitutionen, die der Drehung $U$ von der Periode 3 entsprechen, Factoren $e^{\frac{2i\pi}{3}}$ und $e^{\frac{4i\pi}{3}}$, während $t$ auch bei ihnen invariant bleibt. Die Folge ist, dass neben $\Phi^3$ und $\Psi^3$ auch $\Phi\Psi = W$ fortwährend ungeändert bleibt, $\Phi$ und $\Psi$ selbst aber nur bei den Substitutionen der Vierergruppe in sich übergehen. Was diesen letzteren Umstand angeht, so erblicken wir darin die Bestätigung eines Princips, das wir a priori aufstellen können. Dasselbe besagt, *dass diejenigen Substitutionen einer homogenen Gruppe, welche eine zugehörige invariante Form überhaupt ungeändert lassen, innerhalb der Gesammtheit der Substitutionen der Gruppe eine ausgezeichnete Untergruppe bilden müssen.* — Genau dieselben Bemerkungen finden natürlich bei den Formen $\Phi'$, $\Psi'$, $t'$, $W'$ ihre Stelle.

Indem durch diese Bemerkungen die Existenz der in Aussicht genommenen Identität zwischen $\Phi^3$, $\Psi^3$, $t^2$ etc. sichergestellt ist*), werden wir dieselbe in der Weise berechnen können, dass wir in den expliciten Ausdrücken von $\Phi^3$, $\Psi^3$, $t^2$ nur die ersten Terme in Betracht ziehen. Auf solche Weise finden wir ohne Mühe:

$$(46a)\qquad 12\sqrt{-3}\cdot t^2 - \Phi^3 + \Psi^3 = 0,$$

oder auch

$$(46b)\qquad 12\sqrt{3}\cdot t'^2 - \Phi'^3 + \Psi'^3 = 0.$$

Ueber die hiermit gewonnenen Resultate hinaus mögen hier noch zwei Bemerkungen ihre Stelle finden, welche sich beide auf die *In-*

*) Da $\Phi^3, \Psi^3, t^2$ bei den Tetraedersubstitutionen (22) gleichförmig ungeändert bleiben.

*variantentheorie binärer Formen* beziehen sollen, und von denen die eine die Bedeutung darlegen mag, welche die genannte Theorie für uns in der Folge wiederholt gewinnen wird, die andere aber bestimmt ist, die von uns beim Tetraeder erhaltenen Resultate in sonst bekannte Ergebnisse der Invariantentheorie einzuordnen.

Gesetzt, wir haben von den Formen (45) nur erst die eine, $\Phi$, berechnet, so giebt uns die Invariantentheorie das Mittel, um aus ihr durch blosse Differentiationsprocesse andere Tetraederformen abzuleiten. * Wir haben nur irgendwelche *Covarianten* von $\Phi$ aufzustellen. In der That, geht $\Phi$ durch irgendwelche homogene lineare Substitution bis auf einen Factor in sich über, so gewiss auch jede Covariante; es ist dies ein unmittelbarer Ausfluss aus der Definition der covarianten Formen. Jetzt ist $\Phi$ eine binäre Form vierter Ordnung, und die Invariantentheorie zeigt*), dass eine solche Form nur zwei unabhängige Covarianten besitzt: die *Hesse*'sche Form von $\Phi$, und die *Functionaldeterminante derselben mit* $\Phi$. Erstere ist vom vierten, letztere vom sechsten Grade; ausserdem überzeugen wir uns, dass erstere nicht etwa mit $\Phi$ übereinstimmt. Hiernach schliessen wir sofort, *dass die Hesse'sche Form von* $\Phi$, *gleich Null gesetzt, das Gegentetraeder darstellt, und ebenso, dass die Functionaldeterminante, gleich Null gesetzt, das zugehörige Oktaeder repräsentirt.* Denn beide Formen müssen, gleich Null gesetzt, solche Punktgruppen repräsentiren, welche bei den Tetraederdrehungen ungeändert bleiben, und andere Gruppen von nur 4 oder nur 6 zusammengeordneten Punkten, als die gerade genannten, existiren nicht oder kommen wenigstens nicht in Betracht (indem die 4 Ecken des ursprünglichen Tetraeders, welche ebenfalls eine solche Gruppe bilden, bereits durch $\Phi = 0$ gegeben sind). *Wir hätten also von den Formen (45) die beiden* $\Psi$ *und* $t$ *auch berechnen können, indem wir von* $\Phi$ *die Hesse'sche Form und dann von dieser und* $\Phi$ *die Functionaldeterminante bildeten.* In der That kommt durch directe Ausrechnung:

$$\begin{vmatrix} \frac{\partial^2 \Phi}{\partial z_1^2} & \frac{\partial^2 \Phi}{\partial z_1 \partial z_2} \\ \frac{\partial^2 \Phi}{\partial z_2 \partial z_1} & \frac{\partial^2 \Phi}{\partial z_2^2} \end{vmatrix} = 48\sqrt{-3}\cdot\Psi,$$

und:

$$\begin{vmatrix} \frac{\partial \Phi}{\partial z_1} & \frac{\partial \Phi}{\partial z_2} \\ \frac{\partial \Psi}{\partial z_1} & \frac{\partial \Psi}{\partial z_2} \end{vmatrix} = 32\sqrt{-3}\cdot t.$$

*) Man vergl. z. B. *Clebsch*, Theorie der binären algebraischen Formen (Leipzig 1872), p. 134 ff., oder auch die anderen Lehrbücher der Invariantentheorie, z. B.

Die Invariantentheorie besitzt, wie man sieht, vermöge dieser Bemerkungen die Bedeutung eines *Hülfsmittels der Rechnung.* Was unsere ferneren invariantentheoretischen Ausführungen angeht, so recurriren wir auf die allgemeine Theorie der binären biquadratischen Formen. Sei

$$(47)\qquad F = a_0 z_1^4 + 4a_1 z_1^3 z_2 + 6a_2 z_1^2 z_2^2 + 4a_3 z_1 z_2^3 + a_4 z_2^4$$

eine solche Form. So haben wir einmal, wie schon erwähnt, zwei Covarianten, die wir jetzt, unter gehöriger Fixirung der Zahlenfactoren, mit $H$ und $T$ bezeichnen wollen:

$$(48)\qquad \left\{ H = \frac{1}{144}\cdot \begin{vmatrix} \frac{\partial^2 F}{\partial z_1^2} & \frac{\partial^2 F}{\partial z_1 \partial z_2} \\ \frac{\partial^2 F}{\partial z_2 \partial z_1} & \frac{\partial^2 F}{\partial z_2^2} \end{vmatrix}, \quad T = \frac{1}{8}\cdot \begin{vmatrix} \frac{\partial F}{\partial z_1} & \frac{\partial F}{\partial z_2} \\ \frac{\partial H}{\partial z_1} & \frac{\partial H}{\partial z_2} \end{vmatrix}. \right.$$

Wir haben ferner 2 Invarianten:

$$(49)\qquad \left\{ g_2 = a_0 a_4 - 4a_1 a_3 + 3a_2^2, \quad g_3 = \begin{vmatrix} a_0 & a_1 & a_2 \\ a_1 & a_2 & a_3 \\ a_2 & a_3 & a_4 \end{vmatrix}, \right.$$

(wo ich linker Hand diejenige Bezeichnung angewandt habe, auf die ich später, im Anschluss an *Weierstrass'* Theorie der elliptischen Functionen, ohnehin zurückkommen muss). Wir haben endlich als einzige Relation zwischen diesen Formen die folgende:

$$(50)\qquad 4H^3 - g_2 HF^2 + g_3 F^3 + T^2 = 0.$$

Setzen wir jetzt unser $\Phi$ an Stelle von $F$, so kommt vor allen Dingen:

$$g_2 = 0.$$

Das heisst, wenn wir die geometrische Redeweise aufnehmen, welche z. B. bei *Clebsch* l. c. pag. 171 erklärt ist:

*Die Form $\Phi$ stellt, gleich Null gesetzt, eine äquianharmonische Punktgruppe vor*).*

Wir finden ferner für unser $\Phi$:

$$H = \frac{1}{\sqrt{-3}}\cdot \Psi, \quad T = 4t, \quad g_3 = \frac{-4}{3\sqrt{-3}}.$$

---

*Salmon-Fiedler* (Algebra der linearen Transformationen, Leipzig, 2. Aufl. 1877), *Faà de Bruno-Walter* (Einleitung in die Theorie der binären Formen, Leipzig 1881) etc.

*) Zu demselben Ergebnisse kommen wir natürlich, wenn wir das Doppelverhältniss von 4 complexen Werthen $z = x + iy$ allgemein auf der Kugel geometrisch interpretiren, wie dies Hr. *Wedekind* in seiner Inauguraldissertation (Erlangen 1874) und in seiner bezüglichen Notiz in den Mathematischen Annalen (Bd. IX, 1875) ausgeführt hat.

Hiernach subsumirt sich die Identität (46a) unter die allgemeine Relation (50) als besonderer Fall, wie es zu erwarten war. Wir müssen also sagen, dass unsere geometrisch-gruppentheoretischen Ueberlegungen bei den Tetraederformen nicht sowohl zu neuen algebraischen Ergebnissen, als vielmehr nur auf neuem Wege zu sonst bekannten Resultaten hingeleitet haben.

## § 12. Der Formenkreis des Oktaeders.

Indem wir nunmehr zu den Oktaederformen übergehen, kennen wir von den zugehörigen drei ausgezeichneten Grundformen bereits die beiden:

$$(51\text{a})\qquad \begin{cases} t = z_1 z_2 (z_1^4 - z_2^4), \\ W = z_1^8 + 14 z_1^4 z_2^4 + z_2^8, \end{cases}$$

resp.

$$(51\text{b})\qquad \begin{cases} t' = z_1 z_2 (z_1^4 + z_2^4), \\ W' = z_1^8 - 14 z_1^4 z_2^4 + z_2^8. \end{cases}$$

Man verificirt leicht, dass man, unter Vernachlässigung eines auftretenden Zahlenfactors, $W$ auch als Hesse'sche Form von $t$ hätte berechnen können. Wir erhalten eine neue Oktaederform, indem wir jetzt die Functionaldeterminante von $t$ und $W$ bilden. So entsteht (unter Wegwerfung eines Zahlenfactors):

$$(52)\qquad \begin{cases} \chi = z_1^{12} - 33 z_1^8 z_2^4 - 33 z_1^4 z_2^8 + z_2^{12}, \text{ oder auch:} \\ \chi' = z_1^{12} + 33 z_1^8 z_2^4 - 33 z_1^4 z_2^8 - z_2^{12}. \end{cases}$$

Wir beweisen leicht, dass dieses $\chi$ die dritte ausgezeichnete Grundform des Oktaeders ist, d. h. gleich Null gesetzt die 12 Kantenhalbirungspunkte des Oktaeders repräsentirt. In der That: $\chi = 0$ muss eine Gruppe von nur 12 vermöge der Oktaederdrehungen zusammengeordneten Punkten darstellen, und da $\chi$ von $t^2$ verschieden ist, also die doppelt zählende Gruppe der 6 Oktaedereckpunkte nicht in Betracht kommt, so bleibt in der That keine andere Möglichkeit.

Wir sahen bereits soeben, dass $t$ und $W$ bei den homogenen Tetraedersubstitutionen (22) völlig ungeändert bleiben. Dasselbe gilt folglich von $\chi$. Denn $\chi$ kann sich als Covariante bei ungeänderter Grundform höchstens um eine Potenz der Substitutionsdeterminante ändern, diese Determinante ist aber in unserem Falle gleich 1. Jetzt erzeugten wir in § 5 die homogenen Oktaedersubstitutionen, indem wir zu den genannten Tetraedersubstitutionen eine einzelne Substitution (23), die einer Drehung $V$ von der Periode 4 entsprach, hinzunahmen. Wir constatiren durch directe Ausrechnung, dass $t$ bei dieser Substitution (und also überhaupt bei allen Oktaedersubstitutionen, die nicht zugleich

Tetraedersubstitutionen sind) sein Zeichen wechselt. Hiernach bleibt $W$, als Hesse'sche Form, und weil es sich wieder um Substitutionen von der Determinante 1 handelt, überhaupt ungeändert, $\chi$ aber alternirt genau wie $t$ im Vorzeichen, so dass das Product $\chi t$ ungeändert bleibt. Jedenfalls werden mithin $t^4$, $W^3$, $\chi^2$ bei unseren homogenen Oktaedersubstitutionen überhaupt nicht geändert, und es besteht also zwischen ihnen die oben in Aussicht genommene lineare Relation. Indem wir wieder nur einige Anfangsterme der für diese Formen aus (51), (52) resultirenden expliciten Ausdrücke in Betracht ziehen, ergiebt sich für letztere:

(53) $$108t^4 - W^3 + \chi^2 = 0,$$

eine Relation, die genau so auch für $t'$, $W'$, $\chi'$ besteht.

Die Form $t$ ist in der Invariantentheorie der binären Formen seit lange wohlbekannt, indem sie sich als Covariante 6. Grades der binären Formen 4. Ordnung, sofern man letztere in der kanonischen Form:

$$a(z_1^4 + z_2^4) + 6bz_1^2z_2^2$$

voraussetzte, von selber einstellte. Ebenso haben die synthetischen Geometer sich wiederholt und eingehend mit dem Punktsysteme $t = 0$, d. h. nach ihrer Redeweise: mit dem Aggregate dreier, wechselseitig harmonischer Punktepaare beschäftigt. Auch hat *Clebsch* in seiner Theorie der binären algebraischen Formen die Form $t$ als besonderen Fall der allgemeinen binären Formen 6. Ordnung in Betracht gezogen*). Endlich, was die Relation (53) angeht, so subsumirt sich diese mit den ihr analogen zusammen unter eine allgemeine Formel der Invariantentheorie, vermöge deren man das Quadrat einer Functionaldeterminante zweier Covarianten durch ganze Functionen von Formen niederer Grade ausdrückt.

## § 13. Der Formenkreis des Ikosaeders.

Um die Form 12. Grades aufzustellen, welche gleich Null gesetzt die 12 Ecken des Ikosaeders repräsentirt, berechnen wir zuerst im Auschlusse an unsere früheren Entwickelungen (§ 6) die Argumente der einzelnen Ecken. Eine der Ecken hat das Argument $z = 0$; indem wir dasselbe in die 60 nicht homogenen Ikosadersubstitutionen (32) eintragen, erhalten wir für die 12 Ecken:

(54) $$z = 0, \quad \infty, \quad \varepsilon^\nu(\varepsilon + \varepsilon^4), \quad \varepsilon^\nu(\varepsilon^2 + \varepsilon^3), \qquad (\nu = 0, 1, 2, 3, 4).$$

*) Vergl. pag. 447 ff. Man sehe auch *Brioschi, Sulla equazione del ottaedro*, Transunti della Accademia dei N. Lincei 3, III (1879), oder *Cayley: Note on the oktahedron function*, Quarterly Journal of Mathematics, t: XVI (1879).

Daher können wir die gesuchte Form $f$ gleich folgendem Producte nehmen:

$$z_1 z_2 \cdot \prod_\nu (z_1 - \varepsilon^\nu\ (\varepsilon + \varepsilon^4) \cdot z_2) \cdot \prod_\nu (z_1 - \varepsilon^\nu\ (\varepsilon^2 + \varepsilon^3)\ z_2),$$

oder:

$$z_1 z_2\ (z_1^5 - (\varepsilon + \varepsilon^4)^5 \cdot z_2^5)\ (z_1^5 - (\varepsilon^2 + \varepsilon^3)^5 \cdot z_2^5)$$

oder endlich:

$$f = z_1 z_2\ (z_1^{10} + 11 z_1^5 z_2^5 - z_2^{10}). \tag{55}$$

Wir wollen nun sofort wieder aus dem so gewonnenen $f$, unter Abtrennung geeigneter Zahlenfactoren, die *Hesse*'sche Form und von dieser und $f$ die Functionaldeterminante berechnen. So gewinnen wir die beiden Formen:

$$H = + \frac{1}{121} \begin{vmatrix} \frac{\partial^2 f}{\partial z_1^2} & \frac{\partial^2 f}{\partial z_1 \partial z_2} \\ \frac{\partial^2 f}{\partial z_2 \partial z_1} & \frac{\partial^2 f}{\partial z_2^2} \end{vmatrix} \tag{56}$$

$$= -(z_1^{20} + z_2^{20}) + 228\ (z_1^{15} z_2^5 - z_1^5 z_2^{15}) - 494 z_1^{10} z_2^{10},$$

$$T = + \frac{1}{20} \begin{vmatrix} \frac{\partial f}{\partial z_1} & \frac{\partial f}{\partial z_2} \\ \frac{\partial H}{\partial z_1} & \frac{\partial H}{\partial z_2} \end{vmatrix} \tag{57}$$

$$= (z_1^{30} + z_2^{30}) + 522\ (z_1^{25} z_2^5 - z_1^5 z_2^{25}) - 10005\ (z_1^{20} z_2^{10} + z_1^{10} z_2^{20}),$$

und ich behaupte betreffs ihrer, *dass $H = 0$ die 20 Ecken des Pentagondodekaeders, $T = 0$ die 30 Kantenhalbirungspunkte (die Endpunkte der 15 Querlinien) repräsentirt.*

Um diese Behauptung etwas ausführlicher zu beweisen, als dies im analogen Falle bei Tetraeder und Oktaeder geschehen ist, bemerken wir zunächst, dass $H$ und $T$ als Covarianten von $f$, gleich Null gesetzt, sicher solche 20 bez. 30 Punkte der Kugeloberfläche repräsentiren, deren Gesammtheit bei den 60 Ikosaederdrehungen ungeändert bleibt. Nun ordnen sich aber die Punkte der $z$-Kugel bei diesen Drehungen im Allgemeinen zu je 60 zusammen, und die Zahl der zusammengehörigen Punkte sinkt dann und nur dann herab, und zwar beziehungsweise auf 12, 20, 30, wenn wir es mit den Eckpunkten des Ikosaeders, des Pentagondodekaeders und den Kantenhalbirungspunkten zu thun haben. Ein Aggregat von Punkten, das bei den 60 Ikosaederdrehungen ungeändert bleibt, muss eine Zusammenfassung solcher einzelner Punktgruppen sein. Die Anzahl der Punkte, die es umfasst, lässt sich also nothwendig in die Gestalt setzen:

$$\alpha \cdot 60 + \beta \cdot 12 + \gamma \cdot 20 + \delta \cdot 30,$$

wo $\alpha$, $\beta$, $\gamma$, $\delta$ ganze Zahlen sind, und $\beta$, $\gamma$, $\delta$ die Multiplicitäten angeben, mit der die Eckpunkte des Ikosaeders, des Pentagondodekaeders und die Kantenhalbirungspunkte an dem Punktaggregate participiren. — Soll diese Anzahl nun, wie im Falle von $H = 0$, gleich 20, oder, wie im Falle von $T = 0$, gleich 30 sein, so ergibt sich beidemal nur *eine* Möglichkeit der Bestimmung von $\alpha$, $\beta$, $\gamma$, $\delta$, nämlich im ersten Falle $\alpha = \beta = \delta = 0$, $\gamma = 1$, und im zweiten Falle $\alpha = \beta = \gamma = 0$, $\delta = 1$. Dies ist aber, was wir betreffs der Bedeutung von $H = 0$, $T = 0$ behauptet hatten. —

Wir untersuchen jetzt, wie sich $f$, $H$, $T$ den homogenen Ikosaedersubstitutionen gegenüber mit Rücksicht auf etwa vortretende Factoren verhalten. Indem wir nur die *erzeugenden* Substitutionen (24), (26) in Betracht ziehen, constatiren wir nach kurzer Rechnung, dass $f$ überhaupt ungeändert bleibt. Also gilt dasselbe von $H$ und $T$. Denn wir haben $H$ und $T$ als Covarianten von $f$ definirt, und die Determinante jeder einzelnen Substitution (27) ist gleich Eins. Das Verhalten von $f$, $H$, $T$ in dieser Beziehung ist also so einfach wie möglich. Es besteht hiernach gewiss, wie oben in Aussicht genommen wurde, eine lineare Identität zwischen $f^5$, $H^3$ und $T^2$. Indem wir wieder nur auf die Anfangsterme der expliciten Formeln (55), (56), 57) recurriren, finden wir für dieselbe:

$$T^2 = -H^3 + 1728 f^5. \tag{58}$$

Wir haben so Resultate gefunden, die den beim Tetraeder und Oktaeder entwickelten genau analog sind. Sollen wir nun auch hier wieder Beziehungen zur allgemeinen Invariantentheorie binärer Formen darlegen, so können wir uns allerdings nicht auf ältere Arbeiten berufen. Denn die Kenntniss der Formen $f$, $H$, $T$ wurde in der That zuerst durch Betrachtung der regulären Körper und der umgeschriebenen $(x + iy)$-Kugel gewonnen. Erst hieran anknüpfend habe ich in Bd. 9 der Annalen (l. c.) die hauptsächlichen invariantentheoretischen Eigenschaften der Form $f$ untersucht. Aber es ist eine Reihe neuerer invariantentheoretischer Publicationen, deren ich hier zu gedenken habe. Dieselben beziehen sich auf die *invariantentheoretische Definition der Form* $f$, bez. der anderen von uns in Betracht gezogenen Formen. In diesem Betracht hatte ich selbst schon im 9. Annalenbande den Satz ausgesprochen, dass $f$, gleich unseren früheren Formen $\Phi$ und $t$, durch das identische Verschwinden der vierten Ueberschiebung $(f, f)^4$ charakterisirt ist. * Diesen Satz hat dann Hr. *Wedekind* in seiner Habilitationsschrift dahin vervollständigt, dass es, von trivialen Fällen abgesehen, überhaupt keine anderen binären Formen gibt, deren vierte

Ueberschiebung über sich selbst identisch verschwindet, als $\Phi$, $t$ und $f$*). Eine andere, analoge Eigenschaft hat Hr. *Fuchs* bei Aufsuchung dieser Formen herangezogen**): *dass nämlich alle Covarianten dieser Formen, welche niederen Grades sind, als die Formen selbst, oder auch Potenzen von Formen niederen Grades sind, identisch verschwinden müssen.* Hr. *Gordan* hat sodann gezeigt***), dass die hierin liegende Eigenschaft in der That zur Charakterisirung der Formen $\Phi$, $t$, $f$ gerade ausreicht. Ich gedenke endlich der neuesten Arbeit von Hrn. *Halphen*†). Derselbe geht allgemein von der Forderung dreigliedriger Identitäten (36) aus:

$$\lambda_1^{(0)} F_1^{\nu_1} + \lambda_2^{(0)} F_2^{\nu_2} + \lambda_3^{(0)} F_3^{\nu_3} = 0$$

und zeigt, dass dieselben nicht anders statt haben können, als eben in den von uns untersuchten Fällen. Wir können somit unsere Formen auch als durch diese Identitäten definirt ansehen. Uebrigens sind diese Entwickelungen von Hrn. *Halphen* mit den anderen enge verwandt, die wir noch im fünften Kapitel des gegenwärtigen Abschnitts erbringen werden, wenn es sich darum handeln wird, überhaupt alle endlichen Gruppen binärer homogener Substitutionen aufzustellen.

## § 14. Die fundamentalen rationalen Functionen.

Nachdem wir jetzt bei den invarianten Formen, die zu den homogenen Substitutionsgruppen gehören, hinreichend verweilt haben, ist es leicht, den letzten Schritt zu thun und solche rationale Functionen von $z = \frac{z_1}{z_2}$ zu bilden, welche bei den nichthomogenen Substitutionen des § 7 überhaupt ungeändert bleiben. In der That werden wir nur geeignete Quotienten unserer invarianten Formen, von der nullten Dimension in $z_1$ und $z_2$, aufzustellen haben. Wir behaupteten schon in § 1, dass sich in allen Fällen *ein* solcher Quotient $Z$ bilden lässt, der,

---

*) *Studien im binären Werthgebiet*, Carlsruhe 1876, siehe auch *Brioschi: Sopra una classe di forme binarie*, Annali di Matem. 2, VIII (1877). Neuerdings hat *Brioschi* auch solche Formen achter Ordnung in Betracht gezogen, welche bis auf einen Zahlenfactor mit ihrer vierten Ueberschiebung übereinstimmen, siehe Comptes Rendus de l'Académie ...., t. 96 (1883).

**) Siehe Göttinger Nachrichten vom Dec. 1875, sowie die Abhandlungen in Borchardt's Journal Bd. 81, 85 (1876, 78). Die „Primformen", welche Hr. Fuchs daselbst betrachtet, sind genau die von uns im Texte sogenannten „Grundformen".

***) Math. Annalen Bd. XII (1877): *Binäre Formen mit verschwindenden Covarianten.*

†) Mémoires présentés par divers savants à l'Académie etc., T. 28 (1883): *Mémoire sur la réduction des équations différentielles linéaires aux formes intégrables* (der Pariser Akademie als Preisarbeit 1880 eingereicht).

gleich Const. gesetzt, die verschiedenen jedesmal auf der Kugel in Betracht kommenden Punktgruppen einzeln darstellt. Es heisst dies offenbar nichts anderes, als dass es eine rationale Function der gesuchten Art gibt, welche vom $N^{\text{ten}}$ Grade ist, unter $N$ die Anzahl der in Betracht kommenden nichthomogenen Substitutionen verstanden. Ehe wir diese *fundamentalen rationalen Functionen* wirklich aufstellen und damit den kürzesten Beweis für ihre Existenz liefern, ist es nützlich, dass wir uns über ihre Stellung innerhalb der übrigen ungeändert bleibenden rationalen Functionen von $z$ orientiren.

Ich sage zunächst, *dass jede solche rationale Function von $z$ eine rationale Function von $Z$ ist.* In der That, sei $R(z)$ eine solche Function, so wird $R(z)$ für alle Punkte der Kugel, die aus einem durch die $N$ Drehungen der in Betracht kommenden Gruppe hervorgehen, denselben Werth annehmen. Aber die $N$ in solcher Weise zusammengeordneten Punkte sind immer, nach Voraussetzung, durch einen Werth von $Z$ charakterisirt. Die Functionen $Z$ und $R$, welche, durch Vermittelung von $z$, jedenfalls algebraisch von einander abhängen, sind daher so verbunden, dass zu jedem Werthe von $Z$ immer nur *ein* Werth von $R$ gehört, d. h. $R$ ist eine rationale Function von $Z$, was zu beweisen war. Dass umgekehrt auch jede rationale Function von $Z$ eine Function $R(z)$ ist, braucht kaum erwähnt zu werden.

Ich sage ferner, *dass $Z$ durch die ihm auferlegte Eigenschaft, von linearen Umformungen abgesehen, vollständig bestimmt ist.* Sei nämlich $Z'$ eine zweite rationale Function von $z$, welche gleich $Z$ die Eigenschaft hat, gleich Const. gesetzt immer nur eine Gruppe zusammengehöriger Punkte darzustellen. So schliessen wir genau wie vorhin, dass $Z'$ von $Z$, aber ebensowohl, dass $Z$ von $Z'$ rational abhängt. Daher ist $Z'$ eine *lineare* Function von $Z$: $Z' = \frac{\alpha Z + \beta}{\gamma Z + \delta}$. Dass wir umgekehrt jedes in solcher Weise eingeführte $Z'$ ebenso gut, wie das ursprüngliche $Z$, als fundamentale rationale Function würden gebrauchen können, ist wieder selbstverständlich.

An letztere Bemerkung knüpft sich die weitere, *dass wir unsere fundamentale rationale Function $Z$*, um sie zu einer völlig bestimmten zu machen, *noch drei unabhängigen Bedingungen unterwerfen können.* Was zunächst die *cyclischen Gruppen* angeht, so setzen wir einfach:

$$Z = \left(\frac{z_1}{z_2}\right)^n, \tag{59}$$

wo also $Z$ für den einen Pol der cyclischen Gruppe verschwindet, für den anderen unendlich wird, und längs des Aequators den absoluten Betrag Eins annimmt. In den übrigen Fällen haben wir, wie wir wissen, immer dreierlei ausgezeichnete Punktgruppen zu unterscheiden, welche innerhalb der allgemeinen zugehörigen Punktgruppen resp. mit der Multiplicität $\nu_1$, $\nu_2$, $\nu_3$ enthalten sind. Im Anschlusse an ein vielfach übliches Verfahren wollen wir nun unser $Z$ *jedesmal so normiren, dass es für diese dreierlei Punktgruppen beziehungsweise die Werthe* 1, 0, $\infty$ *annimmt.* Dann wird $Z$ die Gestalt $c\cdot\frac{F_2^{\nu_2}}{F_3^{\nu_3}}$, $Z-1$ analog die Form $c'\cdot\frac{F_1^{\nu_1}}{F_3^{\nu_3}}$ annehmen, unter $F_1$, $F_2$, $F_3$ die früher so genannten Grundformen verstanden. Zugleich müssen $c$ und $c'$ so beschaffen sein, dass die Gleichung:

$$c\cdot\frac{F_2^{\nu_2}}{F_3^{\nu_3}}-1=c'\cdot\frac{F_1^{\nu_1}}{F_3^{\nu_3}}$$

mit der wiederholt besprochenen, zwischen $F_1$, $F_2$, $F_3$ bestehenden Identität zusammenfällt, was $c$ und $c'$ vollkommen bestimmt.

Indem ich jetzt dazu übergehe, die auf solche Weise definirte Function $Z$ in jedem Falle explicite anzugeben, bediene ich mich einer Schreibweise, welche die beiden Ausdrücke von $Z$ und $Z-1$ gleichförmig zusammenfasst; ich werde nämlich $Z:Z-1:1$ mit

$$cF_2^{\nu_2}\ :c'F_1^{\nu_1}\ :F_3^{\nu_3}$$

proportional setzen. *Wir erhalten solchergestalt die folgende Tabelle, auf welche wir noch oft zurückkommen werden:*

1) *Dieder:*

$$(60)\qquad Z:Z-1:1=\left(\frac{z_1^n-z_2^n}{2}\right)^2:\left(\frac{z_1^n+z_2^n}{2}\right)^2:-(z_1z_2)^n;$$

2) *Tetraeder:*

$$(61\text{a})\qquad Z:Z-1:1=\Psi^3\ :-12\sqrt{-3}\cdot t^2\ :\Phi^3,$$

oder auch:

$$(61\text{b})\qquad Z:Z-1:1=\Psi'^3:\quad -12\sqrt{3}\cdot t'^2:\Phi'^3,$$

je nachdem wir erste oder zweite Lage des Coordinatensystems annehmen wollen;

3) *Oktaeder*, mit derselben Unterscheidung:

$$(62\text{a})\qquad Z:Z-1:1=W^3\ :\chi^2\ :108\,t^4,$$

oder:

$$(62\text{b})\qquad Z:Z-1:1=W'^3:\chi'^2:108\,t'^4;$$

4) *Ikosaeder:*

$$(63)\qquad Z:Z-1:1=H^3\ :-T^2:1728\,f^5.$$

Wegen der hier verwendeten Bezeichnungen vergleiche man durchweg die Hauptformeln der Paragraphen 11, 12 und 13. *

## § 15. Bemerkung über die erweiterten Gruppen.

Zum Abschlusse kehren wir noch einmal zu unseren erweiterten Gruppen (§ 7) zurück. Wir wollen wissen, wie sich bei ihnen unsere nunmehr gewonnenen rationalen Fundamentalfunctionen $Z$ verhalten. Von analytischer Seite entstanden die erweiterten Gruppen l. c., indem wir mit den nichthomogenen Substitutionsgruppen die Operation $z' = \bar{z}$ verbanden, wobei wir nur, sofern vom Tetraeder die Rede war, die zweite Lage des Coordinatensystems voraussetzten. Nun haben aber, sofern wir an der genannten Voraussetzung festhalten, *alle* unsere Grundformen reelle Coefficienten und es wird $Z$ vermöge der vorstehenden Formeln aus diesen Grundformen jedesmal mit Hülfe reeller Coefficienten abgeleitet. Die Sache ist also einfach die, *dass bei allen denjenigen Operationen der erweiterten Gruppen, die nicht schon in den zugehörigen, nichthomogenen Substitutionsgruppen enthalten sind, $Z$ jedesmal in seinen conjugirt imaginären Werth übergeht.*

Indem wir dieses Ergebniss mit den Sätzen verbinden, die wir in § 11 des vorigen Kapitels abgeleitet haben, erhalten wir noch ein letztes bemerkenswerthes Resultat. Es ist dieses, *dass $Z$ für alle solche Punkte der $z$-Kugel, die in den Symmetrieebenen der jedesmaligen Configuration gelegen sind, aber auch nur für solche Punkte, reelle Werthe annimmt.* Es sind also die Punkte der genannten Symmetrieebenen durch die Realität des zugehörigen $Z$ jeweils charakterisirt.

---

Blicken wir zurück, so haben wir in dem zweiten nunmehr beendeten Kapitel dieses erreicht, dass wir die geometrisch-gruppentheoretischen Resultate des ersten Kapitels mit einem bestimmten Gebiete der neueren Mathematik in Verbindung gesetzt haben, nämlich mit der *Algebra der linearen Substitutionen* und der zugehörigen *Invariantentheorie.* In ganz ähnlicher Weise sollen die folgenden beiden Kapitel bestimmt sein, die Verbindung mit zwei anderen modernen Disciplinen herzustellen. Es sind dies die *Riemann'sche Functionentheorie* und die *Galois'sche Theorie der algebraischen Gleichungen.*

---

# Kapitel III.

## Formulirung und functionentheoretische Discussion der Fundamentalaufgaben.

### § 1. Definition der Fundamentalaufgaben.

Die Untersuchungen des vorigen Kapitels haben uns in den Formeln (59)—(63) des vorletzten Paragraphen zur Kenntniss gewisser rationaler Functionen $Z$ von $z$ geführt, die bei den jeweils in Betracht kommenden Gruppen nichthomogener Substitutionen ungeändert bleiben, und durch welche sich alle anderen ungeändert bleibenden rationalen Functionen von $z$ rational ausdrücken. Wir knüpfen an dieses Ergebniss eine Aufgabenstellung, welche wir als die zur jedesmaligen Gruppe gehörige *Gleichung* bezeichnen. *Wir denken uns nämlich $Z$ seinem Zahlenwerthe nach beliebig gegeben und verlangen, aus ihm das zugehörige $z$ als Unbekannte zu berechnen*, oder anders ausgedrückt: *wir betrachten nicht mehr $Z$ als Function von $z$, sondern $z$ als Function von $Z$.* Die Gleichung, welche solchergestalt der cyclischen Gruppe entspricht, ist nach Formel (59) l. c. keine andere, als die *binomische* Gleichung:

$$\left(\frac{z_1}{z_2}\right)^n = Z. \tag{1}$$

Die anderen Gleichungen correspondiren genau so den Formeln (60)—(63); ich will sie hier kurz in der Gestalt

$$c \cdot \frac{F_2^{\nu_2}}{F_3^{\nu_3}} = Z \tag{2}$$

zusammenfassen, die wir schon im vorigen Kapitel gelegentlich gebrauchten. Dabei bedeuten $F_2$, $F_3$ mit $F_1$ zusammen jene drei Hauptformen, aus denen sich alle anderen invarianten Formen als ganze Functionen zusammensetzen, und $\nu_2$, $\nu_3$ sind jeweils der Tabelle zu entnehmen, die in § 9 des ersten Kapitels mitgetheilt wurde, und die ich hier der besseren Uebersicht halber noch einmal hersetze:

(3)

| | $\nu_1$ | $\nu_2$ | $\nu_3$ | $N$ |
|---|---|---|---|---|
| Dieder | 2 | 2 | $n$ | $2n$ |
| Tetraeder | 2 | 3 | 3 | 12 |
| Oktaeder | 2 | 3 | 4 | 24 |
| Ikosaeder | 2 | 3 | 5 | 60 |

Ich habe dabei eine letzte, mit $N$ überschriebene Columne hinzugefügt, welche den *Grad* der jeweils in Betracht kommenden Gleichung angibt*).

Aber mit den Gleichungen (1), (2) ist nur erst ein Theil unserer früheren Betrachtungen umgekehrt; wir erhalten eine zweite Art der Problemstellung, indem wir auf die jedesmaligen invarianten Formen selbst zurückgehen. Diese Formen bleiben bei den homogenen Substitutionen von der Determinante 1 im Allgemeinen nur bis auf einen Factor ungeändert. Indess ist es nicht schwer, unter ihnen diejenigen, bei denen dieser Factor gleich 1 ist, und die man die *absoluten* Invarianten nennen könnte, herauszuheben. Der Erfolg zeigt, dass sich diese absoluten Invarianten jedesmal aus *dreien* als ganze Functionen zusammensetzen; ich habe diese drei Formen in der nachstehenden Tabelle zusammen mit der zwischen ihnen jeweils bestehenden Identität angegeben.

*I. Cyclische Gruppen.*

$$(4)\qquad \begin{cases} \text{Formen:} & z_1 z_2,\ z_1^{2n},\ z_2^{2n}; \\ \text{Identität:} & (z_1 z_2)^{2n} = z_1^{2n} \cdot z_2^{2n}. \end{cases}$$

*II. Diedergruppen.*

Beim Dieder hatten wir:

$$F_1 = \frac{z_1^n + z_2^n}{2},\quad F_2 = \frac{z_1^n - z_2^n}{2},\quad F_3 = z_1 z_2$$

und die Relation:

$$F_1^2 = F_2^2 + F_3^n.$$

Suchen wir jetzt die absoluten Invarianten, so erhalten wir bei *geradem n:*

$$(5\,\text{a})\qquad \begin{cases} \text{Formen:} & F_3^2,\ F_1^2,\ F_1 F_2 F_3; \\ \text{Identität:} & (F_1 F_2 F_3)^2 = F_1^2 \cdot F_3^2 \cdot (F_1^2 - F_3^n); \end{cases}$$

und bei *ungeradem n:*

$$(5\,\text{b})\qquad \begin{cases} \text{Formen:} & F_3^2,\ F_1^2 F_3,\ F_1 F_2; \\ \text{Identität:} & (F_1 F_2)^2 \cdot F_3^2 = (F_1^2 F_3)(F_1^2 F_3 - F_3^{n+1}). \end{cases}$$

*III. Tetraedergruppe***).

$$(6)\qquad \begin{cases} \text{Formen:} & F_1 = t,\ F_2 F_3 = W,\ F_2^3 = \Phi^3; \\ \text{Identität:} & W^3 = \Phi^3 (\Phi^3 - 12\sqrt{-3}\cdot t^2). \end{cases}$$

---

*) Ich werde auch den Grad von (1) im Folgenden gelegentlich mit $N$ bezeichnen.

**) Bei Tetraeder und Oktaeder gebrauche ich jetzt im Gegensatze zu früher nur noch die nicht accentuirten Buchstaben.

*IV. Oktaedergruppe.*

$$(7)\qquad \begin{cases}\text{Formen:} & F_2 = W,\ F_3^{\,2} = t^2,\ F_1 F_3 = \chi t;\\ \text{Identität:} & (\chi t)^2 = t^2\,(W^3 - 108\,t^4).\end{cases}$$

*V. Ikosaedergruppe.*

$$(8)\qquad \begin{cases}\text{Formen:} & F_1 = T,\ F_2 = H,\ F_3 = f;\\ \text{Identität:} & T^2 + H^3 - 1728 f^5 = 0.\end{cases}$$

Wir denken uns jetzt im einzelnen Falle die drei in die Tabelle aufgenommenen Formen, in Uebereinstimmung mit der zwischen ihnen bestehenden Identität, aber sonst beliebig, ihrem Zahlenwerthe nach gegeben und verlangen, *die Werthe der beiden Variabeln* $z_1$, $z_2$ *hieraus zu berechnen.* So haben wir, was wir das zugehörige *Formenproblem* nennen wollen. Die Anzahl der Lösungssysteme eines Formenproblems beträgt immer $2N$, unter $N$ den Grad der correspondirenden Gleichung verstanden. Alle diese Lösungssysteme gehen dabei aus einem beliebigen derselben genau so vermöge der $2N$ homogenen Substitutionen hervor, wie dies bei den $N$ Lösungen der jedesmaligen Gleichung mit Bezug auf die $N$ nichthomogenen Substitutionen augenscheinlich der Fall ist.

## § 2. Reduction der Formenprobleme.

Was die Lösung der Formenprobleme angeht, so können wir dieselbe allemal vermöge der entsprechenden Gleichung und einer zutretenden Quadratwurzel bewerkstelligen. Nehmen wir z. B. die cyclischen Gruppen. So berechnen wir uns zuvörderst aus den Formen (4) die rechte Seite von (1):

$$Z = \frac{(z_1 z_2)^n}{z_2^{\,2n}} = \frac{z_1^{\,2n}}{(z_1 z_2)^n},$$

lösen dann (1), wodurch wir $\frac{z_1}{z_2} = z$ erfahren, und gewinnen endlich $z_1$, $z_2$ selber, indem wir diesen Werth von $\frac{z_1}{z_2}$ in die angegebene Form zweiten Grades $z_1 z_2$ (die wir jetzt $X$ nennen wollen) eintragen, worauf

$$(9)\qquad z_2 = \sqrt{\frac{X}{z}},\quad z_1 = z \cdot z_2$$

wird. Im Falle der anderen Gruppen gestaltet sich die Sache ganz entsprechend. Denn nicht nur, dass das jedesmalige $Z$ (2) sich auch bei ihnen rational aus den Formen (5)—(8) zusammensetzt, wir können aus diesen Formen auch immer rational einen Ausdruck aufbauen, der vom zweiten Grade in $z_1$, $z_2$ ist. Ich wähle als solchen in allen Fällen:

$$(10) \qquad X = \frac{F_2 \cdot F_3}{F_1}.$$

Haben wir dann vermöge (2) den Quotienten $\frac{z_1}{z_2} = z$ bestimmt, so ergiebt der Vergleich mit (10):

$$(11) \qquad z_2 = \sqrt{\frac{X(z_1, z_2)}{X(z, 1)}}, \qquad z_1 = z \cdot z_2,$$

wo $X(z_1, z_2)$ die vorgegebene Grösse (10), $X(z, 1)$ eine bestimmte rationale Function von $z$:

$$\frac{F_2(z, 1) \cdot F_3(z, 1)}{F_1(z, 1)}$$

bedeutet.

Hiermit haben wir nun zugleich das Mittel, um die bisherige Formulirung unserer Formenprobleme zu vereinfachen, um dieselbe zu *reduciren*, wie wir sagen wollen*). Vermöge (9) und (11) hängen $z_1$, $z_2$ nur von $X$ und $Z$ ab, die ihrerseits rationale Functionen der Formen (4)—(8) sind. Wir tragen jetzt diese Werthe von $z_1$, $z_2$ in die Formen (4)—(8) ein. So werden diese Formen, weil sie alle geraden Grad haben, rational in $X$. *Zugleich werden sie aber auch rational in $Z$.* Denn sie stellen jetzt derartige rationale Functionen von $z$ vor, die sich bei den $N$ zugehörigen nicht homogenen Substitutionen nicht ändern. Wir werden also in der Folge, so oft von den Formenproblemen die Rede ist, uns nicht etwa die Formen (4)—(8) gegeben denken [wobei wir immer die zwischen ihnen bestehenden Identitäten berücksichtigen müssten], *sondern lieber gleich von vornherein die Ausdrücke $Z$ und $X$*, und nun $z_1$, $z_2$ als Functionen dieser beiden Grössen betrachten.

Ich theile hier noch die rationalen Functionen von $Z$ und $X$ explicite mit, denen die Formen (4)—(8) gleich werden. Man verificirt dieselben leicht, indem man einerseits darauf zurückgeht, wie sich $Z$ und $X$ aus den Formen (4)—(8) zusammensetzen, andererseits den zwischen diesen Formen bestehenden Identitäten Rechnung trägt. Ich finde:

*I. bei den cyclischen Gruppen:*

$$(12) \qquad z_1 z_2 = X, \quad z_1^{2n} = Z \cdot X^n, \quad z_2^{2n} = \frac{X^n}{Z};$$

*) Dass eine solche Reduction möglich sei, bemerkte mir gelegentlich Hr. *Nöther*, welcher dieselbe in ganz anderer Weise aus seinen allgemeinen Untersuchungen über Flächenabbildung ableitete.

*II. beim Dieder:*

für gerades $n$:

$$(13\text{a})\qquad F_3^2 = \frac{X^2 \cdot Z - 1}{Z}, \quad F_1^2 = -\frac{X^n \cdot (Z-1)^{\frac{n+2}{2}}}{Z^{\frac{n}{2}}},$$

$$F_1 F_2 F_3 = -\frac{X^{n+1} \cdot (Z-1)^{\frac{n+2}{2}}}{Z^{\frac{n}{2}}},$$

und für ungerades $n$:

$$(13\text{b})\qquad F_3^2 = \frac{X^2 \cdot Z - 1}{Z}, \quad F_1^2 F_3 = -\frac{X^{n+1} \cdot (Z-1)^{\frac{n+3}{2}}}{Z^{\frac{n+1}{2}}},$$

$$F_1 F_2 = -\frac{X^n \cdot (Z-1)^{\frac{n+1}{2}}}{Z^{\frac{n-1}{2}}};$$

*III. beim Tetraeder:*

$$(14)\qquad F_1 = -\frac{X^3 \cdot (Z-1)^2}{432\, Z}, \quad F_2 F_3 = -\frac{X^4 \cdot (Z-1)^2}{432\, Z},$$

$$F_2^3 = -\frac{X^6 \cdot (Z-1)^3}{5184\sqrt{-3} \cdot Z};$$

*IV. beim Oktaeder:*

$$(15)\qquad F_2 = 108 \cdot \frac{X^4 \cdot (Z-1)^2}{Z}, \quad F_3^2 = 108 \cdot \frac{X^6 \cdot (Z-1)^3}{Z^2},$$

$$F_1 F_3 = 108^2 \cdot \frac{X^9 \cdot (Z-1)^5}{Z^3};$$

*V. beim Ikosaeder:*

$$(16)\qquad F_1 = 12^9 \cdot \frac{X^{15}(Z-1)^8}{Z^5}, \quad F_2 = -12^6 \cdot \frac{X^{10}(Z-1)^5}{Z^3},$$

$$F_3 = -12^3 \cdot \frac{X^6 (Z-1)^3}{Z^2}.$$

## § 3. Plan der folgenden Untersuchungen.

Es gilt jetzt, die nunmehr gewonnenen Fundamentalaufgaben in doppelter Hinsicht zu discutiren, nämlich in functionentheoretischem und algebraischem Sinne. Indem wir die Untersuchungen letzterer Art bis zum folgenden Kapitel verschieben, wenden wir uns sofort den functionentheoretischen Betrachtungen zu.

Es ist $z$, die Unbekannte der einzelnen *Gleichung*, Function von $Z$ allein, während die $z_1$, $z_2$ des entsprechenden *Formenproblems* ausserdem von $X$ abhängen. Nun ist aber die Art dieser Abhängigkeit nach den Formeln (9) und (11) so überaus einfach, dass wir nicht länger bei ihr zu verweilen brauchen. Wir werden also auch $z_1$, $z_2$ nur insofern discutiren, als sie Functionen von $Z$ sind.

Eine solche Untersuchung spaltet sich naturgemäss in zwei Theile. Es gilt zunächst, eine *allgemeine Uebersicht* über die verschiedenen Zweige unserer Functionen zu gewinnen, dann aber Mittel anzugeben, um den *einzelnen Functionszweig* durch convergente Processe (also etwa durch Potenzreihen) zu *berechnen.* Das Erstere erreichen wir in unserem Falle sehr einfach durch die Methode der conformen Abbildung (§ 4, 5). Wir erfahren damit zugleich die *Form* der Reihenentwicklungen, die für die verschiedenen Zweige unserer Functionen in Betracht kommen (§ 5). Es werden uns sodann die Coefficienten dieser Entwicklungen durch den Nachweis geliefert, *dass $z$ in Bezug auf $Z$ einer einfachen Differentialgleichung dritter Ordnung genügt und in Folge dessen die Wurzeln $z_1$, $z_2$ des parallellaufenden Formenproblems als Lösungen einer homogenen, linearen Differentialgleichung zweiter Ordnung mit rationalen Coefficienten erscheinen* (§ 6—9). Endlich beweisen wir in § 10, dass auf Grund der letztgenannten Differentialgleichung $z_1$, $z_2$ particuläre Fälle der *Riemann*'schen *P*-Function sind, womit unsere Untersuchungen an ein wohlumgrenztes und vielfach untersuchtes Gebiet der modernen Analysis angeschlossen erscheinen.

Was die Resultate angeht, die wir auf solche Weise gewinnen, so sind dieselben der Hauptsache nach bereits alle in der oben genannten Arbeit von Hrn. *Schwarz* enthalten*); nur dass bei Hrn. Schwarz die Anordnung des Stoffes genau die umgekehrte von derjenigen ist, die wir hier einhalten. Ausgehend von der Differentialgleichung der hypergeometrischen Reihe construirt Hr. Schwarz zunächst die Differentialgleichung dritter Orduung, von welcher der Quotient $z$ zweier Particularlösungen $z_1$, $z_2$ dieser Differentialgleichung abhängt. Er untersucht sodann die conforme Abbildung, welche $z$ von den beiden Halbebenen der unabhängigen Variabeln $Z$ entwirft, und steigt endlich durch die Forderung, dass $z$ eine *algebraische* Function von $Z$ sein soll, zu den von uns betrachteten $z$-Functionen und den sie definirenden Fundamentalgleichungen auf**). Wir, umgekehrt, beginnen mit diesen Gleichungen, construiren aus ihnen die conforme Abbildung, erschliessen dann die Existenz der Differentialgleichung dritter Ordnung,

---

*) *Ueber dienigen Fälle, in welchen die Gaussische hypergeometrische Reihe eine algebraische Function ihres vierten Elementes darstellt.* Borchardt's Journal, Bd. 75, p. 292—335 (1872).

**) Ich resumire im Texte von den durch Hrn. Schwarz erhaltenen Resultaten nur diejenigen, welche zu unserer eigenen Darstellung unmittelbaren Bezug haben.

der $z$ genügt, und gehen von dieser endlich zur Differentialgleichung zweiter Ordnung der $P$-Function, oder, was im Wesentlichen dasselbe ist, der hypergeometrischen Reihe über. Es sei dabei gleich hier erwähnt, dass wir bei diesem letzten Schritte einen Gedanken verwerthen, den Hr. *Fuchs* in seinen schon oben genannten Abhandlungen eingeführt hat*), indem wir nämlich $X(z_1, z_2)$, also eine von $z_1$, $z_2$ abhängige *Form*, direct durch $Z$ darstellen.

Natürlich würde ich die hiermit bezeichneten Entwickelungen noch sehr viel kürzer haben zusammenziehen können, hätte ich betreffs der Riemann'schen $P$-Function specielle Kenntnisse voraussetzen oder auch nur die allgemeinen Grundzüge der modernen Theorie der linearen Differentialgleichungen mit rationalen Coefficienten benutzen wollen, wie diese Hr. *Fuchs* im 66. Bande von Borchardt's Journal entwickelt hat**). Indem ich hierauf verzichte, gewinnt meine Darstellung die Bedeutung, in einen Theil der gerade genannten Untersuchungen auf verhältnissmässig kurzem Wege einzuführen. Ich möchte in diesem Betracht gleich hier auf § 3 des fünften, hier folgenden Kapitels verweisen, wo im Anschlusse an die jetzt gegebene Entwickelung unmittelbar die allgemeinsten linearen Differentialgleichungen zweiter Ordnung mit rationalen Coefficienten bestimmt werden, welche durchaus algebraische Integrale haben.

## * § 4. Ueber die conforme Abbildung durch die Function $z(Z)$.

Indem wir uns jetzt zur conformen Abbildung hinwenden, welche durch $z(Z)$ vermittelt wird, deuten wir in früherer Weise die complexen Werthe von $z = x + iy$ auf der Kugelfläche, während wir $Z = X + iY$ in einer Ebene interpretiren***). Wir construiren in der Ebene $Z$ die Axe der reellen Zahlen und zerlegen dieselbe so in eine *positive* und eine *negative Halbebene*. Wir markiren ausserdem, so lange es sich um die binomischen Gleichungen (1) handelt, die beiden Punkte $Z = 0, \infty$, andernfalls aber die drei Punkte $Z = 1, 0, \infty$.

Ein Blick auf die Gleichungen (1), (2), beziehungsweise auf die ausführlicheren Formeln (59)—(63) des vorigen Kapitels belehrt uns, dass bei den binomischen Gleichungen die $n$ in Betracht kommenden

---

*) Siehe das Citat auf pag. 58.

**) *Zur Theorie der linearen Differentialgleichung mit veränderlichen Coefficienten* (1865).

***) Wer mit der Theorie der conformen Abbildung nicht hinreichend vertraut ist, wird Hrn. *Holzmüller's* neuerdings erschienenes Werk: *Einführung in die Theorie der isogonalen Verwandtschaft und der conformen Abbildungen etc.* [Leipzig, 1882] mit Nutzen zu Rathe ziehen können.

Functionszweige bei $Z = 0$ und $Z = \infty$ alle im Cyclus zusammenhängen, während in den übrigen Fällen von den $N$ vorhandenen Zweigen bei $Z = 1$ je $\nu_1$, bei $Z = 0$ je $\nu_2$, bei $Z = \infty$ je $\nu_3$ cyclisch verbunden sind. Nun sage ich, *dass die Function $z(Z)$ auch keine anderen Verzweigungen darbietet, als die hiermit angegebenen.* Allgemein nämlich, wenn $Z$ als rationale Function von $z = \frac{z_1}{z_2}$ in der Form gegeben ist:

$$Z = \frac{\varphi(z_1, z_2)}{\psi(z_1, z_2)},$$

[wo $\varphi$, $\psi$ ganze homogene Functionen der beigesetzten Argumente vom Grade $N$ sein sollen], so findet man diejenigen Werthe von $z$ und also von $Z$, für welche Verzweigungen statt haben, indem man die Functionaldeterminante $(2N - 2)^{\text{ten}}$ Grades:

$$\frac{\partial \varphi}{\partial z_1} \cdot \frac{\partial \psi}{\partial z_2} - \frac{\partial \psi}{\partial z_1} \cdot \frac{\partial \varphi}{\partial z_2}$$

gleich Null setzt; verschwindet dieselbe $\mu$-mal an einer Stelle $z = z_0$, so hängen dementsprechend $(\mu + 1)$ Zweige der Function $z$ bei $Z = Z_0$ im Cyclus zusammen*).

Berechnen wir nun in einem beliebigen unserer Fälle (1), (2) diese Functionaldeterminante, so kommen wir immer auf die Verzweigungspunkte zurück, die wir schon kennen. Denn im Falle der binomischen Gleichungen erhalten wir einfach:

$$z_1^{n-1} \cdot z_2^{n-1} = 0$$

und bei den übrigen Gleichungen, mit Rücksicht darauf, dass $\nu_1$ allemal $= 2$ und $F_1$ die Functionaldeterminante von $F_2$ und $F_3$ ist:

$$F_1^{\nu_1 - 1} \cdot F_2^{\nu_2 - 1} \cdot F_3^{\nu_3 - 1} = 0,$$

wo die verschiedenen Wurzeln von $F_1 = 0$ alle $Z = 1$, diejenigen von $F_2 = 0$ $Z = 0$, endlich die von $F_3 = 0$ $Z = \infty$ ergeben**).

---

*) Die hiermit formulirte Regel weicht von der in den Lehrbüchern angegebenen durch den Gebrauch der homogenen Variabeln $z_1$, $z_2$ ab. Derselbe ist deshalb vortheilhaft, weil er endliche und unendliche Werthe von $z$, wie dies die geometrische Interpretation von $z$ auf der Kugel und überhaupt die moderne Auffassung des Unendlichen verlangt, in eine Form der Aussage zusammenzufassen gestattet.

**) Zur Begründung unseres Schlusses hätten wir dieser expliciten Berechnung der Functionaldeterminante eigentlich gar nicht bedurft, sondern es hätte genügt, zu bemerken, dass die Gesammtzahl der mit der richtigen Multiplicität gezählten Verzweigungspunkte bei $Z = 0, \infty$, bez. bei $Z = 1, 0, \infty$ mit dem Grad $(2N - 2)$ der Functionaldeterminante übereinstimmt. [Wir müssen dabei jedesmal auf $\nu$ im Cyclus zusammenhängende Zweige $(\nu - 1)$ Wurzeln der Functionaldeterminante rechnen.]

Die hiermit gewonnenen Angaben genügen bereits, um die gesuchte conforme Abbildung der Art nach vollkommen zu charakterisiren. Bezeichnen wir als $n$-Eck jede auf der Kugel gelegene, mit der nöthigen Anzahl von Ecken versehene, aber übrigens mit stetig gekrümmten Curven begrenzte Figur, und beachten wir noch, dass $Z$ in $z$ rational ist, und also jedem $Z$ $N$ Werthe von $z$, jedem $z$ aber nur ein Werth von $Z$ zugehört, so haben wir sofort:

*Vermöge der binomischen Gleichung (1) werden die beiden Halbebenen $Z$ alternirend auf $2N$ Zweiecke der $z$-Kugel abgebildet, welche in den Polen der $z$-Kugel (d. h. den Punkten $z_1 z_2 = 0$) mit Winkeln $= \frac{\pi}{N}$ zusammenstossen und die $z$-Kugel vollständig aber nirgends mehrfach überdecken.*

*Genau so werden in den Fällen (2) die Halbebenen $Z$ abwechselnd auf $2N$ Dreiecke der $Z$-Kugel abgebildet, die mit Winkeln gleich $\frac{\pi}{\nu_1}, \frac{\pi}{\nu_2}, \frac{\pi}{\nu_3}$ je an einen Punkt von $F_1 = 0$, einen Punkt von $F_2 = 0$ und einen Punkt von $F_3 = 0$ hinanreichen.*

Wir beachten jetzt, dass alle Wurzeln von (1) oder (2) aus einer beliebigen derselben jedesmal durch $N$ lineare Substitutionen, denen *Drehungen* der $z$-Kugel um den Mittelpunkt entsprechen, aus einander hervorgehen. So schliessen wir unmittelbar:

*Die $N$ Zweiecke oder Dreiecke, welche im einzelnen Falle der positiven Halbebene $Z$, sowie die $N$ Zweiecke oder Dreiecke, welche der negativen Halbebene $Z$ entsprechen, sind beziehungsweise unter einander congruent.*

Endlich aber erinnern wir uns des Satzes, den wir im Schlussparagraphen des vorigen Kapitels aus der Existenz der erweiterten Gruppen ableiteten. Wir zeigten dort, dass $Z$ reelle Werthe nur längs derjenigen grössten Kreise der $z$-Kugel annimmt, welche von den Symmetrieebenen der jedesmaligen Configuration ausgeschnitten werden. Nun trennen die reellen Werthe von $Z$ innerhalb der $Z$-Ebene die beiden unterschiedenen Halbebenen. Daher haben wir schliesslich:

*Die Begrenzungslinien der Zweiecke und Dreiecke sind keine anderen, als die erwähnten Symmetriekreise, und es fallen also unsere Zweiecke und Dreiecke mit denjenigen Figuren zusammen, welche wir in § 11 des ersten Kapitels als Fundamentalbereiche der erweiterten Gruppen bezeichnet haben.*

Ich bitte den Leser, sich selbst die hiermit bezeichneten gestaltlichen Verhältnisse recht anschaulich machen zu wollen; est ist hier nicht der Ort, um dieselben noch eingehender zu discutiren*). Die Abbildung, welche den binomischen Gleichungen entpricht, ist natürlich mannigfach sonst untersucht worden, nur dass man durchweg die $z$-Kugel durch eine Ebene ersetzt hat, auf welche wir unsere Kugel vermittelst stereographischer Projection bezogen denken müssen**).

Uebrigens will ich in den Entwickelungen der folgenden Paragraphen die binomischen Gleichungen und überhaupt die cyclischen Gruppen, bei der Sonderstellung, welche sie den anderen Fällen gegenüber einnehmen, bei Seite lassen und nur jedesmal unter dem Texte die auf sie bezüglichen einfachen Resultate angeben.

### § 5. Verlauf der Function $z_1$, $z_2$ im Allgemeinen; Reihenentwickelungen.

Bei der geometrischen Deutung der Functionen $z(Z)$, wie wir sie im vorigen Paragraphen gegeben haben, ruht das Charakteristische darin, dass wir nicht etwa über der $Z$-Ebene eine vielblättrige Fläche, sondern auf der $z$-Kugel eine *Gebietseintheilung* construirt haben***). Handelt es sich jetzt darum, den Verlauf der Functionen $z_1(Z)$, $z_2(Z)$ zu überblicken, so verlegen wir dementsprechend die Betrachtung abermals auf die $z$-Kugel. Indem wir die cyclischen Gruppen nach Verabredung bei Seite lassen, haben wir auf die Formeln (11) zu recurriren, die wir folgendermassen schreiben wollen:

$$(17) \qquad z_2 = \sqrt{X \cdot \frac{F_1(z,1)}{F_2(z,1) \cdot F_3(z,1)}}, \qquad z_1 = z \cdot z_2.$$

Es erscheinen hier $z_1$, $z_2$ als eindeutige Functionen des Ortes auf einer die $z$-Kugel überdeckenden zweiblättrigen Fläche, welche in allen Punkten $F_1 = 0$, oder $F_2 = 0$, oder auch $F_3 = 0$ (den Punkt $z = \infty$ nicht ausgeschlossen) Verzweigungspunkte besitzt, also dem Geschlechte:

$$(18) \qquad p = -1 + \frac{N}{2}\left(\frac{1}{\nu_1} + \frac{1}{\nu_2} + \frac{1}{\nu_3}\right) \qquad *$$

angehört. Wir bestimmen für die einzelne Function sofort die Null- und Unendlichkeitspunkte, die natürlich in resp. gleicher Zahl vorhanden sein

*) Was insbesondere die Ikosaedergleichung angeht, so gibt ein Blick auf die Figur den hübschen Satz: *dass diese Gleichung für reelles Z allemal 4 und nur 4 reelle Wurzeln besitzt.*

**) In seinen „*Vorlesungen über mathematische Physik*" (Leipzig, 1876) bezeichnet Hr. *Kirchhoff* diejenigen ebenen Figuren, welche unseren Zweiecken entsprechen, als *Sicheln.*

***) In ähnlicher Weise kann man den Verlauf jeder eindeutigen Function $Z = F(z)$ zur Anschauung bringen. Man vgl. z. B. *O. Herrmann: Geometrische Untersuchungen über den Verlauf der elliptischen Transcendenten im complexen Gebiete,* Schlömilch's Zeitschrift Bd. 28 (1883).

müssen. Was zunächst $z_2$ betrifft, so verschwindet es, und zwar je einfach*), für alle Punkte von $F_1 = 0$ und überdies für $z = \infty$, im Ganzen also für $\left(\frac{N}{\nu_1} + 1\right)$ Punkte; dagegen wird es für alle Punkte von $F_2 = 0$ und diejenigen Punkte von $F_3 = 0$, die nicht nach $z = \infty$ fallen, je einfach unendlich; die Zahl der Unendlichkeitspunkte ist also $\left(\frac{N}{\nu_2} + \frac{N}{\nu_3} - 1\right)$, was in der That, vermöge der bei uns in Betracht kommenden Zahlenwerthe der $N$ und $\nu$ mit $\left(\frac{N}{\nu_1} + 1\right)$ übereinstimmt. Ganz ähnlich bei $z_1$, nur dass die beiden Punkte $z = 0$ und $z = \infty$ (welche beide zu den Wurzelpunkten von $F_3 = 0$ gehören) ihre Rolle
* vertauscht haben.

Wir können jetzt die Art der Reihenentwickelungen, welche unsere drei Functionen $z, z_1, z_2$ in der Nähe der singulären Stellen $Z = 1, 0, \infty$ gestatten, mit leichter Mühe angeben. Ich bringe dies hier nur so weit zur Ausführung, als wir es in den folgenden Paragraphen gebrauchen. Verabreden wir für einen Augenblick (wie es auch sonst üblich ist), dass $Z - Z_0$ für $Z_0 = \infty$ den Werth $\frac{1}{Z}$, $z - z_0$ entsprechend für $z_0 = \infty$ den Werth $\frac{1}{z}$ bedeuten soll. Sei ferner $z_0$ einer der Werthe von $z$, welche $Z = Z_0$ zugehören. So haben wir aus der conformen Abbildung des vorigen Paragraphen unmittelbar den folgenden allgemeinen Satz:

*In der Nähe von $Z_0 = 1, 0, \infty$ lässt sich $(z - z_0)$ in eine ansteigende Potenzreihe entwickeln:*

$$(19) \qquad z - z_0 = a\,(Z - Z_0)^{\frac{1}{\nu}} + b\,(Z - Z_0)^{\frac{2}{\nu}} + \cdots,$$

*wo $\nu$ der Reihe nach die Zahlen $\nu_1, \nu_2, \nu_3$ bedeuten soll, und der Coëfficient $a$ von Null verschieden ist.*

* Wir betrachten jetzt insbesondere den Fall $Z_0 = \infty$, $z_0 = 0$ und die zugehörigen Entwickelungen von $z_1, z_2$. Die Formel (2), auf welche wir hier zurückgreifen müssen:

$$c \cdot \frac{F_2^{\nu_2}}{F_3^{\nu_3}} = Z,$$

*) Man sagt von einer Function, die auf einer zweiblättrigen Fläche in einem Verzweigungspunkte $z_0$ Null oder unendlich wird, dass sie *einfach* Null oder unendlich werde, wenn sie in erster Annäherung sich wie $C\,(z - z_0)^{\frac{1}{2}}$, bez. wie $C\,(z - z_0)^{-\frac{1}{2}}$ verhält. Ist $z_0 = \infty$, so haben wir statt $(z - z_0)$ den Ausdruck $\frac{1}{z}$ in Betracht zu ziehen.

enthält linker Hand den Factor $\frac{c}{z^{\nu_3}}$ mit einer rationalen Function von $z^{\nu_3}$ multiplicirt, welche für $z=0$ den Werth $+1$, beziehungsweise beim Ikosaeder den Werth $-1$ annimmt. *Daher haben wir zunächst für $z$ die Entwickelung:* *

$$(20)\qquad z = \left(\frac{\pm c}{Z}\right)^{\frac{1}{\nu_3}} \cdot \mathfrak{P}\left(\frac{1}{Z}\right),$$

wo das Minuszeichen allein beim Ikosaeder zur Anwendung kommt, und $\mathfrak{P}\left(\frac{1}{Z}\right)$ eine nach ganzen Potenzen von $\frac{1}{Z}$ fortschreitende Reihenentwickelung bedeutet, deren erster Coëfficient gleich $+1$ ist. Wir betrachten jetzt die Formeln (17). Der in ihnen auftretende Quotient

$$\frac{F_1(z,1)}{F_2(z,1)\cdot F_3(z,1)}$$

zerlegt sich in das Product von $\frac{1}{z}$ in eine rationale Function von $z^{\nu_3}$, welche wiederum für $z=0$ in den übrigen Fällen gleich $+1$, beim Ikosaeder aber gleich $-1$ ist. Indem wir jetzt für $z$ die Reihenentwickelung (20) eintragen, zerstören sich offenbar die beiden beim Ikosaeder auftretenden Minuszeichen, insofern $\nu_3$ beim Ikosaeder eine ungerade Zahl ist. *Daher erhalten wir aus* (17) *und* (20) *für $z_1$, $z_2$ in allen Fällen folgende Reihenentwickelung:*

$$(21)\qquad \begin{cases} z_1 = \sqrt{X}\cdot\left(\frac{c}{Z}\right)^{\frac{1}{2\nu_3}} \cdot \mathfrak{P}_1\left(\frac{1}{Z}\right), \\ z_2 = \sqrt{X}\cdot\left(\frac{Z}{c}\right)^{\frac{1}{2\nu_3}} \cdot \mathfrak{P}_2\left(\frac{1}{Z}\right), \end{cases}$$

wo $\mathfrak{P}_1$, $\mathfrak{P}_2$ Potenzreihen sind, die nach ganzen Potenzen von $\frac{1}{Z}$ fortschreiten und mit dem Terme $+1$ beginnen.

Wir werden erst in § 10 auf die hiermit gewonnenen Formeln zurückkommen. Erinnern wir uns einstweilen, dass $c$ beim Dieder $=-1$, beim Tetraeder $=+1$ ist, während es beim Oktaeder den Werth $\frac{1}{108}$ und beim Ikosaeder den Werth $\frac{1}{1728}$ besitzt.

## § 6. Uebergang zu den Differentialgleichungen dritter Ordnung.

Wir wenden uns jetzt zur Betrachtung derjenigen Differentialgleichung dritter Ordnung mit rationalen Coëfficienten, welcher $z$, wie oben behauptet wurde, in Bezug auf $Z$ genügt. Dieselbe entsteht dadurch, *dass alle $N$ Zweige von $z$ lineare Functionen des einzelnen unter* *ihnen sind*, und zwar auf folgende Weise: Unter $\eta$ eine beliebige Function von $Z$ verstanden, eliminire man allgemein zwischen $\frac{\alpha\eta+\beta}{\gamma\eta+\delta}$ und seinem ersten, zweiten und dritten Differentialquotienten die 3 Constanten $\alpha:\beta:\gamma:\delta$. So gewinnen wir einen Differentialausdruck dritten Grades, welcher bei beliebigen linearen Transformationen von $\eta$ ungeändert bleibt. Indem wir jetzt für $\eta$ unser $z$ substituiren, wird dieser Differentialausdruck, wegen der erwähnten Eigenschaft der $N$ Functionszweige von $z$, unabhängig von dem Zweige, den wir auswählen mögen, einen bestimmten Werth annehmen. *Daher ist für $\eta = z$ besagter Differentialausdruck eine eindeutige Function von $Z$, und also auch* (weil $z$ in $Z$ algebraisch ist) *eine rationale Function von $Z$.* Indem wir ihn der geeigneten rationalen Function von $Z$ gleich setzen, haben wir die in Aussicht genommene Differentialgleichung dritter Ordnung, der $\eta = z$ als Particularlösung genügt.

Es handelt sich zunächst darum, den betreffenden Differentialausdruck dritter Ordnung wirklich zu bilden. Sei $\zeta = \frac{\alpha\eta+\beta}{\gamma\eta+\delta}$, oder, wie wir schreiben wollen:

$$\gamma\eta\zeta - \alpha\eta + \delta\zeta - \beta = 0,$$

so folgt durch successives Differentiiren nach $Z$:

$$\begin{aligned} \gamma(\eta'\zeta + \eta\zeta') - \alpha\eta' + \delta\zeta' &= 0,\\ \gamma(\eta''\zeta + 2\eta'\zeta' + \eta\zeta'') - \alpha\eta'' + \delta\zeta'' &= 0,\\ \gamma(\eta'''\zeta + 3\eta''\zeta' + 3\eta'\zeta'' + \eta\zeta''') - \alpha\eta''' + \delta\zeta''' &= 0. \end{aligned}$$

In den drei so gewonnenen Gleichungen ist $\beta$ von selbst in Wegfall gekommen; die Elimination der anderen Constanten gibt nach leichter Reduction:

$$0 = \begin{vmatrix} 0 & \zeta' & \eta' \\ 2\eta'\zeta' & \zeta'' & \eta'' \\ 3\eta''\zeta' + 3\eta'\zeta'' & \zeta''' & \eta''' \end{vmatrix},$$

oder auch, unter Trennung der Variabelen:

$$\frac{\zeta'''}{\zeta'} - \frac{3}{2}\left(\frac{\zeta''}{\zeta'}\right)^2 = \frac{\eta'''}{\eta'} - \frac{3}{2}\left(\frac{\eta''}{\eta'}\right)^2.$$

*Der gesuchte Differentialausdruck ist also:*

$$\frac{\eta'''}{\eta'} - \frac{3}{2}\left(\frac{\eta''}{\eta'}\right)^2; \tag{22}$$

*wir werden denselben in der Folge mit $[\eta]$, oder auch mit $[\eta]_Z$ bezeichnen**).

*) Nach einer Mittheilung, welche ich Hrn. *Schwarz* verdanke, kommt dieser Ausdruck bereits in *Lagrange's* Untersuchungen über conforme Abbildung vor (*Sur la construction des cartes géographiques,* Nouveaux Mémoires de l'Académie

Wir wollen hier noch berechnen, wie $[\eta]_Z$ sich ändert, wenn wir statt $Z$ eine neue Variable $Z_1$ einführen. Sei

$$Z = F(Z_1), \quad Z' = \frac{dZ}{dZ_1} \text{ etc.} \cdots\cdots,$$

so folgt der Reihe nach:

$$\frac{d\eta}{dZ_1} = \frac{d\eta}{dZ} \cdot Z',$$

$$\frac{d^2\eta}{dZ_1^2} = \frac{d^2\eta}{dZ^2} \cdot Z'^2 + \frac{d\eta}{dZ} \cdot Z'',$$

$$\frac{d^3\eta}{dZ_1^3} = \frac{d^3\eta}{dZ^3} \cdot Z'^3 + 3\frac{d^2\eta}{dZ^2} \cdot Z'Z'' + \frac{d\eta}{dZ} \cdot Z'''.$$

*Daher:*

(23)
$$[\eta]_{Z_1} = [\eta]_Z \cdot Z'^2 + [Z]_{Z_1},$$

was die gesuchte Formel ist. Hängt insbesondere $Z$ von $Z_1$ linear ab:

$$Z = \frac{AZ_1 + B}{CZ_1 + D},$$

so kommt hier $[Z]_{Z_1}$ noch in Wegfall und wir haben einfach:

(24)
$$[\eta]_{Z_1} = [\eta]_Z \cdot \frac{(AD - BC)^2}{(CZ_1 + D)^4}.$$

## § 7. Zusammenhang mit den linearen Differentialgleichungen zweiter Ordnung.

Ehe wir weiter gehen, wollen wir den Zusammenhang der besprochenen Differentialgleichungen dritter Ordnung mit den homogenen, linearen Differentialgleichungen zweiter Ordnung darlegen, wie derselbe sogleich zur Geltung kommen soll. Sei allgemein eine lineare Differentialgleichung mit rationalen Coefficienten gegeben:

(25)
$$y'' + p \cdot y' + q \cdot y = 0.$$

Unter $y_1$, $y_2$ irgend zwei Particularlösungen derselben verstanden, setzen wir:

$$\eta = \frac{y_1}{y_2}.$$

Wenn wir dann $Z$ in seiner Ebene irgend welche geschlossene Wege beschreiben lassen, so wird dabei $\eta$ immer nur in lineare Functionen $\frac{\alpha\eta + \beta}{\gamma\eta + \delta}$ seiner selbst übergehen können. Denn nach jedem solchen

de Berlin, 1779). Vergleiche übrigens Hrn. Schwarz' wiederholt genannte Abhandlung in Bd. 75 von Borchardt's Journal, wo weitere literarische Notizen zusammengestellt sind. In den Sitzungsberichten der sächsischen Gesellschaft vom Januar 1883 habe ich darzulegen versucht, welch' innere Bedeutung eine Differentialgleichung dritter Ordnung: $[\eta] = f(z)$ erhält, wenn man von der im Text besprochenen Entstehung des Ausdrucks $[\eta]$ ausgeht.

Umlaufe haben sich $y_1$, $y_2$ in gewisse lineare Combinationen von $y_1$, $y_2$ verwandelt. *Daher schliessen wir, dass unser $\eta$ einer Differentialgleichung dritter Ordnung der gerade betrachteten Art genügt:*

$$(26) \qquad [\eta]_Z = r(Z),$$

*unter $r(Z)$ eine rationale Function von $Z$ verstanden.*

Es soll sich jetzt darum handeln, dieses $r(Z)$ aus den Coefficienten $p$, $q$ von (25) zu berechnen. Nach Voraussetzung ist:

$$y_1'' + p \cdot y_1' + q \cdot y_1 = 0,$$
$$y_2'' + p \cdot y_2' + q \cdot y_2 = 0,$$

also durch Combination beider Gleichungen:

$$(27) \qquad (y_1'' y_2 - y_2'' y_1) + p(y_1' y_2 - y_2' y_1) = 0.$$

Wir haben ferner:

$$(28) \qquad \frac{y_1' y_2 - y_2' y_1}{y_2^2} = \eta',$$

woraus durch logarithmisches Differentiiren:

$$\frac{y_1'' y_2 - y_2'' y_1}{y_1' y_2 - y_2' y_1} - 2\frac{y_2'}{y_2} = \frac{\eta''}{\eta'},$$

oder, vermöge (27):

$$(29) \qquad \frac{\eta''}{\eta'} = -p - 2\frac{y_2'}{y_2}.$$

Durch nochmaliges Differentiiren folgt hieraus:

$$\frac{\eta'''}{\eta'} - \left(\frac{\eta''}{\eta'}\right)^2 = -p' - 2\frac{y_2''}{y_2} + 2\left(\frac{y_2'}{y_2}\right)^2$$

und also durch Combination mit (29):

$$[\eta] = -\frac{1}{2}p^2 - p' - 2\frac{y_2''}{y_2} - 2p \cdot \frac{y_2'}{y_2}.$$

Nun sind die Terme, welche hier rechter Hand das $y_2$ enthalten, vermöge der für $y_2$ geltenden Differentialgleichung zweiter Ordnung gerade gleich $2q$. *Daher finden wir:*

$$(30) \qquad [\eta]_Z = 2q - \frac{1}{2}p^2 - p',$$

was die gewünschte Endformel ist.

Gehört so zu jeder linearen Differentialgleichung zweiter Ordnung (25) eine bestimmte Differentialgleichung dritter Ordnung (26), so gehören offenbar zu jeder Differentialgleichung (26) unendlich viele Gleichungen (25). Wir haben nur zu setzen:

$$(31) \qquad 2q - \frac{1}{2}p^2 - p' = r$$

und werden dabei das $p$ (als rationale Function von $Z$, wenn wir darauf Gewicht legen) noch beliebig annehmen können, worauf das $q$

(und zwar wieder als rationale Function von $Z$, wenn $p$ und $r$ rational sind) eindeutig bestimmt sein wird.

Offenbar ist (26) vollständig gelöst, wenn das Gleiche von einer der zugehörigen Gleichungen (25) gilt. *Aber auch umgekehrt lassen sich die Lösungen von (25) sehr einfach angeben, wenn man die Lösungen der zugehörigen Gleichung (26) als bekannt ansieht.* Man schliesst nämlich aus (27) durch Integration in bekannter Weise:

$$(32) \qquad y_1' y_2 - y_2' y_1 = k e^{-\int p dZ},$$

unter $k$ die Integrationsconstante verstanden. Verbinden wir dies mit (28), so folgt:

$$(33) \qquad \begin{cases} y_1 = \eta \cdot y_2, \\ y_2 = \sqrt{\dfrac{k}{\eta'}} \cdot e^{-\frac{1}{2}\int p dZ} \end{cases}$$

Die lineare Differentialgleichung zweiter Ordnung verlangt also, nachdem vorher die zugehörige Differentialgleichung dritter Ordnung gelöst ist, zu ihrer Lösung nur noch eine einzige Quadratur.

## § 8. **Wirkliche Aufstellung der Differentialgleichung dritter Ordnung für $z(Z)$.**

Um jetzt die Differentialgleichung dritter Ordnung wirklich aufzustellen:

$$[\eta]_Z = r(Z),$$

der unser $z$ als Particularlösung genügt, benutzen wir, was über die Reihenentwickelungen von $(z - z_0)$ nach Potenzen von $(Z - Z_0)$ in Formel (19) enthalten ist. Wir denken uns diese Reihenentwickelungen explicite hingeschrieben und aus ihnen durch directe Differentiation eine Reihe für $[z]_Z$ berechnet. Als Anfangsglied dieser Reihe (die übrigens nach ganzen Potenzen von $(Z - Z_0)$ fortschreiten muss, weil $[z]_Z$ eine rationale Function von $Z$ ist) ergibt sich bei $Z_0 = 1, 0, \infty$ beziehungsweise:

$$\frac{\nu_1^2 - 1}{2\nu_1^2 (Z-1)^2}, \qquad \frac{\nu_2^2 - 1}{2\nu_2^2 \cdot Z^2}, \qquad \frac{\nu_3^2 - 1}{2\nu_3^2 \cdot Z^2}.$$

Nun sage ich ferner, dass $[z]_Z$ an einer Stelle $Z_0$, die von $1, 0, \infty$ verschieden ist, sicher nicht unendlich wird. An einer solchen Stelle haben wir nämlich (wie wieder aus der conformen Abbildung folgt):

$$z - z_0 = a(Z - Z_0) + b(Z - Z_0)^2 + \cdots,$$

wo $a \gtrless 0$, und hieraus für $[z]_Z$ eine nach ganzen Potenzen von $(Z - Z_0)$ fortschreitende Reihe, welche nur positive Exponenten besitzt. Wir setzen, diesen Resultaten entsprechend:

$$r(Z) = \frac{\nu_1^2 - 1}{2\nu_1^2 (Z-1)^2} + \frac{A}{Z-1} + \frac{\nu_2^2 - 1}{2\nu_2^2 \cdot Z^2} + \frac{B}{Z} + C,$$

wo $A$, $B$, $C$ Constante sein werden, und müssen diese nun so bestimmen, dass die Reihenentwickelung, welche $r(Z)$ in der Nähe von $Z = \infty$ nach steigenden Potenzen von $\frac{1}{Z}$ zulässt, das gerade angegebene Anfangsglied $\frac{\nu_3^2 - 1}{2\nu_3^2 \cdot Z^2}$ besitzt. *Der Erfolg zeigt, dass $A$, $B$, $C$ durch diese Forderung vollständig bestimmt sind.* In der That kommt unmittelbar:

$$C = 0, \quad A + B = 0, \quad \frac{\nu_1^2 - 1}{2\nu_1^2} + \frac{\nu_2^2 - 1}{2\nu_2^2} + A = \frac{\nu_3^2 - 1}{2\nu_3^2}.$$

*Indem wir eintragen, wird unsere Differentialgleichung einfach:*

$$(34) \quad [\eta]_Z = \frac{\nu_1^2 - 1}{2\nu_1^2 (Z-1)^2} + \frac{\nu_2^2 - 1}{2\nu_2^2 \cdot Z^2} + \frac{\frac{1}{\nu_1^2} + \frac{1}{\nu_2^2} - \frac{1}{\nu_3^2} - 1}{2(Z-1)Z},$$

wo nun für $\nu_1$, $\nu_2$, $\nu_3$ die Zahlenwerthe unserer Tabelle (3) gesetzt werden mögen*).

Die drei kritischen Punkte $Z = 1, 0, \infty$ treten in dieser Differentialgleichung, eben weil der eine dieser Punkte bei $Z = \infty$ liegt, formal nicht mit derjenigen Symmetrie auf, die ihrer eigentlichen Bedeutung entspricht. Wir werden dies sofort verbessern, wenn wir statt $Z$ irgend eine lineare Function von $Z$, die für $Z = 1, 0, \infty$ irgend drei endliche Werthe $a_1$, $a_2$, $a_3$ annimmt, als neue Veränderliche einführen. Indem wir die Formel (24) benutzen, übrigens aber die neue Variable selbst wieder $Z$ nennen, kommt:

$$(35) \quad [\eta]_Z = \frac{1}{Z - a_1 \cdot Z - a_2 \cdot Z - a_3} \left\{ \frac{\nu_1^2 - 1}{2\nu_1^2 (Z - a_1)} (a_1 - a_2)(a_1 - a_3) \right.$$
$$+ \frac{\nu_2^2 - 1}{2\nu_2^2 (Z - a_2)} (a_2 - a_3)(a_2 - a_1)$$
$$\left. + \frac{\nu_3^2 - 1}{2\nu_3^2 (Z - a_3)} (a_3 - a_1)(a_3 - a_2) \right\},$$

wo nun, wie man sieht, alle wünschenswerthe Symmetrie herrscht.

## § 9. Lineare Differentialgleichungen zweiter Ordnung für $z_1$ und $z_2$.

Die Entwickelungen des § 7 setzen uns jetzt in die Lage, die allgemeinste lineare Differentialgleichung zweiter Ordnung mit rationalen Coefficienten anzugeben:

*) Für die binomische Gleichung (1) kommt als entsprechende Differentialgleichung durch directe Differentiation:

$$[\eta]_Z = \frac{n^2 - 1}{2n^2} \cdot \frac{1}{Z^2}.$$

(36) $$y'' + p \cdot y' + q \cdot y = 0,$$

welche zwei Particularlösungen $y_1, y_2$ hat, deren Quotient gleich unserem $Z$ ist, wir haben nur noch Formel (31), (34)

$$2q - \frac{1}{2}p^2 - p' = \frac{\nu_1^2 - 1}{2\nu_1^2(Z-1)^2} + \frac{\nu_2^2 - 1}{2\nu_2^2 \cdot Z^2} + \frac{\frac{1}{\nu_1^2} + \frac{1}{\nu_2^2} - \frac{1}{\nu_3^2} - 1}{2(Z-1)Z}$$

zu setzen. Ich sage nun, *dass unter diesen Differentialgleichungen jedesmal eine ist, welcher die Wurzeln $z_1, z_2$ unseres Formenproblems genügen.* In der That können wir wieder von vornherein erkennen, dass die $z_1, z_2$ Particularlösungen einer linearen Differentialgleichung zweiter Ordnung mit rationalen Coefficienten sein müssen. Seien nämlich $z_1^0, z_2^0$ zwei zusammengehörige Zweige unserer Functionen, so drücken sich beliebige andere Zweige als lineare homogene Functionen dieser $z_1^0, z_2^0$ aus. Sie genügen daher alle der folgenden Differentialgleichung:

$$\begin{vmatrix} y'' & y' & y \\ \frac{d^2 z_1^0}{dZ^2} & \frac{d z_1^0}{dZ} & z_1^0 \\ \frac{d^2 z_2^0}{dZ^2} & \frac{d z_2^0}{dZ} & z_2^0 \end{vmatrix} = 0.$$

Hier schliessen wir nun sofort, dass sich die Coefficienten, welche $y'', y', y$ bei Ausrechnung dieser Determinante erhalten, wie rationale Functionen von $Z$ verhalten. Sie sind sogar ohne Weiteres selber rationale Functionen. Denn ersetzen wir $z_1^0, z_2^0$ durch irgend ein anderes Paar zusammengehöriger Zweige von $z_1, z_2$:

$$\alpha z_1^0 + \beta z_2^0, \quad \gamma z_1^0 + \delta z_2^0,$$

so bleiben diese Coefficienten, weil $\alpha\delta - \beta\gamma$ vermöge der Definition der Formenprobleme immer gleich 1 ist, nach dem Determinantenmultiplicationssatze überhaupt ungeändert.

Es kommt jetzt darauf an, aus der Gesammtheit der Differentialgleichungen (36) die eine auszusuchen, welcher $z_1$ und $z_2$ genügen. Es seien $y_1, y_2$ solche zwei Lösungen von (36), dass $\frac{y_1}{y_2} = z$. *So wollen wir vorab allgemein*

$$X(y_1, y_2) = \frac{F_2(y_1, y_2) \cdot F_3(y_1, y_2)}{F_1(y_1, y_2)}$$

*berechnen.* Wir gehen zu dem Zwecke von der Gleichung aus:

$$c \cdot \frac{F_2^{\nu_2}(z, 1)}{F_3^{\nu_3}(z, 1)} = Z.$$

Indem wir dieselbe differentiiren und, wie oben, beachten, dass allemal $F_1$ von einem Zahlenfactor abgesehen die Functionaldeterminante von $F_2$ und $F_3$ ist, erhalten wir, unter $c'$ eine geeignete Constante verstanden:

* $$c' \cdot \frac{F_2^{\nu_2 - 1}(z, 1) \cdot F_1(z, 1)}{F_3^{\nu_3 + 1}(z, 1)} \cdot z' = 1,$$

oder auch, unter Einführung eines anderen geeigneten Multiplicators $c''$:

$$c'' \cdot Z \cdot \frac{F_1(z, 1)}{F_2(z, 1) \cdot F_3(z, 1)} \cdot z' = 1.$$

Hier setzen wir jetzt $z = \frac{y_1}{y_2}$. So kommt:

$$c'' \cdot Z \cdot \frac{F_1(y_1, y_2)}{F_2(y_1, y_2) \cdot F_3(y_1, y_2)} \cdot (y_1' y_2 - y_2' y_1) = 1,$$

oder endlich, indem wir die Bezeichnung $X$ und übrigens die Formel (32) heranziehen:

(37) $$X(y_1, y_2) = k \cdot c'' \cdot Z \cdot e^{-\int p\, dZ},$$

was die gewünschte Formel ist.

Nun war für die Lösungen $z_1, z_2$ unserer Formenprobleme nicht nur $\frac{z_1}{z_2} = z$, sondern es war auch bestimmt, dass $X(z_1, z_2)$ von $Z$ unabhängig sein sollte. *Wir werden also den Coefficienten $p$ der entsprechenden linearen Differentialgleichung zweiter Ordnung so annehmen müssen, dass $Z$ aus der zugehörigen Formel (37) überhaupt herausfällt.* Dies gibt, wie man sieht,

$$e^{\int p\, dZ} = Z \quad \text{oder} \quad p = \frac{1}{Z}.$$

Indem wir diesen Werth in (36) eintragen, haben wir die gesuchte Differentialgleichung gewonnen. *Dieselbe lautet nach leichter Umsetzung*):*

(38) $$y'' + \frac{y'}{Z} + \frac{y}{4(Z-1)^2 \cdot Z^2} \cdot \left\{ -\frac{1}{\nu_2^2} + Z\left(\frac{1}{\nu_2^2} + \frac{1}{\nu_3^2} - \frac{1}{\nu_1^2} + 1\right) - \frac{Z^2}{\nu_3^2} \right\} = 0.$$

## § 10. Beziehungen zu Riemann's $P$-Function.

Wir haben jetzt alle Mittel, um $z_1, z_2$ und aus ihnen $z = \frac{z_1}{z_2}$ in der Umgebung irgend einer Stelle $Z = Z_0$ durch Potenzreihen zu berechnen. In der That sahen wir in § 5, wie man im einzelnen Falle die Art dieser Potenzreihen bestimmen kann, und haben nun einfach, um die noch unbekannten Cofficienten der Reihenentwickelung zu finden, die Reihen selbst in (38) zu substituiren. Wollen wir dies insbesondere für die Umgebung des Punktes $Z = \infty$ ausführen, so können wir unmittelbar die Formeln (21) benutzen. *

*) Für die Lösungen $z_1, z_2$ des Formenproblems der cyclischen Gruppen findet man in ähnlicher Weise:

$$y'' + \frac{y'}{Z} - \frac{y}{4n^2 Z^2} = 0.$$

Wenn ich den hiermit bezeichneten Schritt nicht mehr explicite ausführe, auch die Convergenz und die analytische Fortsetzung der angedeuteten Entwickelungen nicht näher discutire, so geschieht es, weil wir mittlerweile alle Vorbedingungen gewonnen haben, um die Untersuchung der Functionen $z_1$, $z_2$ an eine fertige und wohlgekannte Theorie anzuschliessen. *Es ist die Lehre von den Riemann'schen P-Functionen:*

$$P\begin{pmatrix}\alpha & \beta & \gamma & \\ \alpha' & \beta' & \gamma' & x\end{pmatrix}$$

*und der Darstellung ihrer verschiedenen Zweige durch Gaussische hypergeometrische Reihen**).

Ich habe bereits gesagt, dass ich betreffs der $P$-Functionen keinerlei specifische Vorkenntnisse voraussetzen will. So mögen wir diese Functionen hier in derjenigen Weise definiren, die sich an unsere bisherigen Entwickelungen am bequemsten anschliesst, *nämlich als Lösungen der folgenden linearen Differentialgleichung zweiter Ordnung:*

$$\text{(39)}\qquad P'' + \frac{P'}{x(1-x)}\left((1-\alpha-\alpha') - (1+\beta+\beta')\,x\right)$$
$$+ \frac{P}{x^2(1-x)^2}\left(\alpha\alpha' - (\alpha\alpha' + \beta\beta' - \gamma\gamma')\,x + \beta\beta' x^2\right) = 0,$$

(wo $\alpha + \alpha' + \beta + \beta' + \gamma + \gamma'$ immer gleich 1 genommen ist).**) Offenbar ist (38) ein specieller Fall von (39); wir haben, um (38) zu gewinnen, in (39) nur zu schreiben:

$$P = y,\ x = Z,\ \alpha = -\alpha' = \frac{1}{2\nu_2},\ \beta = -\beta' = \frac{1}{2\nu_3},\ \gamma = \frac{1}{2\nu_1},\ \gamma' = \frac{\nu_1^2 - 1}{2\nu_1},$$

was mit der Bedingung $\alpha + \alpha' + \beta + \beta' + \gamma + \gamma' = 1$ verträglich ist, weil $\nu_1$ in allen unseren Fällen $= 2$ ist. *Es sind also* $z_1$, $z_2$, *mit Rücksicht auf den besonderen Werth von* $\nu_1$, *specielle Fälle der Function:*

$$\text{(40)}\qquad P\begin{pmatrix}\frac{1}{2\nu_2} & \frac{1}{2\nu_3} & \frac{1}{4} & \\ -\frac{1}{2\nu_2} & -\frac{1}{2\nu_3} & \frac{3}{4} & Z\end{pmatrix}.$$

---

*) Wer in diese Theorie eindringen will, thut wohl noch immer am Besten neben *Gauss' Disquisitiones generales circa seriem infinitam* etc. (1812, Werke t. III) und *Kummer's* Abhandlungen über die hypergeometrische Reihe (1836, Crelle's Journal Bd. 15) die Originalarbeit von *Riemann* zu studiren: *Beiträge zur Theorie der durch die Gauss'sche Reihe* $F(\alpha, \beta, \gamma, x)$ *darstellbaren Functionen* (Bd. 7 der Göttinger Abhandlungen (1857), oder Werke, p. 62—82).

**) Man gewinnt diese Differentialgleichung durch leichte Umsetzung aus derjenigen, welche Riemann l. c. speciell für $P\begin{pmatrix}\alpha & \beta & 0 & \\ \alpha' & \beta' & \gamma' & x\end{pmatrix}$ mittheilt (Werke, p. 75).

Jetzt können wir unsere $z_1$, $z_2$ innerhalb der allgemeinen mit diesem Symbol bezeichneten Functionen noch näher charakterisiren. Eben zu diesem Zwecke habe ich die Formeln (21) explicite aufgestellt. Wenn wir in denselben $z_1$ mit $Z^{\frac{1}{2\nu_3}}$, $z_2$ mit $Z^{-\frac{1}{2\nu_3}}$ multipliciren, so bleiben die Producte bei $Z = \infty$ endlich und von Null verschieden und sind überdies in der Umgebung des Punktes $Z = \infty$ einändrig. *Es bezeichnen also die Formeln (21) genau solche Reihenentwickelungen, wie sie Riemann l. c. unter der Benennung $P^{(\beta)}$, $P^{(\beta')}$ einführt.* Nur dass Riemann den ersten Coefficienten von $P^{(\beta)}$ und $P^{(\beta')}$ unbestimmt lässt. Wählen wir denselben insbesondere so, wie es in den Formeln (21) geschehen ist, so können wir schliesslich sagen, *dass unsere $z_1$, $z_2$ unter den allgemeinen P-Functionen (40) speciell diejenigen sind, die aus den Reihenentwickelungen $P^{(\beta)}$, $P^{(\beta')}$ durch beliebige analytische Fortsetzung erwachsen.*

Mit diesem Satze haben wir den Zielpunkt der Entwickelungen des gegenwärtigen Kapitels erreicht. Ich wollte zeigen, dass unsere Functionen $z$, $z_1$, $z_2$ zu denjenigen gehören, in welche die moderne Functionentheorie sowohl durch ihre geometrischen Anschauungen als durch ihre analytischen Hülfsmittel eine sozusagen *vollständige* Einsicht gewährt. Wird Letzteres zugegeben, so haben wir damit zugleich einen Gesichtspunkt gewonnen, der im zweiten Abschnitte unserer Darstellung zur Geltung kommen soll: er erscheint dann nämlich rationell, complicirtere algebraische Functionen, sofern es möglich ist, auf unsere jetzigen $z$, $z_1$, $z_2$ zurückzuführen.

Uebrigens aber können die hier gegebenen Entwickelungen noch in höherem Grade, als unsere anderen, nur als *Einleitung* betrachtet werden. In der That hat uns die Absicht, überall die Argumentation möglichst elementar zu gestalten, daran gehindert, den eigentlich interessanten Punkt zu erläutern: wie nämlich die linearen Substitutionen, denen wir $z$, beziehungsweise $z_1$ und $z_2$, im vorigen Kapitel unterworfen haben, nunmehr zu Stande kommen, indem wir $z$, $z_1$, $z_2$ als Functionen von $Z$ auffassen und letztere Variable in ihrer Ebene geeignete geschlossene Wege durchlaufen lassen. Auch würden wir, wenn wir den im § 5 gegebenen Ansatz noch ein Weniges weiter verfolgt hätten, den unmittelbaren Uebergang zu Riemann's $P$-Function haben finden können, ohne vorher die Differentialgleichungen explicite formulirt zu haben. Ich überlasse dem Leser, sich hinsichtlich dieser und verwandter Fragen durch eigene Studien und Ueberlegungen zu orientiren.

*

# Kapitel IV.

## Ueber den algebraischen Charakter unserer Fundamentalaufgaben.

### § 1. Aufgabe des gegenwärtigen Kapitels.

Nachdem wir im vorigen Kapitel unsere Fundamentalaufgaben nur erst in functionentheoretischer Hinsicht discutirt haben, behandeln wir sie jetzt unter den Gesichtspunkten der Gleichungstheorie. Ich verstehe dabei unter letzterer den Inbegriff der Lehren, welche sich auf die *rationalen Resolventen* beziehen, d. h. auf diejenigen Hülfsgleichungen, denen irgendwelche rationale Functionen der Wurzeln der vorgelegten Gleichungen genügen.

Einen ersten wichtigen Theil dieser Theorie, welche über die *Art* der überhaupt in Betracht zu ziehenden Resolventen entscheidet, bilden diejenigen Ueberlegungen, die man nach den grundlegenden Ideen von *Galois* mit dem Namen des Letzteren zu bezeichnen pflegt, und die darauf hinauslaufen, *die einzelne Gleichung, oder auch das einzelne Gleichungssystem, durch eine gewisse Gruppe von Vertauschungen der zugehörigen Lösungen zu charakterisiren* (das Wort Gruppe in derselben specifischen Bedeutung genommen, die wir im voraufgehenden ersten Kapitel erklärt haben). Ich werde in den Paragraphen 2—4 des Folgenden die Grundzüge dieser Theorie so weit zur Sprache bringen, als zum Verständnisse des Späteren durchaus nothwendig scheint, verweise aber übrigens, und zwar nicht nur wegen der näheren Ausführung, *sondern namentlich auch wegen der Beweise,* auf die schon oben genannten Lehrbücher*). Anschliessend hieran gelingt es sehr einfach, unsere Fundamentalaufgaben im Galois'schen Sinne zu charakterisiren (§ 5, 6). Insbesondere folgt, dass sich dieselben sämmtlich durch Wurzelziehen müssen erledigen lassen mit alleiniger Ausnahme der Ikosaedergleichung, deren niederste Resolventen vom fünften bez. sechsten Grade sind; ich werde in den Schlussbemerkungen dieses Kapitels (§ 16) noch

*) Siehe oben p. 6, Anmerkung.

ausführlicher auf die principielle Bedeutung dieses Resultates aufmerksam machen.

Inzwischen genügt es nicht, bei irgend welcher gegebenen algebraischen Aufgabe die *Art* der Resolventen zu kennen; wir verlangen darüber hinaus, *diese Resolventen wirklich und zwar in einfachster Weise zu berechnen.* Hiermit beschäftigt sich der zweite Theil des gegenwärtigen Kapitels, unter strenger Beschränkung auf die bei unseren Fundamentalaufgaben zunächst liegenden Probleme. Ich zeige vor Allem (§ 7), wie man die Hülfsresolventen wirklich bilden kann, vermöge deren die Auflösung der Dieder-, Tetraeder- und Oktaedergleichung zu erfolgen hat. Ich beschäftige mich sodann ausführlich mit den Resolventen fünften und sechsten Grades der Ikosaedergleichung (§ 8—15). Die particulären Gleichungen fünften und sechsten Grades, welche wir so gewinnen, werden für unsere späteren Entwickelungen von wesentlicher Bedeutung werden. Dabei ist es vor allen Dingen die *Methode*, auf welche ich hier Nachdruck legen möchte: eine Methode, welche bald functionentheoretische bald invariantentheoretische Momente benutzt und in beiderlei Richtung einer Ausdehnung auf höhere Probleme fähig scheint.

### § 2. **Ueber die Gruppe einer algebraischen Gleichung.**

Handelt es sich darum, die *Gruppe* zu definiren, welche jeder einzelnen algebraischen Gleichung im Sinne der Galois'schen Theorie eignet, so wollen wir zuvörderst der Classification gedenken, welche man für die rationalen Functionen von $n$ veränderlichen Grössen:

$$x_0, x_1, \cdot \cdot \cdot \cdot \cdot x_{n-1}$$

* aus ihrem Verhalten gegen die Vertauschungen der $x$ ableiten kann. Es ist a priori klar, dass alle Vertauschungen der $x$, welche eine solche rationale Function ungeändert lassen, eine Gruppe bilden, die als Untergruppe in der Gesammtheit aller Vertauschungen enthalten ist (vielleicht auch mit dieser Gesammtheit zusammenfällt). Aber auch das Umgekehrte ist der Fall: Sobald uns irgend eine Gruppe von Vertauschungen der $x$ gegeben ist, können wir immer solche rationale Functionen der $x$ bilden, welche bei den Vertauschungen dieser Gruppe, aber bei keinen anderen Vertauschungen, ungeändert bleiben. Wir nennen diese rationalen Functionen der $x$ *der Gruppe der Vertauschungen zugehörig* und classificiren nun überhaupt alle rationalen Functionen der $x$, welche es gibt, nach der Gruppe von Vertauschungen, zu der sie gehören.

Wir müssen ferner den sogenannten *Satz des Lagrange* kennen lernen*). Es seien $R$ und $R_1$ zwei rationale Functionen der $x$, und es bleibe $R$ bei allen Vertauschungen ungeändert, welche die zu $R_1$ gehörige Gruppe ausmachen (womit natürlich noch nicht gesagt ist, dass $R$ zu derselben Gruppe gehören muss). Es seien ferner $s_1, s_2, \cdots s_n$ die elementaren Potenzsummen:

$$(1) \qquad s_1 = \sum x, \; s_2 = \sum x^2, \; \cdots \cdots \; s_n = \sum x^n.$$

Dann behauptet der genannte Satz, *dass $R$ als rationale Function von $R_1$ und $s_1, s_2, \cdots s_n$ dargestellt werden kann.* Wir können diesen Satz leicht noch verallgemeinern, indem wir uns statt $R_1$ eine Anzahl rationaler Functionen: $R_1, R_2 \cdots$ gegeben denken und annehmen, dass $R$ bei allen denjenigen Vertauschungen ungeändert bleibt, die *gleichzeitig* $R_1, R_2 \cdots\cdot$ ungeändert lassen. *Dann wird $R$ eine rationale Function von $R_1, R_2 \cdots$ und den $s_1, s_2, \cdots s_n$ sein.* In der That können wir aus den $R_1, R_2, \cdots$ eine rationale Function $R'$ der $x$ rational zusammensetzen, welche nur bei solchen Vertauschungen der $x$ ungeändert bleibt, die $R_1, R_2, \cdots$ simultan ungeändert lassen. Nach der ersten Fassung, die wir dem Satze des Lagrange ertheilten, wird dann $R$ durch dieses $R'$ und übrigens die $s_1, s_2, \cdots s_n$ rational dargestellt werden können, womit unsere neue Behauptung eo ipso erwiesen ist.

Jetzt sei die Gleichung $n^{\text{ten}}$ Grades gegeben:

$$f(x) = 0,$$

deren Wurzeln die bisher betrachteten $x_0, x_1, \cdots x_{n-1}$ sein sollen. So kennen wir jedenfalls die Werthe der $s_i$ (1) und hieraus durch rationale Rechnungsoperationen überhaupt die rationalen, symmetrischen Functionen der $x$. Aber es kann sein, dass uns irgendwelche unsymmetrische Functionen der $x$: $R_1, R_2, \cdots$ gegeben sind. Dann können wir auf Grund des erweiterten Lagrange'schen Satzes überhaupt jede Function $R$ der $x$ in rationaler Weise berechnen, welche bei allen Vertauschungen invariant bleibt, die gleichzeitig $R_1, R_2, \cdots\cdot$ ungeändert lassen. *Es werden also allemal diejenigen rationalen Functionen der $x$ und nur diejenigen, wie wir sagen wollen, rational bekannt sein, welche bei einer bestimmten Gruppe von Vertauschungen der $x$ ungeändert bleiben.*

Die hiermit skizzirte Theorie gilt zunächst, wie wir sagten, für durchaus variable $x$. *Die Sache ist nun aber die, dass auch in jedem speciellen Falle eine analoge Theorie existirt.* Wenn wir in einem solchen Falle von einer Function sagen, dass sie bei gewissen Vertauschungen ungeändert bleibt, so verstehen wir darunter, dass sie

*) *Réflexions sur la résolution algébrique des équations,* Mémoires de l'Académie de Berlin, t. III (1770—71), oder Oeuvres, t. III (§ 100 der Abhandlung).

ihren *numerischen Werth* nicht wechselt. *Es gibt dann immer eine solche Gruppe $G$ von Vertauschungen der $x$, dass alle rationalen Functionen der $x$, welche bei $G$ ungeändert bleiben, und nur diese, rational bekannt sind. Ueberdies gilt das Gesetz, dass alle Vertauschungen vvn $G$, die eine irgendwie gegebene rationale Function der $x$ ungeändert lassen, jedesmal eine Gruppe bilden, so dass in Bezug auf die Vertauschungen von $G$ die eben besprochene Classification der rationalen Functionen und auch der Satz von Lagrange ausnahmslos erhalten bleibt.* Die Gruppe $G$ ist dann diejenige, welche *Galois* als *Gruppe der Gleichung* bezeichnet*).

Die Schwierigkeiten der Galois'schen Theorie liegen vielleicht weniger in den hiermit formulirten allgemeinen Sätzen, als in dem dabei verwendeten Begriffe des Rational-Bekanntseins. Wann werden wir Functionen mit dieser Bezeichnung belegen? Wir *müssen* es thun, wenn sie (in Folge besonderer Werthe der $x_0, x_1, \cdots$) rationale Werthe haben, d. h. rationalen Functionen der $s_i$ (mit rationalen Zahlencoefficienten) gleich sind. Aber wir *können* es bei ganz beliebigen Functionen $R_1, R_2, \cdots$ thun, indem wir eben annehmen, dass wir die Werthe von $R_1, R_2, \cdots$ bereits irgendwie berechnet haben. Wir *adjungiren* dann, wie *Galois* es ausdrückt, diese $R_1, R_2, \cdots$ und erweitern dementsprechend, um mit Hrn. *Kronecker* zu reden**), den *Rationalitätsbereich*, in welchem wir operiren. In diesem Sinne sind die Aussagen, welche die Galois'sche Theorie betreffs der einzelnen Gleichung $f(x) = 0$ liefert, bis zu einem gewissen Grade von unserem subjectiven Ermessen abhängig. Adjungiren wir sämmtliche Wurzeln von $f(x) = 0$, so besteht die Gruppe der Gleichung immer nur aus der Identität. Man muss sich also der Vorstellung entwöhnen, als müsse eine Gleichung $n^{\text{ten}}$ Grades, deren Gruppe wir als wenig ausgedehnt bezeichnen, darum nothwendigerweise irgendwie specificirte Coefficienten haben.

## § 3. Allgemeines über Resolventen.

Es sei jetzt wieder $G$ die Gruppe der Gleichung $f(x) = 0$, $N$ der Grad der Gruppe. Die einzige Annahme, der wir $G$ unterwerfen, ist die, *transitiv* zu sein, d. h. Vertauschungen zu umfassen, vermöge deren die einzelne Wurzel $x_k$ von $f = 0$ an die Stelle jeder anderen Wurzel $x_l$ treten kann. Es würde anderenfalls $f(x) = 0$ *reducibel* sein, d. h. in rationale Factoren zerfallen, und wir würden also statt $f(x) = 0$ zweckmässiger-

---

*) Man sehe *Oeuvres de Galois* in Liouville's Journal t. XI, 1846.

**) Man vergleiche hier: *Kronecker, Grundzüge einer arithmetischen Theorie der algebraischen Grössen* (Bd. 92 des Journals für Mathematik, 1881).

weise die verschiedenen Gleichungen betrachten können, die durch Nullsetzen der einzelnen Factoren entstehen.

Wir wählen nunmehr irgend eine rationale Function der Wurzeln $x$, $R_0$, welche nicht bei allen Vertauschungen von $G$ ungeändert bleibt, also nicht rational bekannt ist, wohl aber bei einigen Vertauschungen ungeändert bleiben kann, deren Anzahl gleich $\nu$ sei und die eine Gruppe $g_0$ bilden mögen. Bei den Vertauschungen von $G$ nimmt $R_0$ im Ganzen $\frac{N}{\nu} = n'$ verschiedene Werthe an:

$$R_0, R_1, \cdots\cdots R_{n'-1}.$$

Wir bilden sodann die Gleichung, von der diese verschiedenen Werthe abhängen:

$$(R - R_0)(R - R_1) \cdots\cdots (R - R_{n'-1}) = 0.$$

So haben wir offenbar eine Gleichung gewonnen, deren Coefficienten rational bekannt sind; denn sie sind symmetrische Functionen der verschiedenen $R$ und als solche bei den Vertauschungen von $G$ invariant. Dies ist, was wir als *Resolvente* der vorgelegten Gleichung $f(x) = 0$ bezeichnen, und zwar, so oft es von Wichtigkeit wird, als *rationale* Resolvente, insofern von ihr eine rationale Function der $x$ abhängt.

Wir fragen nach der Gesammtheit der verschiedenartigen Resolventen, welche $f(x) = 0$ besitzt. In dieser Hinsicht mögen wir vorab Folgendes festsetzen. Hätten wir statt $R_0$ eine andere rationale Function der Wurzeln gewählt, welche gleichfalls zu $g_0$ gehört, so würde sich diese nach dem Lagrange'schen Satze durch $R_0$ und die bekannten Grössen rational ausdrücken lassen, *die neue Resolvente würde sich also aus der früheren (und ebenso die frühere Resolvente aus der neuen) durch rationale Transformation ergeben.* Wir wollen verabreden, dass wir zwei derartige Resolventen bei der allgemeinen hier zu gebenden Uebersicht überhaupt als identisch erachten werden. Dann gehört also zu jeder Gruppe $g_0$ immer nur eine entsprechende Resolvente.

*Aber dieselbe Resolvente erwächst auch, wenn wir statt $g_0$ von gewissen anderen Untergruppen ausgehen.* In der That, statt mit der Wurzel $R_0$ zu beginnen, können wir beim Aufbau der Resolvente ebensowohl eine der anderen Wurzeln $R_1$, $R_2, \cdots$ voranstellen. Dann treten an Stelle von $g_0$ diejenigen Gruppen von Vertauschungen der $x$, welche bez. $R_1$, $R_2, \cdots$ ungeändert lassen, und die wir mit $g_1$, $g_2, \cdots$ bezeichnen wollen. Wir fragen, wie diese $g_i$ mit dem ursprünglichen $g_0$ zusammenhängen. Es sei $S_i$ eine derjenigen Vertauschungen der $x$, durch welche $R_i$ in $R_0$ übergeht; die Gesammtheit derartiger Vertauschungen wird dann durch $S_i T^{(0)}$ gegeben sein, unter $T^{(0)}$ der Reihe nach jede beliebige Vertauschung von $g_0$ verstanden. Nun combiniren wir mit

$S_i T^{(0)}$ die inverse Operation $S_i^{-1}$. So verwandelt sich $R_0$ wieder rückwärts in $R_i$. *Daher bleibt $R_i$ bei allen Vertauschungen*

$$T^{(i)} = S_i \cdot T^0 \cdot S_i^{-1}$$

*ungeändert.* Nun lässt sich umgekehrt aus jedem $T^{(i)}$, bei welchem $R_i$ ungeändert bleibt, durch den entsprechenden Ansatz ein $T^{(0)}$ in der Gestalt:

$$T^{(0)} = S_i^{-1} \cdot T^{(i)} \cdot S_i$$

ableiten. Diese neue Formel ist, wie man sieht, die unmittelbare Auflösung der gerade gegebenen; wir haben also mit letzterer überhaupt alle Vertauschungen, welche $R_i$ ungeändert lassen, d. h. die Gruppe $g_i$, definirt. *Die Gruppe $g_i$ erwächst also aus $g_0$ durch Transformation vermöge $S_i$.*

Hier kann nun $S_i$ (wenn wir alle Wurzeln $R_0$, $R_1$, $\cdot\cdot$ $R_{n'-1}$ in Betracht ziehen wollen) jede beliebige Vertauschung von $G$ sein. Denn durch $S_i^{-1}$ muss aus $R_0$ doch immer irgend eines der $R_i$ hervorgehen. Mithin können wir die Gruppen $g_1, g_2, \cdots g_{n'-1}$ als die Gesammtheit derjenigen bezeichnen, die aus $g_0$ durch Transformation innerhalb $G$ entstehen. Solche Gruppen haben wir früher als *gleichberechtigt* bezeichnet. Daher haben wir endlich, als Zusammenfassung des Bisherigen, den präcisen Satz: *dass es so viel verschiedenartige Resolventen einer vorgelegten Gleichung $f(x) = 0$ gibt, als innerhalb der zugehörigen Gruppe $G$ verschiedene Systeme gleichberechtigter Untergruppen existiren.*

Wir bestimmen jetzt die *Gruppe* $\Gamma$ der einzelnen so erhaltenen Resolvente. Ich sage, *dass sie von denjenigen Vertauschungen der $R$ gebildet wird, die entstehen, wenn man die $x$ den Vertauschungen von $G$ unterwirft.* Denn eine rationale Function der $R$, welche bei den genannten Vertauschungen der $R$ invariant bleibt, ist zugleich, als Function der $x$ betrachtet, bei den Vertauschungen von $G$ unveränderlich, und umgekehrt kann sie das letztere nicht sein, wenn nicht zugleich das erstere der Fall ist. *Die Gruppe $\Gamma$ ist also auf jeden Fall der Gruppe $G$ isomorph.*

Hier müssen wir nun eine wichtige Unterscheidung machen. *Der gefundene Isomorphismus kann holoedrisch oder meriedrisch sein.* Das letztere tritt dann und nur dann ein, wenn innerhalb $G$ solche Vertauschungen der $x$ existiren, welche *sämmtliche* $R_i$ ungeändert lassen; diese Vertauschungen werden dann eine Gruppe $\gamma$ bilden, die innerhalb $G$ ausgezeichnet ist. Die Resolvente spielt in beiden Fällen der ursprünglichen Gleichung gegenüber eine ganz verschiedene Rolle.

*Im ersteren Falle können wir jede rationale Function der $x$, und insbesondere die $x$ selbst, aus den $R_i$ mit Hülfe der bekannten Grössen* *rational zusammensetzen.* Die ursprüngliche Gleichung ist also selbst eine Resolvente der Resolvente: die Auflösung der einen Gleiehung zieht die der anderen nach sich, und umgekehrt. Indem wir die Gleichung $f(x) = 0$ durch ihre Resolvente ersetzen, haben wir wohl eine Umformung der ursprünglichen Aufgabe, aber keinerlei Vereinfachung erreicht.

Ganz anders im zweiten Falle. Die $x$ sind bei ihm keineswegs in den $R_i$ rational. Haben wir die $R_i$ berechnet, so ist immer noch die ursprüngliche Gleichung $f(x) = 0$ zu lösen. Diese Aufgabe ist jetzt nur insofern vereinfacht, *als jetzt die Gruppe $G$ (nach Adjunction der $R_i$) durch $\gamma$ ersetzt ist**). Dafür aber ist die Bestimmung der $R_i$ selber leichter auszuführen, als die Berechnung der $x$: *denn die Gruppe $\Gamma$ der zugehörigen Gleichung ist kleiner als $G$.* Wir haben also das ursprüngliche Problem in zwei Schritte von einfacherem Charakter zerlegt.

Offenbar sind die Resolventen der zweiten Art die wichtigeren. Sie können nur dann auftreten, wenn die Gruppe $G$ der vorgelegten Gleichung *zusammengesetzt* ist. Indem wir in einem solchen Falle die Zerlegung von $G$ studiren, haben wir damit zugleich die Mittel, die Gleichung $f(x) = 0$ durch eine ganze Reihenfolge *resolvirender Hülfsgleichungen* schrittweise zu vereinfachen. Eben dies ist die Bedeutung der Resolventen, welche die gewöhnliche Theorie bei der Auflösung der Gleichungen dritten und vierten Grades benutzt.

## § 4. Die Galois'sche Resolvente insbesondere.

Nach dem, was gerade gesagt wurde, repräsentiren alle Resolventen, deren Gruppe $\Gamma$ mit der Gruppe $G$ der vorgelegten Gleichung $f(x) = 0$ holoedrisch isomorph ist, abstract zu reden, äquivalente Probleme. Aber unter ihnen ist eine, welche für Zwecke der algebraischen Darstellung ganz besondere Bedeutung besitzt: *es ist diejenige, die man mit dem Namen der Galois'schen Resolvente zu benennen pflegt, und die dadurch definirt ist, dass ihre einzelne Wurzel bei jeder in $G$ enthaltenen Vertauschung der $x$ umgeändert wird.* Es reduciren sich dann also die Gruppen $g_0, g_1, \cdots$, die wir soeben den $R_0, R_1, \cdots$ entsprechen liessen, alle auf die Identität, und es wird gleichzeitig der Grad der Resolvente so hoch wie möglich, nämlich gleich $N$. Dafür aber bietet sie den Vortheil, dass man nur *eine* ihrer Wurzeln zu berechnen braucht. In der That müssen sich nach dem Lagrange'schen Satze *alle* ratio-

---

*) Hierdurch kann $f(x) = 0$ (wenn eben $\gamma$, in den $x$ geschrieben, nicht transitiv ist) möglicherweise reducibel geworden sein.

nalen Functionen der $x$ durch diese eine Wurzel und übrigens die bekannten Grössen rational darstellen.

Doch betrachten wir die Eigenschaften der *Galois*'schen Resolvente genauer.

Zuvörderst, was ihre Gruppe angeht, so wird bei jeder von den $N$ Operationen der Gruppe $G$ eine jede der $N$ Wurzeln:

$$R_0,\ R_1,\ \cdots\cdots\ R_{N-1}$$

versetzt. Es gibt also auch keine zwei Operationen von $G$, welche beide dieselbe Wurzel $R_i$ an dieselbe Stelle $R_k$ brächten: die einzelne Operation ist vollkommen bestimmt, wenn wir nur wissen, in welcher Weise sie ein einzelnes $R_i$ beeinflusst. Indem wir den Begriff der Transitivität heranziehen, wie er schon soeben benutzt wurde, können wir sagen:

*Die Gruppe $\Gamma$ der Galois'schen Resolvente ist genau einfach transitiv.*

Wir können also die einzelne Vertauschung von $\Gamma$ mit dem Index derjenigen Wurzel $R_k$ benennen, welche bei ihr aus $R_0$ hervorgeht. In diesem Sinne werden wir sofort das Symbol $S_k$ gebrauchen.

Wir stellen jetzt vermöge des Lagrange'schen Satzes die verschiedenen Wurzeln $R_0,\ R_1,\ \cdots\ R_{N-1}$ durch die erste derselben rational dar. Auf solche Weise entstehen $N$ Formeln, die wir folgendermassen schreiben:

$$(2) \qquad R_0 = \psi_0(R_0),\ \ R_1 = \psi_1(R_0),\ \cdots\cdots\cdots\ R_{N-1} = \psi_{N-1}(R_0).$$

Hier bedeuten die $\psi_i$ rationale Functionen des beigesetzten Argumentes, die nur insofern vollkommen bestimmt sind, als wir dieselbe nicht mit Hülfe der Galois'schen Resolvente selbst modificiren wollen, und es ist $\psi_0(R_0)$ natürlich nur der Gleichförmigkeit wegen statt $R_0$ selbst geschrieben. Wir greifen eine dieser Formeln heraus, schreiben sie unter Beiseitelassung der bisherigen Indices der $R$:

$$(3) \qquad R' = \psi_i(R)$$

und denken uns die Galois'sche Resolvente mit Hülfe dieser Formel transformirt (indem wir zwischen der Resolvente und der Formel (3) * das $R$ eliminiren). So entsteht eine Gleichung vom Grade $N$ für $R'$, welche mit der ursprünglichen Galois'schen Resolvente jedenfalls die Wurzel $R_i$ gemein hat. Nun ist unsere Resolvente nach Voraussetzung irreducibel. Daher haben die beiden Gleichungen vom $N^{\text{ten}}$ Grade überhaupt alle Wurzeln gemein, d. h. sie sind identisch. Wir haben also den Satz:

*Die Galois'sche Resolvente wird durch die $N$ rationalen Transformationen (3) in sich selbst transformirt.*

Wenn wir also in Formel (3) statt $R$ irgend eine Wurzel $R_k$ substituiren, so wird $R'$ gleich einer anderen Wurzel $R_j$ werden. Aber statt $R_k$ können wir schreiben $\psi_k(R_0)$, statt $R_j$ $\psi_j(R_0)$. Daher ist:

$$\psi_j(R_0) = \psi_i \psi_k(R_0)$$

und also überhaupt:

$$\psi_j = \psi_i \psi_k,$$

sofern wir nämlich von den Veränderungen absehen, die an dem einzelnen dieser Ausdrücke mit Hülfe der für die $R_i$ geltenden Galois'schen Gleichung angebracht werden können. In diesem Sinne haben wir:

*Die $N$ rationalen Transformationen (3) bilden eine Gruppe.* *

Wir fragen, wie diese Gruppe mit der Galois'schen Gruppe $\Gamma$ zusammenhängt. Ersetzen wir in den Formeln (2) das $R_0$ rechter Hand der Reihe nach durch $R_0, R_1, \cdots R_{N-1}$, so erhalten wir linker Hand, dem gerade Gesagten zufolge, die Wurzeln $R_i$ jedesmal in umgeänderter Reihenfolge wieder. Wir bekommen also $N$ verschiedene Anordnungen der $R$, und nun ist die Behauptung, *dass diejenigen $N$ Vertauschungen, durch welche diese Anordnungen aus der ursprünglichen Anordnung hervorgehen, genau die Gruppe $\Gamma$ ausmachen.* Wir werden zu dem Zwecke zeigen, dass eine rationale Function der $R_i$:

$$F(R_0, R_1, \cdots R_{N-1}),$$

welche ungeändert bleibt, wenn man die Aufeinanderfolge $R_0, R_1, \cdots R_{N-1}$ durch eine beliebige der anderen $N$ in Rede stehenden Anordnungen ersetzt, rational bekannt ist. In der That, jede rationale Function der $R_i$ kann vermöge (2) in die Gestalt zusammengezogen werden: $\Phi(R_0)$. Wenn nun $F$ die erwähnten Umstellungen zulässt, so wird es ebensowohl gleich $\Phi(R_1)$, gleich $\Phi(R_2)$ etc. sein, unter $\Phi$ jedesmal dieselbe rationale Function verstanden. Daher ist auch:

$$F = \frac{1}{N}(\Phi(R_0) + \Phi(R_1) + \cdots \Phi(R_{N-1})),$$

also $F$ gleich einer symmetrischen Function, und daher in der That rational zu berechnen, wie behauptet wurde.

Die somit gefundene Beziehung zwischen $\Gamma$ und der Gruppe der Transformationen (3) wollen wir noch näher erforschen. Setzen wir in (2) rechter Hand statt $R_0$ $R_k$, so tritt linker Hand an erster Stelle ebenfalls $R_k$ auf. Wir erhalten also diejenige Reihenfolge der $R_i$, welche aus der ursprünglichen durch die Operation $S_k$ von $\Gamma$ hervorgeht. Indem wir jetzt statt $R_k$ (rechter Hand) durchweg $\psi_k(R_0)$ schreiben, können wir folgendermassen sagen:

*Die Operation $S_k$ ist diejenige, welche $\psi_i(R_0)$ $(i = 0, 1, \cdots (N-1))$ durch $\psi_i \psi_k(R_0)$ ersetzt.*

Ebenso wird die Operation $S_l$ diejenige sein, welche $\psi_i(R_0)$ durch $\psi_i\psi_l(R_0)$, oder, was dasselbe ist, welche $\psi_i\psi_k(R_0)$ durch $\psi_i\psi_k\psi_l(R_0)$ ersetzt (wo wir beidemal $i$ von 0, 1, bis $(N-1)$ laufen lassen werden). Combiniren wir die beiden so erhaltenen Sätze, indem wir zuerst $S_k$ und dann $S_l$ in Anwendung bringen, so folgt:

*Bei der Operation $S_k S_l$ wird $\psi_i(R_0)$ durch $\psi_i\psi_k\psi_l(R_0)$ ersetzt.*

Die Beziehung, welche wir solchergestalt zwischen den Gruppen des $S$ und der $\psi$ finden, ist zunächst kein Isomorphismus. Denn $S_k S_l$ bedeutet, dass man zuerst $S_k$ und dann $S_l$ in Anwendung bringt, während $\psi_k\psi_l(R_0)$ besagt, dass man zuerst das $\psi_l$ von $R_0$ und dann hiervon das $\psi_k$ berechnet. Aber wir können die Beziehung sofort so umändern, dass Isomorphismus resultirt. Wir brauchen zu dem Zwecke $S_k$ nur der *inversen* Operation $\psi_k^{-1}$ entsprechend zu setzen. In der That ist ja $(\psi_k\psi_l)^{-1} = \psi_l^{-1}\cdot\psi_k^{-1}$. Daher haben wir:

*Die Gruppen der $S$ und der $\psi$ sind holoedrisch isomorph.* —

Die hiermit formulirten Sätze sind um so wichtiger, als man sie ohne Weiteres umkehren kann. In der That finden wir, indem wir

* das bisher Gesagte in umgeänderter Reihenfolge wiederholen:

*Wenn eine irreducible Gleichung $N^{\text{ten}}$ Grades durch $N$ rationale Transformationen in sich übergeht:*

$$R' = \psi_0(R), \quad R' = \psi_1(R), \cdots\cdots,$$

*so ist sie ihre eigene Galois'sche Resolvente und steht ihre Gruppe $\Gamma$ zur Gruppe der $\psi$ in der eben geschilderten Beziehung*).*

Soll dann bei einer solchen Gleichung eine rationale Function der Wurzeln gebildet werden, die bei den Vertauschungen $S_k$ einer gewissen in der Galois'schen Gruppe enthaltenen Untergruppe ungeändert bleibt und somit als Wurzel einer entsprechenden Resolvente eingeführt werden kann, so genügt es, eine rationale Function der einzelnen Wurzel $R_0$ aufzustellen, welche bei den zugehörigen $\psi_k$ in sich selbst transformirt wird; denn die Untergruppe der $\psi_k$ enthält zugleich alle $\psi_k^{-1}$ und entspricht also bei der isomorphen Zuordnung der Untergruppe des $S_k$.

## § 5. **Einordnung unserer Fundamentalgleichungen.**

Ich habe den vorigen Paragraphen so ausführlich gestaltet, um jetzt unsere Fundamentalgleichungen: die *binomischen Gleichungen* und

*) Man verwechsele diesen Satz nicht (wie es gelegentlich geschehen ist) mit der Definition der *Abel*'schen Gleichungen. Auch bei letzteren gibt es $N$ rationale Transformationen $R' = \psi_i(R)$, aber man setzt überdies voraus, dass die $\psi$ vertauschbar sind, also $\psi_i\psi_k = \psi_k\psi_i$ ist.

die Gleichungen des *Dieders*, *Tetraeders*, *Oktaeders und Ikosaeders* unmittelbar in das Schema der Galois'schen Theorie einordnen zu können. *
Constatiren wir zuvörderst, dass unsere Gleichungen irreducibel sind. Aus der functionentheoretischen Betrachtung des vorigen Kapitels folgt nämlich, dass die $N$ Functionszweige, welche die einzelne unserer Gleichungen definirt, indem wir jeweils die rechte Seite $Z$ als unabhängige Variable betrachten, alle unter einander zusammenhängen. *Es sind also genau die Voraussetzungen erfüllt, auf die sich der Schlusssatz des vorigen Paragraphen bezieht.* Denn die $N$ Wurzeln, welche die einzelne unserer Gleichungen besitzt, gehen aus einer beliebigen unter ihnen ja in der That jedesmal durch $N$ rationale Transformationen hervor: nämlich durch die $N$ uns wohlbekannten *linearen Substitutionen.*

Wir haben hiermit sofort: *Unsere Gleichungen sind ihre eigenen Galois'schen Resolventen*, und können nun unmittelbar weitere Schlüsse ziehen, indem wir herannehmen, was früher über die Gruppen der zugehörigen (nicht homogenen) linearen Substitutionen gesagt wurde.

Greifen wir zunächst etwa das *Oktaeder* heraus und erinnern uns, dass die Gruppe der 24 Oktaedersubstitutionen zusammengesetzt war. In ihr war als möglichst ausgedehnte ausgezeichnete Untergruppe die Tetraedergruppe von 12 Substitutionen enthalten, in dieser wieder die Vierergruppe (von 4 Substitutionen), und in letzterer endlich eine cyclische Gruppe von 2 Substitutionen. Wir schliessen also: *dass wir die Oktaedergleichung durch eine Reihenfolge von 4 Hülfsgleichungen erledigen können, deren Gruppen beziehungsweise* $\frac{24}{12}, \frac{12}{4}, \frac{4}{2}$, 2, d. h. 2, 3, 2, 2 *Vertauschungen umfassen werden.* Eine Gruppe von Primzahlgrad ist nothwendig eine cyclische Gruppe. Nehmen wir nun noch hinzu, dass man, im Anschlusse *Lagrange*, jede cyclische Gleichung vom $n^{\text{ten}}$ Grade durch eine binomische Gleichung vom $n^{\text{ten}}$ Grade ersetzen kann*), so erkennen wir, *dass die Oktaedergleichung gelöst werden kann, indem wir folgeweise eine Quadratwurzel, dann eine Cubikwurzel und endlich noch 2 Quadratwurzeln ziehen.* Wir werden dies in § 7 durch explicite Formeln bestätigen.

Was die *Tetraedergleichung* angeht, so ist sie mit dem, was über die Oktaedergleichung gesagt wurde, selber miterledigt; denn die Tetraedergruppe ist ja ausgezeichnete Untergruppe der Oktaedergruppe. Für

*) *Cyclisch* heisst die Gleichung $n^{\text{ten}}$ Grades, wenn ihre Galois'sche Gruppe cyclisch ist, also etwa nur die cyclischen Vertauschungen von $(x_0, x_1, \cdots x_{n-1})$ umfasst. Die Methode besteht dann bekanntlich darin, als Unbekannte die Grösse $x_0 + \varepsilon x_1 + \cdots \varepsilon^{n-1} x_{n-1}$ einzuführen, wo $\varepsilon = e^{\frac{2i\pi}{n}}$

die *Diedergleichung vom Grade* $2n$ ergibt sich, dass sie sich durch Ausziehung einer Quadratwurzel auf eine binomische Gleichung $n^{\text{ten}}$ Grades reduciren lassen muss. Und endlich die Auflösung der *binomischen Gleichung* selbst kann dann und nur dann in mehrere Schritte zerlegt werden, wenn ihr Grad $n$ eine zusammengesetzte Zahl ist.

So stellt sich neben die binomische Gleichung von Primzahlgrad als einzige unserer Gleichungen, die wir durch Resolventenbildung nicht reduciren können, die *Ikosaedergleichung*. Wollen wir auch bei ihr Resolventen bilden (wie wir dies § 8 ff. ausführen), so belehren uns die früheren Untersuchungen der Ikosaedergruppe darüber, dass als niederste Resolventen solche vom 5. und 6. Grade in Betracht kommen. Erstere entsprechen dem Umstande, dass die Ikosaedergruppe 5 gleichberechtigte Tetraedergruppen, letztere dem anderen, dass sie 6 gleichberechtigte Diedergruppen von jedesmal 10 Operationen umfasst. Diese Resolventen werden beidemal wieder eine Galois'sche Gruppe von 60 Vertauschungen besitzen. Wir können nach dem Früheren sofort sagen, dass dies bei den Resolventen 5. Grades die 60 geraden Vertauschungen der Wurzeln sind, dass also das Differenzenproduct der Wurzeln rational sein muss. Die Gruppe der Resolventen sechsten Grades werden wir erst später genauer bestimmen (§ 15).

Indem wir so die Ergebnisse unserer früheren Untersuchungen für die Galois'sche Theorie verwerthen, dürfen wir freilich einen wesentlichen Umstand nicht übersehen. Wir sind nur insofern berechtigt, die linearen Functionen unserer Substitutionsgruppen zu den rationalen Functionen $\psi$ des vorigen Paragraphen zu rechnen, als wir die in den linearen Substitutionsformeln auftretenden Coefficienten für rational bekannt erachten. Es sind dies gewisse Einheitswurzeln. *Diese Einheitswurzeln also müssen wir adjungirt denken, damit die vorstehend formu-*
* *lirten Behauptungen richtig sind.* Bei der Ikosaedergleichung z. B. müssen wir die fünften Einheitswurzeln adjungiren, d. h. Zahlenirrationalitäten, welche durch die Gleichung bestimmt sind:

$$\frac{x^5-1}{x-1}=0.$$

Erläutern wir an diesem Beispiel in etwa die Folgerungen, welche sich anderenfalls einstellen würden. Bekanntlich hat die vorstehende Gleichung vierten Grades eine cyclische Gruppe von 4 Vertauschungen*), also eine Gruppe, die eine ausgezeichnete Untergruppe von 2 Vertauschungen umfasst. Wir schliessen, dass jetzt die Ikosaedergleichung eine Gruppe von $4 \cdot 60$ Vertauschungen besitzt, innerhalb deren eine

*) Man sehe z. B.: *Bachmann, die Lehre von der Kreistheilung*, Leipzig 1872.

Untergruppe von $2 \cdot 60$ Vertauschungen und dann eine von 60 Vertauschungen ausgezeichnet ist. Diese neue Gruppe der Ikosaedergleichung braucht sich also keineswegs ungeändert auf die einzelne Resolvente der Ikosaedergleichung zu übertragen. Bei den Resolventen fünften Grades ist dies sogar von vorneherein nicht möglich, da deren Gruppe doch niemals mehr als $5! = 2 \cdot 60$ Vertauschungen umfassen kann. In der That tritt in den Formeln, welche wir in § 14 für die Differenzenproducte unserer Resolventen fünften Grades aufstellen werden, als numerische Irrationalität nur $\sqrt{5}$ auf, sodass keineswegs die Adjunction der einzelnen fünften Einheitswurzel nöthig ist, um die Gruppe der Resolventen auf nur 60 Vertauschungen zu reduciren. — Wir verfolgen diesen Gegenstand nicht weiter, da er uns zu sehr in zahlentheoretische Betrachtungen hineinführen würde*).

## § 6. Betrachtung der Formenprobleme.

Wir gedenken noch mit wenigen Worten der Formenprobleme, die unseren Gleichungen parallel laufen. Es sind dies Gleichungssysteme mit jedesmal 2 Unbekannten $z_1$, $z_2$. Man wird auf solche Gleichungssysteme durchweg die Grundbegriffe der Galois'schen Theorie übertragen können, indem man überall, wo in letzterer von den Wurzeln einer Gleichung die Rede ist, die einzelnen *Lösungspaare* $z_1$, $z_2$ substituirt. Insbesondere werden wir dann sagen können, *dass unsere Formenprobleme ihre eigenen Galois'schen Resolventen sind.* In der That leiten sich alle $2N$ Lösungssysteme, welche unsere Formenprobleme besitzen, aus dem einzelnen Lösungssysteme durch $2N$ a priori bekannte lineare, homogene Substitutionen ab**). Es sind hier also die *homogenen* linearen Substitutionsgruppen unserer früheren Darstellung, welche die Galois'sche Gruppe des jedesmaligen Problems bestimmen.

Diese homogenen Gruppen waren alle zusammengesetzt, indem sie eine ausgezeichnete Untergruppe umfassten, die aus der Identität und folgender Operation:

$$z_1' = -z_1, \quad z_2' = -z_2$$

bestand. Wir schliessen daraus, dass sich unsere Formenprobleme

*) Im Texte haben wir die Galois'sche Theorie als im Wesentlichen bekannt vorausgestellt und nun aus ihr Eigenschaften der Ikosaedergleichung etc. deducirt. Im Gegensatze dazu kann es dem Anfänger nicht genugsam empfohlen werden, die ganze Betrachtungsweise umzukehren, und die Eigenschaften der Ikosaedergleichung etc. zu benutzen, um sich aus ihnen, als einem einfachen Beispiele, die allgemeinen Ideen der Galois'schen Theorie zu abstrahiren.

**) Die dabei auftretenden Einheitswurzeln gelten im Texte wiederum als adjungirt.

immer müssen erledigen lassen, indem wir zunächst eine Gleichung mit einer Gruppe von $N$ Vertauschungen auflösen und dann eine Quadratwurzel ziehen. Dies ist nun genau, was wir bereits in § 2 des vorigen Kapitels ausgeführt haben, als es sich um die Reduction der Formenprobleme handelte. Es wird überflüssig sein, noch ausführlicher bei diesem Gegenstande zu verweilen.

## § 7. Die Auflösung der Gleichungen des Dieders, Tetraeders und Oktaeders.

Indem wir jetzt dazu übergehen, die in Aussicht gestellten Auflösungsformeln für Dieder, Tetraeder und Oktaeder mitzutheilen, beginnen wir wieder mit der Betrachtung der *Oktaedergleichung*. Wir schreiben sie, wie früher:

$$\frac{W^3}{108\,t^4} = Z. \tag{4}$$

Als Wurzel der ersten Hülfsgleichung werden wir sodann eine solche rationale Function von $z$ einführen, welche bei den 12 Tetraedersubstitutionen ungeändert bleibt. Offenbar ist es am einfachsten, hierfür die rechte Seite der zugehörigen *Tetraedergleichung* zu wählen. Indem wir dieselbe mit $Z_1$ bezeichnen, haben wir:

$$\frac{\Phi^3}{\Psi^3} = Z_1. \tag{5}$$

Wir wählen ferner als Unbekannte der zweiten Hülfsgleichung, der *Vierergruppe* entsprechend:

$$-\frac{(z_1^2 - z_2^2)^2}{4 z_1^2 z_2^2} = Z_2 \tag{6}$$

und endlich als Unbekannte der dritten Hülfsgleichung die rechte Seite der *binomischen* Formel:

$$\left(\frac{z_1}{z_2}\right)^2 = Z_3. \tag{7}$$

Die vierte Hülfsgleichung wird dann einfach darauf hinauskommen, aus diesem $Z_3$ das $\frac{z_1}{z_2} = z$ selbst zu berechnen.

Um nun die Hülfsgleichungen, von denen $Z_1$, $Z_2$, $Z_3$ und endlich $\frac{z_1}{z_2}$ abhängen, wirklich zu bilden, brauchen wir uns nur zu erinnern, dass alle rationalen Functionen von $z$, welche bei den Tetraedersubstitutionen ungeändert bleiben, rational in $Z_1$ sind, dass ebenso alle rationalen Functionen von $z$, welche bei den Substitutionen der Vierergruppe ungeändert bleiben, rational in $Z_2$ sind, etc. etc. Daher ist (wenn wir noch den Grad der in Betracht kommenden Functionen beachten) $Z$ eine rationale Function zweiten Grades von $Z_1$, dieses wieder eine rationale Function dritten Grades von $Z_2$, $Z_2$ seinerseits eine rationale Function zweiten Grades von $Z_3$, und $Z_3$ selbst, wie schon in (7) angegeben ist, eine rationale Function zweiten Grades von $z$. Ein Blick auf unsere früheren Formeln genügt, um diese rationalen Functionen wirklich zu bilden. Wir finden der Reihe nach:

$$\text{(8)} \qquad \frac{-12 Z_1}{(Z_1 - 1)^2} = Z,$$

$$\text{(9)} \qquad \left(\frac{Z_2 - \alpha}{Z_2 - \alpha^2}\right)^3 = Z_1, \qquad \left(\alpha = \frac{1 + \sqrt{-3}}{2}\right),$$

$$\text{(10)} \qquad -\frac{(Z_3 - 1)^2}{4 Z_3} = Z_2,$$

und endlich, wie selbstverständlich:

$$\text{(11)} \qquad \left(\frac{z_1}{z_2}\right)^2 = Z_3.$$

*Eben diese Formeln, in denen wir jetzt $Z_1$, $Z_2$, $Z_3$ und $z$ der Reihe nach als Unbekannte betrachten, sind die gesuchten Hülfsgleichungen.* Man wolle insbesondere beachten, dass die cubische Hülfsgleichung (9), wie wir es in Aussicht genommen hatten, zu ihrer Auflösung nur einer Cubikwurzel bedarf*).

Die *Tetraedergleichung* ist mit diesen Formeln ohne Weiteres miterledigt. In der That brauchen wir, um sie zu behandeln, die Reihenfolge der Hülfsgleichungen nur mit (9) beginnen zu lassen. Aber auch die allgemeine *Diedergleichung:*

$$\text{(12)} \qquad -\frac{(z_1^n - z_2^n)^2}{4 z_1^n z_2^n} = Z$$

macht keine Schwierigkeiten mehr; wir brauchen nur, um sie auf eine binomische Gleichung zu reduciren, genau so, wie wir es gerade bei der Vierergruppe thaten,

$$\text{(13)} \qquad \left(\frac{z_1}{z_2}\right)^n = Z_1$$

als neue Unbekannte einzuführen. Wir haben dann für $Z_1$ die quadratische Gleichung:

$$\text{(14)} \qquad -\frac{(Z_1 - 1)^2}{4 Z_1} = Z$$

und berechnen hernach $\frac{z_1}{z_2}$ aus der binomischen Gleichung (14).

---

*) Wenn in (9), von den anderen Hülfsgleichungen abweichend, die Irrationalität $\alpha$ auftritt, so ist dies das Aequivalent dafür, dass man, um eine cyclische Gleichung 3. Grades auf die binomische Form zu reduciren, wie wir schon soeben bemerkten, in der That immer das $\alpha$ zu Hülfe nehmen muss.

## § 8. **Die Resolventen fünften Grades der Ikosaedergleichung.**

Indem wir uns jetzt zur Ikosaedergleichung wenden, untersuchen wir zunächst und ausführlich die Resolventen fünften Grades. Wir benutzen dabei vorab dieselben Grundsätze, die im vorigen Paragraphen zur Anwendung gelangten. Bei der einzelnen in der Ikosaedergruppe enthaltenen Tetraedergruppe bleiben, wie wir früher entwickelten, dreifach unendlich viele rationale Functionen zwölften Grades von $z$ ungeändert, die sich durch eine beliebige derselben, welche wir $r$ nennen, aber erst später völlig definiren wollen, linear ausdrücken. Indem wir dieses $r$ als Unbekannte einführen, erhält die gesuchte Resolvente fünften Grades die Gestalt:

$$F(r) = Z, \tag{15}$$

wo $F$ eine rationale Function fünften Grades mit numerischen * Coefficienten und $Z$ die rechte Seite der Ikosaedergleichung ist. Es wird sich darum handeln, $F$ zu bestimmen. Dies gelingt natürlich sofort, wenn wir $r$ explicite als Function von $\frac{z_1}{z_2}$ aufstellen und übrigens die linke Seite der Ikosaedergleichung heranziehen. Immerhin ist die Sache etwas complicirter, als bei den Hülfsgleichungen des vorigen Paragraphen, und ich ziehe es daher vor, im folgenden Paragraphen eine Methode zu entwickeln, vermöge deren wir den Werth von $F(r)$ bestimmen können, ohne überhaupt auf Formeln in $z$ zu recurriren*).

Neben diese erste Methode, die man die *functionentheoretische* nennen könnte, stellt sich eine zweite, *invariantentheoretische*. Dieselbe knüpft an die homogenen Substitutionen von $z_1$, $z_2$ und die zugehörigen, unverändert bleibenden Formen an; sie bezieht sich also zuvörderst auf * das Ikosaederproblem, und wir werden erst nachträglich die aus ihr erhaltenen Resultate in Resolventen der Ikosaedergleichung umsetzen.

Wir haben in § 1 des vorigen Kapitels für jede der dort besprochenen homogenen Substitutionsgruppen das volle System der zugehörigen, durchaus unveränderlichen Formen zusammengestellt. Bei den 120 Substitutionen der homogenen Ikosaedergruppe sind dies die Formen $f$, $H$, $T$ selbst. Dagegen sind es bei den 24 Substitutionen der homogenen Tetraedergruppe die zugehörige *Oktaederform* $t$, der entsprechende *Würfel* $W$, und eine Form zwölften Grades, $\chi$, für welche wir aber jetzt $f$ setzen können, welches eine lineare Combination von $t^2$ und $\chi$ ist. Die allgemeinste durchaus ungeändert

---

*) Ich habe diese Methode in Bd. XII der Annalen, pag. 175, und in Bd. XIV daselbst pag. 141, 416 ff. (1877—78) wiederholt benutzt, um analog definirte Gleichungen aufzustellen.

bleibende Tetraederform ist also eine beliebige (in den $z_1$, $z_2$ homogene) ganze Function von $t$, $W$ und $f$.

Sei $G$ eine solche Form. Indem wir annehmen, dass dieselbe nicht zugleich bei den Ikosaedersubstitutionen ungeändert bleibt, erhalten wir aus ihr eben vermöge der Ikosaedersubstitutionen 5 verschiedene Formen, die wir mit $G_0$, $G_1$, ... $G_4$ bezeichnen wollen. Wir bilden uns das Product:

$$\prod_\nu (G - G_\nu).$$

Hier sind die Coefficienten der verschiedenen Potenzen von $G$ symmetrische Functionen der $G_\nu$, d. h. Ikosaederformen. *Daher wird $G$ einer Gleichung fünften Grades genügen:*

$$G^5 + aG^4 + bG^3 + cG^2 + dG + e = 0, \tag{16}$$

*in welcher die Coefficienten $a$, $b$, ... ganze Functionen der $f$, $H$, $T$ sind.* Es gelingt sofort, diese Coefficienten zu berechnen. Denn da wir den Grad der $G_\nu$ in den $z_1$, $z_2$ kennen, so wissen wir von vorneherein, dass sich $a$, $b$, $c$, ... nur aus bestimmten Combinationen der $f$, $H$, $T$ in endlicher Zahl linear zusammensetzen können, und es bedarf dann, um die noch unbekannten numerischen Coefficienten zu bestimmen, nur noch des Vergleichs weniger Glieder in den expliciten Formeln für $f$, $H$, $T$ und $G$.

Um jetzt die Gleichung (16) in eine Resolvente der Ikosaedergleichung zu verwandeln, werden wir $G$ mit solchen Potenzen von $f$, $H$, $T$ multipliciren, beziehungsweise dividiren, dass eine rationale Function nullten Grades von $z_1$, $z_2$, d. h. eine rationale Function von $z$ resultirt. Wir haben dann einfach diese Function in (16) statt $G$ als Unbekannte einzuführen, worauf sich die Coefficienten $a$, $b$, $c$ ... von selbst in rationale Functionen von $Z$ verwandeln werden.

So viel über die invariantentheoretische Methode*). Um dieselbe durchzuführen, berechne ich in § 10 zunächst die expliciten Werthe von $t$ und $W$. Sodann gebe ich in § 11, 12 die fertigen Gleichungen, von denen einerseits $t$, andererseits eine beliebige lineare Combination von $W$ und $tW$ abhängt, Gleichungen, die sich dann sofort in Resolventen der Ikosaedergleichung umsetzen lassen. Die erstere dieser Gleichungen ist zumal auch dadurch bemerkenswerth, dass sie (bei freilich ganz anderem Ansatze) schon in den anfänglichen Untersuchungen *Brioschi's* über die Auflösung der Gleichungen fünften Grades aufgetreten ist**), wie wir später noch ausführlich zu besprechen

*) Ich gab dieselbe in der hier benutzten Form zuerst in Bd. XII der Mathem. Annalen (1877), pag. 517 ff. daselbst.

**) Siehe Annali di Matematica, ser. 1, t. I (1858).

haben; — die andere wird in unserer Theorie der Hauptgleichungen fünften Grades, die wir in Kapitel II des folgenden Abschnittes entwickeln werden, eine wichtige Rolle spielen und mag daher gleich hier als *Hauptresolvente* bezeichnet sein*). In § 13 erläutere ich dann noch, wie diese neuen Resolventen fünften Grades mit der Resolvente der $r$ (die von der functionentheoretischen Methode geliefert wurde) zusammenhängen, und bestimme endlich in § 14 für sie den Werth des jedesmaligen Differenzenproducts, der, wie wir wissen, in $Z$ rational sein muss.

## § 9. Die Resolvente der $r$.

Um die Resolvente der $r$ (15) zu berechnen, spalten wir zuvörderst $F(r)$ in Zähler und Nenner, ziehen auch den besonderen Werth $Z=1$ in Betracht und schreiben also statt (15):

$$(17) \qquad \varphi(r) : \psi(r) : \chi(r) = Z : Z-1 : 1,$$

wo $\varphi$, $\psi$, $\chi$ *ganze* Functionen vom fünften Grade sein werden. Indem wir hiermit die ursprüngliche Ikosaedergleichung zusammenstellen:

$$H^3(z) : -T^2(z) : 1728 f^5(z) = Z : Z-1 : 1,$$

bemerken wir, dass $\varphi=0$, $\psi=0$, $\chi=0$ beziehungsweise diejenigen Werthe von $r$ ergeben, welche sich für die 20, 30 und 12 Punkte von $H=0$, $T=0$, $f=0$ einstellen. Die Betrachtung der Figur ergibt uns dementsprechend gewisse Sätze betreffs der Linearfactoren von $\varphi$, $\psi$, $\chi$.

Zuvörderst ist klar, dass die sämmtlichen Punkte von $f=0$ bei den 12 Drehungen, die $r$ ungeändert lassen (d. h. bei den 12 Drehungen der zugehörigen Tetraedergruppe) unter einander permutirt werden. Es wird also $r$ für alle Punkte von $f=0$ denselben Werth annehmen.
* *Daher ist $\chi(r)$ nothwendig die fünfte Potenz eines linearen Ausdrucks.* Wir betrachten ferner die 30 Punkte $T=0$. Unter ihnen finden sich vor allem die 6 Eckpunkte des zur Tetraedergruppe gehörigen Oktaeders (welches wir soeben durch $t$ bezeichneten). Die übrigen 24 Punkte spalten sich (wie am Modelle ersichtlich) den Tetraederdrehungen gegenüber in zweimal 12, zusammengehörige. *Wir schliessen daraus, dass $\psi(r)$ einen linearen Factor einfach, zwei andere doppeltzählend enthält.*

---

*) Ich habe die Hauptresolvente zuerst, in allerdings etwas weniger einfacher Form, in Bd. XII der Annalen, pag. 525, mitgetheilt. Implicite liegt dieselbe auch den parallellaufenden Untersuchungen *Gordan's* zu Grunde, die wir erst im folgenden Abschnitte ausführlich besprechen werden (siehe insbesondere Bd. XIII der Annalen: *Ueber die Auflösung der Gleichungen 5. Grades*, 1878).

Was diese Multiplicitäten angeht, so bemerke man, dass $\psi(r) = 0$, dem Terme $T^2(z)$ der Ikosaedergleichung entsprechend, die in Betracht kommenden Punkte sämmtlich doppeltzählend darstellen muss. Der lineare Factor aber, der in den 6 Oktaederecken verschwindet, wird ohnehin doppelt gleich Null: er darf also in $\psi(r)$ nur einfach zählend enthalten sein. Andererseits werden aus demselben Grunde die beiden anderen Linearfactoren, welche je in 12 verschiedenen Punkten und also nur je einfach verschwinden, in $\psi$ doppelt auftreten müssen. Es stimmt dies damit überein, dass der eine in $\chi(r)$ vorhandene Linearfactor fünffach zu nehmen ist. — Wir betrachten endlich die Punkte $\varphi(r) = 0$ oder $H = 0$. Unter ihnen finden sich, wie wir von früher her wissen, die 8 Ecken des zur Tetraedergruppe gehörigen Würfels $W$. Dieselben zerlegen sich der Tetraedergruppe gegenüber in zweimal 4 zusammengeordnete Punkte, deren jeder bei 3 Tetraederdrehungen fest bleibt. Wir haben überdies noch 12 Punkte von $H = 0$, welche den 12 Tetraederdrehungen gegenüber eine einzige Gruppe bilden. Daher schliessen wir, *dass $\varphi(r)$ nur drei verschiedene Linearfactoren besitzt, von denen die zwei, welche $W = 0$ entsprechen, je einfach, der dritte aber im Cubus auftritt.*

Fassen wir zusammen, so haben wir ein Resultat erreicht, das sich ausdrückt, indem wir Formel (17) durch folgende ersetzen:

$$(18) \qquad \begin{aligned} Z : Z - 1 : 1 = c\ & (r-\alpha)^3\,(r^2 - \beta r + \gamma) \\ : c'\ & (r-\delta)\,(r^2 - \varepsilon r + \zeta)^2 \\ : c''\ & (r-\eta)^5, \end{aligned}$$

unter $\alpha, \beta, \gamma, \ldots, c, c', c''$ noch unbekannte Constante verstanden.

Die Bestimmung dieser Constanten ist nur dann ein determinirtes Problem, wenn wir vorher $r$ in unzweideutiger Weise definirt haben. Es sollte $r$ eine der dreifach unendlich vielen rationalen Functionen zwölften Grades sein, welche bei den Drehungen der Tetraedergruppe ungeändert bleiben. *Wir wollen jetzt insbesondere $r = \frac{t^2}{f}$ setzen,* unter $t$ (wie schon oben) die zur Tetraedergruppe gehörige Oktaederform verstanden. Dabei soll $t$ so gewählt sein, dass es, nach Potenzen von $z_1$, $z_2$ geordnet, mit dem Terme $+ z_1^6$ anhebt und überhaupt reelle Coefficienten hat*). Dann ist die nächste Folge, dass in (18) $c''(r-\eta)^5$

*) Beiden Forderungen kann genügt werden, wie ein Blick auf die Figur zeigt. Denn einmal enthält jedes der 5 beim Ikosaeder auftretenden Oktaeder einen Term mit $z_1^6$, weil keines einen Eckpunkt in $z_2 = 0$ hat, und andererseits befindet sich unter diesen Oktaedern eines, welches den Meridian der reellen Zahlen zum Symmetriekreise hat.

(weil es nur für $r = \infty$ verschwinden soll) gleich $C$, und also $c = c'$ zu setzen ist, während $\delta$ verschwindet. Des Weiteren ergibt sich, dass $C = -1728c$ zu nehmen ist. Denn für sehr grosse Werthe von $\frac{z_1}{z_2}$ reducirt sich $\frac{t^2}{f}$ unserer Verabredung zufolge in erster Annäherung auf $\frac{z_1}{z_2}$, während $Z$ (wegen der Ikosaedergleichung) durch $\frac{-z_1^5}{1728\, z_2^5}$ zu ersetzen ist. — Endlich aber folgt, dass alle Coefficienten in (18) reell sein werden. *Wir haben also Formel* (18) *jetzt so vereinfacht, dass wir schreiben können:*

$$(19) \qquad Z : Z - 1 : 1 = (r - \alpha)^3 (r^2 - \beta r + \gamma) \\ : r (r^2 - \varepsilon r + \zeta)^2 \\ : -1728,$$

*unter* $\alpha$, $\beta$, $\gamma$, $\varepsilon$, $\zeta$ *reelle Constanten verstanden.*

Nun müssen $\alpha$, $\beta$, $\gamma$, $\varepsilon$, $\zeta$ in Uebereinstimmung mit dieser Formel jedenfalls so bestimmt werden, dass identisch folgende Relation statt hat:

$$(20) \qquad (r - \alpha)^3 (r^2 - \beta r + \gamma) + 1728 = r (r^2 - \varepsilon r + \zeta)^2.$$

*Indem wir diese Identität in zweckmässiger Weise behandeln, erkennen wir, dass mit ihrer Hülfe* $\alpha$, $\beta$, $\gamma$, $\varepsilon$, $\zeta$ *vollkommen bestimmt sind.* Zunächst nämlich haben wir, indem wir in (20) $r = 0$ setzen:

$$\alpha^3 \gamma = +1728.$$

Indem wir sodann (20) nach $r$ differentiiren, finden wir weiter:

$$(r^2 - \alpha)^2 (5r^2 - (2\alpha + 4\beta) r + (\alpha\beta + 3\gamma)) \\ = (r^2 - \varepsilon r + \zeta)(5r^2 - 3\varepsilon r + \zeta),$$

oder, da $(r^2 - \varepsilon r + \zeta)$ und $(r - \alpha)^2$ nothwendig theilerfremd sind:

$$5\varepsilon = 2\alpha + 4\beta, \quad 10\alpha = 3\varepsilon,$$
$$5\zeta = \alpha\beta + 3\gamma, \quad 5\alpha^2 = \zeta,$$

also (durch Elimination von $\varepsilon$, $\zeta$):

$$11\alpha = 3\beta, \quad 64\alpha^2 = 9\gamma$$

und durch Zusammenstellung mit der erstgefundenen Relation:

$$\alpha^5 = 3^5.$$

Nun soll aber $\alpha$ *reell* sein. Somit kommt: $\alpha = 3$ und hieraus $\beta = 11$, $\gamma = 64$, $\varepsilon = 10$, $\zeta = 45$. *Die Resolvente des* $r$ *lautet also einfach:*

$$(21) \qquad Z : Z - 1 : 1 = (r - 3)^3 (r^2 - 11r + 64) \\ : r (r^2 - 10r + 45)^2 \\ : -1728.$$

## § 10. Berechnung der Formen $t$ und $W$.

Wir berechnen jetzt nachträglich die Formen $t$ und $W$, wodurch wir einerseits dazu gelangen, den Zusammenhang der im vorigen Paragraphen benutzten Grösse $r$ mit dem $\frac{z_1}{z_2}$ der Ikosaedergleichung explicite darzulegen, andererseits die nothwendige Grundlage gewinnen für die invariantentheoretische Methode der Resolventenbildung.

Schon in § 12 des ersten Kapitels bemerkten wir, dass zu der Tetraedergruppe, die wir hier zu betrachten haben, die Drehungen

$$T,\ U,\ TU$$

gehören, denen wir sodann in § 7 des zweiten Kapitels die Substitutionen:

$$z' = \frac{(\varepsilon^4 - \varepsilon)\, z + (\varepsilon^2 - \varepsilon^3)}{(\varepsilon^2 - \varepsilon^3)\, z - (\varepsilon^4 - \varepsilon)},$$

$$z' = -\frac{1}{z},$$

$$z' = \frac{(\varepsilon^2 - \varepsilon^3)\, z + (\varepsilon - \varepsilon^4)}{(\varepsilon - \varepsilon^4)\, z - (\varepsilon^2 - \varepsilon^3)}$$

entsprechend setzten. Wir berechnen für die Punktepaare, welche bei diesen Substitutionen fest bleiben, in homogener Form die folgenden Gleichungen:

$$z_1^2 - 2\,(\varepsilon^2 + \varepsilon^3)\, z_1 z_2 - z_2^2 = 0,$$

$$z_1^2 + z_2^2 = 0,$$

$$z_1^2 - 2\,(\varepsilon + \varepsilon^4)\, z_1 z_2 - z_2^2 = 0.$$

*Nun wird aber das Oktaeder $t$ genau von diesen 3 Punktepaaren gebildet.* Indem wir noch berücksichtigen, dass die Form $t$ den Term $+ z_1^6$ enthalten soll, ergibt sich hiernach für letztere:

$$\text{(22)} \qquad t\,(z_1, z_2) = (z_1^2 + z_2^2) \cdot (z_1^2 - 2\,(5 + \varepsilon^4)\, z_1 z_2 - z_2^2) \cdot (z_1^2 - 2\,(\varepsilon^2 + \varepsilon^3)\, z_1 z_2 - z_2^2)$$

$$= z_1^6 + 2 z_1^5 z_2 - 5 z_1^4 z_2^2 - 5 z_1^2 z_2^4 - 2 z_1 z_2^5 + z_2^6.$$

Wollen wir jetzt das zugehörige $W$ berechnen, so kann dies nach unseren früheren Entwickelungen geschehen, indem wir die *Hesse*'sche Form von $t\ (z_1,\ z_2)$ aufstellen. Wir mögen noch festsetzen, was für die spätere Rechnung bequem ist, dass $W\ (z_1,\ z_2)$ den Term $- z_1^8$ enthalten soll. Solchergestalt kommt:

$$\text{(23)} \qquad W\,(z_1, z_2) = - z_1^8 + z_1^7 z_2 - 7 z_1^6 z_2^2 - 7 z_1^5 z_2^3 + 7 z_1^3 z_2^5 - 7 z_1^2 z_2^6 - z_1 z_2^7 - z_2^8,$$

und wir haben hiermit bereits den nächsten Zweck des gegenwärtigen Paragraphen erledigt.

Wir unterwerfen die $t$, $W$ jetzt den Operationen.

$$S^\nu: z_1' = \pm \varepsilon^{3\nu} \cdot z_1, \quad z_2' = \pm \varepsilon^{2\nu} \cdot z_2.$$

So entstehen resp. diejenigen fünf Werthe, welche bei unseren Gleichungen fünften Grades immer gleichzeitig in Betracht kommen, und die wir $t_\nu$, $W_\nu$ nennen wollen. Wir finden:

$$(24) \quad t_\nu(z_1, z_2) = \varepsilon^{3\nu} z_1^6 + 2\varepsilon^{2\nu} z_1^5 z_2 - 5\varepsilon^\nu z_1^4 z_2^2 - 5\varepsilon^{4\nu} z_1^2 z_2^4 - 2\varepsilon^{3\nu} z_1 z_2^5 + \varepsilon^{2\nu} z_2^6,$$

$$(25) \quad W_\nu(z_1, z_2) = -\varepsilon^{4\nu} z_1^8 + \varepsilon^{3\nu} z_1^7 z_2 - 7\varepsilon^{2\nu} z_1^6 z_2^2 - 7\varepsilon^\nu z_1^5 z_2^3 + 7\varepsilon^{4\nu} z_1^3 z_2^5 - 7\varepsilon^{3\nu} z_1^2 z_2^6 - \varepsilon^{2\nu} z_1 z_2^7 - \varepsilon^\nu z_2^8.$$

Dabei wollen wir ausdrücklich untersuchen, wie sich die fünf $t_\nu$ oder $W_\nu$ bei den 120 homogenen Ikosaedersubstitutionen permutiren. Es geht dies allerdings schon aus der Angabe hervor, die wir in § 8 des ersten Kapitels betreffs der entsprechenden geometrischen Figuren gemacht haben. Aber es scheint doch nützlich, die betreffende Regel auch explicite an unsere jetzigen Formeln anzuknüpfen. Wir haben die 120 homogenen Ikosaedersubstitutionen aus folgenden Formeln durch Wiederholung und Combination erzeugt:

$$S: \quad z_1' = \pm \varepsilon^3 z_1, \quad z_2' = \pm \varepsilon^2 z_2,$$

$$T: \quad \pm\sqrt{5} \cdot z_1' = -(\varepsilon - \varepsilon^4) z_1 + (\varepsilon^2 - \varepsilon^3) z_2,$$
$$\pm\sqrt{5} \cdot z_2' = +(\varepsilon^2 - \varepsilon^3) z_1 + (\varepsilon - \varepsilon^4) z_2.$$

Indem wir jetzt diese Werthe von $z_1'$, $z_2'$ statt $z_1$, $z_2$ in die Formen $t_\nu$ (oder auch die $W_\nu$) einführen, entstehen neue Formen $t_\nu'$, deren Zusammenhang mit den ursprünglichen $t_\nu$ sich nach kurzer Zwischenrechnung folgendermassen ergibt:

$$(26) \quad \begin{cases} S: t_\nu' = t_{\nu+1}, \\ T: t_0' = t_0, \ t_1' = t_2, \ t_2' = t_1, \ t_3' = t_4, \ t_4' = t_3. \end{cases}$$

Dabei sind in der Formel für $S$ die Indices modulo 5 genommen.

## § 11. Die Resolvente der $u$.

Wir berechnen jetzt zunächst die Gleichung fünften Grades, der unsere $t_\nu$ genügen. Schreiben wir, der Formel (16) entsprechend:

$$t^5 + at^4 + bt^3 + ct^2 + dt + e = 0,$$

so werden $a, b, c, \cdots$ in $z_1$, $z_2$ beziehungsweise vom $6^{\text{ten}}$, $12^{\text{ten}}$, $18^{\text{ten}}, \cdots$ Grade sein. Nun sollen sie zugleich ganze Functionen der $f$, $H$, $T$ sein. Daher müssen $a$ und $c$ jedenfalls verschwinden, während $b$, $d$, $e$ beziehungsweise zu $f$, $f^2$, $T$ proportional sein werden. Unsere Gleichung fünften Grades wird also folgende Gestalt haben:

$$t^5 + \varkappa f \cdot t^3 + \lambda f^2 \cdot t + \mu T = 0,$$

wo $\varkappa$, $\lambda$, $\mu$ Zahlenfactoren sind. Zu ihrer Bestimmung tragen wir entweder den Werth von $t$ (22) und die Werthe von $f$, $H$, $T$, wie wir sie früher angaben, in diese Gleichung ein, ordnen nach $z_1^{30}$, $z_1^{29}z_2, \cdots$ und verlangen, dass die drei höchsten nicht identisch verschwindenden Terme vermöge geeigneter Werthe der $\varkappa$, $\lambda$, $\mu$ zu Null gemacht werden. Oder auch, wir bestimmen in den geeigneten symmetrischen Functionen der $t_\nu$ (24) jedesmal den höchsten nicht verschwindenden Term und vergleichen denselben mit dem höchsten Term in $f$, $f^2$, $T$. Auf beide Weisen kommt übereinstimmend:

$$\varkappa = -10, \quad \lambda = 45, \quad \mu = -1,$$

*und unsere Gleichung fünften Grades lautet somit*):*

$$t^5 - 10f \cdot t^3 + 45f^2 \cdot t - T = 0. \tag{27}$$

Um jetzt zu einer Resolvente der Ikosaedergleichung übergehen, setzen wir etwa:

$$u = \frac{12f^2 \cdot t}{T} \tag{28}$$

(wo jetzt $u$ allein von $\frac{z_1}{z_2}$ abhängt). So kommt durch einfaches Eintragen:

$$48u^5(1-Z)^2 - 40u^3(1-Z) + 15u - 12 = 0. \tag{29}$$

Ich werde diese Gleichung weiterhin als *Resolvente der $u$* bezeichnen.

## § 12. Die Hauptresolvente der $Y$.

In unseren späteren Untersuchungen über Gleichungen fünften Grades werden solche Gleichungen, in denen die vierte und die dritte Potenz der Unbekannten gleichzeitig fehlen, eine besonders wichtige Rolle spielen. Offenbar gehört zu ihnen die Gleichung fünften Grades, der unsere $W_\nu$ genügen. Denn es ist identisch: $\Sigma W_\nu = 0$, $\Sigma W_\nu^2 = 0$, indem es keine Ikosaederformen von den Graden 8 oder 16 gibt. Genau so gehört zu ihnen die Gleichung fünften Grades, die man für die nächsthöhere Tetraederform, $t \cdot W$, aufstellen kann. Denn es ist wieder identisch (und aus dem entsprechenden Grunde): $\Sigma t_\nu W_\nu = 0$, $\Sigma (t_\nu W_\nu)^2 = 0$. Aber auch $\Sigma (W_\nu) \cdot (t_\nu W_\nu)$ wird, vermöge derselben Ueberlegung, identisch Null sein. *Daher werden zu unseren Gleichungen fünften Grades überhaupt diejenigen gehören, deren Wurzeln lineare Combinationen der $W_\nu$ und $t_\nu W_\nu$ mit constanten Coefficienten sind:*

$$Y_\nu = \sigma \cdot W_\nu + \tau \cdot t_\nu W_\nu. \tag{30}$$

---

*) Dies ist eben jene Gleichung, welche, wie schon erwähnt, bereits in den ersten Arbeiten von *Brioschi* auftritt.

Wir stellen uns dementsprechend die Aufgabe, für beliebige Werthe der $\sigma$, $\tau$ die zugehörige Gleichung fünften Grades auszurechnen. Indem die Einzelheiten der Rechnung keinerlei principielles Interesse darbieten, theile ich hier gleich das Resultat mit. Man findet:

$$(31)\quad \begin{aligned} &Y^5+5Y^2(\;8f^2\cdot\sigma^3+\quad T\cdot\sigma^2\tau+\quad 72f^3\cdot\sigma\tau^2+\quad fT\cdot\tau^3)\\ &+5Y\,(-fH\cdot\sigma^4+18f^2H\cdot\sigma^2\tau^2+\quad HT\cdot\sigma\tau^3+27f^3H\cdot\tau^4)\\ &+\quad(\;H^2\cdot\sigma^5-10fH^2\cdot\sigma^3\tau^2+45f^2H^2\cdot\sigma\tau^4+\,.\,TH^2\cdot\tau^5)=0. \end{aligned}$$

Um hieraus eine Resolvente der Ikosaedergleichung herzustellen, recurriren wir einmal auf die Formel (28) und setzen andererseits:

$$(32)\qquad v=\frac{12fW}{H}.$$

Dann können wir Formel (30) folgendermassen schreiben:

$$(33)\qquad Y_\nu=m\cdot v_\nu+n\cdot u_\nu v_\nu,$$

wo:

$$m=\frac{\sigma\cdot H}{12f},\quad n=\frac{\tau\cdot HT}{144f^3}$$

gesetzt ist. Indem wir die hieraus resultirenden Werthe von $\sigma$, $\tau$ in (31) eintragen, erhalten wir:

$$(34)\quad \begin{aligned} Z\cdot Y^5&+\;5Y^2\left(8m^3+12m^2n+\frac{6mn^2+n^3}{(1-Z)}\right)\\ &+15Y\left(-4m^4+\frac{6m^2n^2+4mn^3}{(1-Z)}+\frac{3n^4}{4(1-Z)^2}\right)\\ &+\;3\;\left(48m^5-\frac{40m^3n^2}{(1-Z)}+\frac{15mn^4+4n^5}{(1-Z)^2}\right)=0. \end{aligned}$$

Es ist dies diejenige Resolvente fünften Grades der Ikosaedergleichung, welche wir später als *Hauptresolvente* bezeichnen werden.

## § 13. Zusammenhang der neuen Resolventen mit der Resolvente der $r$.

Es gilt jetzt, den Zusammenhang unserer neuen Resolventen mit der Resolvente der $r$ (§ 10) darzulegen.

Zunächst, was die Uebereinstimmung der functionentheoretischen und der invariantentheoretischen Methode angeht, so schreiben wir Gleichung (27) etwa folgendermassen:

$$(35)\qquad T=t(t^4-10ft^2+45f^2).$$

Indem wir hier quadriren, beiderseits durch $f^5$ dividiren und endlich für $\frac{t^2}{f}$ wieder $r$ schreiben, kommt:

$$-1728(Z-1)=r(r^2-10r+45)^2,$$

eine Gleichung, die in der That mit (21) übereinstimmt.

Wir werden ferner

$$u=\frac{12t\cdot f^2}{T}\quad\text{und}\quad v=\frac{12W\cdot f}{H}$$

durch $r$ rational auszudrücken haben.

Was $u$ angeht, so erreichen wir dies sofort, indem wir für $T$ den Werth (35) eintragen. Wir finden so:

$$(36)\qquad u = \frac{12}{r^2 - 10r + 45}.$$

Um $v$ entsprechend darzustellen, erinnern wir uns, dass nach den Entwickelungen von § 10 die Punkte $\frac{H}{W} = 0$ zugleich durch $r - 3 = 0$ dargestellt sind. Es wird also $\frac{H}{W}$ mit $t^2 - 3f$ bis auf einen Zahlenfactor übereinstimmen. Der Vergleich eines beliebigen Terms in der Entwickelung nach $z_1$, $z_2$ zeigt, dass dieser Factor $= +1$ ist. Daher kommt ohne Weiteres:

$$(37)\qquad v = \frac{12}{r - 3}.$$

Tragen wir endlich die Werthe von (36), (37) in (33) ein, so ergibt sich:

$$(38)\qquad Y_x = \frac{12m(r-3) - 144n}{(r-3)(r^2 - 10r + 45)}.$$

Natürlich würden wir jetzt die Resolvente der $u$ und die Hauptresolvente auch berechnen können, indem wir zwischen (21) und (36), beziehungsweise (38), das $r$ eliminirten*).

## § 14. Ueber die Differenzenproducte der $u$ und der $Y$.

Ebenfalls mit Rücksicht auf die späteren Anwendungen berechnen wir jetzt noch die, wie wir wissen, in $Z$ rationalen Differenzenproducte der $u$ und der $Y$. Wir betrachten etwa zunächst das folgende Product:

$$\prod_{\nu < \nu'} (t_\nu - t_{\nu'}),$$

wo die dem Productzeichen beigesetzte Bemerkung bedeuten soll, dass nur diejenigen 10 Factoren ausmultiplicirt werden sollen, bei denen $\nu < \nu'$ ist (während gleichzeitig $\nu$ und $\nu'$ der Werthe 0, 1, 2, 3, 4 fähig sein sollen). Bekanntlich ist dieses Product gleich der Determinante:

$$\begin{vmatrix} 1 & t_0 & \cdot & \cdot & \cdot & t_0^4 \\ 1 & t_1 & \cdot & \cdot & \cdot & t_1^4 \\ \cdot & \cdot & \cdot & \cdot & \cdot & \cdot \\ \cdot & \cdot & \cdot & \cdot & \cdot & \cdot \\ 1 & t_4 & \cdot & \cdot & \cdot & t_4^4 \end{vmatrix}$$

*) Dies ist die Art, vermöge deren Hr. *Kiepert* die Hauptresolvente abgeleitet hat: *Auflösung der Gleichungen fünften Grades* (Göttinger Nachrichten vom 6. Juli 1878, Borchardt's Journal Bd. 79).

Wir multipliciren die letztere jetzt nach dem Determinantenmultiplicationssatze mit:

$$\begin{vmatrix} 1 & 1 & 1 & 1 & 1 \\ 1 & \varepsilon & \varepsilon^2 & \varepsilon^3 & \varepsilon^4 \\ 1 & \varepsilon^2 & \cdot & \cdot & \cdot \\ 1 & \varepsilon^3 & \cdot & \cdot & \cdot \\ 1 & \varepsilon^4 & \cdot & \cdot & \cdot \end{vmatrix} = 25\sqrt{5}, \quad \left(\varepsilon = e^{\frac{2i\pi}{5}}\right).$$

So entsteht eine neue Determinante mit durchaus reellen und ganzzahligen Zahlencoefficienten:

$$5 \cdot \begin{vmatrix} \sum \varepsilon^{\nu}\, t_\nu & \sum \varepsilon^{\nu}\, t_\nu^2 & \sum \varepsilon_\nu^{\nu}\, t_\nu^3 & \sum \varepsilon_\nu\, t_\nu^4 \\ \sum \varepsilon^{2\nu} t_\nu & \sum \varepsilon^{2\nu} t_\nu^2 & \cdot & \cdot \\ \sum \varepsilon^{3\nu} t_\nu & \cdot & \cdot & \cdot \\ \sum \varepsilon^{4\nu} t_\nu & \cdot & \cdot & \cdot \end{vmatrix}.$$

Dieselbe ist in $z_1$, $z_2$ vom 60ten Grade, sie wird also (als Ikosaederform) gleich einer linearen Combination von $H^3$ und $f^5$ sein müssen. *Indem wir die Terme, welche $z_1^{60}$ und $z_1^{55} z_2^5$ enthalten, wirklich berechnen, constatiren wir, dass dieselbe $= 5^5 \cdot H^3(z_1, z_2)$ ist.* Daher ist unser ursprüngliches Differenzenproduct:

$$\prod_{\nu < \nu'} (t_\nu - t_{\nu'}) = 25\sqrt{5} \cdot H^3(z_1, z_2).$$

Nun haben wir aber:

$$t_\nu = \frac{T \cdot u_\nu}{12 f^2}.$$

*Daher wird das Differenzenproduct der $u_\nu$:*

$$\prod_{\nu < \nu'} (u_\nu - u_{\nu'}) = -\frac{25\sqrt{5}}{144} \cdot \frac{Z}{(Z-1)^5}. \tag{39}$$

In ähnlicher Weise berechne ich *das Differenzenproduct der $Y_\nu$*. Indem wir zunächst von (30) ausgehen, finden wir:

$$\begin{aligned} \prod_{\nu < \nu'} (Y_\nu - Y_{\nu'}) = -25\sqrt{5} \cdot H \{ & T^2 \cdot \sigma^{10} + 2^4 \cdot 5 \cdot 7 \cdot f^3 T \cdot \sigma^9 \tau \\ & + 5^2 \cdot f(2^6 \cdot 3^4 \cdot f^5 - H^3) \sigma^8 \tau^2 + 2^6 \cdot 3^3 \cdot 5 \cdot f^4 T \cdot \sigma^7 \tau^3 \\ & + 2 \cdot 5 \cdot f^2 (2^6 \cdot 3^4 \cdot 7 \cdot f^5 - 31 \cdot H^3) \sigma^6 \tau^4 - T(2^5 \cdot 3^4 \cdot 7 \cdot f^5 + 11 \cdot H^3) \sigma^5 \tau^5 \\ & - 2 \cdot 3^2 \cdot 5 \cdot f^3 (2^6 \cdot 3^4 \cdot 7 \cdot f^5 - 13 \cdot H^3) \sigma^4 \tau^6 - 2 \cdot 5^2 \cdot f T(2^5 \cdot 3^4 \cdot f^5 - H^3) \sigma^3 \tau^7 \\ & - 3^4 \cdot 5 \cdot f^4 (2^6 \cdot 3^3 \cdot 7 \cdot f^5 - 11 \cdot H^3) \sigma^2 \tau^8 - 3^2 \cdot 5 \cdot f^2 T(2^4 \cdot 3^4 \cdot f^5 - H^3) \sigma \tau^9 \\ & - (2^6 \cdot 3^6 \cdot 11 \cdot f^{10} - 3^4 \cdot 7 \cdot f^5 H^3 + H^6) \tau^{10} \}, \end{aligned}$$

und, indem wir sodann zu (33) übergehen, ergibt sich die definitive Formel:

$$(40)\quad \prod_{\nu<\nu'}(Y_\nu - Y_{\nu'}) = \frac{-25\sqrt{5}}{Z^3}\Big\{2^8\cdot 3^4(1-Z)m^{10} + 2^8\cdot 3^2\cdot 5\cdot 7\cdot m^9 n$$

$$+\frac{2^6\cdot 3^3\cdot 5^2(3-Z)m^8n^2 + 2^8\cdot 3^4\cdot 5\cdot m^7n^3}{1-Z}$$

$$+\frac{2^5\cdot 3^2\cdot 5(3\cdot 7-31\cdot Z)m^6n^4 - 2^5\cdot 3^3(3\cdot 7+2\cdot 11\cdot Z)m^5n^5}{(1-Z)^2}$$

$$-\frac{2^3\cdot 3^3\cdot 5(3\cdot 7-13\cdot Z)m^4n^6 + 2^4\cdot 3^2\cdot 5(3-2Z)m^3n^7}{(1-Z)^3}$$

$$-\frac{3^4\cdot 5(7-11\cdot Z)m^2n^8 + 3^3\cdot 5(3-2^2\cdot Z)mn^9}{(1-Z)^4}$$

$$-\frac{(3^2\cdot 11-3^3\cdot 7\cdot Z+2^6\cdot 3^2\cdot Z^2)n^{10}}{2^2\cdot(1-Z)^5}\Big\}.$$

## § 15. **Die einfachste Resolvente vom sechsten Grade.**

Zum Abschlusse dieses Kapitels und namentlich zu dem Zwecke, um später unsere eigenen Entwickelungen mit den früheren Untersuchungen anderer Mathematiker in einfache Verbindung zu setzen, betrachten wir nun noch die einfachste Resolvente sechsten Grades der Ikosaedergleichung, und zwar wollen wir zu dem Zwecke sofort die invariantentheoretische Methode benutzen*).

Unter den 6 hier in Betracht kommenden Diedergruppen von jedesmal 10 Drehungen greifen wir diejenige heraus, deren Hauptaxe die beiden Punkte $z=0,\ \infty$ verbindet. Die niedrigste bei den entsprechenden homogenen Substitutionen völlig ungeändert bleibende Form ist, wie wir von früher wissen, das *Quadrat* von $z_1 z_2$. Wir werden also zuvörderst die Gleichung sechsten Grades berechnen, der dieses Quadrat oder vielmehr die Grösse:

$$(41)\qquad \varphi_\infty = 5z_1^2 z_2^2$$

genügt, wo der Zahlenfactor 5 aus Zweckmässigkeitsgründen beigefügt und dem $\varphi$ der Index $\infty$ ertheilt worden ist, um die Benennungen $\varphi_\nu$ ($\nu = 0,\ 1,\ 2,\ 3,\ 4$ [mod. 5]) für die entsprechenden Ausdrücke übrig zu haben, welche den übrigen 5 Ikosaederdiagonalen entsprechen. Indem wir die homogenen Ikosaedersubstitutionen, welche $TS^\nu$ entsprechen, auf $\varphi_\infty$ in Anwendung bringen, finden wir für diese $\varphi_\nu$:

$$(42)\qquad \varphi_\nu = (\varepsilon^\nu z_1^2 + 2z_1z_2 - \varepsilon^{4\nu}z_2^2)^2.$$

Sei jetzt die Gleichung sechsten Grades, der die $\varphi$ genügen:

$$\varphi^6 + a'\varphi^5 + b'\varphi^4 + c'\varphi^3 + d'\varphi^2 + e'\varphi + f' = 0,$$

*) Man vergl. etwa wieder Annalen XII, pag. 517, 518.

so sind $a'$, $b'$, $c'$, ... Ikosaederformen beziehungsweise vom $4^{\text{ten}}$, $8^{\text{ten}}$, $12^{\text{ten}}$, ... Grade. Daher folgt sofort, dass $a' = b' = d' = 0$, während $c'$, $e'$, $f'$, von numerischen Factoren abgesehen, beziehungsweise mit $f$, $H$ und $f^2$ übereinstimmen müssen. Wir bestimmen diese Factoren in bekannter Weise, indem wir auf die Werthe von $f$, $H$ und $\varphi$ in $z_1$, $z_2$ zurückgreifen. *So finden wir mit leichter Mühe die folgende Gleichung:*

$$\varphi^6 - 10f \cdot \varphi^3 + H \cdot \varphi + 5f^2 = 0. \tag{43}$$

Beschäftigen wir uns einen Augenblick mit der *Gruppe* dieser Gleichung. Dieselbe wird, wie aus unseren früheren Entwickelungen hervorgeht, durch diejenigen 60 Vertauschungen der $\varphi$ gegeben sein, welche den 120 homogenen Ikosaedersubstitutionen entsprechen (wobei wir nicht vergessen dürfen, dass wir ein für allemal $\varepsilon$ adjungirt haben). Nun setzen sich die letzteren alle aus den Substitutionen $S$ und $T$ zusammen, die wir noch in § 10 wieder namhaft machten. Offenbar bleibt bei $S$ das $\varphi_\infty$ ungeändert, während $\varphi_\nu$ in $\varphi_{\nu+1}$ übergeht. Wir können dies in die eine Formel zusammenfassen:

$$\nu' \equiv \nu + 1 \pmod{5},$$

insofern ja für $\nu = \infty$ das so bestimmte $\nu'$ ebenfalls $\infty$ wird. Andererseits wird bei $T$ das $\varphi_\infty$ mit $\varphi_0$, das $\varphi_1$ mit $\varphi_4$, das $\varphi_2$ mit $\varphi_3$ wechselweise vertauscht, was durch die eine Formel wiedergegeben wird:

$$\nu' \equiv -\frac{1}{\nu} \pmod{5}.$$

Aus den beiden so gewonnenen Formeln setzen sich nun, bekannten Lehren der Zahlentheorie zufolge, überhaupt *alle* Formeln:

$$\nu' \equiv \frac{\alpha\nu + \beta}{\gamma\nu + \delta} \pmod{5}$$

zusammen, bei denen $\alpha$, $\beta$, $\gamma$, $\delta$ ganze Zahlen sind, die der Congruenz $(\alpha\delta - \beta\gamma) \equiv 1 \pmod{5}$ genügen. In der That ist die Zahl dieser Formeln, sofern wir alle solche Werthsysteme $\alpha$, $\beta$, $\gamma$, $\delta$, welche modulo 5 übereinstimmen oder durch einen gleichförmigen Vorzeichenwechsel zur Uebereinstimmung gebracht werden, immer nur als eines zählen, gleich 60. Also:

*Die Gruppe unserer Gleichung sechsten Grades wird von denjenigen 60 Vertauschungen der Wurzeln $\varphi_\nu$ gebildet, welche durch die verschiedenartigen Formeln:*

$$\nu' \equiv \frac{\alpha\nu + \beta}{\gamma\nu + \delta} \pmod{5} \tag{44}$$

* *geliefert werden.*

Dies ist aber gerade, nach den Untersuchungen von *Galois*, diejenige Gruppe, welche der Modulargleichung sechster Ordnung für Transformation fünften Grades der elliptischen Functionen zukommt.

Und in der That hat Hr. *Kronecker*, indem er gelegentliche Andeutungen *Jacobi's* weiter verfolgte, von den elliptischen Functionen ausgehend, schon vor langer Zeit, in natürlich anderer Bezeichnungsweise, genau die Gleichung (43) abgeleitet*). Wir werden noch wiederholt und ausführlich auf diesen Umstand zurückkommen.

Um jetzt (43) in eine Resolvente der Ikosaedergleichung zu verwandeln, setzen wir etwa:

$$(45) \qquad \zeta = \frac{\varphi \cdot H}{12 f^2};$$

*wir erhalten so durch einfache Substitution:*

$$(46) \qquad \zeta^6 - 10 Z \cdot \zeta^3 + 12 Z^2 \cdot \zeta + 5 Z^2 = 0.$$

Wir wollen dieses Resultat noch dadurch vervollständigen, dass wir aus ihm eine zweite Resolvente ableiten, deren Wurzel eine solche rationale Function zehnten Grades von $z$ ist, welche sich bei den 10 Substitutionen der in Betracht kommenden Diedergruppe nicht ändert. Eine solche Function ist beispielsweise:

$$(47) \qquad \xi = \frac{\varphi_\nu^3}{f},$$

indem nämlich Zähler und Nenner dieses Ausdrucks den in $z_1$, $z_2$ quadratischen Factor $\sqrt{\varphi}$ gemein haben. Um die zugehörige Resolvente zu bilden, schreiben wir (43) in folgender Weise:

$$(48) \qquad -H = \frac{\varphi^6 - 10 f \cdot \varphi^3 + 5 f^2}{\varphi},$$

cubiren und dividiren beiderseits durch $1728 f^5$. So kommt:

$$Z = \frac{(\xi^2 - 10\xi + 5)^3}{-1728\xi},$$

oder auch (wenn wir den Werth von $(Z - 1)$ in geeigneter Weise umsetzen):

$$(49) \qquad Z : Z - 1 : 1 = (\xi^2 - 10\xi + 5)^3 : (\xi^2 - 4\xi - 1)^2 (\xi^2 - 22\xi + 125) : -1728\xi.$$

Dieselbe Gleichung hätten wir wieder ohne jede Benutzung expliciter Formeln durch functionentheoretische Betrachtung ableiten können**).

Ich gebe schliesslich noch die Formel, vermöge deren sich $\zeta$ (45) durch unser jetziges $\xi$ rational ausdrückt. Nach (48) ist:

$$\zeta = \frac{\varphi H}{12 f^2} = \frac{-\varphi^6 + 10 f \cdot \varphi^3 - 5 f^2}{12 f^2}$$

und also:

$$(50) \qquad \zeta = \frac{-\xi^2 + 10\xi - 5}{12}.$$

*) Man sehe die Citate im ersten und dritten Kapitel des folgenden Abschnittes, man vergl. andererseits §. 8 des hier folgenden Kapitels.

**) Vergl. Mathematische Annalen XIV, pag. 143 (Formel (19) daselbst).

## § 16. Schlussbemerkung.

Die Entwickelungen der letzten Paragraphen nehmen mehrfach auf die Anwendungen Bezug, welche von ihnen im zweiten hier folgenden Abschnitte gemacht werden sollen. Es ist hiermit bereits angedeutet, dass die Betrachtungen des gegenwärtigen Kapitels für unseren weiteren Gedankengang von der massgebendsten Bedeutung sein werden. Sei es gestattet, dies noch genauer zu präcisiren.

Wir sahen bereits im dritten Kapitel des gegenwärtigen Abschnitts, dass man die Auflösung unserer Fundamentalgleichungen functionentheoretisch als Verallgemeinerung der elementaren Aufgabe betrachten kann: *aus einer Grösse $Z$ die $n^{\text{te}}$ Wurzel zu ziehen.* Die algebraischen Ueberlegungen des gegenwärtigen Kapitels haben uns dann freilich gezeigt, dass die Irrationalitäten, welche durch die Gleichungen des Dieders, Tetraeders und Oktaeders eingeführt werden, durch wiederholtes Wurzelziehen berechnet werden können. *Die Ikosaederirrationalität dagegen hat ihre selbständige Bedeutung behalten.* Hiernach erscheint eine Erweiterung der gewöhnlichen Gleichungstheorie indicirt. Man beschränkt sich in letzterer gewöhnlich darauf, diejenigen Probleme zu untersuchen, welche sich durch wiederholtes Wurzelziehen erledigen lassen. *Wir werden jetzt als weitere, durchführbare Operation die Auflösung der Ikosaedergleichung adjungiren und fragen, ob unter den Aufgaben, die sich durch Wurzelziehen allein nicht erledigen lassen, nicht solche sein mögen, bei denen dies mit Hülfe der Ikosaederirrationalität gelingt.*

In diesem Sinne nun behandelt der zweite Abschnitt unserer Darstellung *das allgemeine Problem der Auflösung der Gleichungen fünften Grades.* Der Versuch, diese Auflösung mit Hülfe der Ikosaedergleichung zu bewerkstelligen, erscheint um so naturgemässer, als die Gruppe der Gleichungen fünften Grades nach Adjunction der Quadratwurzel aus der Discriminante mit der Gruppe der Ikosaedergleichung holoedrisch isomorph ist, und als wir in den vorhin aufgestellten Resolventen fünften Grades der Ikosaedergleichung ebenso viele specielle Gleichungen fünften Grades haben, deren Beziehung zur Ikosaedergleichung von vorneherein feststeht.

# Fünftes Kapitel.

## Allgemeine Theoreme und Gesichtspunkte.

### § 1. Würdigung des bisherigen Gedankengangs, Verallgemeinerungen.

Nachdem wir jetzt im dritten und vierten Kapitel die wesentlichen Eigenschaften unserer Fundamentalaufgaben studirt haben, werden wir fragen, worin die merkwürdige Einfachheit derselben, die sich überall bewährt hat, in letzter Ursache begründet sei. Hierüber kann, wie ich glaube, kein Zweifel sein: *es ist die Eigenschaft dieser Probleme, dass immer aus einer ihrer Lösungen alle anderen durch a priori bekannte lineare Substitutionen hervorgehen.* Der geometrische Apparat, von dem wir in den Entwickelungen des ersten und zweiten Kapitels ausgegangen sind, hat gedient, um zu unseren Problemen hinzuführen und ihre ersten Eigenschaften zu veranschaulichen: nun er uns dieses geleistet hat, können wir ihn in der Folge bei Seite lassen*). Indem wir uns diese Auffassung bilden, werden wir naturgemäss fragen, ob nicht auch andere Gleichungen oder Gleichungssysteme existiren mögen, welche in jenem wesentlichsten Punkte mit unseren Fundamentalaufgaben übereinstimmen?

Wir suchen also zuvörderst, so weit es möglich ist, nach neuen endlichen Gruppen linearer Substitutionen einer Veränderlichen $z$ (oder zweier homogener Veränderlicher $z_1$, $z_2$). Aber wir werden sofort zeigen (§ 2), dass alle solche Gruppen auf die uns bereits bekannten zurückkommen. Wenn wir also unsere Fragestellung in der erwähnten, nächstliegenden Weise auffassen, so sind die bisher behandelten Gleichungen und Gleichungssysteme die einzigen ihrer Art. Es ist dies ein Resultat, welches geeignet ist, unseren bisherigen Betrachtungen, die bei ihrer inductiven Form zuvörderst auf kein fest umgrenztes Ziel loszusteuern schienen, einen gewissen absoluten Werth beizulegen. In der That sehen wir, dass unsere Fundamentalgleichungen bei zahlreichen mathematischen Untersuchungen der letzten Jahre immer

*) Es soll dies nur ad hoc und dann ferner für die Entwickelungen des zweiten hier folgenden Abschnittes gelten. Für die genauere Durchführung der im Texte in Aussicht genommenen Verallgemeinerungen ist eine anschauungsmässige Deutung, jedenfalls sobald es sich um transcendente Functionen handelt, zur Zeit durchaus unentbehrlich, wie wir denn auch in §. 6 des gegenwärtigen Kapitels sozusagen unwillkürlich auf geometrische Erläuterungen zurückfallen.

als eine besonders bemerkenswerthe, geschlossene Gruppe auftreten. In dieser Hinsicht werde ich in § 3 des Folgenden die einfachen Entwickelungen erbringen, vermöge deren man zeigt, dass sich mit Hülfe unserer Fundamentalgleichungen *alle linearen, homogenen Differentialgleichungen zweiter Ordnung mit rationalen Coefficienten, welche durchaus algebraische Integrale haben,* mit leichter Mühe aufstellen lassen. Uebrigens aber verweise ich, was die analoge Bedeutung unserer Fundamentalgleichungen für die linearen, homogenen Differentialgleichungen $m^{\text{ter}}$ Ordnung mit rationalen Coefficienten angeht, auf die bereits genannte Abhandlung von *Halphen**); was ferner die Rolle betrifft, die unsere Fundamentalgleichungen in der Theorie der elliptischen Modulfunctionen und dementsprechend in der zahlentheoretischen Untersuchung der binären quadratischen Formen spielen, auf meine eigenen Untersuchungen**) und diejenigen von Hrn. *Gierster****).

Inzwischen können wir unsere Fragestellung in doppeltem Sinne verallgemeinern.

Einmal werden wir an Stelle der Variabelen $z_1$, $z_2$ *eine grössere Zahl homogener Veränderlicher:* $z_1, z_2 \cdots z_n$ in Betracht ziehen und nach den endlichen Gruppen linearer Substitutionen fragen können, die bei ihnen bestehen mögen. Ich will dies sogleich (in § 4, 5) noch näher ausführen und hier nur hervorheben, dass in Folge der dabei zu Tage tretenden Gesichtspunkte die Entwickelungen des zweiten hier folgenden Abschnitts als einzelner Beitrag zu einer allgemeinen Theorie erscheinen, welche die gesammte Gleichungstheorie in sich befasst.

Unsere zweite Verallgemeinerung geht nach anderer Richtung: *wir werden an der einen Veränderlichen* $z = \frac{z_1}{z_2}$ *festhalten, dafür aber unendliche Gruppen linearer Substitutionen in Betracht ziehen.* Hier öffnet sich jenes grosse Gebiet *der eindeutigen transcendenten Functionen mit linearen Transformationen in sich selbst,* auf welche neuerdings von verschiedenen Seiten her, und insbesondere durch Hrn. *Poincaré*, die allgemeine Aufmerksamkeit gelenkt worden ist†). Ich kann auf die hier

---

*) *Sur la réduction des équations différentielles linéaires aux formes intégrables,* Mémoires présentés etc. XXVIII, 1. (1880–83).

**) Vergl. insbesondere Bd. XIV der Mathematischen Annalen, pag. 148–160 (1878).

***) *Ueber Relationen zwischen Classenzahlen binärer quadratischer Formen von negativer Determinante,* Erste Note (Göttinger Nachrichten vom 4. Juni 1879, oder auch Math. Annalen Bd. XVII, pag. 71 ff.).

†) Man vergleiche die zahlreichen Mittheilungen von *Poincaré* in den Comptes Rendus de l'Académie des Sciences, sowie seine Abhandlungen in Bd. XIX der Mathem.

sich ansschliessenden Fragen in den folgenden Paragraphen natürlich in keiner Weise genauer eingehen. Meine Darstellung soll nur so weit führen, dass die Stellung der einfachsten Functionsclasse unter den übrigen, nämlich der *elliptischen Modulfunctionen*, klar begriffen wird. Es knüpft sich daran der Nachweis (§ 7, 8), dass die Gleichungen des Tetraeders, Oktaeders und Ikosaeders sich in ähnlicher Weise durch elliptische Modulfunctionen lösen lassen, wie etwa eine binomische Gleichung durch Logarithmen, eine cubische Gleichung (und auch die allgemeine Gleichung des Dieders) durch trigonometrische Functionen, — und diesen Nachweis wollte ich in seinen allgemeinen Zügen bringen, weil er einen derjenigen Punkte bezeichnet, auf welche sich in der Theorie der Gleichungen, und insbesondere der Gleichungen fünften Grades, das Interesse der Mathematiker nachhaltig concentrirt hat.

Offenbar können wir die beiden hiermit angedeuteten Verallgemeinerungen auch verbinden: wir können transcendente Functionen *mehrerer* Variabler mit *unendlich vielen* linearen Transformationen in sich selbst studiren*). Aber wichtiger sind für uns hier wohl die Betrachtungen, die ich in § 9 entwickele, denen zufolge zwischen den beiderlei Verallgemeinerungen überhaupt kein durchgreifender Unterschied besteht. Hierdurch werden die Perspectiven, zu denen in § 5 bereits die Betrachtung der endlichen Gruppen geführt hat, so zu sagen ins Unbegrenzte erweitert.

## § 2. Bestimmung aller endlichen Gruppen linearer Substitutionen einer Veränderlichen.

Die Aufgabe, alle möglichen endlichen Gruppen linearer Substitutionen einer Veränderlichen zu bestimmen, ist auf verschiedene Weisen behandelt werden. An meine anfängliche geometrische Methode**) schliesst sich die analytische des Hrn. *Gordan****), sodann

---

Annalen und in den Bänden 1 und 2 der Acta Mathematica (1881—1883). Ueberdies wolle man meinen Aufsatz in Bd. XXI der Mathematischen Annalen (1882) zu Rathe ziehen: *Neue Beiträge zur Riemann'schen Functionentheorie;* es ist dort namentlich auch die Literatur des Gegenstandes ausführlich angegeben und besprochen.

*) In dieser Richtung bewegen sich die neuesten Untersuchungen von Hrn. *Picard*, man vergl. Comptes Rendus ... 1882, 83, sowie Acta Mathematica Bd. I, II.

**) Sitzungsberichte der Erlanger physikalisch-medicinischen Gesellschaft vom Juli 1874, Mathematische Annalen, Bd. 9 (1875).

***) *Ueber endliche Gruppen linearer Substitutionen einer Veränderlichen*, Math. Annalen Bd. XII (1877).

der allgemeine Ansatz von Hrn. *C. Jordan**), vermöge dessen Letzterer in der Lage ist, auch bei grösserer Variablenzahl die entsprechende Fragestellung zu erledigen. Ich werde hier eine functionentheoretische Betrachtungsweise benutzen, welche ich bereits bei Gelegenheit andeutete**). Dieselbe geht darauf aus, sofort die *Gleichungen* in Betracht zu ziehen, deren Wurzeln durch die Substitutionen der Gruppe in einander transformirt werden, — worauf sich mit leichter Mühe zeigen lässt, dass diese Gleichungen im Wesentlichen auf die bisher untersuchten Fundamentalgleichungen zurückkommen. Der Gedankengang, den Hr. *Halphen* neuerdings zu gleichem Zwecke eingeschlagen hat***), ist von dem hier gegebenen nicht wesentlich verschieden. Uebrigens ist eine Bestimmung aller endlichen Gruppen linearer Substitutionen einer Veränderlichen implicite auch in den Untersuchungen von Hrn. *Fuchs* über algebraisch integrirbare lineare Differentialgleichungen zweiter Ordnung enthalten†), Untersuchungen, die wir schon mehrfach in Kap. II und III citirten, und auf welche wir im folgenden Paragraphen wieder Bezug nehmen werden. Man kann sagen, dass diese Arbeiten von Hrn. *Fuchs* sich dadurch von den meinigen unterscheiden, dass er gleich anfangs den formentheoretischen Standpunkt hervorkehrt, während ich mit functionentheoretischen Betrachtungen beginne.

Es seien

$$\psi_0(x) = x,\ \psi_1(x),\ \psi_2(x),\ \ldots\ldots\ \psi_{N-1}(x)$$

die $N$ linearen Functionen, welche, gleich $x'$ gesetzt, eine endliche Gruppe von $N$ linearen Substitutionen der Variabelen $x$ vorstellen. Es seien ferner $a$, $b$ irgend zwei Grössen, in der Art ausgewählt, dass keiner der Ausdrücke $\psi(a)$ gleich $b$, oder, was dasselbe ist, keiner der Ausdrücke $\psi(b)$ gleich $a$ ist. Wir bilden uns dann die Gleichung:

$$* \quad (1) \qquad \frac{(\psi_0(x)-a)\,(\psi_1(x)-a)\ldots\ldots(\psi_{N-1}(x)-a)}{(\psi_0(x)-b)\,(\psi_1(x)-b)\ldots\ldots(\psi_{N-1}(x)-b)} = X.$$

So haben wir offenbar eine Gleichung $N^{\text{ten}}$ Grades, welche bei den $N$ Substitutionen unserer Gruppe ungeändert bleibt, und deren $N$, einem beliebigen Werth von $X$ entsprechende Wurzeln daher jedesmal aus einer derselben durch unsere $N$ Substitutionen hervorgehen. In der

*) *Mémoire sur les équations différentielles linéaires à intégrale algébrique,* Borchardt's Journal Bd. 84 (1878), sowie: *Sur la détermination des groupes d'ordre fini contenus dans le groupe linéaire,* Atti della Reale Accademia di Napoli (1880).

**) Math. Annalen Bd. 14, pag. 149—150 (1878).

***) Siehe das Citat auf p. 114.

†) Göttinger Nachrichten vom August 1875, Borchardt's Journal Band 81, 85 (1875, 77).

That, wenn wir in (1) statt $x$ irgend ein $\psi(x)$ substituiren, so ist, weil die $\psi$ nach Voraussetzung eine Gruppe bilden, der Erfolg nur der, dass die Factoren im Zähler und ebenso die Factoren im Nenner der linken Seite von (1) in gewisser Weise unter einander permutirt werden.

Unsere Behauptung soll nun diese sein: *dass wir die Gleichung* (1) *einfach dadurch in eine der bisher von uns betrachteten Fundamentalgleichungen werden überführen können, dass wir statt $x$, $X$ geeignete lineare Functionen von $x$ und $X$ substituiren:*

$$z = \frac{\alpha x + \beta}{\gamma x + \delta}, \quad Z = \frac{aX + b}{cX + d}.$$ *

Zum Beweise fragen wir zunächst, für welche Werthe von $X$ die Gleichung (1) mehrfache Wurzeln besitzen mag. Sicher ist, dass, wenn für einen Werth von $X$ *einmal* $\nu$ Wurzeln $x$ zusammenfallen, *dass dann alle zugehörigen Wurzeln $x$ zu je $\nu$ coincidiren.* Es folgt dies aus der Betrachtung der Substitutionen $\psi$ genau so, wie wir dasselbe Theorem im ersten Kapitel hinsichtlich der Rotationsgruppen und solcher Kugelpunkte, die bei einigen Rotationen fest bleiben, bewiesen haben. Wir wollen jetzt annehmen, dass den Werthen $X = X_1, X_2, \ldots.$ in dem hiermit erläuterten Sinne lauter $\nu_1$-fache, $\nu_2$-fache, ... Wurzeln entsprechen mögen. Nach den Erläuterungen des § 4 unseres dritten Kapitels haben wir dann für die Functionaldeterminante $(2N-2)^{\text{ten}}$ Grades, welche sich aus Zähler und Nenner der linken Seite von (1) berechnet [nachdem man beide, durch Multipliciren mit den Nennern der $\psi$, in ganze Functionen von $x$ verwandelt hat], $\frac{N}{\nu_1}$ Wurzeln von der Multiplicität $(\nu_1 - 1)$, $\frac{N}{\nu_2}$ Wurzeln von der Multiplicität $(\nu_2 - 1)$, etc. Daher ist:

$$\sum \frac{N}{\nu_i}(\nu_i - 1) = 2N - 2,$$

oder, anders geschrieben:

$$\sum \left(1 - \frac{1}{\nu_i}\right) = 2 - \frac{2}{N}. \tag{2}$$

*Unsere Methode wird jetzt vorab die sein, dass wir diese Gleichung als eine diophantische Gleichung für die ganzen Zahlen $\nu_i$, $N$ betrachten und sämmtliche Lösungssysteme derselben aufsuchen.*

Das Letztere geschieht in äusserst einfacher Weise. Wir constatiren zunächst, dass die Anzahl der $\nu_i$ nicht kleiner als 2 und nicht grösser als 3 sein kann (insofern wir $N$, wie selbstverständlich, $> 1$ nehmen). Wäre nämlich die Anzahl der $\nu_i$ gleich 1, so wäre die linke Seite von (3) $< 1$, während die rechte für $N > 1$ grösser oder gleich 1 ist. Wäre aber die Anzahl der $\nu_i \geqq 4$, so würde die linke Seite von

(2) $\overline{\gtrless}\, 2$ sein, weil jeder Summand $\left(1 - \frac{1}{\nu_i}\right)$ selber $\overline{\gtrless}\, \frac{1}{2}$ ist, und das wäre nicht minder ein Widerspruch.

Wir nehmen jetzt erstens die Zahl der $\nu_i$ gleich 2, schreiben also statt (2) einfach:

$$\left(1 - \frac{1}{\nu_1}\right) + \left(1 - \frac{1}{\nu_2}\right) = \left(2 - \frac{2}{N}\right)$$

oder:

$$\frac{1}{\nu_1} + \frac{1}{\nu_2} = \frac{2}{N}.$$

Nun kann, wie selbstverständlich, keines der $\nu_i > N$ sein; es ist also $\frac{1}{\nu_i} \geqq \frac{1}{N}$. Wir schliessen hiernach, dass im vorliegenden Falle $\frac{1}{\nu_1}$ und $\frac{1}{\nu_2}$ beide gleich $\frac{1}{N}$ sein müssen. *Also kommt:*

(3) $$\nu_1 = \nu_2 = N,$$

*wo N beliebig ist, und dies ist unser erstes Lösungssystem.*

Nehmen wir ferner die Zahl der $\nu_i$ gleich 3 und setzen also statt (2) die Gleichung:

(4) $$\frac{1}{\nu_1} + \frac{1}{\nu_2} + \frac{1}{\nu_3} = 1 + \frac{2}{N}.$$

So sage ich zuvörderst: *Mindestens eines der $\nu_i$ muss gleich 2 sein.* Wäre nämlich jedes der drei $\nu_i \geqq 3$, so würde die linke Seite von (4) $\leqq 1$ werden, was unmöglich ist. Wir setzen also etwa $\nu_1 = 2$. So bleibt:

$$\frac{1}{\nu_2} + \frac{1}{\nu_3} = \frac{1}{2} + \frac{2}{N}.$$

Es ist nun möglich, dass noch ein zweites $\nu$, sagen wir $\nu_2$, gleich 2 ist. Wir finden dann:

$$\frac{1}{\nu_3} = \frac{2}{N}.$$

*Hiermit haben wir unser zweites Lösungssystem, das wir folgendermassen bezeichnen wollen, unter n eine beliebige Zahl verstanden:*

(5) $$N = 2n, \quad \nu_1 = 2, \quad \nu_2 = 2, \quad \nu_3 = n.$$

Ist aber keine der beiden Zahlen $\nu_2$, $\nu_3$ gleich 2, so muss mindestens eine derselben gleich 3 sein. Denn anderenfalls wäre $\frac{1}{\nu_2} + \frac{1}{\nu_3} \leqq \frac{1}{2}$, während es doch $> \frac{1}{2}$ sein soll. Demnach setzen wir $\nu_2 = 3$. So bleibt:

$$\frac{1}{\nu_3} = \frac{1}{6} + \frac{2}{N}.$$

Es ist also jedenfalls $\nu_3 < 6$. Dagegen können wir nach Belieben $\nu_3 = 3, 4, 5$ wählen. Wir bekommen dementsprechend $N = 12, 24, 60$, womit jedesmal alle unsere Bedingungen befriedigt sind. *Es gibt also noch drei weitere Lösungssysteme, die wir in folgender Tabelle zusammenstellen:*

$$(6)\qquad \begin{cases} N = 12,\ \nu_1 = 2,\ \nu_2 = 3,\ \nu_3 = 3; \\ N = 24,\ \nu_1 = 2,\ \nu_2 = 3,\ \nu_3 = 4; \\ N = 60,\ \nu_1 = 2,\ \nu_2 = 3,\ \nu_3 = 5. \end{cases}$$

Die fünferlei so gefundenen Lösungssysteme entsprechen, wie man sofort sieht, genau unseren 5 Fundamentalgleichungen: der binomischen Gleichung, der Gleichung des Dieders, Tetraeders, Oktaeders und Ikosaeders. *Wir werden jetzt zeigen, dass wir unsere Gleichung (1), je nach dem Lösungssysteme (3) oder (5) oder (6), das wir unserer diophantischen Gleichung beilegen wollen, in der That auf dem in Aussicht genommenen Wege in die jedesmal entsprechende Fundamentalgleichung überführen können.*

Nehmen wir den Fall (3) vorweg. Statt $X$ mögen wir bei ihm

$$Z = \frac{X - X_1}{X - X_2}$$

einführen. Wir haben dann für $Z = 0$ und für $Z = \infty$ je eine $N$-fache Wurzel $x$. Unsere Gleichung (1) lässt sich also folgendermassen schreiben:

$$\left(\frac{x - x_1}{x - x_2}\right)^N = Z,$$

und hier haben wir nur noch:

$$\frac{x - x_1}{x - x_2} = z$$

zu setzen, um die *binomische Gleichung:*

$$z^N = Z$$

vor uns zu haben.

In den anderen vier Fällen wollen wir

$$Z = \frac{X - X_2}{X - X_3} \cdot \frac{X_1 - X_3}{X_1 - X_2}$$

wählen, so dass für $Z = 0$ lauter $\nu_2$-fache, für $Z = \infty$ lauter $\nu_3$-fache, für $Z = 1$ lauter $\nu_1$-fache, d. h. doppelte Wurzeln sich einstellen. Indem wir mit $\Phi_1$, $\Phi_2$, $\Phi_3$ geeignete ganze Functionen von $x$ bezeichnen, nimmt unsere Gleichung (1) dann folgende Gestalt an:

$$Z : Z - 1 : 1 = \Phi_2^{\nu_2}(x) : \Phi_1^{\nu_1}(x) : \Phi_3^{\nu_3}(x),$$

wo wir für $\nu_2$, $\nu_1$, $\nu_3$ eines unserer Lösungssysteme eingetragen denken müssen. Hiermit combiniren wir jetzt die entsprechende Fundamentalgleichung, der wir früher die Gestalt ertheilt hatten:

$$Z : Z - 1 : 1 = c\, F_2^{\nu_2}(z) : c'\, F_1^{\nu_1}(z) : F_3^{\nu_3}(z).$$

Unsere Behauptung wird bewiesen sein, wenn wir zeigen, *dass in Folge dieser zweierlei Gleichungen $z$ eine lineare Function von $x$ ist:*

$$z = \frac{\alpha x + \beta}{\gamma x + \delta}.$$

Zu dem Zwecke erinnern wir uns der Differentialgleichung dritter Ordnung, die wir früher für $z$ als Function von $Z$ aufgestellt haben (siehe § 8 des 3. Kapitels):

$$[z]_Z = \frac{\nu_1^2 - 1}{2\nu_1^2 (Z-1)^2} + \frac{\nu_2^2 - 1}{2\nu_2^2 \cdot Z^2} + \frac{\frac{1}{\nu_1^2} + \frac{1}{\nu_2^2} - \frac{1}{\nu_3^2} - 1}{2(Z-1)Z}.$$

Indem wir die Beweisgründe durchgehen, die wir bei Aufstellung dieser Gleichung benutzten, erkennen wir, *dass $x$ in Bezug auf $Z$ jeweils derselben Differentialgleichung genügt.* Nun sind, wie wir wissen, alle Lösungen einer solchen Differentialgleichung lineare Functionen einer beliebigen Particularlösung. Daher ist auch $z$ lineare Function von $x$, was zu beweisen war. —

Wir wollen das hiermit gewonnene Resultat noch genauer zusammenfassen. Es handelte sich darum, alle endlichen Gruppen linearer Substitutionen:

$$x' = \psi_i(x), \quad i = 0, 1, \ldots . (N-1),$$

aufzusuchen. Wir erkennen jetzt, dass wir dieselben alle gewinnen, indem wir die endlichen Gruppen, die wir in § 7 des zweiten Kapitels zusammenstellten, als Ausgangspunkt wählen und nun in die damals gegebenen Formeln statt $z$ ein beliebiges $x$ durch die Gleichung $z = \frac{\alpha x + \beta}{\gamma x + \delta}$ einführen, worauf natürlich $z'$ in entsprechender Weise
* durch $x' = \frac{-\delta z' + \beta}{\gamma z' - \alpha}$ ersetzt werden muss.

## § 3. Algebraisch integrirbare lineare, homogene Differentialgleichungen der zweiten Ordnung.

Wie wir in § 1 in Aussicht nahmen, beschäftigen wir uns jetzt, mit Unterbrechung unseres allgemeinen Gedankenganges, mit der Aufgabe: *alle linearen homogenen Differentialgleichungen zweiter Ordnung mit rationalen Coefficienten anzugeben:*

$$(7) \qquad y'' + p \cdot y' + q \cdot y = 0,$$

*welche durchaus algebraische Lösungen besitzen.* In der That erledigt sich diese Aufgabe unter Zugrundelegung derjenigen Entwickelungen, die wir im dritten Kapitel hinsichtlich der linearen Differentialgleichungen zweiter Ordnung ohnehin erbracht haben, nunmehr so einfach, dass es unrichtig scheinen würde, sie hier bei Seite zu lassen.

Wir ersetzen zunächst, wie wir es im dritten Kapitel thaten (§ 7 daselbst), die Differentialgleichung (7) durch diejenige Differentialgleichung dritter Ordnung:

$$(8)\qquad [\eta]_Z = \frac{\eta'''}{\eta'} - \frac{3}{2}\left(\frac{\eta''}{\eta'}\right)^2 = 2q - \frac{1}{z}p^2 - p' = r(Z),$$

von welcher der Quotient $\eta$ zweier beliebiger Particularlösungen $y_1$, $y_2$ von (7) abhängt. Offenbar ist $\eta$ algebraisch, wenn $y_1$ und $y_2$ es sind. Erinnern wir uns nun der Formeln (Kap. II, Glch. (33)):

$$y_1 = \eta \cdot y_2, \quad y_2 = \sqrt{\frac{k}{\eta'}} \cdot e^{-\frac{1}{2}\int p\,dZ},$$

so sehen wir, dass wir dann, aber auch nur dann den Rückschluss machen können, wenn $\int p\,dZ$ der Logarithmus einer algebraischen Function ist*). *Es ist dies eine erste, dem Coefficienten $p$ aufzuerlegende Bedingung.* Indem wir dieselbe in der Folge als erfüllt ansehen, können wir überhaupt die Gleichungen (7) bei Seite lassen und haben nur noch die Aufgabe, alle algebraisch integrirbaren Gleichungen (8) aufzustellen, wobei $r(Z)$ eine unbekannte, aber jedenfalls *rationale* Function bezeichnet. Diese Aufgabe behandeln wir dann in der Weise, dass wir zuvörderst alle algebraischen *Integralgleichungen* angeben, welche differentiirt zu Differentialgleichungen dritter Ordnung der gesuchten Art hinleiten; die Aufstellung der Differentialgleichungen selbst wird dann hinterher mit grosser Leichtigkeit erfolgen.

Die Function $\eta(Z)$ wird als algebraische Function von $Z$ in der Ebene $Z$ eine endliche Anzahl von Verzweigungspunkten besitzen; wir wollen dieselben in der Art durch ein Netz von Querschnitten verbinden, dass die Ebene $Z$ eine einzige zusammenhängende Randcurve bekommt. In der so zerschnittenen Ebene construiren wir uns dann zunächst einen ersten, nothwendig überall eindeutigen Functionszweig $\eta_0$, welcher der Differentialgleichung (8) genügt. Der allgemeinste Functionszweig, welcher (8) befriedigt, wird, wegen der Grundeigenschaft des Differentialausdrucks $[\eta]_Z$, eine lineare Function dieses $\eta_0$ sein. So oft wir daher $\eta_0$ über einen der Querschnitte hinüber fortsetzen, erfährt es eine (natürlich nur von dem Querschnitte abhängige) lineare Substitution. Wir erhalten also, indem wir in irgendwelcher Combination oder Wiederholung alle möglichen Querschnitte überschreiten, für unser $\eta_0$ eine *Gruppe* linearer Substitutionen. Nun soll, verlangen wir, $\eta_0$ von $Z$ *algebraisch* abhängen. Daher muss die Anzahl der Functionszweige,

*) Da $p$ rational sein soll, so können wir ebensowohl sagen: $\int p\,dZ$ soll der Logarithmus einer *rationalen* Function sein.

welche aus $\eta_0$ beim Ueberschreiten der Querschnitte entstehen, und somit auch die Zahl der linearen Substitutionen, welche $\eta_0$ erfährt, *endlich* sein. Wir kommen also unmittelbar auf die Fragestellung des vorigen Paragraphen zurück und können das Resultat desselben sofort in folgender Form aussprechen:

*Soll $\eta_0$ in $Z$ algebraisch sein, so gibt es eine lineare Function $z$ von $\eta_0$, für welche entweder $z^N$ oder eine der anderen Fundamentalfunctionen $c\,\frac{F_2^{\nu_2}}{F_3^{\nu_3}}$ beim Ueberschreiten beliebiger Querschnitte der Z-Ebene ungeändert bleibt.*

Dieses $z$ ist natürlich selbst eine Lösung von (8). Andererseits wird der ungeändert bleibende Ausdruck, weil er eine algebraische Function von $Z$ sein soll, eine rationale Function von $Z$ sein müssen. Daher haben wir:

*Soll Gleichung (8) algebraisch integrirbar sein, so muss sich bei geeigneter Auswahl der Particularlösung $z$ die Integralgleichung in einer der 5 Formen schreiben:*

$$(10)\qquad z^N = R(Z), \qquad c\,\frac{F_2^{\nu_2}(z)}{F_3^{\nu_3}(z)} = R(Z),$$

*unter $R(Z)$ eine rationale Function von $Z$ verstanden.*

Wir leiten nun umgekehrt aus einer beliebigen der Gleichungen (10) den Werth von $[z]_Z$ ab. Wir schreiben zu dem Zwecke einen Augenblick:

$$z^N = Z_1, \ \text{bez.}\ c\,\frac{F_2^{\nu_2}(z)}{F_3^{\nu_3}(z)} = Z_1;$$

so ist nach unseren früheren Untersuchungen:

$$[z]_{Z_1} = \frac{N^2-1}{2N^2\cdot Z_1^2}, \ \text{bez.} = \frac{\nu_1^2-1}{2\nu_1^2(Z_1-1)^2} + \frac{\nu_2^2-1}{2\nu_2^2\cdot Z_1^2} + \frac{\frac{1}{\nu_1^2}+\frac{1}{\nu_2^2}-\frac{1}{\nu_3^2}-1}{2(Z_1-1)Z_1}.$$

Nun fanden wir andererseits in § 6 des dritten Kapitels die allgemeine Formel:

$$[z]_Z = \left(\frac{dZ_1}{dZ}\right)^2\cdot [z]_{Z_1} + [Z_1]_Z.$$

Indem wir hier für $Z_1$ seinen Werth $R(Z)$ eintragen, gewinnen wir die folgenden Differentialgleichungen, denen $\eta = z$ genügt:

$$(11)\quad \begin{cases} [\eta]_Z = \dfrac{N^2-1}{2N^2\cdot R^2}\cdot R'^2 + [R]_Z, \\[2ex] [\eta]_Z = R'^2\cdot\left\{\dfrac{\nu_1^2-1}{2\nu_1^2(R-1)^2} + \dfrac{\nu_2^2-1}{2\nu_2^2\cdot R^2} + \dfrac{\frac{1}{\nu_1^2}+\frac{1}{\nu_2^2}-\frac{1}{\nu_3^2}-1}{2(R-1)R}\right\} + [R]_Z. \end{cases}$$

Offenbar subsumiren sich diese Differentialgleichungen unter die Formel (8), indem auch bei ihnen rechter Hand eine rationale Function von $Z$ steht. *Daher schliessen wir, dass die in Formel (10) eingeführte rationale Function $R(z)$ überhaupt jede beliebige rationale Function sein darf,* *und dass in diesem Sinne die Gleichungen (11), denen als particuläre Integrale die Gleichungen (10) entsprechen, die allgemeinsten von uns gesuchten Differentialgleichungen sind.* Hiermit aber ist die Aufgabe, welche wir zu Anfang dieses Paragraphen formulirten, vollständig erledigt*). *

## § 4. Endliche Gruppen linearer Substitutionen bei grösserer Variablenzahl.

Indem ich mich jetzt zu der ersten in § 1 in Aussicht genommenen Verallgemeinerung wende, ist meine Absicht keineswegs, Beispiele von endlichen Gruppen linearer Substitutionen bei grösserer Variablenzahl mitzutheilen**), oder sonst betreffs dieser Gruppen in irgend welche Einzelheiten einzugehen. Vielmehr soll es sich nur darum handeln, in allgemeinen Zügen zu schildern, wie sich einer jeden solchen Gruppe entsprechend *Fundamentalaufgaben* formuliren lassen.

Sei unsere Gruppe zunächst in *homogener* Form geschrieben. Dann wird es gewisse *ganze Functionen* der Variabelen $z_0, z_1, \ldots z_{n-1}$ (Formen) geben, welche bei den Substitutionen der Gruppe sich nicht ändern. Wir werden suchen, das *volle System* dieser Formen aufzustellen, d. h. diejenigen Formen: *

$$F_1, F_2, \ldots\ldots F_p,$$

durch welche sich alle anderen durchaus invarianten Formen als ganze Functionen ausdrücken lassen. Zwischen denselben werden gewisse Identitäten bestehen müssen, die wir sämmtlich berechnen. Wir denken uns jetzt

*) Nachdem Hr. *Schwarz* in der wiederholt genannten Abhandlung im 75. Bande von Borchardt's Journal (1872) für die Differentialgleichung der hypergeometrischen Reihe alle Fälle aufgesucht hatte, welche algebraisch integrirbar sind, wurde die Frage nach den allgemeinsten algebraisch integrirbaren linearen Differentialgleichungen zweiter Ordnung mit rationalen Coefficienten in den soeben genannten Aufsätzen zuerst von Hrn. *Fuchs* in Angriff genommen (1875—78). Anknüpfend an die erste seiner Mittheilungen gab ich in den Sitzungsberichten der Erlanger Societät vom Juni 1876 (siehe auch Math. Ann. Bd. 11) das nun im Texte abgeleitete einfache Resultat. Man vergleiche hierzu noch *Brioschi: La théorie des formes dans l'intégration des équations différentielles linéaires du second ordre*, im 11. Bande der Math. Ann. (1876), sowie meinen zweiten Aufsatz: *Ueber lineare Differentialgleichungen,* im 12. Bande daselbst (1877). Weitergehende Fragen, die sich ebenfalls auf lineare Differentialgleichungen zweiter Ordnung beziehen, behandelt mit derselben Methode Hr. *Picard (Sur certaines équations différentielles linéaires*, Comptes Rendus de l'Académie des Sciences, t. 90 (1880)). *Halphen's* Untersuchungen über Differentialgleichungen höherer Ordnung wurden bereits soeben genannt.

**) Wegen solcher Beispiele siehe die bereits genannten Arbeiten von *C. Jordan,* sowie meine Aufsätze in den Mathem. Annalen Bd. 4, pag. 346 ff., Bd. 15, pag. 251 ff. Ein besonderer Fall wird im dritten Kapitel des folgenden Abschnitts zu behandeln sein.

die Zahlenwerthe der $F$, in Uebereinstimmung mit diesen Identitäten, aber sonst irgendwie gegeben. Dann haben wir das *Formenproblem*, welches unserer Gruppe entspricht, indem wir verlangen, aus diesen Zahlenwerthen die zugehörigen $z_0, z_1, \ldots z_{n-1}$ zu berechnen. Das Formenproblem hat so viele Lösungssysteme, als die vorgegebene Gruppe Operationen umfasst, und gehen alle diese Lösungssysteme aus einem
* beliebigen derselben durch die Operationen der Gruppe hervor.

Neben diese formentheoretische Auffassung stellt sich die andere, welche nur die *Verhältnisse* der $z_0, z_1, \ldots z_{n-1}$ in Betracht zieht, also mit $(n-1)$ *absoluten* Variablen und *gebrochenen* linearen Substitutionen arbeitet. Statt der Formen $F_1, F_2, \ldots$ werden wir jetzt gewisse *rationale Functionen* $Z_1, Z_2, \ldots$ in Betracht zu ziehen haben, die sich aus den $F$ — oder auch aus solchen Formen, welche sich bei den homogenen Substitutionen um einen Factor ändern — als Quotienten nullter Dimension zusammensetzen, und die so ausgewählt werden müssen, dass alle anderen ungeändert bleibenden rationalen Functionen sich aus ihnen rational zusammensetzen. Indem wir sodann noch alle zwischen diesen $Z$ bestehenden Identitäten aufsuchen, denken wir uns die Zahlenwerthe der $Z$ in Uebereinstimmung mit diesen Identitäten, oder sonst irgendwie gegeben. Wir verlangen, aus ihnen die Verhältnisse der $z$ zu berechnen. So haben wir, was ich allgemein als das zu der Gruppe gehörige *Gleichungssystem* benennen will. Das Gleichungssystem hat in Bezug auf die nicht homogenen Substitutionen der Gruppe ganz ähnliche Eigenschaften, wie das For-
* menproblem in Bezug auf die homogenen.

Beiderlei Aufgaben: das Formenproblem und das Gleichungssystem können wir dann in den Schematismus der *Galois*'schen Theorie einordnen. Offenbar dürfen wir sagen, indem wir uns der allgemeinen in § 6 des vorigen Kapitels eingeführten Redeweise bedienen, dass beide ihre eigenen Galois'schen Resolventen sind. Ausserdem liegt auf der Hand, dass die Auflösung des Formenproblems diejenige des Gleichungssystems nach sich zieht, während das Umgekehrte nicht ohne weiteres der Fall zu sein braucht.

Wir wollen bei solchen Allgemeinheiten nicht zu lange verweilen. Dagegen mögen wir uns noch überzeugen, dass in einem gewissen Sinne mit diesen Formulirungen die gesammte gewöhnlich sogenannte
* *Gleichungstheorie* umspannt wird. Handelt es sich darum, eine Gleichung $n^{\text{ten}}$ Grades $f(x) = 0$ zu lösen, so können wir die Sache so fassen, als sei uns für die $n$ Variabelen $x_0, x_1, \ldots x_{n-1}$ (d. h. die Wurzeln der Gleichung) ein Formenproblem vorgelegt. Die Gruppe der zugehörigen linearen Substitutionen wird einfach von denjenigen

Vertauschungen der $x$ gebildet, welche die „Galois'sche Gruppe“ der Gleichung ausmachen, die Formen $F$ coincidiren mit dem vollen Systeme denjenigen ganzen Functionen der $x$, welche im Sinne der Galois'schen Theorie als „rational bekannt“ gelten. Mit diesen Bemerkungen wird natürlich an dem Inhalte der Gleichungstheorie zuvörderst nichts geändert. Aber die in ihr zu entwickelnden Sätze erhalten eine neue Anordnung. Als einfachste Probleme erscheinen jetzt diejenigen, die sich auf Gruppen binärer Substitutionen beziehen, d. h. eben dieselben Probleme, mit denen wir uns in den vergangenen Kapiteln beschäftigten. Es folgen ferner die ternären Probleme etc. etc.*)

## § 5. Vorausblick auf die Theorie der Gleichungen fünften Grades und Formulirung eines allgemeinen algebraischen Problems.

Die kurzen Bemerkungen des vorigen Paragraphen genügen, um die Entwickelungen des zweiten hier folgenden Abschnitts unter demjenigen Gesichtspunkte erscheinen zu lassen, den ich in § 1 des gegenwärtigen Kapitels andeutete. Es soll sich in unserm zweiten Abschnitte darum handeln, die Auflösung der allgemeinen Gleichung fünften Grades nach Adjunction der Quadratwurzel aus der Discriminante auf die Auflösung der Ikosaedergleichung zurückzuführen. Hier haben wir in der Gleichung fünften Grades zufolge der gerade dargelegten Auffassung ein *Formenproblem* mit 5 Variabelen und einer Gruppe von 60 linearen Substitutionen vor uns. Andererseits haben wir in der Ikosaedergleichung ein *Gleichungssystem* (wenn dieser Ausdruck bei nur einer Variabelen gestattet ist) ebenfalls mit einer Gruppe von 60 Substitutionen, und zwar einer Gruppe, die, wie wir wissen, mit der Gruppe der vorgelegten Gleichung fünften Grades holoedrisch isomorph ist. Indem wir unsere specielle Frage — und zwar mit geometrischen Ueberlegungen, die, in dieser Form, nur bei ihr Platz greifen — behandeln, gewinnen wir also einen Beitrag zu der allgemeinen Aufgabe, *überhaupt zu untersuchen, inwieweit es gelingt Formenprobleme oder Gleichungssysteme mit resp. isomorphen Gruppen auf einander zu reduciren.* Unter Isomorphismus brauchen wir dabei natürlich nicht nothwendig holoedrischen Isomorphismus zu verstehen.

Die Formulirung dieser Aufgabe hat eine gewisse Tragweite, denn wir erhalten damit zugleich ein allgemeines Programm für die Weiterentwickelung der Gleichungstheorie. Unter den Formen-

*) Die hiermit formulirte Auffassung liegt im Wesentlichen bereits meinem Aufsatze in Bd. 4 der mathematischen Annalen (1871) zu Grunde: *Ueber eine geometrische Repräsentation der Resolventen algebraischer Gleichungen*; man sehe ferner die sogleich zu nennende Abhandlung in Bd. 15 daselbst.

problemen oder Gleichungssystemen mit isomorpher Gruppe bezeichneten wir schon oben dasjenige als das einfachste, welches die geringste Zahl von Variabelen besitzt. Ist also irgend eine Gleichung $f(x) = 0$ gegeben, so werden wir zunächst untersuchen, mit welcher kleinsten Zahl von Variabelen man eine Gruppe linearer Substitutionen construiren kann, die mit der Galois'schen Gruppe von $f(x) = 0$ isomorph ist. Dann werden wir das Formenproblem, oder das Gleichungssystem, aufstellen, welches zu dieser Gruppe gehört, und nun versuchen, die Auflösung von $f(x) = 0$ auf dieses Formenproblem bez. Gleichungssystem zurückzuführen. —

Die Umgrenzung des Stoffes, welche ich bei der gegenwärtigen Darstellung festhalten möchte, macht es mir unmöglich, auf den hiermit bezeichneten Gesichtspunkt genauer einzugehen. Ich werde nur, bei der Betrachtung der Gleichungen fünften Grades, zwischendurch immer darauf verweisen, wie man die Gleichungen dritten und vierten Grades in analogem Sinne behandeln kann, indem man erstere mit der Diedergleichung vom Grade 6 und die letztere mit der Oktaedergleichung (bez., wenn die Quadratwurzel aus der Discriminante adjungirt ist, mit der Tetraedergleichung) in Verbindung setzt. Um so mehr sei hier eines Aufsatzes im 15. Bande der Mathemathischen Annalen*) und der anschliessenden Untersuchungen von *Gordan***) gedacht. Es sind dort die hier in Betracht kommenden Principien so weit entwickelt, dass eine befriedigende Theorie der Gleichungen siebenten und achten Grades mit einer Galois'schen Gruppe von 168 Vertauschungen aufgestellt werden konnte, eine Theorie, welche als naturgemässe Weiterbildung der im Folgenden gegebenen Theorie der Gleichungen fünften Grades erscheint ***).

## § 6. Unendliche Gruppen linearer Substitutionen einer Veränderlichen.

Wir schreiten jetzt zur zweiten Verallgemeinerung der früheren Fragestellung. Nicht die Zahl der Variabelen werden wir vermehren, aber

---

*) *Ueber die Auflösung gewisser Gleichungen vom siebenten und achten Grade* (1879).

**) Siehe insbesondere: *Ueber Gleichungen siebenten Grades mit einer Gruppe von 168 Substitutionen* im 20. Bande der Mathem. Annalen (1882).

***) Wollte man die Gleichungen 6. Grades in analogem Sinne behandeln, so müsste man nach Adjunction der Quadratwurzel aus der Discriminante diejenige Gruppe von 360 linearen Raumtransformationen zu Grunde legen, welche ich in Bd. IV der Mathem. Annalen l. c. aufgestellt habe und auf welche neuerdings Hr. *Veronese* von geometrischer Seite zurückgekommen ist (*Sui gruppi $P_{360}$, $\Pi_{360}$ della figura di sei complessi lineari di rette etc.*, Annali di Matematica, ser. 2, t. XI, 1883).

die Zahl der Substitutionen, indem wir statt endlicher Gruppen *unendliche* Gruppen zu Grunde legen. Unter Beiseitelassung des formentheoretischen Standpunktes will ich hier in functionentheoretischer Form nur die allereinfachsten Beispiele zur Sprache bringen*). An Stelle der rationalen Functionen von $z$ (die bei den Gruppen endlichvieler Substitutionen ungeändert blieben) haben wir dann transcendente, aber eindeutige Functionen.

Gedenken wir in diesem Sinne zunächst der *einfach-periodischen* und der *trigonometrischen* Functionen.

Eine *periodische* Function von $z$ genügt der Functionalgleichung:

$$(12) \qquad f(z + ma) = f(z),$$

wo $m$ jede beliebige, positive oder negative, ganze Zahl bedeuten darf. Hier haben wir also die Substitutionsgruppe:

$$(13) \qquad z' = z + ma,$$

mit Bezug auf welche sich die $z$-Ebene in wohlbekannter Weise in unendlich viele „äquivalente" Parallelstreifen zerlegt, die für die Gruppe in dem früher geschilderten Sinne „Fundamentalbereiche" sind. Die einfachste periodische Function:

$$(14) \qquad e^{\frac{2i\pi z}{a}} = Z$$

nimmt innerhalb eines jeden solchen Streifens jeden Werth einmal an; in Folge dessen drücken sich alle anderen periodischen Functionen, welche eine endliche Anzahl von Malen im einzelnen Parallelstreifen jeden Werth erreichen, rational durch $Z$ aus. Man sieht: dieses $Z$ spielt gegenüber der Gruppe (13) dieselbe Rolle, wie früher, bei den endlichen Gruppen, die mit demselben Buchstaben bezeichnete rationale Fundamentalfunction. Wir können auch, wie bei den endlichen Gruppen, von einer „Gleichung" sprechen, die zu unserer Gruppe gehört. Es ist dies einfach Formel (14), in dem Sinne aufgefasst, dass wir verlangen, aus gegebenem $Z$ das $z$ zu berechnen. Beachten wir dabei, dass wir $e^{\frac{2i\pi z}{a}}$ als Grenzfall einer Potenz von wachsendem Exponenten und dementsprechend (14) als Grenzfall einer binomischen Gleichung betrachten können. Es genügt zu dem Zwecke, sich der wohlbekannten Definition zu erinnern:

*) Es liegt nahe, im Texte namentlich auch die *doppeltperiodischen* Functionen heranzuziehen. Aber diese haben einen etwas complicirteren Charakter als die anderen Beispiele. Denn es gibt bei ihnen keine einzelne Fundamentalfunction $Z$, durch welche sich alle anderen Functionen rational ausdrücken, vielmehr muss man durchaus *zwei* Functionen $Z_1$, $Z_2$ (zwischen denen dann eine algebraische Relation vom Geschlechte $p = 1$ besteht) zu Grunde legen.

(15) $$e^x = \left(1 + \frac{x}{n}\right)^n_{\lim n = \infty}$$

Wir finden den Uebergang zu den *trigonometrischen* Functionen, indem wir mit (13) die neue Substitution verbinden:

(16) $$z' = -z,$$

und dadurch die Zahl der in Betracht zu ziehenden Substitutionen verdoppeln. Um geeignete, zur neuen Gruppe gehörige Fundamentalbereiche zu erhalten, ziehen wir die gerade Linie, welche die Punkte $z = ma$ enthält, und zerlegen dadurch jeden der bislang betrachteten Parallelstreifen in zwei Theile. An Stelle der Exponentialfunction (14) tritt jetzt die folgende:

(17) $$e^{\frac{2i\pi z}{a}} + e^{\frac{-2i\pi z}{a}} = 2\cos\frac{2\pi z}{a};$$

*unsere „Gleichung" verlangt also, aus dem Werthe des Cosinus den Werth des Argumentes zu berechnen.* Auch diese Gleichung ist ein Grenzfall der früheren. Schreiben wir nämlich die Diedergleichung:

$$\frac{(z_1^n - z_2^n)^2}{4\, z_1^n z_2^n} = -Z$$

zuvörderst folgendermassen:

$$z^n + \frac{1}{z^n} = -4Z + 2,$$

substituiren alsdann $1 + \frac{x}{n}$ für $z$ und lassen $n$ über alle Maassen wachsen, so verwandelt sich die linke Seite:

$$\left(1 + \frac{x}{n}\right)^n + \left(1 + \frac{x}{n}\right)^{-n}$$

in $2\cos ix$. —

Ueber diese nächstliegenden Beispiele hinaus betrachten wir jetzt noch die *elliptischen Modulfunctionen* und gewisse andere mit ihnen verwandte Functionen, welche zuerst Hr. *Schwarz* in seiner wiederholt genannten Abhandlung über die hypergeometrische Reihe (in Borchardt's Journal Bd. 75, 1872) in Betracht gezogen hat. In § 8 unseres dritten Kapitels haben wir, wie wir noch eben erwähnten, für die Wurzel $z$ der Dieder-, Tetraeder-, Oktaeder- und Ikosaedergleichung gemeinsam die Differentialgleichung dritter Ordnung aufgestellt:

(18) $$[z]_Z = \frac{\nu_1^2 - 1}{2\nu_1^2 (Z-1)^2} + \frac{\nu_2^2 - 1}{2\nu_2^2 . Z^2} + \frac{\frac{1}{\nu_1^2} + \frac{1}{\nu_2^2} - \frac{1}{\nu_3^2} - 1}{2(Z-1)Z},$$

wo für $\nu_1$, $\nu_2$, $\nu_3$ resp. die Zahlenwerthe der folgenden, wiederholt benutzten Tabelle einzutragen waren:

| | $\nu_1$ | $\nu_2$ | $\nu_3$ |
|---|---|---|---|
| Dieder | 2 | 2 | $n$ |
| Tetraeder | 2 | 3 | 3 |
| Oktaeder | 2 | 3 | 4 |
| Ikosaeder | 2 | 3 | 5 |

und zwar sind dies, wie wir soeben (in § 2) zeigten, die einzigen Zahlwerthe, für welche $\frac{1}{\nu_1}+\frac{1}{\nu_2}+\frac{1}{\nu_3}>1$ ist. *Die Functionen des Hrn. Schwarz erwachsen, indem wir in* (18) *für* $\nu_1$, $\nu_2$, $\nu_3$ *irgend drei andere ganze Zahlen einsetzen* (wobei dann $\frac{1}{\nu_1}+\frac{1}{\nu_2}+\frac{1}{\nu_3}\leqq 1$ sein wird).

Um von dem Verlaufe dieser Functionen eine Vorstellung zu geben, sei Folgendes bemerkt. Im dritten Kapitel haben wir gesehen, dass vermöge unserer Fundamentalgleichungen die Halbebene $Z$ auf Kreisbogendreiecke der $z$-Kugel abgebildet wird, deren Winkel bez. $\frac{\pi}{\nu_1}$, $\frac{\pi}{\nu_2}$, $\frac{\pi}{\nu_3}$ betragen. Genau dasselbe findet bei den jetzt in Rede stehenden Functionen statt, sobald wir die Particularlösung von (18) fixirt haben, die wir in Betracht ziehen wollen, und diese nun analytisch fortsetzen. Während aber damals, dem algebraischen Charakter der Fundamentalgleichungen entsprechend, eine *endliche* Zahl von Kreisbogendreiecken genügte, um die $z$-Kugel zu überdecken, so lagert sich jetzt eine *unendliche* Zahl solcher Dreiecke (von denen keines mit dem andern collidirt) neben einander. Man muss dabei unterscheiden, ob $\frac{1}{\nu_1}+\frac{1}{\nu_2}+\frac{1}{\nu_3}=1$ oder $<1$ ist. Im ersteren Falle laufen die Kreisbogen, welche die Dreiecke begrenzen, verlängert gedacht, sämmtlich durch einen festen Punkt der $z$-Kugel, und diesem festen Punkte strebt man immer mehr zu, je mehr man die aufeinander folgenden Dreiecke vervielfältigt, ohne ihn doch je zu erreichen. Die Function $Z(z)$ hat überall, ausser in diesem Puncte, einen bestimmten Werth. — Im andern Falle haben die begrenzenden Kreislinien einen gemeinsamen Orthogonalkreis, und es bildet dieser Kreis die Grenze, der man durch Vermehrung der Kreisbogendreiecke beliebig näher kommt, ohne sie doch jemals zu überschreiten. Die Function $Z(z)$ existirt daher nur auf der einen Seite des Orthogonalkreises, der Orthogonalkreis ist für sie dasjenige, was man als *natürliche Grenze* bezeichnet*). — Was die zugehörige Gruppe linearer Substitutionen angeht, so denke man sich die besprochenen Kreisbogendreiecke abwechselnd

*) Vergl. durchweg die citirte Abhandlung von *Schwarz*, in der auch bezügliche Figuren gegeben sind.

schraffirt und nicht schraffirt: Die Gruppe besteht alsdann aus allen linearen Substitutionen von $z$, welche ein schraffirtes Dreieck in ein anderes schraffirtes Dreieck (oder ein nicht schraffirtes in ein nicht schraffirtes) verwandeln.

Unter den hiermit eingeführten Functionen bilden nun die *elliptischen Modulfunctionen* (sofern wir uns auf deren einfachste Art beschränken wollen) einen besonderen Fall: den Fall $\nu_1 = 2$, $\nu_2 = 3$, $\nu_3 = \infty$. Das Kreisbogendreieck der $z$-Kugel hat dann, dem Werthe von $\nu_3$ entsprechend, einen Winkel gleich Null. Indem wir den Grenzkreis, den $Z(z)$ auf der $z$-Kugel besitzt, mit dem Meridiane der reellen Zahlen zusammenfallen lassen, vermögen wir zu erreichen, dass die Gesammtheit der zugehörigen linearen Substitutionen durch diejenigen *ganzzahligen, reellen* Substitutionen

$$z' = \frac{\alpha z + \beta}{\gamma z + \delta}$$

gegeben ist, *deren Determinante* $(\alpha\delta - \beta\gamma) = 1$ *ist.* Es seien $g_2$, $g_3$ die Invarianten einer binären biquadratischen Form $F(x_1, x_2)$ (s. § 11 des zweiten Kapitels), so ist bekanntlich $\Delta = g_2^3 - 27 g_3^2$ die zugehörige Discriminante. Man setze jetzt das in Rede stehende $Z$ gleich der absoluten Invariante $\frac{g_2^3}{\Delta}$. *So ist das $z(Z)$ nichts Anderes, als das Verhältniss zweier primitiver Perioden des elliptischen Integrals:*

$$\int \frac{x_2\,dx_1 - x_1\,dx_2}{\sqrt{F(x_1, x_2)}},$$

*also das $\frac{iK'}{K}$ der Jacobi'schen Bezeichnung*).*

Es ist an dieser Stelle unmöglich, auf die verschiedenen hiermit berührten Beziehungen genauer einzugehen. Nur dieses wollen wir noch hervorheben, dass vermöge der entwickelten Auffassung die elliptischen Modulfunctionen genau so, wie eben die Exponentialfunction und der Cosinus, als letztes Glied einer Reihe von unendlich vielen, analog gebildeten Functionen erscheinen. Man setze in Formel (18) $\nu_1$ durchweg gleich 2, $\nu_2$ gleich 3 und lasse nun $\nu_3$ von 2 beginnend alle ganzzahligen positiven Werthe durchlaufen. Dann hat man für $\nu_3 = 2$ einen Fall des Dieders**) (nur dass $\nu_2 > \nu_3$ genommen ist,

*) Man sehe *Dedekind* in Borchardt's Journal Bd. 83 (1877), sowie meinen Aufsatz: *Ueber die Transformationen der elliptischen Functionen etc.* in Bd. 14 der Mathem. Annalen (1878). Wer sich eingehender für diese Theorie interessirt, möge vor allem die Abhandlung von Hrn. *Hurwitz* im 18. Bande der Mathem. Annalen (1881) zu Rathe ziehen (*Grundlagen einer independenten Theorie der elliptischen Modulfunctionen etc.*).

**) Es ist derselbe Fall, auf welchen, wie in § 7 des zweiten Kapitels erwähnt, die Berechnung des Doppelverhältnisses von 4 Punkten oder auch des Mo-

während wir sonst gewöhnlich die $\nu$ nach ihrer Grösse anordneten), für $\nu_3 = 3, 4, 5$ der Reihe nach Tetraeder, Oktaeder, Ikosaeder, sodann für grössere Werthe von $\nu_3$ eine unendliche Reihe transcendenter Functionen, deren Abschluss für $\nu_3 = \infty$ die elliptischen Modulfunctionen sind. *

## § 7. Auflösung der Tetraeder-, Oktaeder- und Ikosaeder-Gleichung durch elliptische Modulfunctionen.

So kurz die vorstehenden Andeutungen sind, so genügen sie doch, um verständlich zu machen, warum man die Gleichungen des Tetraeders, Oktaeders, Ikosaeders (oder auch den speciellen, gerade genannten Fall der Diedergleichung) durch elliptische Modulfunctionen lösen kann. Gedenken wir zunächst der *logarithmischen* Auflösung der binomischen Gleichung:

$$z^n = Z,$$

oder auch, was ganz analog ist, der *trigonometrischen* Auflösung der Diedergleichung:

$$z^n + z^{-n} = -4Z + 2.$$

Beide Lösungen lassen sich als Grenzfall einer trivialen, algebraischen Lösung ansehen, die darin besteht, dass man, unter $m$ eine beliebige positive ganze Zahl verstanden, zuvörderst $\zeta$ aus der Gleichung

$$\zeta^{mn} = Z, \quad \text{oder} \quad \zeta^{mn} + \zeta^{-mn} = -4Z + 2$$

berechnet und dann $z$ einer rationalen Function von $\zeta$ gleich findet:

$$z = \zeta^m.$$

Die transcendenten Lösungen erwachsen hieraus, indem wir $m = \infty$ nehmen, worauf $\zeta^{mn}$ in der eben geschilderten Weise in $e^\zeta$, $\zeta^{mn} + \zeta^{-mn}$ in $2\cos i\zeta$ übergeht, und $z = e^{\frac{\zeta}{n}}$ wird.

*Genau dieselbe Bewandtniss hat es nun mit der Darstellung unserer Fundamental-Irrationalitäten durch elliptische Modulfunctionen.* Man überzeugt sich zunächst, dass eine jede der Schwarz'schen Functionen $\nu_1, \nu_2, \nu_3$ sich durch jede andere $\nu_1', \nu_2', \nu_3'$ eindeutig darstellen lässt, *deren Exponenten ganzzahlige Multipla der ursprünglichen $\nu_1, \nu_2, \nu_3$ sind.* Insbesondere also, wenn wir uns auf jene Serie von Functionen beschränken, bei denen $\nu_1 = 2$, $\nu_2 = 3$ sind, so wird zur eindeutigen Darstellung nur die Bedingung erforderlich sein, dass $\nu_3'$ durch $\nu_3$ theilbar ist. Dies aber ist jedenfalls der Fall, wenn $\nu_3' = \infty$ ist. *Alle Functionen unserer Serie lassen sich also durch die elliptische Mo-*

duls der elliptischen Functionen führt, und der andererseits in der Folge bei der Auflösung der Gleichungen dritten Grades zu Grunde gelegt werden wird.

*dulfunction eindeutig darstellen, und eben dieses ist, was man als Lösung der betreffenden Gleichungen mit Hülfe der elliptischen Modulfunction bezeichnet.*

Ich theile hier ohne Beweis die einfachsten Formeln mit, welche sich in dieser Richtung für Tetraeder, Oktaeder, Ikosaeder ergeben*). Wir schreiben die dreierlei Fundamentalgleichungen, wie immer, in folgender Weise:

$$\frac{\Phi^3}{\Psi^3} = Z, \quad \frac{W^3}{108 f^4} = Z, \quad \frac{H^3}{1728 f^5} = Z.$$

Sodann sei $Z$, wie eben, die absolute Invariante $\frac{g_2^{\,3}}{\Delta}$ eines elliptischen Integrals erster Gattung, $\frac{iK'}{K}$ dessen Periodenverhältniss, $q = e^{-\frac{K'}{K}\cdot\pi}$. Dann haben wir zunächst für die Wurzel der *Oktaedergleichung* die einfache Formel:

$$(19) \qquad z = q^{\frac{1}{2}} \cdot \frac{\sum\limits_{-\infty}^{+\infty} q^{2\varkappa^2 + 2\varkappa}}{\sum\limits_{-\infty}^{+\infty} q^{2\varkappa^2}};$$

dieselbe entsteht aus der bekannten Gleichung:

$$\sqrt{k} = \frac{\vartheta_2(o, q)}{\vartheta_3(o, q)},$$

indem wir statt $q$ rechter Hand $q^2$ eintragen**).

Wir finden ferner für die *Ikosaeder-Irrationalität:*

$$(20) \qquad z = q^{\frac{2}{5}} \cdot \frac{\sum\limits_{-\infty}^{+\infty} (-1)^{\varkappa} \cdot q^{5\varkappa^2 - 3\varkappa}}{\sum\limits_{-\infty}^{+\infty} (-1)^{\varkappa} \cdot q^{5\varkappa^2 - \varkappa}} = q^{\frac{2}{5}} \cdot \frac{\vartheta_1\left(\frac{2iK'\pi}{K}, q^5\right)}{\vartheta_1\left(\frac{iK'\pi}{K}, q^5\right)},$$

---

*) Vergl. Bd. 14 der Mathem. Annalen S. 157. 158, sowie den Aufsatz von Hrn. *Bianchi: Ueber die Normalformen dritter und fünfter Stufe des elliptischen Integrals erster Gattung* und meine eigene Note: *Ueber gewisse Theilwerthe der Θ-Functionen* im 17. Bande ebenda (1880—81).

**) Es entspricht dies der Bemerkung, die wir oben (S. 44 des Textes) über gewisse Untersuchungen von *Abel* machten. Um den in dieser Richtung vorliegenden Zusammenhang völlig zu verstehen, berechne man für die biquadratische Form $(1 - x^2)(1 - k^2 x^2)$ die absolute Invariante $\frac{g_2^{\,3}}{\Delta}$. Man erhält dann:

$$\frac{(1 + 14k^2 + k^3)^3}{108 k^2 (1 - k^2)^4},$$

und trägt man hier für $\sqrt{k}$ den Buchstaben $z$ ein, so hat man genau die linke Seite der Oktaedergleichung. — Die Bezeichnungen $\vartheta_2$, $\vartheta_3$, sowie fernerhin $\vartheta_1$, die ich im Texte verwende, sind die bekannten *Jacobi*'schen.

also einen Ausdruck, der mit

$$\frac{q^{\frac{2}{5}}}{1+q^2}$$

übereinstimmt, sobald wir Terme mit $q^{10}$ vernachlässigen dürfen.

Die Auflösung der *Tetraedergleichung* gestaltet sich ein wenig complicirter. Wir werden bei ihr das bisher gebrauchte $z$ zuvörderst durch eine lineare Function von $z$ ersetzen, welche in einer Ecke von $\Psi = 0$ verschwindet, in der gegenüberliegenden Ecke von $\Phi = 0$ unendlich wird. In diesem Sinne schreiben wir:

$$z = (1+i)\frac{-\xi + (\sqrt{3}+1)}{(\sqrt{3}+1)\xi + 2}.$$

Für das so definirte $\xi$ haben wir dann zunächst die Gleichung:

$$(21\text{a}) \qquad Z = \frac{g_2{}^3}{\Delta} = 64\frac{(\xi^3-1)^3}{\xi^3(\xi^3+8)^3}$$

und des Ferneren die transcendente Lösung:

$$(21\text{b}) \qquad \xi = -6q^{\frac{2}{3}}\cdot\frac{\sum_0^\infty (-1)^\varkappa (2\varkappa+1)q^{3\varkappa^2+3\varkappa}}{\sum_{-\infty}^{+\infty}(-1)^\varkappa(6\varkappa+1)q^{3\varkappa^2+\varkappa}}.$$

Wir haben hiermit für unsere dreierlei Gleichungen je eine Wurzel bestimmt; wir erhalten die übrigen zugehörigen Wurzeln, wenn wir in $q = e^{-\frac{K'}{K}\cdot\pi}$ für $\frac{iK'}{K}$ die unendlich vielen Werthe substituiren:

$$\frac{\alpha\cdot\frac{iK'}{K}+\beta}{\gamma\cdot\frac{iK'}{K}+\delta},$$

wo $\alpha, \beta, \gamma, \delta$ reelle ganze Zahlen von der Determinante Eins sind. *Dabei liefern alle solche Werthsysteme $\alpha, \beta, \gamma, \delta$, welche modulo $\nu_3$ übereinstimmen, oder durch einen gleichförmigen Vorzeichenwechsel zur Uebereinstimmung gebracht werden können, immer dieselbe Wurzel* *).

## § 8. Formel zur directen Lösung der einfachsten Resolvente sechsten Grades der Ikosaedergleichung.

Bei der principiellen Bedeutung, die wir der Ikosaedergleichung beilegen, interessirt uns unter den Formeln (19) — (21) natürlich am meisten die zweite. Wir erwähnten bereits, dass die einfachste Resol-

*) $\nu_3$ ist beim *Tetraeder* = 3, beim *Oktaeder* = 4, beim *Ikosaeder* = 5. — Bei der besonderen hierhergehörigen *Diedergleichung* würde derselbe Satz für $\nu_3$ = 2 gelten. Man vergl. wegen derselben Math. Annalen XIV, p. 153. 156.

vente sechsten Grades, welche die Ikosaedergleichung besitzt, durch Hrn. *Kronecker* in directe Beziehung zur Modulargleichung sechster Ordnung für Transformation fünfter Ordnung der elliptischen Functionen gesetzt worden ist (siehe § 15 des vorigen Kapitels). Die betreffende Formel ist später von Hrn. *Kiepert* und mir durch Einführung der rationalen Invarianten wesentlich vereinfacht worden*). Da bei den Untersuchungen über Gleichungen fünften Grades gerade auf diese Formel vielfach Bezug genommen wird, so mag sie hier unter Beiseitelassung des Beweises und mit Anpassung an die übrigens gebrauchten Bezeichnungen ebenfalls mitgetheilt werden.

Wir haben in § 15 des vorigen Kapitels (Formel (46) daselbst) der erwähnten Resolvente die folgende Form ertheilt:

$$\zeta^6 - 10\,Z\,.\,\zeta^3 + 12\,Z^2\,.\,\zeta + 5\,Z^2 = 0.$$

Es seien nun $g_2$, $\Delta$ die vorhin schon so bezeichneten Invarianten eines elliptischen Integrals und $Z = \frac{g_2{}^3}{\Delta}$ genommen. Es sei ferner $\Delta'$ derjenige Werth, der aus $\Delta$ durch irgend eine Transformation fünfter Ordnung hervorgeht. *Dann ist die Wurzel unserer Resolvente einfach:*

$$\zeta = -\frac{g_2 \sqrt[12]{\Delta'}}{\sqrt[12]{\Delta^5}}. \tag{22}$$

Wollen wir hier Alles durch $K$, $iK'$, bez. durch $q$ ausdrücken und hierdurch zugleich die sechs verschiedenen Wurzeln (22) auseinanderhalten, so haben wir zunächst für $g_2$ und $\sqrt[12]{\Delta}$ die Werthe einzutragen:

$$(23)\quad \begin{cases} g_2 = \left(\frac{\pi}{K}\right)^4 \cdot \left\{ \frac{1}{12} + 20\left(\frac{q^2}{1-q^2} + \frac{2^3 q^4}{1-q^4} + \frac{3^3 q^6}{1-q^6} + \cdots\right)\right\}, \\ \sqrt[12]{\Delta} = \left(\frac{\pi}{K}\right) \cdot q^{\frac{1}{6}} \cdot \prod_{\varkappa=1}^{\infty} (1 - q^{2\varkappa})^2, \end{cases}$$

und dann für $\sqrt[12]{\Delta'}$ resp. folgende sechs Werthe zu setzen:

$$(24)\quad \begin{cases} \sqrt[12]{\Delta'_\infty} = \left(\frac{5\pi}{K}\right) \cdot q^{\frac{5}{6}} \cdot \prod_{\varkappa=1}^{\infty} (1 - q^{10\varkappa})^2, \\ \sqrt[12]{\Delta'_\nu} = \left(\frac{\pi}{K}\right) \cdot \varepsilon^{2\nu} q^{\frac{1}{30}} \cdot \prod_{\varkappa=1}^{\infty} \left(1 - \varepsilon^{4\varkappa\nu} \cdot q^{\frac{2\varkappa}{5}}\right)^2, \end{cases}$$

*) Vergl. Bd. XIV der Mathem. Annalen S. 147, sowie Bd. XV S. 86 (1878), des Ferneren *Kiepert: Auflösung der Gleichungen 5. Grades* und: *Zur Transformationstheorie der elliptischen Functionen* (Borchardt's Journal Bd. 87, 1878—79), endlich die soeben genannte Abhandlung von *Hurwitz*.

wo $\nu = 0, 1, 2, 3, 4$ und $\varepsilon = e^{\frac{2i\pi}{5}}$ zu nehmen ist. Die Indices $\infty, \nu$ sind hier genau so gewählt, wie in § 15 des vorigen Kapitels. Die Formel (23) können wir zugleich benutzen, um die Angaben des vorigen Paragraphen zu vervollständigen; aus ihnen ergibt sich nämlich die absolute Invariante des elliptischen Integrals in der Form:

$$(25) \qquad \frac{g_2^3}{\Delta} = \frac{1}{1728\,q^2} \cdot \frac{\left(1 + 240 \sum_1^\infty \varkappa^3 \cdot \frac{q^{2\varkappa}}{1 - q^{2\varkappa}}\right)^3}{\prod_1^\infty (1 - q^{2\varkappa})^{24}}.$$

## § 9. Bedeutung der transcendenten Lösungen.

Die Bedeutung der transcendenten Lösungen, welche wir nun haben kennen lernen, ist zuvörderst eine rein praktische. Logarithmen, trigonometrische Functionen und elliptische Modulfunctionen sind bei der Wichtigkeit, welche sie auch anderweitig in der Analysis besitzen, längst tabellirt. Indem wir die Auflösung unserer Gleichungen auf die genannten transcendenten Functionen zurückführen, machen wir uns diese Tabellen dienstbar und sparen die langwierige Rechnung, welche bei Durchführung der in Kap. III gegebenen Methode der Lösung durch hypergeometrische Reihen erforderlich sein würde*).

Aber es gibt eine tiefere Auffassung der transcendenten Lösungen, durch welche die letzteren den Charakter der Fremdartigkeit, den sie inmitten unserer sonstigen Untersuchungen zu besitzen scheinen, verlieren, vielmehr mit denselben auf das Engste verbunden werden.

Betrachten wir etwa, um die Ideen zu fixiren, die Auflösung der Ikosaedergleichung, wie sie durch (20) geliefert wird. So oft wir $\frac{iK'}{K}$ einer der unendlich vielen zugehörigen linearen ganzzahligen Substitutionen unterwerfen, erfährt vermöge dieser Formel das $z$ eine der 60 linearen Ikosaedersubstitutionen. *Es erscheint also die Gruppe der Substitutionen von* $\frac{iK'}{K}$ *isomorph auf die Gruppe der 60 Ikosaedersubstitutionen bezogen.* Der Isomorphismus ist nur, wenn wir uns so ausdrücken, von „unendlich hoher" Meriedrie: der einzelnen Substitution von $\frac{iK'}{K}$ entspricht immer eine und nur eine Substitution von $z$, jeder Sub-

*) Hier macht sich, was elliptische Modulfunctionen angeht, der Umstand störend geltend, dass *Legendre*'s Tabellen zur Berechnung der elliptischen Integrale immer noch nicht in einer Weise umgesetzt worden sind, die der *Weierstrass*'schen Theorie der elliptischen Functionen entsprechen würde.

stitution von $z$ aber entsprechen unendlich viele Subsitutionen von $\frac{iK'}{K}$. Man erinnere sich nun der Betrachtungen des § 5. Indem wir uns damals auf *endliche* Gruppen linearer Substitutionen beschränkten, verlangten wir, überhaupt solche Gleichungssysteme (oder Formenprobleme), die sich auf isomorphe Gruppen beziehen, mit einander in Verbindung zu bringen. Wir dehnen dieses Problem jetzt auf *unendliche* Gruppen linearer Substitutionen aus, und erkennen, *dass unsere transcendenten Lösungen specielle Fälle des so verallgemeinerten Problemes realisiren.* Man hat diese Lösungen gewonnen, indem man die von anderer Seite entwickelten Theorien gewisser transcendenter Functionen benutzte. Offenbar ist dies ein Verfahren, welches im Zusammenhange mit unseren jetzigen Betrachtungen theoretisch nicht befriedigen kann. *Wir verlangen vielmehr einen allgemeinen Ansatz, vermöge dessen ebensowohl die in § 5 geforderten Entwickelungen als nun unsere transcendenten Lösungen geliefert werden.* Es führen so unsere Ueberlegungen zu einem umfassenden Probleme, welches ebensowohl die Theorie der Gleichungen höheren Grades als das Bildungsgesetz der $\vartheta$-Function in sich begreifen wird. Indem wir dieses Problem in Aussicht nehmen, haben wir abermals, wie in § 5, die Grenze erreicht, die uns bei unserer jetzigen Darstellung gezogen ist und die wir nicht überschreiten dürfen*).

*) Dabei will ich indess nicht unterlassen, auf gewisse Entwickelungen von Hrn. *Poincaré* (über die allgemeinen, vom ihm mit Z bezeichneten Functionen) aufmerksam zu machen, welche sich genau in dem hiermit gemeinten Sinne bewegen; siehe Mathem. Annalen Bd. 19, S. 562, 563 (1881).

Ich habe ferner hier noch folgende Citate nachzutragen, die sich übereinstimmend auf Arbeiten beziehen, in denen, mit grösser oder geringerer Vollständigkeit, die in unserm I. Abschnitte dargestellten Theorien ebenfalls im Zusammenhange behandelt worden sind: 1) *Puchta, das Oktaeder und die Gleichung vierten Grades,* Denkschriften der Wiener Akademie, math.-phys. Kl., Bd. 91 (1879). Man wolle diese Arbeit auch im folgenden Abschnitte überall da vergleichen, wo von der Auflösung der Gleichungen vierten Grades (vermittelst der Oktaedergleichung) die Rede ist. — 2) *Cayley, on the Schwarzian derivative and the polyhedral functions,* Transactions of the Cambridge Philosophical Society, Bd. 13 (1880). — Unter „Schwarzian derivative" ist dabei der Differentialausdruck 3. Ordnung verstanden, den wir in § 6 des 3. Kap. aufstellten. — 3) *Wassilieff, über die rationalen Functionen, welche den doppeltperiodischen analog sind,* Kasan 1880 (russ.). Hr. Wassilieff macht dortselbst die interessante Bemerkung, dass bereits *Hamilton* die Gruppe der Ikosaederdrehungen mit Rücksicht auf ihre Erzeugung aus 2 Operationen in Betracht gezogen hat (*Memorandum respecting a new system of non commutative roots of unity;* Philosophical Magazine 1856).

# Abschnitt II.

# Theorie der Gleichungen fünften Grades.

# Kapitel I.

## Ueber die historische Entwickelung der Lehre von den Gleichungen fünften Grades.

### § 1. Umgrenzung unserer nächsten Aufgabe.

Die Betrachtungen des vorigen Abschnitts haben uns betreffs der Auflösung der Gleichungen fünften Grades ein bestimmtes Problem ergeben: wir wollten versuchen, diese Auflösung mit Hülfe des Ikosaeders zu bewerkstelligen. Nun würde es nicht schwierig sein, die Resultate, welche ich in dieser Hinsicht zu entwickeln habe, als solche an die Spitze zu stellen und in deductiver Form abzuleiten. Inzwischen ziehe ich vor, mich auch hier der inductiven Methode zu bedienen und zwar in der Weise, dass ich einerseits auf die historisch gegebene Entwickelung der Lehre von den Gleichungen fünften Grades Bezug nehme, andererseits in ausgiebiger Weise von geometrischen Constructionen Gebrauch mache. Ich hoffe auf solche Weise dem Leser nicht nur die Richtigkeit bestimmter Resultate, sondern auch den inneren Gedankengang darzulegen, der zu ihnen geführt hat.

Dem Gesagten zufolge muss unsere nächste Aufgabe jedenfalls die sein, uns über die bisherigen Arbeiten, welche die Auflösung der Gleichungen fünften Grades betreffen, soweit diese Arbeiten im Folgenden benutzt werden, Kenntniss und Uebersicht zu verschaffen. Ich werde dabei alle solchen Entwickelungen, auf die wir nicht unmittelbar Bezug nehmen werden, der Kürze halber bei Seite lassen, mögen dieselben unter allgemeineren Gesichtspunkten noch so wichtig und wesentlich erscheinen. Es gehören dahin vor Allem die Beweise von *Ruffini* und *Abel*, vermöge deren dargethan wird, dass eine Lösung der allgemeinen Gleichungen fünften Grades durch eine endliche Zahl von Wurzelzeichen unmöglich ist, und die parallellaufenden, ebenfalls von *Abel* initiirten Arbeiten, in denen alle speciellen Gleichungen fünften Grades bestimmt werden, die in dieser Hinsicht von den allgemeinen Gleichungen abweichen. Es gehören ferner dahin *Hermite's* und *Brioschi's* Bemühungen, die Invariantentheorie der binären Formen fünfter Ordnung für die Auflösung der Gleichungen fünften Grades zu verwenden: nicht als ob in der Folge die Benutzung invariantentheoretischer Processe überhaupt vermieden werden sollte, nur dass sich dieselben bei uns, wie schon im vorigen Abschnitte, durchweg auf solche Formen beziehen, die durch bestimmte lineare Substitutionen in sich übergehen, nicht aber auf binäre Formen der fünften Ordnung. Wir lassen endlich die Frage nach der Realität der Wurzeln der Gleichungen fünften Grades bei Seite, insbesondere also die ausgedehnten Untersuchungen, vermöge deren *Sylvester* und *Hermite* die Realität der Wurzeln von den Invarianten der binären Form fünfter Ordnung abhängig gemacht haben.

Umgrenzen wir unsere Aufgabe in der hiermit bezeichneten Weise, so bleiben noch zweierlei Arbeitsrichtungen, deren wir zu gedenken haben. Bei ihnen handelt es sich gemeinsam darum, die Wurzeln der allgemeinen Gleichungen fünften Grades als Functionen der Gleichungscoëfficienten zu studiren. Beide auch gehen darauf aus, die betreffenden Functionen dadurch zu vereinfachen, dass statt der unabhängigen fünf Gleichungscoëfficienten eine geringere Zahl independenter Grössen eingeführt wird. Nur die Mittel, welche zu diesem Zwecke in Anspruch genommen werden, sind verschieden: das eine Mal ist es die *Transformation der Gleichungen*, das andere Mal die *Resolventenbildung*.

* Die Methode der Transformation geht bekanntlich bis auf *Tschirnhaus* zurück*). Sei

(1) $$x^n + Ax^{n-1} + Bx^{n-2} + \cdots Mx + N = 0$$

die vorgelegte Gleichung $n^{\text{ten}}$ Grades, so setzte Tschirnhaus:

(2) $$y = \alpha + \beta x + \gamma x^2 + \cdots \mu \cdot x^{n-1},$$

worauf er durch Elimination der $x$ zwischen (1) und (2) eine Gleichung für $y$ ebenfalls vom $n^{\text{ten}}$ Grade erhielt, der er durch geeignete Annahme der Coëfficienten $\alpha$, $\beta$, $\gamma$, $\cdots$ irgend welche specielle Eigenschaften zu ertheilen bemüht war. Wir werden sogleich die Resultate bezeichnen, welche, speciell bei den Gleichungen fünften Grades, durch diesen Ansatz gefunden worden sind. Constatiren wir hier vorab, dass mit den $y$ zusammen auch die $x$ gefunden sind, so lange wenigstens die Gleichung für die $y$, wie wir dies von der Gleichung (1) selbstverständlich voraussetzen, verschiedene Wurzeln besitzt. Denn in diesem Falle haben die Gleichungen (1) und (2) [in denen wir jetzt das $y$ als

---

*) *Nova methodus auferendi omnes terminos intermedios ex data aequatione.* Acta eruditorum, t. II, p. 204 ff. (Leipzig, 1683). — Schon aus dem Titel geht hervor, dass sich Tschirnhaus (wie später Jerrard) über die Tragweite seiner Methode täuschte.

bekannte Grösse betrachten] nur eine Wurzel $x$ gemein, und dieses $x$ kann also nach bekannten Methoden rational berechnet werden.

Auch die Methode der Resolventenbildung ist schon vor langer Zeit zur Auflösung der Gleichungen fünften Grades in Anspruch genommen worden. Bezeichnend in dieser Hinsicht ist das Jahr 1771, in welchem unabhängig von einander *Lagrange, Malfatti und Vandermonde* ihre nahe verwandten Untersuchungen veröffentlichten*). Inzwischen dienten die Resultate, welche dieselben erreichten, mehr dazu, die bestehenden Schwierigkeiten zu bezeichnen, als sie zu beseitigen. Erst Herrn *Kronecker* ist es 1858 gelungen, eine Resolvente sechsten Grades der Gleichungen fünften Grades aufzustellen, mit der eine wirkliche Vereinfachung gegeben war**). Wir werden uns in unserem weiteren Berichte, was Resolventenbildung angeht, auf die Darlegung der Kronecker'schen Methode und der an sie anschliessenden weiteren Untersuchungen zu beschränken haben.

Die zweierlei Arbeitsrichtungen, welche wir solchergestalt einander gegenüberstellten, betreffen für sich genommen rein *algebraische* Probleme. Indessen hat es die Entwickelung der Analysis so mit sich gebracht, dass beide auf das Innigste mit der weitergehenden Aufgabe: die Lösung der Gleichungen mit Hülfe geeigneter transcendenter Functionen zu bewerkstelligen, verbunden erscheinen. Wir haben im letzten Kapitel des vorigen Abschnitts gezeigt***), dass eine solche Benutzung transcendenter Functionen zuvörderst nur praktischen Werth besitzt und mit den theoretischen Untersuchungen der Gleichungstheorie nicht untermischt werden soll. Trotzdem werden wir in unserem folgenden Berichte nicht unterlassen dürfen, der verschiedenen Methoden zu gedenken, vermöge deren man die Auflösung der Gleichungen fünften Grades speciell mit der Theorie der *elliptischen Functionen* in Verbindung gesetzt hat. Denn es sind, wie schon angedeutet, gerade diese Methoden gewesen, vermöge deren man zur schärferen Erfassung auch der rein algebraischen Probleme gekommen ist.

---

*) *Lagrange: Réflexions sur la resolution algébrique des équations,* Mémoires de l'Académie de Berlin für 1770—71, oder Oeuvres, t. III;

*Malfatti: De aequationibus quadrato-cubicis disquisitio analytica,* Atti dell' Accademia dei Fisiocritici di Siena, 1771 (sowie auch: *Tentativo per la risoluzione delle equazioni di quinto grado,* ebenda, 1772);

*Vandermonde: Mémoire sur la résolution des équations,* Mémoires de l'Académie de Paris, 1771.

**) Vergl. die späteren Citate.

***) Citate auf den vorigen Abschnitt werde ich im Folgenden so bezeichnen, dass ich der römischen Zahl I die Nummer des Kapitels als arabische Zahl folgen lasse; man vergleiche also im vorliegenden Falle I, 5, § 7, 9.

Uebrigens sei noch hervorgehoben, dass zwischen den zweierlei Arbeitsrichtungen, die wir unterschieden, kein eigentlich principieller Gegensatz besteht. Gelingt es, eine vorgegebene Gleichung $n^{\text{ten}}$ Grades durch Transformation in eine andere zu verwandeln, welche nur eine geringe Zahl von Parametern enthält, so können wir hinterher von letzterer Resolventen ableiten und diese als besonders einfache Resolventen der ursprünglichen Gleichung betrachten; oder umgekehrt: sind wir durch irgend welche Methoden in den Besitz einer ausgezeichneten Resolvente der anfänglichen Gleichung gekommen, so können wir von ihr durch erneute Resolventenbildung zu einer Gleichung $n^{\text{ten}}$ Grades zurückgehen, welch' letztere dann sich auch direct durch
* Transformation aus der vorgegebenen Gleichung wird arbeiten lassen

## § 2. Elementares über Tschirnhaus-Transformation. Die Bring'sche Form.

Um die Gleichung $n^{\text{ten}}$ Grades zu berechnen, der die $y$ der Formel (2) genügen, ist es am bequemsten, die Coëfficienten derselben direct als symmetrische Functionen der $y$ aus den symmetrischen Functionen der $x$ zusammenzusetzen. Man erkennt auf solche Weise sofort: *Der Coëfficient von $y^{n-\varkappa}$ ist eine ganze, homogene Function $\varkappa^{\text{ten}}$ Grades der unbestimmten Grössen $\alpha, \beta, \gamma, \cdots \nu$.* Hiernach haben wir eine lineare Gleichung mit $n$ Unbekannten zu lösen, wenn wir aus der transformirten Gleichung den Term mit $y^{n-1}$ fortschaffen wollen, es tritt eine quadratische Gleichung derselben Art hinzu, wenn auch noch der Term mit $y^{n-2}$ verschwinden soll. Wir befriedigen beide Gleichungen zusammen, indem wir $n-2$ der Unbekannten als Parameter betrachten und eine der übrigen unter Elimination der letzten Unbekannten durch eine quadratische Gleichung bestimmen. Ich werde eine Gleichung, in welcher die Terme mit $y^{n-1}$, $y^{n-2}$ fehlen, weiterhin als *Hauptgleichung* bezeichnen. *Die Tschirnhaustransformation gestattet uns also, mit Hülfe einer blossen Quadratwurzel jede Gleichung auf eine Hauptgleichung zu reduciren.* — Dagegen stossen wir sofort auf Schwierigkeiten, wenn wir das Verschwinden noch weiterer Terme in der Gleichung der $y$ verlangen. In der That kommen wir dann zu Eliminationsgleichungen höheren Grades, die wir mit elementaren Mitteln nicht weiter zu behandeln wissen. Hier ist es nun, wo eine tiefer gehende Untersuchung ein wichtiges, für unsere folgende Darstellung fundamentales Ergebniss zu Tage gefördert hat. Die in Rede stehende Eliminationsgleichung wird vom sechsten Grade, wenn wir das simultane Verschwinden der Terme mit $y^{n-1}$, $y^{n-2}$, $y^{n-3}$ verlangen: *es hat sich gezeigt, dass vermöge zweckmässiger Annahme der*

*Transformationscoëfficienten für $n > 4$ besagte Gleichung sechsten Grades durch Auflösung quadratischer Gleichungen auf eine Gleichung dritten Grades zurückgebracht werden kann.*

Man schreibt das hiermit bezeichnete Resultat gewöhnlich dem englischen Mathematiker *Jerrard* zu, welcher dasselbe im zweiten Theile seiner *Mathematical Researches* (Bristol und London, 1834, Longman) bekannt machte. Allein dasselbe ist, soweit Gleichungen fünften Grades in Betracht kommen, sehr viel älteren Datums. Wie *Hill* 1861 in den Verhandlungen der schwedischen Akademie bemerkte, ist dasselbe bereits 1786 von *E. S. Bring* in einer der Universität Lund unterbreiteten Promotionsschrift publicirt worden*). Ich würde trotzdem im Folgenden an der zur Zeit allgemein verbreiteten, auf Jerrard bezüglichen Bezeichnungsweise festgehalten haben, wenn nicht Jerrard in seinen hierher gehörigen Schriften neben einigen interessanten Resultaten eine Menge durchaus falscher Speculationen gebracht hätte: er hat geglaubt (genau wie dies Tschirnhaus that), mit Hülfe seines Ansatzes nicht nur aus den Gleichungen fünften Grades, sondern aus Gleichungen beliebigen Grades durch elementare Processe überhaupt alle intermediären Terme wegschaffen zu können und hat diese Ansicht trotz eingehender Widerlegung von anderer Seite nicht fallen lassen**). Ich werde daher im Folgenden von der *Bring*'schen Gleichung sprechen. Schreiben wir die Hauptgleichung fünften Grades, wie es fortan geschehen soll, in folgender Form:

$$y^5 + 5ay^2 + 5by + c = 0, \tag{3}$$

*) Der volle Titel lautet: *Meletemata quaedam mathematica circa transformationem aequationum algebraicarum,* quae praeside *E. S. Bring* .... modeste subjicit *S. G. Sommelius.* — Man könnte, diesem Titel zufolge, vielleicht veranlasst sein, Sommelius für den Verfasser zu halten, aber ich erfahre durch Hrn. Bäcklund in Lund, dass dies jedenfalls unzutreffend sein würde, indem die Promotionsschriften damals durchgängig von den Vorsitzenden des Examens verfasst wurden und den Examinanden nur als Substrat der Disputation dienten. — Die Hauptstellen der Bring'schen Schrift finden sich wieder abgedruckt in der bereits genannten Mittheilung von *Hill* an die schwedische Akademie, dann weiter im Quarterly Journal of Mathematics, t. VI, 1863 (*Harley, a contribution to the history* etc.), endlich in *Grunert's* Archiv t. XLI (1864), pag. 105—112 (zusammen mit Bemerkungen des Herausgebers).

**) Jerrard's weitere Publicationen finden sich hauptsächlich im Philosophical Magazine: t. 7 (1835), t. 26 (1845), t. 28 (1846), t. 3 (neue Serie, 1852), t. 23, 24, 26 (1862, 63) etc. und sind also der Mehrzahl nach später als der ebenso durchsichtige, wie massvolle Bericht, den *Hamilton* 1836 der British Association for the Advancement of Science über Jerrard's Arbeiten erstattet hat (Reports of the British Association, t. 6, Bristol). Weiterhin sind *Cockle* und *Cayley* den Behauptungen Jerrard's wiederholt entgegengetreten (Philosophical Magazine, t. 17—24, 1859—1862).

so wird es zweckmässig sein, auch bei der Bring'schen Form an dem Coëfficienten 5 festzuhalten. Indem wir zugleich, der Unterscheidung halber, $z$ statt $y$ substituiren, haben wir:

$$z^5 + 5bz + c = 0. \tag{4}$$

Die Bring'sche Gleichung enthält, wie man sieht, zunächst noch zwei Coëfficienten. Inzwischen können wir einen derselben sofort wegschaffen, indem wir $z = \varrho t$ setzen und nun $\varrho$ passend bestimmen. *Man kann also durch geeignete Tschirnhaustransformation erreichen, dass die fünf Wurzeln der Gleichung fünften Grades nur noch von einer einzigen variabelen Grösse abhängig erscheinen.* Dies Resultat ist darum ausserordentlich wichtig, weil wir die Functionen eines einzelnen Arguments sehr viel vollständiger beherrschen, als diejenigen einer grösseren Zahl von Veränderlichen. Schreiben wir (4) z. B. folgendermassen (wie es *Hermite* in seinen sogleich zu nennenden Untersuchungen gethan hat):

$$t^5 - t - A = 0, \tag{5}$$

so ist es sehr leicht, einerseits die Abhängigkeit der fünf Wurzeln $t$ von $A$ durch Riemann'sche Methoden anschaulich zu machen, andererseits für beliebige Werthe von $A$ geeignete Potenzentwickelungen aufzustellen, welche die fünf Wurzeln $t$ mit beliebiger Annäherung berechnen lassen.

Haben wir so das *Resultat* von Bring kennen gelernt, so mögen wir ein näheres Eingehen auf dessen Begründung, sowie eine Kritik seiner Bedeutung, bis später verschieben, wo wir im Zusammenhange mit unseren eigenen Entwickelungen wiederholten Anlass dazu haben. Auch unterlasse ich, die zahlreichen Bearbeitungen alle aufzuzählen, welche die Untersuchungen von Bring, bez. Jerrard, im Laufe der Jahre gefunden haben. Eine der ersten Darstellungen des Verfahrens, welche zugleich die verbreitetste geworden ist, dürfte diejenige in *Serret's* Traité d'algèbre supérieure sein (1. éd. 1849). Auch *Hermite* hat sich mit der Bring'schen Transformation beschäftigt*), wobei aber, wie schon angedeutet, der Schwerpunkt in der Verwendung der Invarianten der binären Form fünfter Ordnung liegt; wir müssen hervorheben, dass Hermite die bei der Transformation nöthig werdenden Irrationalitäten sehr viel ausführlicher bestimmt hat, als sonst zu geschehen pflegt.

## § 3. Angaben, elliptische Functionen betreffend.

Die speciellen Fragen aus der Theorie der elliptischen Functionen, über die wir uns jetzt unterrichten müssen, liegen auf dem Gebiete

*) In der wiederholt zu nennenden zusammenfassenden Abhandlung: *Sur l'équation du cinquième degré*, Comptes Rendus t. 61, 62 (1865, 66), vergl. insbesondere t. 61 pag. 877, 965, 1073, t. 62 pag. 65.

der *Transformationstheorie.* Es sei, in gewöhnlicher Bezeichnungsweise, * $\varkappa$ der Modul eines elliptischen Integrals:

$$\int \frac{dx}{\sqrt{1-x^2 \cdot 1-\varkappa^2 x^2}}, \tag{5}$$

$\lambda$ der Modul, welcher bei Transformation $n^{\text{ter}}$ Ordnung resultirt, wo $n$ eine ungerade Primzahl bedeuten soll. Dann besteht nach *Jacobi**), bez. *Sohnke***), zwischen $\sqrt[4]{\varkappa} = u$ und $\sqrt[4]{\lambda} = v$ eine Gleichung $(n+1)^{\text{ten}}$ Grades in jeder dieser Grössen, die sogenannte *Modulargleichung:*

$$f(u, v) = 0, \tag{6}$$

welche z. B. für $n = 5$ folgendermassen lautet:

$$u^6 - v^6 + 5u^2v^2(u^2 - v^2) + 4uv(1 - u^4v^4) = 0. \tag{7}$$

Hier lässt sich $u$ in verschiedener Weise durch $q = e^{-\pi \frac{K'}{K}}$ ausdrücken, z. B. folgendermassen:

$$u = \sqrt{2} \cdot q^{\frac{1}{8}} \cdot \frac{\sum q^{2m^2+m}}{\sum q^{m^2}}; \tag{8}$$

wir erhalten die $(n+1)$ Werthe von $v$, welche die Modulargleichung befriedigen, indem wir in diese Formel statt $q^{\frac{1}{8}}$ der Reihe nach eintragen:

$$q^{\frac{n}{8}}, \quad q^{\frac{1}{8n}}, \quad \alpha q^{\frac{1}{8n}}, \cdots\cdots \alpha^{n-1} q^{\frac{1}{8n}}, \tag{9}$$

wo $\alpha = e^{\frac{2i\pi}{n}}$. *Die Modulargleichung gibt uns also das Beispiel einer Gleichung mit einem Parameter, welche durch elliptische Modulfunctionen gelöst werden kann****). Der Parameter ist $u$: aus ihm finden wir das zugehörige $q$, indem wir entweder Formel (8) umkehren, oder aus (5) die Grössen $K$, $K'$ berechnen:

$$K = \int_0^1 \frac{dx}{\sqrt{1-x^2 \cdot 1-\varkappa^2 x^2}}, \quad K' = \int_0^1 \frac{dx}{\sqrt{1-x^2 \cdot 1-\varkappa'^2 x^2}}, \tag{10}$$

wo $\varkappa'^2 = 1 - \varkappa^2$. Die $(n+1)$ Wurzeln $v$ erhalten wir dann vermöge der Substitutionen (9).

Wir fragen jetzt, ob es nicht gelingt, durch Vermittelung der

---

*) *Fundamenta nova theoriae functionum ellipticarum* (1829).

**) *Aequationes modulares pro transformatione functionum ellipticarum* (Crelle's Journal t. 12, 1834).

***) Andere Beispiele haben wir schon oben, I, 5. § 7, 8, kennen gelernt; da wir aber hier die historische Entwickelung der Theorie zu schildern haben, so bleiben dieselben bis auf Weiteres ausser Betracht.

Modulargleichung die Lösung auch anderer Gleichungen zu bewerkstelligen. Zu dem Zwecke werden wir — den Erläuterungen zufolge, die wir in I, 4 gegeben haben — vor allen Dingen die *Gruppe* der Modulargleichung bestimmen müssen. Dies ist, was *Galois* selbst schon ausgeführt hat*). Den Substitutionen (9) entsprechend bezeichnet Galois die Wurzeln der Modulargleichung durch folgende Indices:

$$v_\infty,\ v_0,\ v_1,\ \cdots\ v_{n-1}. \tag{11}$$

Sieht man sodann von blos numerischen Irrationalitäten ab**), so ist die Gruppe der Modulargleichung von denjenigen Vertauschungen der $v_\nu$ gebildet, welche in folgender Formel enthalten sind:

$$\nu' \equiv \frac{\alpha\nu+\beta}{\gamma\nu+\delta} \bmod. (n), \tag{12}$$

die wir in speciellen Fällen bereits früher betrachtet haben (I, 4, § 15; I, 5, § 7). Die Coëfficienten $\alpha$, $\beta$, $\gamma$, $\delta$ sind dabei übrigens beliebige ganze Zahlen, welche der Bedingung $(\alpha\delta - \beta\gamma) \equiv 1$ (mod. $n$) genügen.

Wir specialisiren dies Resultat für $n = 5$. Die Gruppe (12) wird dann, wie wir früher sahen, mit der Gruppe der 60 Ikosaederdrehungen, d. h., abstracter ausgedrückt, *mit der Gruppe der geraden Vertauschungen von fünf Dingen*, holoedrisch isomorph. Wir schliessen daraus, dass die Modulargleichung (7) Resolventen fünften Grades besitzt, deren Discriminante nach Adjunction einer numerischen Irrationalität (nach Hermite der $\sqrt{5}$) das Quadrat einer rationalen Grösse ist. Wird es möglich sein, die allgemeine Gleichung fünften Grades nach Adjunction der Quadratwurzel aus ihrer Discriminante mit einer solchen Resolvente durch Tschirnhaustransformation in Verbindung zu setzen? Oder werden wir umgekehrt nach Adjunction der Quadratwurzel aus der Discriminante eine Resolvente sechsten Grades der allgemeinen Gleichung fünften Grades aufstellen können, welche aus der Modulargleichung (7) durch geeignete Transformation hervorgeht? Dies sind genau die zweierlei Ansätze zur Lösung der Gleichungen fünften Grades durch elliptische Functionen, welche von *Hermite* und *Kronecker* beziehungsweise aufgegriffen und durchgeführt worden sind. Ehe wir auf die Besprechung ihrer Resultate eingehen, haben wir aus der Theorie der elliptischen Functionen noch Wesentliches nachzutragen.

---

*) Man sehe *Oeuvres de Galois*, Liouville's Journal t. XI (1846).

**) Nach den Untersuchungen von *Hermite* ist die einzige hier in Betracht kommende numerische Irrationalität $\sqrt{(-1)^{\frac{n-1}{2}}\cdot n}$; vgl. die Darstellung bei *C. Jordan*, *Traité des substitutions et des équations algébriques*, pag. 344 ff.

Wir erwähnten gerade den Gedanken, die Modulargleichung selbst einer Tschirnhaustransformation zu unterwerfen. Dies ist in gewisser Form bereits von Jacobi geschehen, indem er neben die eigentlich sogenannte Modulargleichung (6) eine Reihe anderer Gleichungen $(n+1)^{\text{ten}}$ Grades stellte, welche dieselbe ersetzen können. Es kann hier nicht meine Absicht sein, eine rationelle und umfassende Theorie der unendlich vielen dabei in Betracht kommenden Gleichungen mitzutheilen*). Wir müssen einzig eines besonders wichtigen Resultates gedenken, welches Jacobi bereits 1829 in seinen *Notices sur les fonctions elliptiques* aufgestellt hat**). Jacobi betrachtet dort statt der Modulargleichung die sogenannte *Multiplicatorgleichung* sowie andere mit *
derselben äquivalente Gleichungen, und findet, *dass deren* $(n+1)$ *Wurzeln sich in einfacher Weise mit Hülfe blos numerischer Irrationalitäten aus* $\frac{n+1}{2}$ *Bestandtheilen zusammensetzen.* Man hat nämlich, wenn man *
diese Bestandtheile mit $A_0, A_1, \cdots A_{\frac{n-1}{2}}$ bezeichnet und übrigens für die Wurzeln $z$ der in Betracht kommenden Gleichung die von Galois herrührenden Indices anwendet, bei geeigneter Fixirung der linker Hand auftretenden Quadratwurzeln:

$$(13)\qquad \begin{cases} \sqrt{z_\infty} = \sqrt{(-1)^{\frac{n-1}{2}}\cdot n}\cdot A_0, \\ \sqrt{z_\nu} = A_0 + \varepsilon_\nu A_1 + \varepsilon^{4\nu} A_2 + \cdots \varepsilon^{\left(\frac{n-1}{2}\right)^2\nu}\cdot A_{\frac{n-1}{2}} \end{cases}$$

für $\nu = 0, 1, \cdots (n-1)$ und $\varepsilon = e^{\frac{2i\pi}{n}}$, so dass also zwischen den $\sqrt{z}$ folgende Relationen statt haben:

$$(14)\qquad \begin{cases} \sum\limits_\nu \sqrt{z_\nu} = \sqrt{(-1)^{\frac{n-1}{2}}\cdot n}\cdot\sqrt{z_\infty}, \\ \sum\limits_\nu \varepsilon^{-N\cdot\nu}\sqrt{z_\nu} = 0, \end{cases}$$

wo $N$ jeden beliebigen der $\frac{n-1}{2}$, modulo $n$ vorhandenen Nichtreste bedeuten soll.

Jacobi hat selbst die besondere Bedeutung seines Resultates hervorgehoben, indem er seiner kurzen Mittheilung hinzusetzte: C'est un

*) Man vergl. hierzu, was Modulargleichungen im engeren Sinne angeht, meine Entwickelungen: *Zur Theorie der elliptischen Modulfunctionen* in Bd. XVII der Math. Annalen (1879).

**) Crelle's Journal Bd. III, pag. 308, oder Werke, t. I, pag. 261.

théorème des plus importants dans la théorie algébrique de la transformation et de la division des fonctions elliptiques. Unser weiterer Bericht wird zeigen, wie richtig diese Bemerkung gewesen ist. In den Händen von *Kronecker* und *Brioschi* haben die Formeln (13), (14) eine allgemeine Bedeutung für die Algebra gewonnen, indem sich die genannten Forscher entschlossen, *Jacobi'sche* Gleichungen $(n+1)^{\text{ten}}$ Grades, d. h. also Gleichungen, deren $(n+1)$ Wurzeln den aufgestellten Relationen genügen, auch unabhängig von ihrem Zusammenhange mit der Theorie der elliptischen Functionen in Betracht zu ziehen*). Insbesondere aber ruht auf der Existenz der Jacobi'schen Gleichungen sechsten Grades (welche $n=5$ entsprechen) die Kronecker'sche Theorie der Gleichungen fünften Grades, wie wir dies bald auszuführen haben werden.

### § 4. Ueber Hermite's Arbeit von 1858.

Wir haben jetzt alle Vorbedingungen, um *Hermite's* erste hierhergehörige Arbeit, die vielgenannte Abhandlung vom April 1858**), zu verstehen. Schon frühe hatte sich Hermite, wie andererseits *Betti*, mit dem Beweise der Galois'schen Angaben, betreffend die Gruppe der Modulargleichung, beschäftigt. Aber es galt, was den Fall $n=5$ betraf, jene Resolvente fünften Grades, welche die Modulargleichung (7) besitzen sollte, in einfachster Form wirklich zu bilden. Dies ist, was Hermite jetzt erreichte, indem er

$$(15)\qquad y=(v_\infty - v_0)\,(v_1-v_4)\,(v_2-v_3)$$

setzte und folgende zugehörige Gleichung fünften Grades fand:

$$(16)\quad y^5-2^4\cdot 5^3\cdot u^4\,(1-u^8)^2\cdot y-2^6\sqrt{5^5}\cdot u^3\,(1-u^8)^2\,(1+u^8)=0^{***}).$$

Hier haben wir genau die *Bring'sche* Form, welche wir oben kennen lernten, und in der That ist es leicht, eine beliebige *Bring'sche* Gleichung mit (16) durch zweckmässige Annahme von $u$ zu identificiren. Es genügt, auf die vereinfachte Form zurückzugreifen, die wir unter (5) mittheilten:

$$t^5-t-A=0.$$

*) Ich folge in Bezeichnung und Benennung, wie ich dies in meinen früheren Publicationen that, durchweg den Vorschlägen von Hrn. *Brioschi*. Hr. *Kronecker* weicht namentlich insofern ab, als er $z=f^2$ schreibt und also Gleichungen $(2n+2)^{\text{ten}}$ Grades für $f$ erhält, wobei dann zwischen den Grössen $f$ den Formeln (14) entsprechend *lineare* Identitäten bestehen. Ich verkenne nicht, dass diese Schreibweise mancherlei Vorzüge besitzt.

**) Comptes Rendus t. 46: *Sur la résolution de l'équation du cinquième degré.*

***) Wegen des Beweises vergl. etwa *Briot-Bouquet, Théorie des fonctions elliptiques* (Paris 1875), p. 654 ff.

Wir reduciren (16) auf diese Form, indem wir

$$(17) \qquad y = 2\sqrt[4]{5^3}\cdot u\cdot\sqrt{1-u^8}\,.\,t$$

nehmen, der Coëfficient $A$ wird dann folgendem Ausdrucke gleich:

$$(18) \qquad \frac{2}{\sqrt[4]{5^5}}\cdot\frac{1+u^8}{u^2\,(1-u^8)^{\frac{1}{2}}} = A,$$

und hier bestimmen wir $u$ aus $A$ um so leichter, als wir es mit Bezug auf $u$ mit einer *reciproken* Gleichung zu thun haben. *Hiernach* * *ist durch die Formeln von Hermite dic Auflösung einer beliebigen Bringschen Gleichung und damit indirect die Auflösung der allgemeinen Gleichung fünften Grades mit Hülfe elliptischer Functionen geleistet.*

Hermite's Arbeit hat, wie aus diesem kurzen Bericht hervorgeht, in keiner Weise Beziehung zur *algebraischen* Theorie der Gleichungen fünften Grades. Vielmehr bewegt sie sich durchweg auf dem Gebiete der elliptischen Modulfunctionen, wie denn auch durch sie die Reihe weiterer Untersuchungen, welche Hermite über die Theorie der Modulargleichungen veröffentlicht hat, initiirt worden ist. Hierin liegt begründet, dass Hermite's Auflösung der Gleichungen fünften Grades in unserer folgenden Darstellung immer nur beiläufig in Betracht kommen wird: denn der Gebrauch der elliptischen Functionen erscheint bei der Auffassung, die wir weiterhin festzuhalten haben, durchaus als secundär. Dies würde natürlich sofort anders werden, wenn wir den allgemeinen Ideen, die wir im Schlussparagraphen des vorigen Abschnitts formulirten, ausführlich Rechnung tragen wollten, was späteren Darstellungen vorbehalten bleiben muss.

Mit Hermite's erster Arbeit zusammen erwähnen wir zweckmässigerweise zwei Mittheilungen von *Brioschi* und *Joubert*, welche beide die Resolvente fünften Grades für die Multiplicatorgleichung sechsten Grades (also eine specielle Jacobi'sche Gleichung sechsten Grades) berechnen und dadurch ebenfalls die Gleichung (16) gewinnen*). Auch Hr. *Kronecker* hatte sich, wie er Hermite mittheilt**), ursprünglich mit derartigen Resolventenbildungen beschäftigt.

## § 5. **Die Jacobi'schen Gleichungen sechsten Grades.** *

Im weiteren Fortschritte unseres Berichtes gedenken wir jetzt zunächst der Untersuchungen, welche die Herren *Brioschi* und *Kronecker*

---

*) *Brioschi: Sulla risoluzione delle equazioni di quinto grado* (Annali di Matematica, ser. I, t. 1, Juni 1858), *Joubert* in einer Mittheilung von Hermite im 46. Bande der Comptes Rendus (*Sur la résolution de l'équation du quatrième degré,* April 1858). Man sehe auch *Joubert: Note sur la résolution de l'équation du cinquième degré* in der Comptes Rendus, t. 48 (1859).

**) Brief an Hermite vom Juni 1858, siehe Comptes Rendus t. 46.

über die Jacobi'schen Gleichungen sechsten Grades angestellt haben*). Bemerken wir vorab das Folgende. Wo immer zwei Forscher, gleichzeitig und auf einander Bezug nehmend, über denselben Gegenstand gearbeitet haben, ist es schwierig zu sondern, was zuerst von dem einen, was von dem anderen gefunden sein mag. Das chronologische Verfahren, welches auf das Datum der einzelnen Publicationen zurückgeht, ist gewiss nicht immer zutreffend; aber es ist schliesslich das einzige, welches mit einiger Sicherheit gehandhabt werden kann. In diesem Sinne soll dasselbe nunmehr zu Grunde gelegt werden. Ich beginne mit Besprechung der Arbeiten, welche Herr *Brioschi* im ersten Bande der Annali di Matematica (Serie I, 1858) publicirt hat.

Nachdem Herr Brioschi daselbst zunächst die Angaben Jacobi's bewiesen**), beschäftigt er sich mit der wirklichen Aufstellung der allgemeinen Jacobi'schen Gleichung sechsten Grades. Sein Resultat ist das folgende***). Es seien $\mathsf{A}_0$, $\mathsf{A}_1$, $\mathsf{A}_2$ die drei Grössen, welche $n=5$ entsprechend in (13) auftreten; es sei ferner:

$$(19)\quad\begin{cases} A = \mathsf{A}_0^2 + \mathsf{A}_1\mathsf{A}_2, \\ B = 8\mathsf{A}_0^4\mathsf{A}_1\mathsf{A}_2 - 2\mathsf{A}_0^2\mathsf{A}_1^2\mathsf{A}_2^2 + \mathsf{A}_1^3\mathsf{A}_2^3 - \mathsf{A}_0(\mathsf{A}_1^5 + \mathsf{A}_2^5), \\ C = 320\mathsf{A}_0^6\mathsf{A}_1^2\mathsf{A}_2^2 - 160\mathsf{A}_0^4\mathsf{A}_1^3\mathsf{A}_2^3 + 20\mathsf{A}_0^2\mathsf{A}_1^4\mathsf{A}_2^4 + 6\mathsf{A}_1^5\mathsf{A}_2^5 \\ \qquad - 4\mathsf{A}_0(\mathsf{A}_1^5 + \mathsf{A}_2^5)(32\mathsf{A}_0^4 - 20\mathsf{A}_0^2\mathsf{A}_1\mathsf{A}_2 + 5\mathsf{A}_1^2\mathsf{A}_2^2) \\ \qquad + \mathsf{A}_1^{10} + \mathsf{A}_2^{10}. \end{cases}$$

*Dann wird die allgemeine Jacobi'sche Gleichung sechsten Grades nachstehende sein:*

$$(20)\quad (z-A)^6 - 4A(z-A)^5 + 10B(z-A)^3 - C(z-A) + (5B^2 - AC) = 0.$$

Brioschi sucht ferner eine möglichst einfache Resolvente fünften Grades dieser Gleichung zu bilden und setzt zu diesem Zwecke zunächst†), dem Vorgange von Hermite folgend:

$$(21)\qquad y = (z_\infty - z_0)(z_1 - z_4)(z_2 - z_3),$$

bemerkt dann aber, an einen Brief von Hermite anknüpfend, dass bereits die Quadratwurzel aus diesem Ausdrucke in den $\mathsf{A}$ rational ist und zu einer Gleichung fünften Grades Anlass gibt††). Sei $x$ diese Quadratwurzel, so findet Brioschi für die fünf Werthe, deren $x$ fähig ist, die folgenden Formeln:

---

*) Man vergl. die Darstellung dieser Verhältnisse durch *Hermite* in dessen bereits genannter Abhandlung: *Sur l'équation du cinquième degré*, Comptes Rendus, insbesondere t. 62 (1866, 1) p. 245—247.

**) pag. 175 l. c. (Mai 1858).

***) pag. 256 l. c. (Juni 1858).

†) Ebenda.

††) pag. 326 l. c. (Sept. 1858).

$$(22)\qquad x_\nu = -\varepsilon^\nu A_1(4A_0^2 - A_1A_2) + \varepsilon^{2\nu}(2A_0A_1^2 - A_2^3)$$
$$+ \varepsilon^{3\nu}(-2A_0A_2^2 + A_1^3) + \varepsilon^{4\nu}A_2(4A_0^2 - A_1A_2),$$

als zugehörige Gleichung fünften Grades aber die nachstehende:

$$(23)\qquad x^5 + 10Bx^3 + 5(9B^2 - AC)x - \sqrt[4]{\frac{\Pi}{5^5}} = 0,$$

wo $\Pi$ die Discriminante der Jacobi'schen Gleichung (20) ist*).

Die *Multiplicatorgleichung sechsten Grades* der elliptischen Functionen (auf welche Jacobi's Bemerkung zunächst Bezug nahm) ist in (20) natürlich als besonderer Fall enthalten. Brioschi findet**), dass dieselbe im Wesentlichen durch die Bedingung $B = 0$ charakterisirt ist, worauf (23) eine Bring'sche Gleichung wird. *Herrn Kronecker gebührt das Verdienst, zuerst auf den Fall $A = 0$ seine Aufmerksamkeit gerichtet und auch dessen Lösung durch elliptische Functionen bewerkstelligt zu haben.* Wir brauchen seine anfänglichen Formeln, wie er dieselben in seinem Briefe an Hermite angibt***), und wie Brioschi dieselben sodann in der sogleich noch ausführlicher zu besprechenden Abhandlung im ersten Bande der Atti des Istituto Lombardo†) bewiesen hat, hier nicht ausführlich mitzutheilen. Denn sie vereinfachen sich beträchtlich, wenn man statt des Moduls $k$ (den Hr. Kronecker gebrauchte) die rationalen Invarianten des elliptischen Integrals: $g_2$, $g_3$, $\Delta$ einführt, und in dieser vereinfachten Form haben wir die betreffenden Auflösungsformeln schon oben kennen gelernt (I, 5, § 8). *In der That ist die Jacobi'sche Gleichung sechsten Grades mit $A = 0$ nichts Anderes, als jene einfachste Resolvente sechsten Grades, welche wir I, 4, § 15 beim Ikosaeder aufgestellt haben,* wir haben nur

$$(24)\qquad A_0 = z_1z_2,\quad A_1 = z_1^2,\quad A_2 = -z_2^2$$

und entsprechend

$$(25)\qquad B = -f,\quad C = -H$$

zu setzen. Zugleich verwandelt sich für $A = 0$ die Resolvente fünften Grades (23) in folgende

$$(26)\qquad x^5 + 10Bx^3 + 45B^2x - \sqrt[4]{\frac{\Pi}{5^5}} = 0,$$

was mit Formel (27) von I, 4, § 11 übereinstimmt. Wir erwähnen

---

*) Ich habe entgegen der ursprünglichen Formel von Brioschi die Zahlencoefficienten hier so angegeben, wie dies später *Joubert* gethan hat (*Sur l'équation du sixième degré,* Comptes Rendus t. 64, 1867).

**) l. c. p. 175, 256.

***) Comptes Rendus t. 46 (Juni 1858).

†) *Sul metodo di Kronecker per la risoluzione delle equazioni di quinto grado* (Nov 1858).

diese Beziehungen nur erst beiläufig, um später ausführlich darauf zurückzukommen.

Es erübrigt, was Jacobi'sche Gleichungen sechsten (oder auch beliebigen) Grades angeht, noch einer letzten Untersuchungsrichtung zu gedenken, welche Hr. *Kronecker* in seinen „algebraischen Mittheilungen" vom Jahre 1861 zuerst in Angriff genommen hat*), und die dann von Hrn. *Brioschi* insbesondere im ersten Bande der zweiten Serie der Annali di Matematica (1867)**) des Weiteren verfolgt worden ist. Es handelt sich darum, aus einer Jacobi'schen Gleichung durch Tschirnhaustransformation neue zu bilden. Herr Kronecker bemerkt, dass dies in doppelter Weise möglich ist, indem die Wurzeln $Z_\infty$, $Z_\nu$ der transformirten Gleichung (welche den $z_\infty$, $z_\nu$ der ursprünglichen Gleichung entsprechen) entweder genau den Formeln (13), (14) genügen (wobei man $\varepsilon$ beliebig durch $\varepsilon^R$ ersetzen kann, unter $R$ einen quadratischen Rest von $n$ verstanden; es bedeutet das nur eine Umordnung der Wurzeln) *oder aber den anderen, die aus* (13), (14) *hervorgehen, indem man $\varepsilon$ durch $\varepsilon^N$ ersetzt, wo $N$ einen beliebigen Nichtrest modulo $n$ bezeichnen soll.* Sei $n$, wie wir jetzt annehmen wollen, gleich 5; dann kann man im ersten Falle $\sqrt{Z}$ beispielsweise gleich $\frac{\partial\sqrt{z}}{\partial A}$, oder gleich $\frac{\partial\sqrt{z}}{\partial B}$ setzen; der allgemeinste hier in Betracht kommende Ausdruck von $\sqrt{Z}$ entsteht, indem wir $\sqrt{z}$ und die genannten beiden Grössen mit beliebigen constanten Factoren multiplicirt zusammenfügen:

$$* \quad (27) \qquad \sqrt{Z} = \lambda\cdot\sqrt{z} + \mu\cdot\frac{\partial\sqrt{z}}{\partial A} + \nu\cdot\frac{\partial\sqrt{z}}{\partial B}.$$

Den zweiten Fall erledigen wir, indem wir uns zunächst für denselben ein specielles Beispiel bilden, welches etwa durch:

$$(28) \qquad Z = \frac{1}{z-A} + \frac{C}{5B^2 - AC}$$

geliefert wird: hernach behandeln wir die diesem Beispiele entsprechende Jacobi'sche Gleichung genau nach Formel (27). Wir werden später ausführlicher auf das Princip dieser Umformungen zurückkommen. Einstweilen finde nur noch folgende Bemerkung ihre Stelle. Wenn wir für das $\sqrt{Z}$ der Formel (27) den Ausdruck $A$ berechnen, so wird derselbe eine ganze homogene Function zweiten Grades der $\lambda$, $\mu$, $\nu$. Wir können dieselbe zu Null machen, indem wir z. B. $\nu = 0$

*) Monatsberichte der Berliner Akademie.

**) *La soluzione più generale delle equazioni del 5. grado.* — Man sehe auch: *Sopra alcune nuove relazioni modulari* in den Atti della R. Accademia di Napoli von 1866.

setzen und $\lambda : \mu$ durch die resultirende quadratische Gleichung bestimmen. *Wir können also durch blosse Ausziehung einer Quadratwurzel die allgemeine Jacobi'sche Gleichung sechsten Grades in eine solche mit $A = 0$ verwandeln.*

Herr *Brioschi* hat später seine hier berührten Untersuchungen, wie auch die weiteren, sogleich zu besprechenden, die sich speciell auf die Theorie der Gleichungen fünften Grades beziehen, im 13. Bande der mathematischen Annalen zusammengefasst*), was um so willkommener sein muss, als seine ursprünglichen mannigfach zerstreuten Publicationen vielen Mathematikern nur schwierig zugänglich sein dürften. Auch Herr *Kronecker* ist später noch einmal auf die Theorie der allgemeinen Jacobi'schen Gleichungen zurückgekommen**), doch liegen die dort von ihm behandelten Fragen jenseits der Grenzen, welche uns bei der gegenwärtigen Darstellung vorgeschrieben sind.

## § 6. Die Kronecker'sche Methode zur Auflösung der Gleichungen fünften Grades.

Indem wir die Theorie der Jacobi'schen Gleichungen sechsten Grades vorausschickten, können wir jetzt mit Leichtigkeit das Wesen jener Auflösungsmethode bezeichnen, welche Herr *Kronecker* in seinem wiederholt citirten Briefe an Hermite (Comptes Rendus t. 46, Juni 1858) für die allgemeinen Gleichungen fünften Grades entwickelt hat. Die Jacobi'schen Gleichungen sechsten Grades sind auf das Engste mit der Theorie der elliptischen Functionen verknüpft, aber sie repräsentiren auch, wie wir bereits bemerkten, und zwar gerade vermöge der Formeln (13), (14), für sich genommen einen merkwürdig einfachen Typus algebraischer Irrationalitäten. Herrn *Kronecker's* eigentliche Entdeckung ist nun diese: *dass man aus der allgemeinen Gleichung fünften Grades nach Adjunction der Quadratwurzel aus der Discriminante rationale Resolventen sechsten Grades aufstellen kann, welche Jacobi'sche Gleichungen sind.* Daran schliesst sich die weitere Bemerkung, die wir schon soeben vorbereiteten: *dass man mit Hülfe nur einer zutretenden Quadratwurzel die betreffende Jacobi'sche Gleichung in eine solche mit $A = 0$ verwandeln kann, also in eine Normalform mit nur einem wesentlichen Parameter***), die sich durch elliptische Functionen erledigen lässt.*

In Herrn Kronecker's ursprünglicher Mittheilung sind die beiden hiermit getrennten Punkte allerdings nicht deutlich geschieden: Herr

*) *Ueber die Auflösung der Gleichungen fünften Grades* (1878).

**) Monatsberichte der Berliner Akademie vom Jahre 1879: *Zur Theorie der algebraischen Gleichungen.*

***) Man reducirt hier wieder auf nur einen Parameter, indem man $z = \varrho t$ setzt und $\varrho$ zweckmässig bestimmt.

Kronecker beschränkt sich darauf, die folgende rationale Function der fünf Wurzeln einer Gleichung fünften Grades mitzutheilen:

(29) $f(\nu, x_0, x_1, x_2, x_3, x_4)$

$$= \sum_{m=0}^{m=4} \sum_{n=0}^{n=4} \sin \frac{2n\pi}{5} (x_m x_{m+n}^2 x_{m+2n}^2 + \nu \cdot x_m^3 x_{m+n} x_{m+2n}),$$

in welcher er $\nu$ derart bestimmt denkt, dass $\Sigma f^2 = 0$ wird, um dann zu bemerken, dass die verschiedenen $f$, welche aus (29) durch gerade Vertauschungen der $x$ entstehen, einer Gleichung zwölften Grades der folgenden Form genügen:

(30) $$f^{12} - 10\varphi \cdot f^6 + 5\psi^2 = \psi \cdot f^2,$$

die mit Hülfe elliptischer Functionen gelöst werden kann. Hier ist (30), sofern wir $f^2 = z$ setzen, die Jacobi'sche Gleichung mit $A = 0$, und es entspricht das Verschwinden von $A$ dem Verschwinden von $\Sigma f^2$.

Es ist Herrn *Brioschi's* Verdienst, die inneren Gedanken der Kronecker'schen Methode in durchsichtiger und zugleich verallgemeinerter Form dem mathematischen Publikum zugänglich gemacht zu haben und zwar in der soeben schon genannten Abhandlung: *Sul metodo di Kronecker* etc. im ersten Bande der Atti des Istituto Lombardo (Nov. 1858). Wir recurriren hier nicht noch einmal auf die Beiträge, welche Brioschi daselbst zur allgemeinen Lehre von den Jacobi'schen Gleichungen sechsten Grades gegeben hat. Was uns hier interessirt ist dies, *dass er ein allgemeines Bildungsgesetz für die Wurzeln $z$ aufstellt, von welchem in Formel* (29) *ein specieller Fall vorliegt.* Es sei

(31) $$v(x_0, x_1, x_2, x_3, x_4)$$

eine rationale Function der fünf $x$, welche bei der cyclischen Vertauschung:

$$(x_0\ x_1\ x_2\ x_3\ x_4)$$

ungeändert bleibt, es sei ferner:

(32) $$v' = v(x_0, x_4, x_3, x_2, x_1).$$

Brioschi setzt dann

(33) $$v - v' = u_\infty$$

und leitet aus dieser Function fünf neue Functionen $u_0, u_1, u_2, u_3, u_4$ ab, indem er die $x$ zuvörderst der Substitution $x_0' = x_0$, $x_1' = x_3$, $x_2' = x_1$, $x_3' = x_4$, $x_4' = x_2$ unterwirft und dann die schon genannte cyclische Vertauschung in Anwendung bringt. *Alsdann erweisen sich folgende Ausdrücke allgemein als Wurzeln einer Jacobi'schen Gleichung sechsten Grades, die bei allen geraden Vertauschungen der $x$ ungeändert bleibt und daher rationale Functionen der Coëfficienten der Gleichung* *fünften Grades und der Quadratwurzel aus ihrer Discriminante zu Coëfficienten besitzt:*

$$(34)\quad \begin{cases} z_\infty = (u_\infty \sqrt{5} + u_0 + u_1 + u_2 + u_3 + u_4)^2, \\ z_0 = (u_\infty + u_0 \sqrt{5} - u_1 + u_2 + u_3 - u_4)^2, \\ z_1 = (u_\infty - u_0 + u_1 \sqrt{5} - u_2 + u_3 + u_4)^2, \\ z_2 = (u_\infty + u_0 - u_1 + u_2 \sqrt{5} - u_3 + u_4)^2, \\ z_3 = (u_\infty + u_0 + u_1 - u_2 + u_3 \sqrt{5} - u_4)^2, \\ z_4 = (u_\infty - u_0 + u_1 + u_2 - u_3 + u_4 \sqrt{5})^2. \end{cases}$$

Diese Formeln werden noch übersichtlicher, wenn wir die Bestandtheile $\mathsf{A}_0$, $\mathsf{A}_1$, $\mathsf{A}_2$ angeben, aus denen sich die $\sqrt{z}$ in Uebereinstimmung mit (13) zusammensetzen. Der Vergleich liefert einfach:

$$(35)\quad \begin{cases} \mathsf{A}_0 \sqrt{5} = u_\infty \sqrt{5} + u_0 + u_1 + u_2 + u_3 + u_4, \\ \frac{1}{2} \mathsf{A}_1 \sqrt{5} = u_0 + \varepsilon^4 u_1 + \varepsilon^3 u_2 + \varepsilon^2 u_3 + \varepsilon u_4, \\ \frac{1}{2} \mathsf{A}_2 \sqrt{5} = u_0 + \varepsilon u_1 + \varepsilon^2 u_2 + \varepsilon^3 u_3 + \varepsilon^4 u_4, \end{cases}$$

wo $\varepsilon = e^{\frac{2i\pi}{5}}$, $\sqrt{5} = \varepsilon + \varepsilon^4 - \varepsilon^2 - \varepsilon^3$. Die Formeln (29) sind, wie bereits angedeutet, in (34) als specieller Fall einbegriffen; Herr Kronecker hat dabei die Functionen $v$ oder $u$, die er benutzte, von vornherein mit einem linear vorkommenden Parameter $\nu$ ausgestattet, um der zutretenden Bedingung $A = 0$ genügen zu können. Herr Brioschi gibt für einen anderen, mit den Invarianten der binären Form fünfter Ordnung zusammenhängenden Fall die volle Berechnung der Schlussgleichung sechsten Grades.

Wir haben soeben, unter (23), Brioschi's einfache Resolvente fünften Grades der Jacobi'schen Gleichung sechsten Grades kennen gelernt. Indem wir jetzt die Jacobi'sche Gleichung sechsten Grades ihrerseits als Resolvente der allgemeinen Gleichung fünften Grades betrachten, erkennen wir die Möglichkeit, *die allgemeine Gleichung fünften Grades durch eine Tschirnhaustransformation, deren Coëfficienten nach Adjunction der Quadratwurzel aus der Discriminante der vorgelegten Gleichung rational sind, in eine Gleichung* (23) *überzuführen, d. h. in eine Gleichung, in welcher die vierte und die zweite Potenz der Unbekannten fehlen*)*. Insbesondere können wir, wenn wir noch die Kronecker-sche Hülfsgleichung für $\nu$ hinzunehmen, in dieser Gleichung $A = 0$ machen und so die Form (26) erzielen, welche, ähnlich wie die Bring'sche

*) Die Ausdrucksweise des Textes setzt bereits voraus, was wir sogleich über die Rationalität von $\sqrt[4]{\frac{\Pi}{5^5}}$ bemerken werden.

Form, nur noch einen wesentlichen Parameter enthält. *Hermite,* und nach ihm wieder *Brioschi,* haben sich ausführlich damit beschäftigt, die betreffende Tschirnhaustransformation in expliciter Form herzustellen. Wir würden genauer auf diese Arbeiten eingehen müssen, wenn selbige nicht wesentlich von der wiederholt genannten Forderung beherrscht wären, die Invarianten der binären Form fünfter Ordnung zur Geltung zu bringen. So also sei hier nur kurz verwiesen: zunächst auf die elegante Mittheilung Hermite's an Borchardt im 59. Bande des Journals für Mathematik (1861), sodann auf dessen wiederholt genannte ausführliche Abhandlung *Sur l'équation du cinquième degré,* deren zweite Hälfte (Comptes Rendus t. 62 [1866] pag. 715, 919, 959, 1054, 1161) der genauen Durchführung sämmtlicher bei der Kronecker'schen Methode nothwendig scheinender Rechnungen gewidmet ist, endlich auf eine Reihe von Bemerkungen, welche dann wieder Herr Brioschi den Hermite'schen Entwickelungen hinzugefügt hat (Comptes Rendus t. 63 [1866, 2], t. 73 [1871, 2], t. 80 [1875, 1])*).

## § 7. Ueber Kronecker's Arbeit von 1861.

Hatte Herr Kronecker in der ersten Mittheilung an Hermite seine Methode zur Auflösung der Gleichungen fünften Grades nur beiläufig und sozusagen an einem Beispiele demonstrirt, so ist er später (1861) ausführlicher auf Wesen und Principien derselben eingegangen**). Wir müssen hierüber an dieser Stelle um so ausführlicher berichten, als die betreffenden Ueberlegungen unserer eigenen Entwickelungen im Folgenden vielfach zu Grunde liegen, andererseits Herr Kronecker nur eine ausserordentlich knappe Darstellung gegeben und dabei alle Beweise bei Seite gelassen hat.

Zunächst: Herr Kronecker unterscheidet ausdrücklich zwischen dem transcendenten und dem algebraischen Theile der Lösung. Der letztere, eigentlich wichtige, besteht in dem Inbegriff aller derjenigen algebraischen Operationen, die nothwendig sind, um die allgemeine Gleichung fünften Grades durch eine möglichst einfach gewählte *Normalgleichung* zu ersetzen; wie man die Wurzeln dieser letzteren gegebenen Falles berechnen will, durch convergente unendliche Processe oder durch empirische Tabellen etc. etc., ist eine Frage für sich, welche nicht weiter berührt wird. Sonach kommen jetzt die Jacobi'schen

*) Man vergl. auch *M. Roberts* im ersten Bande der 2. Serie der Annali di Matematica (1867): *Note sur les équations du cinquième degré.*

**) Nämlich in der bereits genannten Mittheilung in den Berliner Monatsberichten, aus welcher sodann derjenige Theil, der sich auf Gleichungen fünften Grades bezieht, im 59. Bande von Borchardt's Journal wieder abgedrückt wurde.

Gleichungen sechsten Grades für Herrn Kronecker nur vermöge ihrer algebraischen Eigenthümlichkeiten, nicht aber vermöge ihres Zusammenhangs mit den elliptischen Functionen in Betracht.

Sodann: Hr. Kronecker bemerkt, dass man bei den Irrationalitäten, welche zum Zwecke der Reduction algebraischer Gleichungen eingeführt werden, eine wesentliche Unterscheidung machen muss. Die Irrationalitäten der ersten Art, — man könnte sie die *natürlichen* nennen —, sind diejenigen, welche von den zu bestimmenden Wurzeln $x$ rational abhängen, also dieselben, die wir im vierten Kapitel des vorigen Abschnitts als Wurzeln „rationaler" Resolventen bezeichnet haben. Daneben stellen sich andere, die man *accessorisch* nennen könnte, weil sie irrationale Functionen der $x$ sind. Solche accesso- *
rische Irrationalitäten brauchen nicht etwa complicirter zu sein, als die natürlichen, es kann sich bei ihnen z. B. um die Quadratwurzel aus einem Coëfficienten der vorgelegten Gleichung handeln. So ist es bei den Ausdrücken (29), die wir eben betrachteten: dieselben bezeichnen an sich natürliche Irrationalitäten, welche aber accessorisch werden, wenn man das $\nu$ in der erwähnten Weise mit Hülfe einer quadratischen Gleichung bestimmt.

Dieser Unterscheidung entsprechend fragt sich Hr. Kronecker des Weiteren, bis zu welchem Punkte man bei der Auflösung der Gleichungen fünften Grades mit der Specification der allgemeinen Jacobischen Gleichung gehen kann, sofern man sich das Gesetz auferlegt, nur *natürliche* Irrationalitäten benutzen zu wollen. Die Jacobi'sche Gleichung sechsten Grades enthält zuvörderst *drei* Parameter: eben die drei von uns mit $A$, $B$, $C$ bezeichneten Grössen. Hr. Kronecker bemerkt, dass man durch geeignete Abänderung seiner Methode, ohne aus dem Kreise der natürlichen Irrationalitäten herauszutreten, diese Parameter durch nur *zwei* $a$, $b$ ersetzen könne. *Dagegen sei es*, behauptet er, *unmöglich, ohne Zuhülfenahme accessorischer Irrationalitäten aus der allgemeinen Gleichung fünften Grades eine Jacobi'sche Gleichung mit nur einem Parameter oder überhaupt eine Resolvente mit nur einem Parameter herzustellen.* *

Was die erste dieser beiden Angaben betrifft, so können wir uns über dieselbe gleich hier Rechenschaft geben. Wir werden nämlich im vierten Kapitel des Folgenden zeigen, dass neben den Ausdrücken zweiten, sechsten und zehnten Grades in $\mathsf{A}_0$, $\mathsf{A}_1$, $\mathsf{A}_2$, die wir $A$, $B$, $C$ nannten, auch noch ein Ausdruck fünfzehnten Grades, $D$, rational bekannt ist, dessen Quadrat eine ganze Function der $A$, $B$, $C$ ist. Dieses $D$ ist uns als vierte Wurzel aus der durch $5^5$ dividirten Discriminante der Jacobi'schen Gleichung bereits in dem constanten

Gliede von (23) entgegengetreten. Man ersetze nun in der Resolvente der Gleichung fünften Grades die Ausdrücke $\mathsf{A}_0$, $\mathsf{A}_1$, $\mathsf{A}_2$ (35) durch $\frac{\mathsf{A}_0 \cdot A^7}{D}$, $\frac{\mathsf{A}_1 \cdot A^7}{D}$, $\frac{\mathsf{A}_2 \cdot A^7}{D}$, d. h. durch ihnen proportionale Functionen der nullten Dimension. So treten an Stelle von $A$, $B$, $C$, $D$ beziehungsweise $\frac{A^{15}}{D^2}$, $\frac{A^{42} \cdot B}{D^6}$, $\frac{A^{70} \cdot C}{D^{10}}$, $\frac{A^{105}}{D^{14}}$. Hier können wir für $D^2$ überall die ihm gleiche ganze Function der $A, B, C$ substituiren. Dann hängen die neuen $A$, $B$, $C$, $D$ in der That nur von zwei Parametern ab, nämlich den Quotienten nullter Dimension:

$$a = \frac{B}{A^3}, \quad b = \frac{C}{A^5}, \tag{36}$$

womit der verlangte Beweis erbracht ist.

Der Beweis der zweiten Behauptung ist wesentlich schwieriger, und müssen wir denselben bis zum Schlusse unserer Gesammtdarstellung vertagen. Er erscheint dort als Folge von Eigenschaften der Ikosaedersubstitutionen, die wir früher hervorgehoben haben, und ergibt sich aus denselben so naturgemäss, dass durch sie der eigentliche Grund des in Rede stehenden Satzes aufgedeckt erscheint.

Ich komme zur Conclusion der Kronecker'schen Arbeit. Herr Kronecker macht darauf aufmerksam, dass bei solchen algebraischen Gleichungen, welche sich durch Wurzelzeichen lösen lassen, und zwar auf Grund der ursprünglichen *Abel*'schen Entwickelungen, die accessorischen Irrationalitäten überhaupt vermieden werden können. *Hiernach postulirt er das Gleiche für die Auflösung der höheren Gleichungen: er will deren Reduction jeweils nur bis zu dem Punkte geführt sehen, bis zu welchem der Gebrauch der natürlichen Irrationalitäten überhaupt hinanreicht.* Dann ist also der letzte Schritt der ursprünglichen Kronecker'chen Methode, wie wir denselben soeben kennen lernten: die Reduction auf eine Gleichung mit $A = 0$, zu verwerfen. Vielmehr hat sich die Theorie darauf zu beschränken, die Gleichungen fünften Grades (in der eben angedeuteten Weise) mit Jacobi'schen Gleichungen, die *zwei* Parameter enthalten, in Verbindung zu setzen, die verschiedenen Arten der hier möglichen Reduction zu untersuchen, endlich zuzusehen, wie sich nun umgekehrt die Wurzeln der Gleichung fünften Grades durch die Wurzeln der genannten Jacobi'schen Gleichung sechsten Grades darstellen*).

*) Ich möchte hier auf den Schlussparagraphen von I, 5 erneut aufmerksam machen. Sind die dort gegebenen Anschauungen richtig, so kann man die Benutzung der elliptischen Functionen als Einführung accessorischer Irrationalitäten unendlich hoher Ordnung betrachten. Will man also an dem Kronecker'schen Postulate festhalten, so darf man nicht etwa die Gleichungen mit zwei Parametern,

Was unsere eigene Darstellung angeht, so möchte ich an der hiermit präcisirten Forderung im Folgenden *nicht* festhalten. Sicher werden wir untersuchen müssen, und es soll dies in ausgiebigster Weise geschehen, wie weit man mit Benutzung allein natürlicher Irrationalitäten gelangen kann. Aber hierüber hinaus entsteht nun doch die Frage, welche Bewandtniss es mit den accessorischen Irrationalitäten hat, die zur ferneren Reduction verhelfen, welches die einfachsten Resultate sind, die man mit ihrer Hülfe erreicht. Die Analogie mit jenen Gleichungen, die durch Wurzelzeichen lösbar sind, erscheint mir nicht zwingend. Wenn bei letzteren der Gebrauch accessorischer Irrationalitäten überflüssig ist, so kann man in dem nothwendigen Auftreten dieser Irrationalitäten bei höheren Gleichungen ein Charakteristikum der letzteren erblicken und sollte um so mehr darauf ausgehen, bei den Gleichungen fünften Grades, als dem niedersten Falle der höheren Gleichungen, Wesen und Bedeutung der erforderlichen accessorischen Irrationalitäten zu ergründen. Wir werden diese Untersuchungen um so weniger bei Seite lassen dürfen, als die Behandlung der natürlichen Irrationalitäten, wie wir sehen werden, durch sie in gewissem Sinne vermittelt werden wird.

## § 8. Aufgabe unserer ferneren Entwickelungen.

Wir brechen an dieser Stelle unseren historischen Bericht ab, insofern es zweckmässig scheint, die Besprechung der jetzt noch zu nennenden Arbeiten*) in die fortlaufende Darstellung der folgenden Kapitel zu verweben. Zweck dieser Darstellung ist es, wie wir

---

die man erhalten hat, hinterher durch elliptische Function lösen wollen, sondern diese Gleichungen bilden einen Punkt, über den in keiner Weise weiter vorzudringen ist.

*) Es sind dies zunächst die verschiedenen Aufsätze, welche von Herrn *Gordan* unter dem Titel: *Ueber die Auflösung der Gleichungen fünften Grades* und von mir selbst als: *Weitere Untersuchungen über das Ikosaeder* veröffentlicht worden sind. Erstere finden sich beziehungsweise in den Erlanger Berichten vom Juli 1877, in dem amtlichen Bericht der Naturforscherversammlung zu München (vom Sept. 1877) und im 13. Bande der Mathem. Annalen (1878), letztere in den Erlanger Berichten von Nov. 1876, Januar und Juli 1877, endlich im 12. Annalenbande (1877). Man sehe auch eine Mittheilung von *Brioschi* an die R. Accademia dei Lincei vom Dec. 1876 (Transunti) und eine andere an das Istituto Lombardo vom April 1877 (Rendiconti (2) X). — Hierzu tritt des Weiteren *Kiepert: Auflösung der Gleichungen fünften Grades* in den Göttinger Nachrichten vom Juli 1878, ausgeführt in Borchardt's Journal t. 87 (Aug. 1878), sowie von meinen eigenen Arbeiten: *Ueber die Transformation der elliptischen Functionen und die Auflösung der Gleichungen fünften Grades* (Bd. 14 der Annalen, Mai 1878) und: *Ueber die Auflösung gewisser Gleichungen vom siebenten und achten Grade* (im 15. Annalenbande, März 1879).

wiederholt andeuteten, die Auflösung der Gleichungen fünften Grades in möglichst einfacher und zugleich vielseitiger Weise mit der *Theorie des Ikosaeders* in Verbindung zu setzen. Dass eine solche Verbindung möglich ist, geht bereits aus unserer bisherigen Darstellung in verschiedener Weise hervor: denn die Jacobi'sche Gleichung mit $A = 0$ ist, wie wir sahen, eine Resolvente der Ikosaedergleichung, und auch die Bring'sche Form können wir als solche auffassen, wenn wir in I, 4, § 12 das $m:n$ derart bestimmt denken, dass in der Hauptresolvente daselbst der Term mit $Y^2$ verschwindet.

Inzwischen ist es nicht unsere Absicht, das Ikosaeder in solch' indirecter Weise einzuführen. Vielmehr wollen wir die Theorie der Gleichungen fünften Grades im Zusammenhange und von vorne beginnend derartig darstellen, dass die Bedeutung des Ikosaeders als eine nothwendige und principielle erkannt wird. Dabei verwende ich, wie schon wiederholt angedeutet, in ausgiebiger Weise Constructionen im Sinne der *projectiven Geometrie.* Kein Zweifel, dass man dieselben überall durch rein algebraische Ueberlegungen ersetzen kann. Trotzdem glaube ich, dass dieselben von wesentlichem Nutzen sind, und meine, dass sie in ähnlicher Form auch bei höheren Problemen der Gleichungstheorie von Bedeutung sein müssen.

Des Näheren gliedert sich unsere folgende Darstellung in vier Kapitel.

Es handelt sich zunächst darum, *die Hauptbegriffe der Gleichungstheorie in geometrische Form zu bringen.* Dabei knüpfe ich an eine Darstellungsweise an, welche ich 1871 im vierten Bande der Mathematischen Annalen gegeben habe*), und entwickele im weiteren Verfolg derselben insbesondere die geometrische Auffassung der Tschirnhaustransformation und der Resolventenbildung. Mit Rücksicht auf später schliesse ich hieran einen kleinen Excurs über die Elemente der Liniengeometrie und die zugehörigen Eigenschaften der Flächen zweiten Grades.

Das folgende (dritte) Kapitel ist der besonderen Theorie der *Hauptgleichungen fünften Grades* gewidmet, d. h. derjenigen Gleichungen, welche weder die vierte noch die dritte Potenz der Unbekannten enthalten. Auf Grund des Satzes, dass die Flächen zweiten Grades zwei Schaaren geradliniger Erzeugender besitzen, ergibt sich für die genannten Gleichungen ein ausserordentlich einfacher Zusammenhang mit dem Ikosaeder, worauf unsere früheren Entwickelungen betreffs der Hauptresolvente der Ikosaedergleichung (I, 4, § 12) zu expliciten

*) *Ueber eine geometrische Interpretation der Resolventen algebraischer Gleichungen.*

Formeln für die Wurzeln der vorgelegten Gleichung führen. Hierdurch gewinnen wir, wie ich beiläufig entwickele, namentlich auch die Mittel, um die Bring'sche Transformation in definitive Gestalt zu setzen und ihrem inneren Wesen nach zu verstehen.

Unser viertes Kapitel erläutert sodann die Stellung des Ikosaeders zur Lehre von den *allgemeinen Jacobi'schen Gleichungen sechsten Grades.* Es zeigt sich, dass letztere im Sinne von I, 5, § 4 ein *ternäres Formenproblem* vertreten, und zwar ein solches, das aus dem bisherigen binären Ikosaederprobleme durch einen gewissen, einfachen Uebertragungsprocess entsteht. Auf demselben Wege ergeben sich wie von selbst, und zum Theil in verbesserter Form, alle die mannigfachen Resultate, die man in der Theorie der Jacobi'schen Gleichungen sechsten Grades gewonnen hat. Insbesondere werde ich entwickeln, wie man die Auflösung der allgemeinen Jacobi'schen Gleichung unter Adjunction einer accessorischen Quadratwurzel am zweckmässigsten mit Hülfe der Ikosaedergleichung bewerkstelligt.

Zwei Wege öffnen sich jetzt, wie wir im fünften Kapitel ausführen, um die *allgemeine Gleichung fünften Grades* durch die Ikosaedergleichung aufzulösen, indem es uns nämlich frei steht, entweder die gegebene Gleichung durch Tschirnhaustransformation in eine Hauptgleichung fünften Grades zu verwandeln, oder sie durch Resolventenbildung mit dem gerade besprochenen ternären Formenprobleme in Verbindung zu setzen. Der eine ergibt, wenn wir wollen, eine Vereinfachung der Methode von Bring, der andere eine Modification derjenigen von Kronecker. Aber zugleich erkennt man, dass die Operationen, welche bei den zweierlei Ansätzen gebraucht werden, nicht ihrem Wesen nach, sondern nur hinsichtlich der Reihenfolge verschieden sind. Wir haben so das Mittel, um sämmtliche in den vorangehenden Paragraphen besprochenen älteren Arbeiten von einem Gesichtspunkte aus zu verstehen. Dabei gelingt es denn auch, jenen indirecten, von Herrn Kronecker aufgestellten Satz zu beweisen, von dem wir soeben berichteten, und der als principieller Abschluss nicht nur des Auflösungsproblems in abstracter Form, sondern speciell auch unserer Ueberlegungen aufgefasst werden kann.

Vielleicht interessirt es besonders, dass vermöge unserer Darstellung die Theorie der Gleichungen fünften Grades derjenigen der Gleichungen dritten und vierten Grades wieder nahe gerückt ist: wir haben darauf, wo immer es nützlich schien, in kurzen Noten unter dem Text Bezug genommen.

---

# Kapitel II.

## Einführung geometrischer Hülfsmittel.

### § 1. Grundlage der geometrischen Deutung.

Die geometrische Deutung der Gleichungen fünften Grades, mit der wir im Folgenden arbeiten werden, beruht auf dem einfachen Gedanken, die Wurzeln $x_0$, $x_1$, $x_2$, $x_3$, $x_4$ der Gleichung als homogene Punktcoordinaten zu benutzen (wobei natürlich nur die Verhältnisse der $x$ zur Interpretation gelangen). Wollten wir dabei nicht noch eine Einschränkung hinzufügen, so müssten wir einen Raum von vier Dimensionen zu Grunde legen. Dies aber wäre in doppeltem Sinne unbequem: wir müssten auf die prägnante Terminologie verzichten, die uns für die Geometrie des dreidimensionalen Raumes zur Verfügung steht, und würden keinerlei Vorkenntnisse in specifischer Form voraussetzen können. Wir wollen also eine Beschränkung einführen, die in jedem Falle durch eine leichte Hülfstransformation zu erreichen sein wird, *indem wir nämlich festsetzen, dass im Folgenden immer*

(1) $$\Sigma x = 0$$

*genommen sein soll, dass wir also nur Gleichungen fünften Grades der folgenden Art betrachten werden:*

(2) $$x^5 + ax^3 + bx^2 + cx + d = 0$$

(in denen das Glied mit $x^4$ fehlt). Wir können dann, und zwar gerade vermöge (1), die Verhältnisse der $x$ als Punktcoordinaten des gewöhnlichen Raumes, als sogenannte *Pentaedercoordinaten* desselben deuten. Derartige Pentaedercoordinaten sind von den gewöhnlichen Tetraedercoordinaten der projectiven Geometrie nur formal verschieden: wir mögen sie geradezu in der Weise definiren, dass wir vier derselben als Tetraedercoordinaten betrachten und die fünfte vermöge (1) als lineare Combination der übrigen einführen; es geht dann nur die Symmetrie, auf welche wir in der Folge grösstes Gewicht legen müssen, verloren*).

*) Die Einführung überzähliger Coordinaten, welche dann durch eine entsprechende Zahl linearer Identitäten an einander gebunden sind, ist auch sonst in der Geometrie vielfach nützlich; man vergl. z. B. *Paul Serret's Géométrie de*

Die hiermit bezeichnete geometrische Deutung gewinnt erst dadurch ihre Eigenart, dass wir die verschiedenen *Anordnungen* in Betracht ziehen, die man den Wurzeln $x$ ertheilen kann. Ein und derselben Gleichung fünften Grades entsprechen in diesem Sinne zuvörderst 120, im Allgemeinen verschiedene Raumpunkte, die nur zusammengenommen bekannt sind: die Auflösung der Gleichung wird eben darin bestehen, dass wir die Mittel angeben, um unter den 120 solchergestalt eingeführten Punkten den einzelnen herauszugreifen.

Die in Rede stehenden Raumpunkte sind natürlich geometrisch nicht unabhängig. Eine beliebige Vertauschung der Pentaedercoordinaten, z. B. diejenige, welche $x_k$ durch $x_i$ ersetzt, kann geometrisch als eine *Transformation des ganzen Raumes*, nämlich als diejenige Collineation desselben gedeutet werden, welche der Formel

(3) $$x_i' = x_k$$

entspricht. Die 120 Collineationen, welche in diesem Sinne den 120 Vertauschungen der $x$ correspondiren, sind geometrisch augenscheinlich dadurch definirt, *dass sie alle das der Coordinatenbestimmung zu Grunde liegende Pentaeder in sich überführen.* Offenbar ist der geometrische Zusammenhang der jedesmal vereinigten 120 Raumpunkte eben der, dass sie alle aus einem derselben vermöge der genannten Collineationen hervorgehen. *

Ich habe diese Grundbegriffe hier gleich unter Beschränkung auf die Gleichungen fünften Grades entwickelt. Inzwischen ist diese Beschränkung durchaus keine wesentliche: eine ganz entsprechende Art der geometrischen Deutung ist bei Gleichungen $n^{\text{ten}}$ Grades möglich, sofern wir nur den projectiven Raum von $(n-2)$ Dimensionen zu Grunde legen, also bei Gleichungen vierten Grades die Ebene, bei Gleichungen dritten Grades die gerade Linie. Wir können dabei sogar dem Galois'schen Affect der Gleichungen Rechnung tragen, indem wir statt der überhaupt möglichen Vertauschungen der $n$ Wurzeln und der ihnen entsprechenden Collineationen nur eine Untergruppe derselben in Betracht ziehen. Wir haben im Folgenden nicht nöthig, den Gegenstand gleich unter so allgemeinen Voraussetzungen zu behandeln. Immerhin möchte ich schon hier auf die durchaus ähnliche geometrische Deutung aufmerksam machen, welche wir im zweitfolgenden Kapitel bei Untersuchung des dort zur Discussion stehenden Formenproblems benutzen werden.

---

*direction* [Paris, 1869]. Das Pentaedercoordinatensystem insbesondere ist wohl zuerst von *Hamilton* bei Untersuchung der geometrischen Netze von Möbius, die man aus fünf Raumpunkten ableiten kann, gebraucht worden; siehe Hamilton's *Elements of Quaternions* (Dublin, 1866), pag. 57–77.

## § 2. Classification der Curven und Flächen.

Bemerken wir nunmehr, dass wir die Curven und Flächen unseres Raumes (oder überhaupt die in ihm gelegenen geometrischen Gebilde) nach ihrem Verhalten gegen die 120 Collineationen (3) classificiren können. Im Allgemeinen wird eine irreducibele Curve oder Fläche durch keine der 120 Operationen in sich übergehen: sie erscheint dann als eines von 120 gleichberechtigten Gebilden, deren jedes an sich und mit Bezug auf das Coordinatenpentaeder dieselben Eigenschaften besitzt. Aber sie kann auch durch die $n$ Transformationen einer bestimmten, in der Gesammtheit der 120 Transformationen enthaltenen Untergruppe $g$ in sich verwandelt werden. Dann ist die Anzahl der coordinirten Gebilde nur noch $\frac{120}{n}$; jedes einzelne bleibt bei den $n$ Transformationen einer Untergruppe unverändert, welche mit der Gruppe $g$ innerhalb der Gesammtgruppe gleichberechtigt ist. Offenbar treten hier genau dieselben Unterscheidungen auf, die wir oben, im vierten Kapitel des ersten Abschnitts, als wir von der Theorie der Resolventenbildung handelten, kennen gelernt haben.

Wir wollen diesbezüglich eine bestimmte Terminologie einführen. Geht ein Gebilde vermöge sämmtlicher 120 Collineationen in sich über, so nennen wir es *regulär*, *halbregulär* dagegen, wenn dies nur in Bezug auf die 60 Collineationen der Fall ist, welche den geraden Vertauschungen der $x$ entsprechen und die wir kurz als die geraden Collineationen bezeichnen mögen. In allen anderen Fällen werden wir von *irregulären* Gebilden sprechen. Die halbregulären Gebilde gruppiren sich natürlich paarweise zusammen: denn die Gruppe der 60 geraden Collineationen ist innerhalb der Gesammtgruppe ausgezeichnet; geht also ein erstes Gebilde durch die 60 geraden Collineationen in sich über, so auch das andere, welches aus ihm durch eine beliebige ungerade Collineation entsteht.

Die hier bezeichnete Classification wird für die Zwecke der Gleichungstheorie von Wichtigkeit, indem wir jetzt Gleichungen in Betracht ziehen, welche *Parameter* enthalten. Wir wollen diese Parameter
* nur so zählen, wie sie die Verhältnisse $x_0 : x_1 : x_2 : x_3 : x_4$ beeinflussen. Haben wir dann eine Gleichung mit *einem* Parameter, so durchlaufen die 120 zugehörigen Raumpunkte $x$ bei Veränderlichkeit des Parameters eine Raumcurve, die vermöge der 120 Collineationen in sich selbst verwandelt wird, und die wir das Bild der Gleichung nennen wollen. Analog erhalten wir als Bild der Gleichung eine Fläche, sobald die Zahl der wesentlichen Parameter zwei beträgt: auch die Fläche geht durch die 120 Collineationen in sich selbst über. Offenbar

hängt die Frage, ob diese Curve oder Fläche reducibel ist oder nicht, auf das Genaueste mit der *Gruppe* der vorgelegten Gleichung fünften Grades zusammen. Um die Ideen zu fixiren will ich annehmen, dass unsere Parameter rational in die Coefficienten der Gleichung eingehen. Zugleich wollen wir auf bloss numerische Irrationalitäten kein Gewicht legen: wir werden also beliebige rationale Functionen der Parameter als rational bekannt bezeichnen. Dann geht die Galois'sche Gruppe der Gleichung [in Uebereinstimmung mit I, 4] in diejenige über, welche *Hermite* bezeichnender Weise als *Gruppe der Monodromie* benannt hat*), d. h. in den Inbegriff derjenigen Vertauschungen der Wurzeln $x$, welche entstehen, wenn man die $x$ als algebraische Functionen der Parameter betrachtet und nun letztere, von irgend welchen Anfangswerthen beginnend, auf beliebigem Wege sich so im complexen Gebiete ändern lässt, dass sie schliesslich zu ihren Anfangswerthen zurückkehren. Der Raumpunkt $x$ bewegt sich bei diesem Aenderungsprocesse fortwährend auf demselben irreducibelen Bestandtheile des der Gleichung entsprechenden geometrischen Bildes, nimmt auch auf demselben bei gehöriger Variirung des Weges alle möglichen Lagen an. Wir schliessen hieraus, *dass der in Rede stehende irreducibele Bestandtheil durch genau so viele Collineationen von den 120 überhaupt existirenden in sich verwandelt wird, als Vertauschungen der $x$ in der Gruppe der Monodromie enthalten sind.* Es wird nicht schwer sein, diesen allgemeinen Satz an den besonderen Beispielen, die wir nun zur Sprache bringen, zu bestätigen.

## § 3. Die einfachsten Specialfälle der Gleichungen fünften Grades.

Mit Rücksicht auf unsere späteren Entwickelungen betrachten wir nunmehr die einfachsten Specialfälle der Gleichungen fünften Grades, nämlich diejenigen, welche aus (2) entstehen, wenn wir einen oder mehrere Coefficienten gleich Null setzen, worauf die übrigen Coefficienten (insofern sie die Verhältnisse der Wurzeln $x$ beeinflussen) als Parameter zu gelten haben werden.

Sei zunächst $a = 0$, so haben wir, vermöge (1)**):

$$(4) \qquad \Sigma x^2 = 0,$$

*) Comptes Rendus t. 32 (1851): *Sur les fonctions algébriques*; siehe auch *C. Jordan, Traité des substitutions* etc. pag. 227 ff.

**) Man erinnere sich im Folgenden der *Newton*'schen Formeln, welche die Gleichungscoefficienten mit den Potenzsummen $s_\nu = \Sigma x^\nu$ verbinden. Für unsere Gleichung (2) werden diese Formeln:

$$s_1 = 0, \; s_2 + 2a = 0, \; s_3 + 3b = 0, \; s_4 + as_2 + 4c = 0, \text{ etc. etc.}$$

d. h. eine Gleichung, welche eine Fläche zweiter Ordnung vorstellt. Eliminiren wir vermöge (1) das $x_4$ und bilden von der linken Seite der dann entstehenden Gleichung:

$$x_0^2 + x_1^2 + x_2^2 + x_3^2 + (x_0 + x_1 + x_2 + x_3)^2 = 0$$

die Discriminante, so kommen wir auf $+5$, also einen nicht verschwindenden Werth. Wir schliessen hieraus, dass unsere Fläche zweiten Grades nicht nur nicht zerfällt, sondern auch kein Kegel ist. Eben diese, im verabredeten Sinne *reguläre* Fläche wird in unseren ferneren geometrischen Entwickelungen die allerwichtigste Rolle spielen. Ich werde sie daher als *Hauptfläche* bezeichnen, was damit übereinstimmt, dass wir eine Gleichung, die den Relationen (1), (4) genügt, schon oben als Hauptgleichung benannt haben.

Gehen wir zum folgenden Falle: $b = 0$. Indem wir wieder von (1) Gebrauch machen, erhalten wir für die entsprechenden $x$:

$$\Sigma x^3 = 0. \tag{5}$$

Wir werden also zu derjenigen irreducibelen Fläche dritter Ordnung geführt, welche *Clebsch* gelegentlich als *Diagonalfläche* bezeichnet hat*), weil sie nämlich die Diagonalen des Coordinatenpentaeders enthält, d. h. diejenigen 15 Linien, welche, je in einer der fünf Pentaederebenen verlaufend, irgend zwei Gegenecken des in dieser Ebene von den anderen Coordinatenebenen ausgeschnittenen Vierseits verbinden. Dementsprechend soll eine Gleichung mit $b = 0$ im Folgenden als *Diagonalgleichung* bezeichnet sein. Die allgemeine Brioschi'sche Resolvente, die wir in § 5 des vorigen Kapitels kennen gelernt haben [Formel (23)], ist zugleich die allgemeine Diagonalgleichung, ein Umstand, auf den wir noch ausführlicher zurückkommen werden.

Wir setzen ferner gleichzeitig $a = 0$, $b = 0$. So haben die Relationen (1), (4), (5) simultan statt, während die Gleichung (2) die Bring'sche Form annimmt. *Die Bring'schen Gleichungen werden also durch die Schnittcurve von Hauptfläche und Diagonalfläche repräsentirt.* Im Allgemeinen schneiden sich eine Fläche zweiter und eine Fläche dritter Ordnung in einer irreducibelen Curve von der sechsten Ordnung und dem Geschlechte 4**). Wir werden später zeigen, dass diese

*) Man sehe den noch öfter zu nennenden Aufsatz: *Ueber die Anwendung der quadratischen Substitution auf die Gleichungen 5. Grades und die geometrische Theorie des ebenen Fünfseits* im vierten Bande der Math. Annalen (1871). — Die Diagonalfläche ist auch sonst in der Theorie der Flächen dritten Grades wichtig geworden; man vergl. z. B. meine Arbeit: *Ueber Flächen dritter Ordnung* im 6. Bande der Math. Annalen (1873).

**) Man sehe etwa *Salmon-Fiedler's Analytische Geometrie des Raumes* (3. Aufl. Teubner, 1880).

Eigenschaften auch bei der Bring'schen Curve ungeändert vorhanden sind. Die Bring'sche Curve ist also gewiss, ebenso wie Hauptfläche und Diagonalfläche, regulär.

Es folgen die weiteren Fälle, in denen wenigstens einer der Coefficienten $c$, $d$ verschwindet. Wir wollen dieselben hier nicht einzeln ausführlich besprechen, indem wir weiterhin gerade auf sie doch nicht besonders einzugehen haben. Bemerken wir nur, dass im Falle $d = 0$ ein Zerfallen des räumlichen Bildes in irreguläre Bestandtheile statt hat: es sind die fünf Ebenen der Coordinatenpentaeders selbst, welche dem Falle $d = 0$ entsprechen.

## § 4. Gleichungen fünften Grades, welche beim Ikosaeder auftreten.

Wir wenden uns jetzt zur Betrachtung jener Gleichungen fünften Grades zurück, die wir im vierten Kapitel des vorigen Abschnitts als Resolventen der Ikosaedergleichung aufgestellt haben, und versuchen dieselben in die eben gegebenen Begriffsbildungen einzuordnen. Es sind Gleichungen mit nur einem wesentlichen Parameter $Z$ (der rechten Seite der Ikosaedergleichung), die also geometrisch durch *Curven* zu deuten sind. Diese Curven zerfallen, wie wir noch specieller nachweisen werden, je in zwei reguläre Bestandtheile. In der That ist die Gruppe der Monodromie in allen Fällen durch die 60 Ikosaedersubstitutionen gegeben.

Beginnen wir etwa zunächst mit der I, 4, § 11 sogenannten Resolvente der $u$:

$$(6) \qquad 48u^5(1-Z)^2 - 40u^3(1-Z) + 15u - 12 = 0.$$

Indem wir die Potenzsummen der Wurzeln berechnen, finden wir:

$$s_1 = 0, \; s_2 = \frac{5}{3(1-Z)}, \; s_3 = 0, \; s_4 = \frac{5}{36(1-Z)^2}, \text{ etc.,}$$

also

$$(7) \qquad s_2^{\,2} = 20 s_4.$$

*Wir bekommen hiernach als geometrisches Bild von* (6) *eine Curve zwölfter Ordnung, welche der Durchschnitt der Diagonalfläche mit der Fläche vierter Ordnung* (7) *ist.* Nun sage ich, dass diese Curve in zwei halbreguläre Bestandtheile von der sechsten Ordnung, deren jeder eine *rationale* Raumcurve vorstellt, zerfällt. In der That sind die Wurzeln $u_\nu$ von (6), von der an sich beliebigen Anordnung abgesehen, den früher eingeführten Oktaederformen:

$$(8) \quad t_\nu(z_1, z_2) = \varepsilon^{3\nu} z_1^6 + 2\varepsilon^{2\nu} z_1^5 z_2 - 5\varepsilon^{\nu} z_1^4 z_2^2 - 5\varepsilon^{4\nu} z_1^2 z_2^4 - 2\varepsilon^{3\nu} z_1 z_2^5 + \varepsilon^{2\nu} z_2^6$$

proportional, wo $z_1$, $z_2$ mit $Z$ durch die Ikosaedergleichung verbunden sind:

$$\frac{H^3(z_1, z_2)}{1728 f^5(z_1, z_2)} = Z. \tag{9}$$

Ist $Z$ beliebig veränderlich, so auch $\frac{z_1}{z_2}$. Wir werden also einen Bestandtheil der in Betracht kommenden Raumcurve erhalten, wenn wir, unter Einführung eines Proportionalitätsfactors $\varrho$, die folgenden Gleichungen schreiben:

$$\varrho x_\nu = t_\nu(z_1, z_2) \tag{10}$$

und nun $z_1 : z_2$ als laufenden Parameter betrachten. Offenbar gibt dies eine rationale und also irreducibele Raumcurve der sechsten Ordnung*). Nun sage ich, *dass dieselbe halbregulär ist und also unsere Raumcurve zwölfter Ordnung neben* (10) *noch eine zweite rationale Raumcurve sechster Ordnung umfasst, welche aus* (10) *durch eine beliebige ungerade Vertauschung der* $x_\nu$ *hervorgeht.*

Zum Beweise zeigen wir zunächst, dass die Curve (10) wirklich die geraden Collineationen zulässt. Dies kann wohl nicht anders sein, weil die Curve 12. Ordnung bei allen 120 Collineationen ungeändert bleibt und $12 = 2 \cdot 6$ ist, doch wollen wir es direct beweisen. Man lasse zu dem Zwecke $z_1 : z_2$ von irgend einem Anfangswerthe aus sich derart continuirlich ändern, dass es successive alle 60 Werthe annimmt, die aus dem erwähnten Anfangswerthe durch die 60 Ikosaedersubstitutionen entstehen. Dann hat sich der Punkt $x$ — weil es sich durchaus um stetige Aenderungen handelt — fortwährend auf derselben irreducibelen Raumcurve bewegt, zugleich aber haben, wie wir von früher wissen, die $t_\nu$ zuletzt alle geraden Permutationen erfahren. Die Curve geht also in der That vermöge der geraden Collineationen in sich über.

Wir beweisen ferner, dass unsere Curve nicht noch weitere Collineationen zulassen kann. Wäre dies nämlich der Fall, so würde $Z$ [welches der Gleichung (6) zufolge als symmetrische Function der $u_\nu$ dargestellt werden kann] nicht nur in 60, sondern in 120 Punkten unserer Curve sechster Ordnung denselben Werth annehmen, während doch zu jedem Werthe von $Z$, der Ikosaedergleichung (9) entsprechend, nur 60 Werthe $z_1 : z_2$ gehören.

Hiermit ist unsere anfängliche Behauptung völlig erwiesen. Wir hätten dieselbe offenbar auch in der Weise erhärten können, dass wir uns nur der Formeln (9) und (10) bedienten, dagegen die Betrachtung

*) Die Formeln (10) können nicht etwa eine Curve niederer Ordnung mehrfach zählend vorstellen, weil man $z_1 : z_2$ aus der zugehörigen $x_\nu$ rational berechnen kann.

der Potenzsummen und der Formel (7) bei Seite liessen. In solcher Weise wollen wir jetzt diejenigen Curven besprechen, welche geometrisch der früher sogenannten *Hauptresolvente* der Ikosaedergleichung zugehören (I, 4, § 12). Für die Wurzeln $Y_\nu$ derselben haben wir damals eine Definition gegeben, die wir hier unter Einführung eines geeigneten Proportionalitätsfactors $\varrho$ folgendermassen reproduciren können:

$$(11) \quad \varrho Y_\nu = m \cdot W_\nu(z_1, z_2) \cdot T(z_1, z_2) + 12n \cdot t_\nu(z_1, z_2) \cdot W_\nu(z_1, z_2) \cdot f^2(z_1, z_2);$$

dabei ist $t_\nu$ die angegebene Form sechsten Grades, $f$ und $T$ sind die gewöhnlichen Ikosaederformen und $W_\nu$ ist gleich folgendem Ausdrucke:

$$(12) \quad W_\nu = -\varepsilon^{4\nu} z_1{}^8 + \varepsilon^{3\nu} z_1{}^7 z_2 - 7\varepsilon^{2\nu} z_1{}^6 z_2{}^2 - 7\varepsilon^{\nu} z_1{}^5 z_2{}^3 + 7\varepsilon^{4\nu} z_1{}^3 z_2{}^5 - 7\varepsilon^{3\nu} z_1{}^2 z_2{}^6 - \varepsilon^{2\nu} z_1 z_2{}^7 - \varepsilon^{\nu} z_2{}^8.$$

Lassen wir jetzt $z_1 : z_2$ sich ändern, so durchläuft der Punkt $Y$ vermöge (11) bei wechselnden Werthen von $m : n$ unendlich viele rationale Curven $38^{\text{ter}}$ Ordnung, unter denen, für $n = 0$, eine Curve achter, und, für $m = 0$, eine Curve vierzehnter Ordnung inbegriffen ist*). *Alle diese Curven sind halbregulär.* Sie werden also je von einer zweiten Curve derselben Ordnung begleitet, die sich aus (11) durch eine beliebige ungerade Vertauschung der $Y_\nu$ ergibt. Erst beide Curven zusammen, — im Allgemeinen also eine Curve $76^{\text{ter}}$ Ordnung —, sind das geometrische Bild der einzelnen Hauptresolvente. Uebrigens beachte man, *dass alle diese Curven auf der Hauptfläche gelegen sind.* Denn es ist ja $\Sigma Y^2$ bei der Hauptresolvente allgemein gleich Null. Die nähere Untersuchung, *wie* diese Curven auf der Hauptfläche verlaufen, welche Beziehungen sich zwischen ihnen und den geradlinigen Erzeugenden der Hauptfläche ergeben etc., wird uns im nächsten Kapitel noch ausführlich beschäftigen.

### § 5. Geometrische Auffassung der Tschirnhaustransformation.

Um jetzt die Tschirnhaustransformation der Gleichungen fünften Grades unserer geometrischen Deutung zugänglich zu machen, wollen wir, der Bedingung (1) entsprechend, derzufolge die Wurzelsumme der zu betrachtenden Gleichungen immer verschwinden soll, folgende Bezeichnungen einführen:

$$(13) \quad x_\nu^{(1)} = x_\nu - \frac{s_1}{5}, \quad x_\nu^{(2)} = x_\nu^2 - \frac{s_2}{5}, \quad x_\nu^{(3)} = x_\nu^3 - \frac{s_3}{5}, \quad x_\nu^{(4)} = x_\nu^4 - \frac{s_4}{5},$$

(wobei $x_\nu^{(1)}$ natürlich nur der Gleichförmigkeit halber statt $x_\nu$ geschrie-

*) Ich lasse einstweilen unerörtert, ob nicht noch andere Curven der Schaar eine Reduction der Ordnung erfahren, wie auch, worin eigentlich, geometrisch zu reden, diese Reduction begründet ist.

ben ist). Dann ist die allgemeinste Transformation, die wir in Betracht ziehen wollen, diese:

$$(14) \qquad y_\nu = p \cdot x_\nu^{(1)} + q \cdot x_\nu^{(2)} + r \cdot x_\nu^{(3)} + s \cdot x_\nu^{(4)},$$

unter $p, q, r, s$ irgend welche, zunächst unbestimmte, Grössen verstanden.

Wir haben bisher immer nur solche Ausdrücke betrachtet, die bei den der jedesmaligen Untersuchung zu Grunde liegenden Vertauschungen oder linearen Transformationen in sich selbst verwandelt werden, also, mit Rücksicht auf die Transformationsgruppe, *Invarianten* sind. In entsprechendem Sinne könnte man die Ausdrücke (13) als *Covarianten* der $x_\nu$ bezeichnen, insofern sich dieselben mit den $x_\nu$ zusammen, und in gleicher Weise wie diese, permutiren. Ich will hier nicht weiter erläutern, wie man am zweckmässigsten aus dem gegebenen Punkte $x = x^{(1)}$ die covarianten Punkte $x^{(2)}$, $x^{(3)}$, $x^{(4)}$ geometrisch construirt. Dagegen möchte ich darauf aufmerksam machen, dass vermöge (14) ein beliebiger Punkt $y$ aus den vier Fundamentalpunkten $x^{(1)}$, $x^{(2)}$, $x^{(3)}$, $x^{(4)}$ genau so mit Hülfe geeigneter Multiplicatoren $p$, $q$, $r$, $s$ zusammengesetzt wird, wie dies allgemein in der projectiven Geometrie (seit *Möbius'* barycentrischem Calcul) üblich ist. *Die $p$, $q$, $r$, $s$ sind also nichts anderes, als neue projective Coordinaten des Punktes $y$, die sich auf Covarianten von $x$ beziehen*, oder, um es noch prägnanter im Sinne der modernen Terminologie auszudrücken: *der Ansatz* (14) *bedeutet, dass statt des ursprünglichen Coordinatensystems der* * *$x$ ein typisches Coordinatensystem eingeführt wird* *).

Bei den Anwendungen der Tschirnhaustransformation handelt es sich um die Aufgabe, die $p$, $q$, $r$, $s$ so zu bestimmen, dass die für die $y$ resultirende transformirte Gleichung mit Rücksicht auf die Veränderlichkeit ihrer Coefficienten irgend welche specielle Eigenschaften hat. Das heisst geometrisch: wir sollen den Punkt $y$ zwingen, sich nur auf vorgegebenen Flächen oder Curven zu bewegen. Wir werden also die Gleichungen dieser Flächen oder Curven, bezogen auf unser typisches Coordinatensystem, hinschreiben und zusehen, wie wir irgend ein Werthsystem $p$, $q$, $r$, $s$ finden, das diesen Gleichungen genügt.

Elementare Bemerkungen über die hiermit präcisirte Aufgabe haben wir schon in § 2 des vorigen Kapitels gegeben. Des Weiteren werden hier die Unterscheidungen von Wichtigkeit, welche soeben in * § 3 entwickelt wurden. Denn offenbar genügt es, wenn die Gesammtfläche oder -Curve, die in Betracht kommt, *reducibel* ist, nur die Gleichung eines einzelnen irreducibelen Bestandtheils der Fläche oder Curve anzuschreiben. Sei $m$ die Zahl derjenigen unter den 120 Collineationen,

*) Vergl. *Clebsch, Theorie der binären algebraischen Formen,* pag. 300 ff.

bei denen der in Rede stehende Bestandtheil in sich selbst transformirt wird, so werden die Coefficienten derjenigen Gleichungen, die wir zur Darstellung dieses Bestandtheils in unserm neuen Coordinatensysteme verwenden, in der Weise von den $x_\nu^{(1)}$, $x_\nu^{(2)}$ etc. abhängen, dass sie bei den in Rede stehenden $m$ Vertauschungen der $x_\nu$ und nur bei ihnen ungeändert bleiben. Die Coefficienten werden also nur dann symmetrische Functionen der $x_\nu$ sein, wenn man es mit regulären Gebilden zu thun hat, zweiwerthige Functionen (die nach Adjunction der Quadratwurzel aus der Discriminante rational werden), wenn halbreguläre Gebilde in Betracht kommen etc.

Es geht hieraus hervor, *dass bei Auflösung der Gleichungen fünften Grades die Tschirnhaustransformation nur dann von Nutzen sein kann, wenn reguläre oder halbreguläre Gebilde vorgegeben werden.* Denn wollten wir irreguläre Gebilde heranziehen, so müssten wir von vorneherein, nur um deren typische Gleichungen zu bilden, solche Functionen der $x_\nu$ adjungiren, dass ein eigentliches, über ganz elementare Anforderungen hinausgehendes Auflösungsproblem nicht mehr übrig bliebe. Hier kommt also der gewissermassen zufällige Umstand zur Geltung, dass die Gruppe der 60 geraden Vertauschungen von fünf Dingen einfach ist und daher bei jeder weitergehenden Adjunction ihre wesentlichsten Eigenschaften verliert.

## § 6. **Specielle Anwendungen der Tschirnhaustransformation.**

Sollen wir auf einer vorgegebenen Fläche oder Curve $n^{\text{ter}}$ Ordnung einen Punkt bestimmen, so ist jedenfalls das nächstliegende Verfahren, bei dem dann eine Hülfsgleichung $n^{\text{ten}}$ Grades benöthigt wird, dass wir die Fläche mit einer uns bekannten *Geraden*, die Curve mit einer *Ebene* schneiden. Für die Tschirnhaustransformation, wie sie durch (14) gegeben ist, liefert dies den folgenden allgemeinen Ansatz. Wir nehmen zwei oder auch drei Reihen bekannter Grössen:

$$P_1,\ Q_1,\ R_1,\ S_1;\quad P_2,\ Q_2,\ R_2,\ S_2;\quad P_3,\ Q_3,\ R_3,\ S_3$$

und setzen nun entweder:

$$(15)\quad p = \varrho_1 P_1 + \varrho_2 P_2,\quad q = \varrho_1 Q_1 + \varrho_2 Q_2,\quad r = \varrho_1 R_1 + \varrho_2 R_2,\quad s = \varrho_1 S_1 + \varrho_2 S_2$$

oder entsprechend:

$$(16)\quad p = \varrho_1 P_1 + \varrho_2 P_2 + \varrho_3 P_3 \text{ etc.}$$

Tragen wir dann diese Werthe in die Gleichung der Fläche bez. die Gleichungen der Curve ein, so erhalten wir für $\varrho_1 : \varrho_2$ eine Gleichung oder auch für $\varrho_1 : \varrho_2 : \varrho_3$ ein Gleichungssystem der $n^{\text{ten}}$ Ordnung; jede Wurzel dieser Gleichung, beziehungsweise dieses Gleichungssystems gibt uns eine Tschirnhaustransformation der gewünschten Beschaffenheit. Die Irrationalität, welche solchergestalt zur Herstellung der Transformation benöthigt wird, ist offenbar im Allgemeinen eine *accessorische.* Denn es ist von vorneherein kein Grund vorhanden, weshalb die Trennung der $n$ Schnittpunkte einer beliebigen Geraden mit der Fläche, oder einer Ebene mit einer Curve, mit der Unterscheidung der Collineationen etwas zu thun haben sollte, welche diese Fläche oder Curve in sich selbst verwandeln.

Es braucht kaum gesagt zu werden, dass das allgemeine solchergestalt geschilderte Verfahren, praktisch zu reden, nicht weit reicht. Wollten wir die verschiedenen in § 3, 4 aufgezählten Specialfälle von Gleichungen fünften Grades vermöge desselben behandeln, so würden wir schon nach den ersten beiden Fällen zu Hülfsgleichungen von höherem als fünften Grade geführt werden. *Wir wollen unser allgemeines Verfahren in der Folge daher nur benutzen, oder benutzt denken, um die allgemeine Gleichung fünften Grades in eine Hauptgleichung zu verwandeln.* In der That werden wir später (im fünften Kapitel) den Nachweis erbringen, dass in diesem besonderen Falle das allgemeine Verfahren nicht verbessert werden kann, indem es auf keine Weise möglich ist, die accessorische Quadratwurzel, welche durch unser Verfahren eingeführt wird, zu vermeiden. Dagegen wird es uns in allen anderen Fällen gelingen, relativ einfachere Methoden zur Herstellung der Transformation zu finden. Zum Theil wurden diese Methoden bereits in den Entwickelungen des vorangehenden Kapitels berührt; wir fügen hier noch einige ergänzende Bemerkungen hinzu.

Zunächst, was die *Bring*'sche Transformation betrifft, so sagten wir bereits, dass es gelinge, statt des ursprünglich in Betracht kommenden Gleichungssystems vom sechsten Grade eine Aufeinanderfolge von quadratischen Gleichungen und einer cubischen Gleichung zu substituiren. Wir können dies jetzt, im Anschlusse an unsere geometrischen Vorstellungsweisen, sehr viel präciser ausdrücken. Die Theorie gliedert sich des Näheren folgendermassen. Wir verwandeln die allgemeine Gleichung fünften Grades zuvörderst in der eben besprochenen Weise in eine Hauptgleichung (wobei wir eine erste Quadratwurzel, und zwar eine accessorische Quadratwurzel, gebrauchen). *Dann aber tritt, geometrisch zu reden, die Thatsache in ihr Recht, dass durch jeden Punkt der Hauptfläche zwei geradlinige Erzeugende derselben laufen, deren einzelne der Bring'schen Curve nur noch in drei Punkten begegnet.* Wir werden also, um vom beliebigen Punkte der Hauptfläche zu einem Punkte der Bring'schen Curve zu gelangen, zuerst noch einmal eine Quadratwurzel gebrauchen, um die beiden durch den Punkt laufenden Erzeugenden zu trennen, und dann in der That mit einer

Gleichung dritten Grades reichen, welche die Schnittpunkte der ausgewählten Erzeugenden mit der Bring'schen Curve bestimmt. Es wurde bereits gesagt, dass wir später [und zwar in dem hier folgenden dritten Kapitel] für alle von der Bring'schen Theorie geforderten Schritte explicite Formeln aufstellen werden. Bemerken wir also hier nur noch, was bei der Darlegung der Theorie zumeist übergangen wird, *dass die zweite Quadratwurzel* (welche die beiden Erzeugenden der Hauptfläche trennt) *keine accessorische ist, sondern mit der Quadratwurzel aus der Discriminante der Gleichung fünften Grades zusammenfällt.* Die Irrationalität, welche durch die cubische Hülfsgleichung eingeführt wird, ist dagegen wieder eine accessorische, auch ist die cubische Gleichung im Galois'schen Sinne allgemein, d. h. eine solche mit einer Gruppe von 6 Vertauschungen.

Wir besprechen ferner die von Brioschi aufgestellten Gleichungen fünften Grades, die sich an die Jacobi'schen Gleichungen sechsten Grades anschliessen. Durch die Existenz der Kronecker'schen Resolvente ist eine Methode indicirt, wie wir bereits bemerkten, um die allgemeinen Gleichungen fünften Grades in diese speciellen durch Transformation zu verwandeln. In erster Linie handelt es sich dabei um die *Diagonalgleichung* fünften Grades: unser früherer Bericht zeigt, dass nur die Quadratwurzel aus der Discriminante, also keinerlei accessorische Irrationalität benöthigt wird, um die allgemeine Gleichung fünften Grades in eine Diagonalgleichung zu verwandeln. Nehmen wir eine accessorische Quadratwurzel hinzu, so können wir erreichen, dass in der Kronecker'schen Resolvente $A = 0$ wird. Die zugehörige Diagonalgleichung fällt dann im Wesentlichen mit der Gleichung der $u$ zusammen, die wir soeben in § 4 betrachteten. Die Curve der $u$ war von der zwölften Ordnung, beziehungsweise zerfiel in zwei halbreguläre Curven von der sechsten Ordnung. Unser allgemeiner Ansatz würde also bei ihr auch nach Adjunction der Quadratwurzel aus der Discriminante immer noch zu einer Hülfsgleichung sechsten Grades führen. Trotzdem reicht man, wie gerade gesagt wurde, mit einer einzigen hinzutretenden Quadratwurzel aus.

## § 7. Geometrisches über Resolventenbildung.

Die algebraischen Principien der Resolventenbildung sind für beliebige algebraische Gleichungen bereits in I, 4 ausführlich erläutert worden. Ihre Specification für Gleichungen fünften Grades erfordert an sich keine weiteren Zusätze. Wenn wir hier auf dieselben zurückkommen, so geschieht es, um unseren damaligen Betrachtungen eine neue Wendung zu geben.

Verabreden wir zunächst, dass wir allein solche rationale Functionen der $x$:

$$\varphi(x_0, x_1, x_2, x_3, x_4)$$

als Wurzeln von Resolventen einführen wollen, die in den $x$ homogen sind: multipliciren wir dann alle $x$ mit demselben Factor $\lambda$ (wobei der Bildpunkt, den wir $x$ nennen, ungeändert bleibt), so erweisen sich die Verhältnisse jener Werthe:

$$\varphi_0, \quad \varphi_1, \cdots \varphi_{n-1},$$

welche $\varphi$ bei unseren Vertauschungen annimmt, ebenfalls invariant und wir können also die Resolventenbildung, indem wir die $\varphi$ als homogene Coordinaten deuten, in geometrischer Weise interpretiren. Es ist dies eine Beschränkung, die wir nur zu Gunsten der geometrischen Interpretation machen; eine tiefer gehende Bedeutung hat sie nicht, und kann hinterher immer fallen gelassen werden.

Den Grundsätzen der analytischen Geometrie entsprechend bieten sich jetzt für die Interpretation von vorneherein zwei Möglichkeiten: entweder wir betrachten die Einführung der $\varphi$ als blosse *Umänderung des Coordinatensystems* oder, im *Plücker*'schen Sinne, als *Wechsel des Raumelements.* Im ersteren Falle erscheinen die $\varphi$ direct als homogene, im allgemeinen krummlinige, Punktcoordinaten, zwischen denen nothwendig $(n - 4)$ Identitäten bestehen. Im zweiten Falle sind uns die $\varphi$ zuvörderst selbständige Grössen, welche wir als Coordinaten irgend eines geometrischen Gebildes deuten; die Auswahl dieses Gebildes muss nur in solcher Weise erfolgen, dass die Coordinaten desselben bei Eintritt der 120 oder 60 von uns zu betrachtenden Raumcollineationen genau dieselben Permutationen erfahren, wie sie die $\varphi$ als Functionen der $x$ erleiden. Indem wir sodann die $\varphi$ den betreffenden Functionen der $x$ gleich setzen, *ordnen wir ein derartiges Gebilde dem Punkte $x$ in covarianter Weise zu.* Die Auflösung der Gleichung fünften Grades durch Resolventenbildung läuft also darauf hinaus, statt des Punktes $x$ zunächst ein anderes, ihm covariantes Gebilde zu suchen und dann von diesem auf den Punkt $x$ den Rückschluss zu machen.

Wir werden im Folgenden zumeist an der zweiten, tiefer greifenden Deutung der Resolventenbildung festhalten, und zwar so sehr, dass wir dieselbe geradezu zum Ausgangspunkte unserer ferneren Betrachtung wählen wollen. Die einfachsten räumlichen Gebilde sind nach den Anschauungsweisen der projectiven Geometrie Punkt, Ebene, gerade Linie: wir können der Reihe nach die Resolventen betrachten, welche entstehen, wenn wir gerade diese Gebilde unter Benutzung möglich einfacher Coordinatenbestimmung zu Grunde legen.

Die Betrachtung *covarianter, auf das ursprüngliche Pentaeder bezogener Punkte* liefert natürlich nichts Neues, sondern führt zu der bereits erledigten Tschirnhaustransformation zurück. Wir haben dabei * nur die $p$, $q$, $r$, $s$ als Invarianten der $x$ einzuführen, d. h. als symmetrische Functionen derselben, oder doch als solche Functionen, die bei den 60 geraden Vertauschungen ungeändert bleiben. Ebensowenig fördert die Benutzung covarianter Ebenen. Betrachten wir nämlich als Coordinaten der Ebene, wie es natürlich ist, die Coefficienten $u$ ihrer Gleichung:

$$u_0 x_0 + u_1 x_1 + u_2 x_2 + u_3 x_3 + u_4 x_4 = 0, \tag{17}$$

wobei wir uns diese Gleichung mit Hülfe von $\Sigma x = 0$ in der Weise normirt denken, dass immer auch $\Sigma u = 0$ ist, *so gehört zu jeder Ebene ein covarianter Punkt mit genau denselben Coordinaten.* Es ist dies ihr *Pol* in Bezug auf die Hauptfläche $\Sigma x^2 = 0$. In der That, sind $x_0' \cdots x_4'$ die Coordinaten des Pols (wobei $\Sigma x' = 0$), so lautet die Gleichung der Polarebene, wie man sofort findet:

$$x_0' x_0 + x_1' x_1 + x_2' x_2 + x_3' x_3 + x_4' x_4 = 0 \tag{18}$$

und ist also mit (17) identisch, sobald wir die einzelnen $u$ den $x'$ gleichsetzen. Hiernach können immer dieselben fünf Grössen ebensowohl als Punkt- wie als Ebenen-Coordinaten betrachtet werden, und eine gesonderte Betrachtung der Ebene als Raumelement ist ohne Bedeutung. *

Es bleiben somit als einfachste Resolventen, die wir in Betracht ziehen können, diejenigen übrig, welche *eine zum Punkte $x$ covariante Gerade* zu Grunde legen. Ehe ich hierauf genauer eingehe, werde ich betreffs der Liniencoordinaten im Raume und überhaupt der Principien der Liniengeometrie einige Vorbemerkungen machen*), einmal, weil diese Dinge ausserhalb der specifisch geometrischen Kreise immer noch wenig bekannt sein dürften, dann auch, weil wir statt des gewöhnlichen Coordinatentetraeders ein Pentaeder betrachten müssen.

## § 8. **Ueber Liniencoordinaten im Raume.** *

Das eigentliche Princip der Liniencoordinaten im Raume, welches wir ebensowohl beim Gebrauche des Coordinatenpentaeders wie bei dem des Tetraeders festhalten können, ist bereits 1844 von *Grassmann* in der ersten Auflage seiner Ausdehnungslehre (Leipzig, Wigand**)) gegeben worden. Es seien $X$, $Y$ zwei Punkte der Geraden; *dann*

---

*) Man sehe *Plücker's: Neue Geometrie des Raumes, gegründet auf die Betrachtung der geraden Linie als Raumelement* (Leipzig 1868, 69), sowie die neuen Auflagen von *Salmon-Fiedler's* analytischer Geometrie des Raumes.

**) Neu abgedruckt 1878.

*betrachtet man als homogene Liniencoordinaten sämmtliche zweigliedrige Determinanten, die sich aus den Coordinaten dieser Punkte zusammensetzen lassen.*

Legen wir zunächst, um bei der gebräuchlichen Darstellung zu bleiben, ein Coordinatentetraeder zu Grunde. Wir bezeichnen dann die Coordinaten von $X$, $Y$ folgendermassen:

$$X_1,\ X_2,\ X_3,\ X_4;\quad Y_1,\ Y_2,\ Y_3,\ Y_4,$$

setzen:

$$(19) \qquad p_{ik} = X_i Y_k - Y_i X_k$$

und haben zuvörderst:

$$(20) \qquad p_{ik} = -p_{ki},$$

wodurch die zwölf verschiedenen $p_{ik}$, die es gibt, auf sechs linear unabhängige zurückgebracht werden, für welche wir etwa folgende auswählen wollen:

$$(21) \qquad p_{12},\ p_{13},\ p_{14},\ p_{34},\ p_{42},\ p_{23}.$$

Zwischen diesen besteht dann noch die leicht zu erweisende Identität:

$$(22) \qquad P = p_{12}p_{34} + p_{13}p_{42} + p_{14}p_{23} = 0.$$

Zwei Linien $p$, $p'$ *schneiden* sich, wenn eine bilineare Relation zwischen ihren Coordinaten statthat, die man kurzweg folgendermassen bezeichnen kann:

$$(23) \qquad \sum p'_{ik} \cdot \frac{\partial P}{\partial p_{ik}} = 0;$$

die Summation hat sich dabei über die sechs Combinationen (21) zu erstrecken. Offenbar ist dies keineswegs die *allgemeine* lineare Gleichung für die $p_{ik}$, denn auch die $p'_{ik}$ sind einer Identität von der Form (22) unterworfen. Indem wir unter $a_{ik}$ beliebige Grössen verstehen und an der Tabelle (21) festhalten, wollen wir die in Rede stehende allgemeine Gleichung in folgender Form schreiben

$$(24) \qquad \sum a_{ik} \cdot \frac{\partial P}{\partial p_{ik}} = 0.$$

Die Gesammtheit der geraden Linien, welche eine solche Gleichung befriedigen, ist das, was *Plücker* einen *linearen Complex* genannt, übrigens *Möbius* bereits 1833 in ausführlicher Weise discutirt hat*). Mit den geometrischen Eigenschaften des linearen Complexes werden wir uns hier nicht weiter beschäftigen. Wir wollen nur noch verabreden, dass wir die Coefficienten $a_{ik}$ als *Coordinaten des linearen Complexes*

*) Crelle's Journal Bd. X: *Ueber eine besondere Art dualer Verhältnisse zwischen Figuren im Raume.*

bezeichnen werden, wobei wir gelegentlich, der Formel (20) entsprechend, neben den $a_{ik}$ auch noch $a_{ki}$ einführen mögen:

(25) $$a_{ik} = -a_{ki}.$$

Ist

(26) $$a_{12}a_{34} + a_{13}a_{42} + a_{14}a_{23} = 0,$$

so können wir die $a_{ik}$ durch die $p'_{ik}$ der Formel (23) ersetzen, der Complex ist dann ein *specieller* und besteht, wie ersichtlich, aus allen Geraden, welche die feste Gerade $p'$ schneiden. Fügen wir zwei specielle Complexe $p'$, $p''$ additiv zusammen, bilden also

$$a_{ik} = \lambda' p'_{ik} + \lambda'' p''_{ik},$$

so haben wir, von besonderen Fällen abgesehen, einen allgemeinen Complex. *Jeder allgemeine Complex kann erhalten werden, wenn wir sechs vorgegebene specielle Complexe mit Hülfe geeigneter Multiplicatoren zusammenaddiren.* Es müssen die speciellen Complexe nur linear unabhängig sein, d. h. sie dürfen mit ihren Coordinaten nicht sämmtlich dieselbe lineare homogene Gleichung befriedigen. In diesem Sinne brauchbar sind insbesondere solche sechs gerade Linien, welche die Kanten eines Tetraeders bilden.

So viel über die gewöhnlichen Begriffsbestimmungen der Liniengeometrie. Ersetzen wir jetzt das Coordinatentetraeder durch ein Pentaeder, so ist die einzige Modification diese, dass die Zahl der Coordinaten vermehrt erscheint, dafür aber neue Bedingungsgleichungen hinzutreten. Was zunächst die Punktcoordinaten angeht, so haben wir für $X$, $Y$ jetzt in früherer Weise:

$$X_0,\ X_1,\ X_2,\ X_3,\ X_4;\quad Y_0,\ Y_1,\ Y_2,\ Y_3,\ Y_4$$

mit $\Sigma X = 0$, $\Sigma Y = 0$. *Dann aber haben wir zwanzig Determinanten:*

(27) $$p_{ik} = X_i Y_k - Y_i X_k$$

*zu unterscheiden.* Natürlich ist wiederum:

(28) $$p_{ik} = -p_{ki},$$

überdies aber, wie ersichtlich:

(29) $$\sum_i p_{ik} = 0, \text{ oder auch } \sum_k p_{ik} = 0,$$

wo die Summe über diejenigen vier Werthe von $i$, resp. $k$ zu erstrecken ist, die von dem jedesmaligen $k$, bez. $i$ verschieden sind. Daneben besteht dann noch die quadratische Relation (22) nebst den anderen, die aus ihr durch (28), (29) hervorgehen. Wiederum können wir auch von *Coordinaten des linearen Complexes* reden. Es sind zwanzig Grössen $a_{ik}$, die ebenfalls den linearen Relationen (28), (29) genügen, sonst aber unbeschränkt veränderlich sind. Was über die Zusammensetzung allgemeiner linearer Complexe aus speciellen Complexen gesagt wurde, behält ungeändert seine Gültigkeit. Alle diese Dinge sind so einfach, dass wir ihre vorläufige Betrachtung hiermit bereits abbrechen können.

## § 9. Eine Resolvente zwanzigsten Grades der Gleichungen fünften Grades.

Kehren wir nunmehr zu den Betrachtungen des § 7 zurück. Wir wollten diejenigen Gleichungen betrachten, von denen die Pentaedercoordinaten einer Raumgeraden abhängen. Offenbar können wir statt dieser Gleichungen auch gleich die allgemeineren in Betracht ziehen, durch welche die Coordinaten eines beliebigen linearen Complexes bestimmt werden. *Wir gewinnen so überhaupt Gleichungen zwanzigsten Grades, deren Wurzeln $a_{ik}$ den Formeln* (28), (29) *entsprechend durch folgende lineare Relationen verbunden sind:*

* (30) $$a_{ik} = -a_{ki}, \quad \sum_i a_{ik} = 0, \quad \sum_k a_{ik} = 0.$$

Eine gewisse Aehnlichkeit dieser Gleichungen mit den Jacobi'schen Gleichungen sechsten Grades (sofern wir letztere, wie Hr. Kronecker es thut, als Gleichungen zwölften Grades für die $\sqrt{z}$ auffassen) ist von vorneherein unverkennbar; wir werden später (im fünften Kapitel) den engen Zusammenhang kennen lernen, der in dieser Hinsicht thatsächlich statthat.

Jetzt handelt es sich darum, die Grössen $a_{ik}$ gleich geeigneten Functionen der $x$ zu setzen und also unsere Gleichungen zwanzigsten Grades in Resolventen der Gleichung fünften Grades zu verwandeln. Es gilt, wie wir es in § 7 ausdrückten, den linearen Complex (mit den Coordinaten $a_{ik}$) dem Punkte $x$ *covariant* zuzuordnen. Wir erreichen dies in einfacher Weise, wenn wir an § 5 anknüpfen. Wir haben dort als einfachste covariante Punkte des Punktes $x$ die $x^{(1)}$, $x^{(2)}$, $x^{(3)}$, $x^{(4)}$ construirt: wir werden die einfachsten covarianten geraden Linien erhalten, wenn wir die Verbindungsgeraden dieser Punkte in Betracht ziehen. Die Coordinaten $p_{ik}$ dieser Linien:

(31) $$p_{ik}^{l,m} = x_i^{(l)} x_k^{(m)} - x_i^{(m)} x_k^{(l)}$$

sind linear unabhängig, denn es handelt sich ja um die sechs Kanten eines Tetraeders. *Daher werden wir die allgemeinsten Werthe der $a_{ik}$ erhalten, wenn wir diese $p_{ik}$ mit Hülfe geeigneter Multiplicatoren zusammenfügen:*

(32) $$a_{ik} = \sum c^{l,m} \, . \, p_{ik}^{l,m}.$$

Hier sind die $c^{l,m}$, je nachdem wir alle Vertauschungen der $x$ oder nur die geraden Vertauschungen derselben in Betracht ziehen wollen, als symmetrische oder als zweiwerthige Functionen der $x$ einzuführen, übrigens aber wieder so zu wählen, dass dem Gesetze der
* Homogeneität, das wir uns auferlegten, genügt wird.

## § 10. Zur Theorie der Flächen zweiten Grades.

Ich schliesse das gegenwärtige Kapitel mit einigen Erläuterungen über die *Parameterstellung* der geradlinigen Erzeugenden auf Flächen zweiten Grades. Die betreffenden Parameter sind linear gebrochene * Functionen der projectiven Punktcoordinaten*). Man erhält sie am einfachsten, wenn man die Gleichung der Fläche (was auf unendlich viele Weisen möglich ist) auf folgende Form bringt:

$$X_1 X_4 + X_2 X_3 = 0. \tag{33}$$

Setzen wir dann einmal, in Uebereinstimmung mit dieser Gleichung:

$$-\frac{X_1}{X_2} = \frac{X_3}{X_4} = \lambda, \tag{34}$$

das andere Mal:

$$\frac{X_1}{X_3} = -\frac{X_2}{X_4} = \mu, \tag{35}$$

so bleibt $\lambda$ constant, wenn wir uns auf einer Erzeugenden der einen Art bewegen, welche die erste heissen soll, $\mu$ aber, wenn wir auf einer Erzeugenden zweiter Art fortschreiten. Daher sind $\lambda$, $\mu$ zwei Zahlen, welche für die einzelne Erzeugende erster oder zweiter Art charakteristisch sind, d. h. es sind Parameter, welche zur Bezeichnung der Erzeugenden verwendet werden können. Dabei beachte man, dass jede der Formeln (34), (35) zwei Gleichungen in sich begreift. Wir dürfen daher, ohne die Bedeutung der $\lambda$, $\mu$ zu ändern, die Definition derselben noch etwas verallgemeinern. Für $\lambda$ z. B. können wir schreiben, indem wir die beiden Gleichungen (34) mit Hülfe beliebiger Grössen $\varrho$, $\sigma$ zusammenziehen:

$$\lambda = \frac{-\varrho X_1 + \sigma X_3}{+\varrho X_2 + \sigma X_4}. \tag{36}$$

Wir erreichen dadurch, dass Zähler und Nenner von $\lambda$ gemeinsam für eine beliebig vorzugebende Erzeugende zweiter Art:

$$\mu = \frac{\sigma}{\varrho}$$

verschwinden. Die solchergestalt bevorzugte Erzeugende soll die *bei Einführung von $\lambda$ zu Grunde gelegte* genannt werden.

Wir wollen nun zunächst das Verhalten der $\lambda$, $\mu$ bei solchen Raumcollineationen, die unsere Fläche in sich selbst überführen, beachten**). Die in Rede stehenden Collineationen spalten sich bekanntermassen nach ihrem Verhalten gegen die Erzeugenden der Fläche in

*) Die Einführung dieser Parameter ist, geometrisch zu reden, ein Aequivalent für die projective Erzeugung der beiden auf der Fläche verlaufenden Regelschaaren, wie sie beispielsweise *Steiner* seinen Betrachtungen zu Grunde legt.

**) Man vergl. etwa Bd. 9 der Mathem. Annalen (1875), pag. 188 ff. Die im Texte angeführten Sätze werden auch sonst bei modernen Untersuchungen immer wieder gebraucht; ein genauer Nachweis würde hier zu weit führen.

zwei Arten: *entweder, sie führen jedes der beiden Erzeugendensysteme in sich selbst über, oder sie vertauschen die beiden Systeme.* Im ersteren Falle entspricht jeder Erzeugenden $\lambda$ vermöge der vorausgesetzten Collineation eine und nur eine Erzeugende $\lambda'$ und umgekehrt, ebenso jedem $\mu$ ein $\mu'$. *Daher hat man nach functionentheoretischen Grundsätzen einer solchen Collineation entsprechend nothwendig Formeln der folgenden Gestalt:*

(37) $$\lambda' = \frac{a\lambda + b}{c\lambda + d}, \quad \mu' = \frac{a'\mu + b'}{c'\mu + d'}.$$

Im anderen Falle wird analog $\lambda'$ eine lineare Function von $\mu$, $\mu'$ eine solche von $\lambda$ sein. — Ich verweile nicht dabei, zu zeigen, dass man diese Sätze auch umkehren kann, dass man also eine zugehörige Raumcollineation erhält, wenn man die Formeln (37) [oder die entsprechenden, in denen $\lambda$, $\mu$ vertauscht sind] ganz beliebig hinschreibt. *

Wir bemerken ferner, dass die $\lambda$, $\mu$ eine *Coordinatenbestimmung für die Punkte auf unserer Fläche ergeben**). In der That schneiden sich ja in jedem Punkte eine Erzeugende erster und eine Erzeugende zweiter Art, deren $\lambda$, $\mu$ wir auf den Punkt übertragen können. Es ist dabei zweckmässig, homogen machend $\lambda$ durch $\lambda_1 : \lambda_2$, $\mu$ durch $\mu_1 : \mu_2$ zu ersetzen. Eine algebraische Gleichung:

(38) $$f(\lambda_1, \lambda_2; \mu_1, \mu_2) = 0,$$

homogen vom Grade $l$ in den $\lambda_1$, $\lambda_2$, vom Grade $m$ in der $\mu_1$, $\mu_2$ stellt dann eine auf der Fläche verlaufende Curve von der $(l + m)^{\text{ten}}$ Ordnung dar, welche $m$-mal jede Erzeugende erster Art, $l$-mal jede Erzeugende zweiter Art schneidet. Wir können (34), (35) jetzt in folgender Weise zusammenfassen:

(39) $$X_1 : X_2 : X_3 : X_4 = \lambda_1\mu_1 : -\lambda_2\mu_1 : \lambda_1\mu_2 : \lambda_2\mu_2.$$

Indem wir diese Werthe der $X$ in die Gleichung einer Fläche $n^{\text{ter}}$ Ordnung eintragen:

(40) $$F(X_1, X_2, X_3, X_4) = 0,$$

erkennen wir, dass unsere Fläche zweiten Grades von (40) in einer Curve geschnitten wird, die, in der Form (38) geschrieben, sowohl in den $\lambda$ als in den $\mu$ den $n^{\text{ten}}$ Grad darbietet. Umgekehrt wird durch Benutzung der Formeln (39) auch jede Curve (38), die gleichen Grades in den $\lambda$, $\mu$ ist, als vollständiger Schnitt der Fläche zweiten Grades mit einer zutretenden Fläche (40) dargestellt werden können**).

---

*) Man sehe *Plücker* in Crelle's Journal t. 36 (1847). Die Discussion der Curven (38) wurde in systematischer Weise fast gleichzeitig von Hrn. *Cayley* und von *Chasles* aufgenommen (1861, siehe Philosophical Magazine, Bd. 22, sowie Comptes Rendus, Bd. 53).

**) Wenn ich hier eine Bemerkung zufügen darf, die in den Zusammenhang des Textes zwar nicht unmittelbar hinein gehört, dafür aber auf die Entwicke-

Wir bestimmen endlich, unter Beibehaltung des in (33) zu Grunde gelegten Tetraeders, die *Liniencoordinaten* $p_{ik}$ der Erzeugenden $\lambda$, $\mu$. Setzen wir in (39) einmal $\mu_1 = 0$, das andere Mal $\mu_2 = 0$, so erhalten wir für zwei auf der Erzeugenden $\lambda$ gelegene Punkte:

$$X_1 : X_2 : X_3 : X_4 = 0 : \quad 0 : \lambda_1 : \lambda_2$$

resp.

$$Y_1 : Y_2 : Y_3 : Y_4 = \lambda_1 : - \lambda_2 : 0 \ : 0.$$

Daher berechnen wir nach (19) für die zugehörigen $p_{ik}$ die folgenden Verhältnisswerthe:

$$(41) \quad p_{12} = 0,\ p_{13} = \lambda_1^2,\ p_{14} = \lambda_1\lambda_2,\ p_{34} = 0,\ p_{42} = \lambda_2^2,\ p_{23} = -\lambda_1\lambda_2.$$

Analog kommt für die Erzeugende $\mu$:

$$(42) \quad p_{12} = -\mu_1^2,\ p_{13} = 0,\ p_{14} = \mu_1\mu_2,\ p_{34} = \mu_2^2,\ p_{42} = 0,\ p_{23} = \mu_1\mu_2.$$

Wir nehmen jetzt an, dass die Gleichung eines linearen Complexes hinzutritt, die folgendermassen lautet:

$$\sum A_{ik} \cdot \frac{\partial P}{\partial p_{i\varkappa}} = 0.$$

Indem wir in dieselbe die Ausdrücke (41), (42) eintragen, erhalten wir die folgenden beiden quadratischen Gleichungen:

$$(43) \qquad A_{42}\lambda_1^2 + (A_{23} - A_{14})\,\lambda_1\lambda_2 + A_{13}\lambda_2^2 = 0,$$

$$(44) \qquad -A_{34}\mu_1^2 + (A_{23} + A_{14})\,\mu_1\mu_2 + A_{12}\mu_2^2 = 0.$$

Daher:

*Im Allgemeinen gehören einem linearen Complexe zwei und nur zwei Erzeugende jedes Systems an.*

Es kann aber auch sein, dass die eine oder andere dieser Gleichungen identisch verschwindet. Dies gibt bez. drei lineare Bedingungen für die $A_{ik}$, so dass noch drei derselben willkürlich bleiben. Hieraus:

*Die Erzeugenden erster und zweiter Art unserer Fläche gehören je einer dreigliedrigen linearen Schaar linearer Complexe an*).*

Ich unterlasse es, die Gleichungen dieser Schaaren noch besonders herzusetzen.

---

lungen des ersten Abschnitts zurückgreift, so ist es diese, *dass die Riemann'sche Deutung von $x + iy$ auf der Kugel als specieller Fall der im Texte besprochenen Coordinatenbestimmung $\lambda$, $\mu$ aufgefasst werden kann.* Weil nämlich sämmtliche geradlinige Erzeugende der Kugel imaginär sind, schneiden sich in jedem reellen Punkte derselben zwei conjugirt imaginäre Erzeugende. Führen wir jetzt die $\lambda$, $\mu$ in geeigneter Weise ein und nennen das $\lambda$, welches zu einem reellen Kugelpunkte gehört, $x + iy$, so wird das entsprechende $\mu$ gleich $x - iy$ sein. *Zur Fixirung des reellen Punktes genügt es also, nur den einen Werth $x + iy$ anzugeben*, und eben dieses ist, wie ich hier nicht weiter ausführen kann, die Riemann'sche Methode. Vergl. Math. Annalen Bd. IX, pag. 189 (1875).

*) Vergl. durchweg: *Plücker's neue Geometrie des Raumes* etc.

# Kapitel III.

* 

## Die Hauptgleichungen vom fünften Grade.

### § 1. Bezeichnungen, der fundamentale Ansatz.

Das neue Kapitel, welches wir nunmehr beginnen, soll in jeder Beziehung den Mittelpunkt unserer Entwickelungen abgeben. Wir handeln von den Hauptgleichungen fünften Grades und ihren einfachen Beziehungen zum Ikosaeder. Dabei entlehnen wir dem Früheren, insbesondere der Bring'schen Transformation, den einen Grundgedanken: *die geradlinigen Erzeugenden der Hauptfläche zu betrachten.* Ich bezeichne dabei, wie damals, die Hauptgleichung fünften Grades folgendermassen:

(1) $$y^5 + 5\alpha y^2 + 5\beta y + \gamma = 0,$$

wo die Factoren 5 bei $\alpha$, $\beta$ aus Zweckmässigkeitsgründen zugefügt sind. Auch will ich von vorneherein den Werth der Discriminante mittheilen. Indem man die etwas lange Formel benutzt, welche man vielfach für die Discriminante der allgemeinen Gleichung fünften Grades angegeben findet*), hat man bei (1):

(2) $$\Pi\,(y_i - y_k)^2 = 3125\,\nabla^2,$$

wo $\nabla^2$ zur Abkürzung für folgenden Ausdruck gesetzt ist:

(3) $$\nabla^2 = 108\alpha^5\gamma - 135\alpha^4\beta^2 + 90\alpha^2\beta\gamma^2 - 320\alpha\beta^3\gamma + 256\beta^5 + \gamma^4.$$

Wir knüpfen nun gleich an die soeben (im Schlussparagraphen des vorigen Kapitels) gegebenen Entwickelungen an, indem wir uns die zweierlei Erzeugenden der Hauptfläche durch Parameter $\lambda$, $\mu$ bezeichnet denken. Es seien

(4) $$y_0,\; y_1,\; y_2,\; y_3,\; y_4$$

die Wurzeln von (1) in bestimmter Reihenfolge. Wir denken uns dann diejenigen 60 Erzeugenden $\lambda$ und 60 Erzeugenden $\mu$ construirt, welche einen der 60 Punkte der Hauptfläche enthalten, deren Coordinaten aus (4) durch eine gerade Vertauschung der $y$ hervorgehen. Die $\lambda$, $\mu$ sind, wie wir wissen, linear gebrochene Functionen der $y$,

*) Vergl. z. B. *Faà di Bruno*, bearbeitet von *Walter*, *Einleitung in die Theorie der binären Formen* (Leipzig 1881), pag. 317.

die 60 in Rede stehenden Werthe von $\lambda$ oder $\mu$ hängen also von einer Gleichung 60[ten] Grades ab, die eine rationale *Resolvente* unserer Hauptgleichung ist und deren Coefficienten dementsprechend rationale Functionen der $\alpha$, $\beta$, $\gamma$, $\nabla$ sind. *Nun behaupte ich* — und damit haben wir den eigentlichen Ansatz zu unseren weiteren Entwickelungen —, *dass unsere Resolventen* 60[ten] *Grades bei geschickter Einführung der* $\lambda$, $\mu$ *nothwendig Ikosaedergleichungen sind, also ohne Weiteres folgendermassen geschrieben werden können:*

$$(5)\qquad \frac{H^3(\lambda)}{1728\,f^5(\lambda)} = Z_1, \quad \frac{H^3(\mu)}{1728\,f^5(\mu)} = Z_2,$$

*wo allein* $Z_1$, $Z_2$ *von den* $\alpha$, $\beta$, $\gamma$, $\nabla$ *abhängen.*

Der Beweis bietet sich auf Grund unserer früheren Angaben unmittelbar. Wir haben die Raumcollineationen, welche eine Fläche zweiten Grades in sich selbst transformiren, soeben in zwei Arten getheilt, je nachdem dieselben das einzelne Erzeugendensystem der Fläche in sich verwandeln oder mit dem anderen Erzeugendensysteme vertauschen. Nun geht die Hauptfläche zweiten Grades bei den 120 Raumcollineationen, die den Permutationen der $y$ entsprechen, in sich über. Wir wollen es hier zunächst dahin gestellt sein lassen, wie sich die Erzeugendensysteme der Fläche der *Gesammtheit* dieser Collineationen gegenüber verhalten. Sollten nicht alle Collineationen das einzelne Erzeugendensystem in sich transformiren, so muss es jedenfalls die Hälfte derselben thun. Diese Hälfte unserer Collineationen muss dabei für sich genommen nothwendig eine Gruppe und sogar eine in der Gesammtheit ausgezeichnete Gruppe bilden; sie kann also nur aus den *geraden* Collineationen bestehen. *Daher haben* — und dieses ist ein erstes Resultat — *jedenfalls die* 60 *geraden Collineationen die Eigenschaft, jedes der beiden Erzeugendensysteme der Hauptfläche in sich selbst zu verwandeln.* Wir erinnern uns jetzt, dass nach der soeben unter (37) gegebenen Formel [II, 2, § 10*)] der Parameter $\lambda$, wie auch der Parameter $\mu$, bei jeder derartigen Collineation seinerseits eine lineare Transformation erfährt. *Die* 60 *Werthe* $\lambda$, *welche unserer Resolvente* 60[ten] *Grades genügen, hängen also unter sich (wie auch die entsprechenden Werthe von* $\mu$*) linear mit constanten Coefficienten zusammen*, oder auch: *die Gleichungen für* $\lambda$ *und* $\mu$ *gehen beziehungsweise durch eine Gruppe von* 60 *linearen Substitutionen in sich selbst über.* Hieraus aber folgt die Richtigkeit unserer Behauptung unmittelbar nach den Entwickelungen von I, 5, § 2, sobald wir noch hinzunehmen, dass die Gruppe

*) Mit der römischen Zahl bezeichne ich wieder den Abschnitt, mit der folgenden arabischen Zahl das Kapitel.

der linearen Transformationen, welche $\lambda$ oder $\mu$ erfährt, mit der Gruppe der geraden Vertauschungen der $y$ holoedrisch isomorph ist. Die Unbekannten $\lambda$, $\mu$, welche in den kanonischen Formen (5) auftreten, sind dabei geeignete lineare Functionen der ursprünglichen mit diesen Buchstaben bezeichneten Parameter; wir wollen sie die *Normalparameter* nennen, dürfen aber nicht vergessen, dass sie in Uebereinstimmung mit den 60 linearen Transformationen, durch welche jede der Gleichungen (5) in sich übergeht, noch je auf 60 verschiedene Weisen ausgewählt werden können.

Haben wir so unsere anfängliche Behauptung bewiesen, so können wir auf demselben Wege noch ein Stück weiter gehen. Ich sage zunächst, indem ich die soeben berührte Frage wieder aufnehme, *dass bei jeder ungeraden Collineation nothwendig die beiden Erzeugendensysteme der Hauptfläche vertauscht werden.* Würde nämlich bei sämmtlichen 120 Collineationen das einzelne Erzeugendensystem in sich selbst verwandelt, so müsste es, auf Grund der soeben citirten Formel (37), eine Gruppe von 120 linearen Substitutionen einer Veränderlichen geben, die mit der Gruppe der 120 Vertauschungen von fünf Dingen holoedrisch isomorph wäre, was aber nach I, 5, § 2 unmöglich ist. Haben wir also $\lambda$ (den Parameter der Erzeugenden erster Art) irgendwie als gebrochene lineare Function der $y$ dargestellt, so erhalten wir einen Parameter $\mu$ der Erzeugenden zweiter Art, indem wir die in $\lambda$ vorkommenden $y$ irgend einer ungeraden Permutation unterwerfen. *Insbesondere erhalten wir die* 60 *normalen Werthe von* $\mu$, *wenn wir bei einem der normalen Werthe von* $\lambda$ *sämmtliche ungerade Permutationen der* $y$ *in Anwendung bringen.* Bei diesen ungeraden Permutationen bleiben die Coefficienten $\alpha$, $\beta$, $\gamma$ natürlich ungeändert, während $\nabla$ sein Vorzeichen wechselt. *Die in den Gleichungen* (5) *vorkommenden Grössen* $Z_1$, $Z_2$ *unterscheiden sich also nur durch das Vorzeichen von* $\nabla$. — Wir können diesen Sätzen auch noch eine andere Wendung geben, indem wir die 60 Punkte $y'$ einführen, deren Coordinaten $y$ aus dem Schema (4) durch ungerade Vertauschung der $y$ hervorgehen. *Wir haben nämlich zur Darstellung der Erzeugenden erster und zweiter Art, welche durch diese Punkte hindurchlaufen, beziehungsweise folgende Gleichungen:*

$$(6)\qquad \frac{H^3(\lambda)}{1728\, f^5(\lambda)} = Z_2, \quad \frac{H^3(\mu)}{1728\, f^5(\mu)} = Z_1\text{*)}.$$

---

*) Ich gab die im Texte entwickelten Ueberlegungen (sowie die zugehörigen Formeln der folgenden beiden Paragraphen) zuerst in zwei Mittheilungen an die Erlanger Societät vom 13. Nov. 1876 und 15. Januar 1877 [*Weitere Mittheilungen über das Ikosaeder* I, II]. Uebrigens will ich gleich hier den Fall der Gleichungen dritten und vierten Grades zum Vergleich heranziehen. Die drei Wurzeln $x$ einer

## § 2. Bestimmung des geeigneten Parameters $\lambda$.

Die Formeln, welche wir nunmehr für das normale $\lambda$ aufstellen wollen, sind an sich ausserordentlich einfach und leicht zu verificiren. Wenn ich trotzdem zu ihrer Ableitung einigen Raum gebrauche, so geschieht es, weil ich wiederum jedes einzelne Resultat als Folge einer ohne alle Rechnung anzustellenden Ueberlegung ableiten möchte.

Als *erzeugende Operationen* der Ikosaedergruppe haben wir früher (I, 2, § 6) die folgenden beiden gefunden:

$$(7) \qquad \begin{cases} S: z' = \varepsilon z, \\ T: z' = \dfrac{-(\varepsilon - \varepsilon^4) z + (\varepsilon^2 - \varepsilon^3)}{(\varepsilon^2 - \varepsilon^3) z + (\varepsilon - \varepsilon^4)}. \end{cases}$$

Wir sahen ferner (I, 4, § 10), dass sich diesen Substitutionen entsprechend die Oktaederformen $t_\nu$ folgendermassen permutiren:

$$(8) \qquad \begin{cases} S: t_\nu' = t_{\nu+1}, \\ T: t_0' = t_0, \; t_1' = t_2, \; t_2' = t_1, \; t_3' = t_4, \; t_4' = t_3. \end{cases}$$

Dieselben Vertauschungsformeln gelten für die Wurzeln der verschiedenen Resolventen fünften Grades der Ikosaedergleichung, die wir damals (I, 4) aufstellten, insbesondere, worauf wir bald zurückgreifen werden, für die Wurzeln der Hauptresolvente. Wir werden unsere neuen Formeln so einzurichten wünschen, dass sie sich möglichst an die damaligen anschliessen. *Wir werden daher das normale $\lambda$ unter den 60 überhaupt in Betracht kommenden Parameterwerthen so auswählen, dass es genau die Substitutionen* (7) *erfährt, wenn man die $y$ den beiden durch* (8) *indicirten Permutationen unterwirft.*

Der Werth von $\lambda$ ist hiermit fixirt, keineswegs aber seine Form als Function der $y$. Erstlich haben wir noch in der Hand, welche Erzeugende zweiter Art wir in dem früher (II, 2, § 10) erläuterten Sinne bei Einführung von $\lambda$ zu Grunde legen wollen. Zweitens

---

Gleichung dritten Grades mit $\Sigma x = 0$ deuten wir, dem Früheren zufolge, auf einer geraden Linie. Bezeichnen wir dann einen beliebigen Punkt dieser Geraden in gewöhnlicher Weise durch einen Parameter $\lambda$, so erfährt $\lambda$ bei sämmtlichen 6 Permutationen der $x$ lineare Substitutionen vom Diedertypus, genügt also, richtig normirt, einer *Diedergleichung sechsten Grades.* — Bei den Gleichungen vierten Grades verlegen wir die geometrische Deutung in die Ebene, bedingen aber neben $\Sigma x = 0$ auch $\Sigma x^2 = 0$, beschränken uns also auf „Hauptgleichungen". Die Punkte des solchergestalt bevorzugten Kegelschnitts stellen wir wieder in gewöhnlicher Weise durch einen Parameter $\lambda$ dar. Dieser Parameter erfährt dann bei sämmtlichen 24 Vertauschungen der $x$ lineare Substitutionen, genügt also, richtig normirt, einer *Oktaedergleichung* (oder auch nach Adjunction der Quadratwurzel aus der Discriminante der Gleichung vierten Grades, einer *Tetraedergleichung*).

können wir Zähler und Nenner von $\lambda$ durch Hinzufügen beliebiger Multipla von $\Sigma y$ (welches identisch $= 0$ ist) modificiren. In beiderlei Hinsicht wollen wir bestimmte Verabredung treffen.

Bei jeder linearen Substitution von $\lambda$ oder $\mu$ bleiben zwei Werthe der Veränderlichen, d. h. zwei Erzeugende der ersten resp. zweiten Art fest. Wir betrachten nun insbesondere die Operation $S$ und *legen eine der beiden bei ihr festbleibenden Erzeugenden zweiter Art bei Einführung von $\lambda$ zu Grunde.* Sei $\lambda$ in dieser Voraussetzung $= \frac{p}{q}$, wo $p$, $q$ zwei lineare Functionen der $y$ bedeuten. Indem wir innerhalb $p$, $q$ diejenige Vertauschung der $y$ vornehmen, die ebenfalls durch $S$ indicirt ist, entstehen $p'$, $q'$. Hier haben $p' = 0$, $q' = 0$ nach Voraussetzung dieselbe Gerade gemein, wie $p = 0$, $q = 0$; es ist also für beliebige $y$:

$$p' = ap + bq + m \cdot \Sigma y,$$
$$q' = cp + dq + n \cdot \Sigma y.$$

Aber $\frac{p'}{q'} = \lambda'$ soll der Formel (7) entsprechend für alle Punkte der Hauptfläche gleich $\varepsilon\lambda$ sein, und die Punkte der Hauptfläche sind durch keinerlei lineare Relation zwischen den Coordinaten von den übrigen Raumpunkten verschieden. Daher verwandeln sich vorstehende Gleichungen nothwendig in die einfacheren:

$$p' = \varepsilon d \cdot p + m \cdot \Sigma y,$$
$$q' = d \cdot q + n \cdot \Sigma y,$$

wo $d$, $m$, $n$ zuvörderst unbekannt sind. Wir können diese Gleichungen folgendermassen umsetzen:

$$p' + \frac{m}{\varepsilon d - 1} \cdot \Sigma y = \varepsilon d \left(p + \frac{m}{\varepsilon d - 1} \cdot \Sigma y\right),$$
$$q' + \frac{n}{d - 1} \cdot \Sigma y = d \left(q + \frac{n}{d - 1} \cdot \Sigma y\right).$$

Jetzt werden wir, unbeschadet der Gleichung $\lambda = \frac{p}{q}$, die hier auftretenden Ausdrücke $p + \frac{m}{\varepsilon d - 1} \cdot \Sigma y$, $q + \frac{n}{d - 1} \cdot \Sigma y$ kurz mit $p$, $q$ bezeichnen dürfen. Dann haben wir einfach:

$$(9) \qquad \begin{cases} p' = \varepsilon d \cdot p, \\ q' = d \cdot q \end{cases}$$

Das Resultat unserer Ueberlegung ist hiermit dieses: *wir können, und zwar noch auf zwei Weisen* (da eine von zwei Erzeugenden zweiter Art ausgewählt werden musste), *unser $\lambda$ derart $= \frac{p}{q}$ setzen, dass nach*

*Anwendung der Vertauschung S auf die y die Gleichungen* (9) *identisch statt haben.*

Nun ist aber bekannt (und übrigens leicht zu beweisen), dass bei der Vertauschung $S$ beliebiger Grössen $y$ keine anderen linearen Functionen der $y$ sich um einen constanten Factor ändern, als die Multipla der Ausdrücke von *Lagrange:*

$$(10)\quad \begin{cases} p_1 = y_0 + \varepsilon\, y_1 + \varepsilon^2 y_2 + \varepsilon^3 y_3 + \varepsilon^4 y_4, \\ p_2 = y_0 + \varepsilon^2 y_1 + \varepsilon^4 y_2 + \varepsilon\, y_3 + \varepsilon^3 y_4, \\ p_3 = y_0 + \varepsilon^3 y_1 + \varepsilon\, y_2 + \varepsilon^4 y_3 + \varepsilon^2 y_4, \\ p_4 = y_0 + \varepsilon^4 y_1 + \varepsilon^3 y_2 + \varepsilon^2 y_3 + \varepsilon\, y_4, \end{cases}$$

denen sich als völlig ungeändert bleibender Ausdruck noch $\Sigma y$ zugesellen würde, wenn es nicht bei uns identisch Null wäre. Was die Aenderungen der $p_k$ bei der Permutation $S$ angeht, so ist $p_k' = \varepsilon^{4k} \cdot p_k$. *Daher sind die einzigen drei Ausdrücke für* $\lambda$, *welche den Relationen* (9) *Genüge leisten, die folgenden:*

$$(11)\qquad \lambda = c_1 \cdot \frac{p_1}{p_2}, \quad \lambda = c_2 \cdot \frac{p_2}{p_3}, \quad \lambda = c_3 \cdot \frac{p_3}{p_4}.$$

Von diesen Ausdrücken ist der erste und dritte brauchbar, der zweite aber zurückzuweisen. Es zeigt sich nämlich, dass die Durchschnittgeraden von $p_1 = 0$ und $p_2 = 0$, sowie die von $p_3 = 0$, $p_4 = 0$ in der That der Hauptfläche angehören, nicht aber die Gerade $p_2 = 0$, $p_3 = 0$. Wir beweisen dies am besten, indem wir die $p_k$ statt der $y_\nu$ in die Gleichung der Hauptfläche einführen. Wir haben aus (9), indem wir $\Sigma y = 0$ hinzunehmen:

$$(12)\qquad 5 y_\nu = \varepsilon^{4\nu} p_1 + \varepsilon^{3\nu} p_2 + \varepsilon^{2\nu} p_3 + \varepsilon^{\nu} p_4$$

und also:

$$25\, \Sigma y^2 = 10\, (p_1 p_4 + p_2 p_3),$$

so dass die Gleichung der Hauptfläche, *bezogen auf das Coordinatensystem des Lagrange*, die folgende wird:

$$(13)\qquad p_1 p_4 + p_2 p_3 = 0,$$

woraus die Richtigkeit unserer Behauptung ohne Weiteres hervorgeht. Aus (13) folgt noch:

$$\frac{p_1}{p_2} = - \frac{p_3}{p_4};$$

*setzen wir also, der ersten Formel* (11) *entsprechend,* $\lambda = c_1 \cdot \frac{p_1}{p_2}$, *so müssen wir es auch* $= - c_1 \cdot \frac{p_3}{p_4}$ *setzen.*

Es wird jetzt nur noch darauf ankommen, den hier auftretenden Factor $c$ zu bestimmen. Wir bilden uns $\lambda'$, indem wir die $y$ der

Vertauschung $T$ nach Formel (8) unterwerfen, und tragen dasselbe dann in die entsprechende Formel (7) ein. Die so entstehende Gleichung kann keine Identität sein, weil die Erzeugende zweiter Art, die wir bei Aufstellung des $\lambda$ benutzten, bei $T$ nicht festbleibt. Sie muss aber eine richtige Gleichung werden, wenn wir den Relationen $\Sigma y = 0$, $\Sigma y^2 = 0$ Rechnung tragen. Wir erhalten, indem wir geeignete Terme beiderseits vergleichen, für $c_1$ den Werth $-1$. *Daher ist unser normales $\lambda$ definitiv:*

$$(14) \qquad \lambda = -\frac{p_1}{p_2} = \frac{p_3}{p_4},$$

ganz in Uebereinstimmung mit dem Werthe, den wir für den Parameter $\lambda$ im Schlussparagraphen des vorigen Kapitels (Formel (34) daselbst) angenommen hatten*).

### § 3. Bestimmung des Parameters $\mu$.

Der normale Parameter $\mu$, den wir für die Erzeugenden zweiter Art ins Auge fassten, sollte sich aus dem Parameter $\lambda$ durch eine ungerade Permutation der $y$ ergeben. Wir genügen dieser Forderung, wenn wir, wiederum in Uebereinstimmung mit dem Schlussparagraphen des vorigen Kapitels (Formel (35) daselbst):

$$(15) \qquad \mu = -\frac{p_2}{p_4} = \frac{p_1}{p_3}$$

nehmen. In der That resultirt dieser Werth aus (14), wenn wir $y_0, y_1, y_2, y_3, y_4$ bez. durch $y_0, y_3, y_1, y_4, y_2$ ersetzen, also $(y_1, y_3, y_4, y_2)$ cyclisch vertauschen.

Nun kann man aber, wie ersichtlich, die Formeln (15) aus (14) auch noch in anderer Weise ableiten, nämlich so, dass man in (14) das $\varepsilon$ überall durch $\varepsilon^2$ ersetzt. Diese Umwandlung überträgt sich dann natürlich auf die Substitutionen $S$, $T$ (7) und die aus ihnen entstehenden Ikosaedersubstitutionen. *Die Substitutionen, welche $\mu$ und $\lambda$ bei den geraden Vertauschungen der $y$ erfahren, sind hiernach allerdings in ihrer Gesammtheit, aber keineswegs im Einzelnen identisch, vielmehr erhält man die einen aus den anderen, indem man $\varepsilon$ durchweg in $\varepsilon^2$ verwandelt,* — ein Satz, der in der Folge fundamental ist. Hiermit übereinstimmend

---

*) Wollen wir in ähnlicher Weise für die Gleichungen dritten und vierten Grades, die wir soeben besprochen, die Wurzeln der Diedergleichung, resp. Oktaedergleichung aufstellen, so bekommen wir entsprechend:

$$\lambda = \frac{x_0 + \alpha x_1 + \alpha^2 x_2}{x_0 + \alpha^2 x_1 + \alpha x_2} \text{ resp. } \lambda = \frac{\sqrt{2}\,(x_0 + i x_1 + i^2 x_2 + i^3 x_3)}{+(x_0 + i^2 x_1 + i^4 x_2 + i^6 x_3)} = \frac{-(x_0 + i^2 x_1 + i^4 x_2 + i^6 x_3)}{\sqrt{2}\,(x_0 + i^3 x_1 + i^6 x_2 + i^9 x_3)},$$

wo $\alpha^3 = i^4 = 1$, so dass also auch hier die *Quotienten der Ausdrücke von Lagrange* sich einstellen.

erhält man, wenn man die erwähnte Operation auf das $\mu$ anwendet, nicht etwa wieder $\lambda$, sondern $-\frac{1}{\lambda}$. Es ist dies derjenige Werth, der aus $\lambda$ vermöge der früher mit $U$ bezeichneten Ikosaedersubstitution entsteht. Ihr entspricht die gleichzeitige Vertauschung von $y_1$ mit $y_4$ und von $y_2$ mit $y_3$.

Wir wollen noch die Formel (39) von II, 2, § 10 aufnehmen. Vermöge derselben haben wir jetzt, indem wir $\lambda$ durch $\lambda_1 : \lambda_2$, $\mu$ durch $\mu_1 : \mu_2$ ersetzen:

$$(16) \qquad p_1 : p_2 : p_3 : p_4 = \lambda_1\mu_1 : -\lambda_2\mu_1 : \lambda_1\mu_2 : \lambda_2\mu_2,$$

oder unter Einführung eines Proportionalitätsfactors $\varrho$:

$$(17) \qquad \varrho y_\nu = \varepsilon^{4\nu} \cdot \lambda_1\mu_1 - \varepsilon^{3\nu} \cdot \lambda_2\mu_1 + \varepsilon^{2\nu} \cdot \lambda_1\mu_2 + \varepsilon^{\nu} \cdot \lambda_2\mu_2.$$ *

## § 4. Die Hauptresolvente der Ikosaedergleichung.

Nachdem wir für eine beliebige Hauptgleichung fünften Grades die normalen Parameter $\lambda$, $\mu$ gefunden haben, werden wir unsere Formeln insbesondere bei der Hauptresolvente fünften Grades in Anwendung bringen, die wir früher (IV, 1, § 12) construirt haben, indem wir eine beliebige Ikosaedergleichung

$$(18) \qquad \frac{H^3(z_1, z_2)}{1728 f^5(z_1, z_2)} = Z$$

als gegeben voraussetzten. Wir erhalten auf solche Weise ein ausserordentlich einfaches Resultat, das für den weiteren Fortschritt unserer Entwickelung von massgebender Bedeutung ist.

Die Hauptresolvente war durch die Formeln definirt:

$$(19) \qquad Y_\nu = m \cdot v_\nu + n \cdot u_\nu v_\nu,$$

wo

$$(20) \qquad u_\nu = \frac{12 f^2 \cdot t_\nu}{T}, \quad v = \frac{12 f \cdot W_\nu}{H},$$

unter $f$, $H$, $T$ die Grundformen des Ikosaeders, unter $t_\nu$, $W_\nu$ die wiederholt genannten Formen sechster und achter Ordnung verstanden. Man beachte jetzt, dass man $W_\nu$ und $t_\nu W_\nu$ in folgender Weise schreiben kann:

$$(21) \qquad W_\nu = (\varepsilon^{4\nu} z_1 - \varepsilon^{3\nu} z_2)(-z_1^7 + 7 z_1^2 z_2^5) + (\varepsilon^{2\nu} z_1 + \varepsilon^{\nu} z_2)(-7 z_1^5 z_2^2 - z_2^7),$$

$$(22) \qquad t_\nu W_\nu = (\varepsilon^{4\nu} z_1 - \varepsilon^{3\nu} z_2)(-26 z_1^{10} z_2^3 + 39 z_1^5 z_2^8 + z_2^{13}) + (\varepsilon^{4\nu} z_1 + \varepsilon^{\nu} z_2)(-z_1^{13} + 39 z_1^8 z_2^5 + 26 z_1^3 z_2^{10}).$$

Hiernach nimmt $Y_\nu$ in Formel (19) folgende Gestalt an:

$$(23) \qquad Y_\nu = (\varepsilon^{4\nu} z_1 - \varepsilon^{3\nu} z_2) R + (\varepsilon^{2\nu} z_1 + \varepsilon^{\nu} z_2) S,$$

wo $R$, $S$ lineare Functionen von $m$, $n$ sind. Es werden also die Lagrange'schen Ausdrücke (die wir hier ebenfalls mit grossen Buchstaben bezeichnen):

$$(24)\qquad \begin{cases} P_1 = \phantom{-}5z_1 \cdot R, & P_3 = 5z_1 \cdot S, \\ P_2 = -5z_2 \cdot R, & P_4 = 5z_2 \cdot S. \end{cases}$$

Daher kommt einfach:

$$(25)\qquad \lambda = \frac{z_1}{z_2}, \quad \mu = \frac{R}{S}.$$

Vor allen Dingen haben wir also: *Der Parameter $\lambda$ stimmt mit der Unbekannten $z_1 : z_2$ der ursprünglichen Ikosaedergleichung überein*, oder, geometrisch ausgedrückt: *Der Punkt:*

$$(26)\qquad y_\nu = m \cdot v_\nu(\lambda) + n \cdot u_\nu(\lambda) \cdot v_\nu(\lambda)$$

*liegt, was auch $m$ und $n$ bedeuten mögen, auf der Erzeugenden erster Art $\lambda$.* Betrachten wir hier $\lambda$ als eine veränderliche Grösse, so durchläuft der Punkt $y_\nu$, wie wir im vierten Paragraphen des vorigen Kapitels sahen, eine halbreguläre, rationale Curve, die im Allgemeinen von der $38^{\text{ten}}$ Ordnung ist. Wir hatten beim Beweise die Formeln (26) unter Einführung eines Proportionalitätsfactors $\varrho$ durch folgende ersetzt:

* $$(27)\qquad \begin{aligned} \varrho y_\nu = {} & m \cdot W_\nu(\lambda_1, \lambda_2) \cdot T(\lambda_1, \lambda_2) \\ & + 12n \cdot t_\nu(\lambda_1, \lambda_2) \cdot W_\nu(\lambda_1, \lambda_2) \cdot f^2(\lambda_1, \lambda_2). \end{aligned}$$

Wir erkennen jetzt erstens, wie beiläufig bemerkt sei, weshalb, geometrisch zu reden, die Ordnung der solchergestalt gewonnenen Curve für $m = 0$ auf 14, für $n = 0$ auf 8 herabsinken kann. *Es geschieht, weil sich von der allgemeinen Curve $38^{\text{ter}}$ Ordnung das eine Mal doppeltzählend das Aggregat der 12 Erzeugenden erster Art $f(\lambda_1, \lambda_2) = 0$, das andere Mal einfach zählend das Aggregat $T(\lambda_1, \lambda_2) = 0$ absondert.* Uebrigens aber haben wir für unsere Curven (27) jetzt folgende Sätze. Wir finden, *dass unsere Curven den Erzeugenden erster Art immer nur einmal, den Erzeugenden zweiter Art also 37-mal begegnen.* In der That haben wir für jede Erzeugende $\lambda$ nach (27) nur je einen Curvenpunkt.
* Wir finden überdies, *dass durch jeden Punkt einer Erzeugenden $\lambda$ immer nur eine Curve* (27) *hindurchläuft, so dass die Hauptfläche von der Curvenschaar* (27) *gerade einmal überdeckt ist.* Der einzelne Punkt der Erzeugenden $\lambda$ ist nämlich durch das zugehörige $\mu$ gegeben, welches die Erzeugende zweiter Art bestimmt, die durch den Punkt hindurchläuft. Denken wir aber $\lambda$, $\mu$ in (25) als bekannt, so berechnet sich das zugehörige *$m : n$ linear.*

Wir knüpfen hieran noch zwei Bemerkungen, die später nützlich werden sollen. Zunächst, was die $m$, $n$ betrifft, so können wir diese aus den vorgegebenen $y_\nu$, der Formel (26) entsprechend, nicht nur dem Verhältnisse nach, sondern auch mit Bestimmung der absoluten Werthe linear berechnen. Diese Formeln ändern sich nicht, wenn wir die $y_\nu$ irgendwie in gerader Weise vertauschen. Denn durch die Vermittelung der Ikosaedersubstitutionen des $\lambda$ erfahren die rechter Hand auftretenden $u_\nu(\lambda)$, $v_\nu(\lambda)$ immer dieselben geraden Permutationen, wie die links stehenden $y_\nu$. *Die $m$, $n$ hängen also in der Weise rational von den $y_\nu$ ab, dass sie bei geraden Vertauschungen der $y_\nu$ ungeändert bleiben*, oder anders ausgedrückt: *die $m$, $n$ sind als rationale Functionen der gegebenen Grössen $\alpha$, $\beta$, $\gamma$, $\nabla$ darstellbar.* — Wir beachten ferner die Abhängigkeit * zwischen den $\lambda$, $\mu$, welche durch die Formeln (25) vermittelt wird. Unterwerfen wir $\lambda$ irgendwelchen Ikosaedersubstitutionen, so erfährt das $\mu$, insofern es von den zugehörigen $Y_\nu$ abhängt (genau so, wie wir im vorigen Paragraphen sahen) andere Ikosaedersubstitutionen, die sich aus den gegebenen durch Verwandlung von $\varepsilon$ in $\varepsilon^2$ ergeben. Indem wir der Terminologie folgen, die in dieser Beziehung von Herrn *Gordan* eingeführt wurde, wollen wir die Aenderungen von $\mu$ als *contragredient* zu den Aenderungen von $\lambda$ bezeichnen. *Die Formeln* (25) *liefern uns unendlich viele rationale Functionen von $\lambda$, die sich zu $\lambda$ in diesem Sinne contragredient verhalten**). *

## § 5. Auflösung der Hauptgleichungen fünften Grades.

Bereits in § 1—2 gaben wir das Mittel, um die Auflösung der Hauptgleichungen fünften Grades auf eine Ikosaedergleichung zurückzuführen:

$$\frac{H^3(\lambda)}{1728\, f^5(\lambda)} = Z_1, \tag{28}$$

indem wir $\lambda$ als Function der $y$ bestimmten. Wollen wir jetzt rückwärts die $y_\nu$ durch die einzelne Wurzel $\lambda$ ausdrücken, so können wir uns offenbar der Gleichung (26) bedienen. Ich will dieselbe jetzt so schreiben, dass ich $m$, $n$ mit einem Index 1 versehe, damit die Zu-

*) Die im Texte bewiesenen Sätze, sowie die sogleich zu entwickelnden Principien zur Auflösung der Hauptgleichungen fünften Grades wurden von Hrn. *Gordan* und gleichzeitig von mir am 21. Mai 1877 der Erlanger Societät vorgelegt. Dabei ging Hr. Gordan von wesentlich anderen Gesichtspunkten aus, auf die wir hernach zurückkommen. Auch meine eigene Darstellung war von der jetzt im Text gegebenen einigermassen verschieden und in manchem Betracht weniger einfach. Vergl. hier überall meine zusammenfassende Abhandlung: „*Weitere Untersuchungen über das Ikosaeder*“ im 12. Bande der Math. Annalen (1877, Aug.).

sammengehörigkeit unserer Formel mit der Ikosaedergleichung (28) evident sei. Wir haben dann:

$$y_\nu = m_1 \cdot v_\nu(\lambda) + n_1 \cdot u_\nu(\lambda) \cdot v_\nu(\lambda); \tag{29}$$

betrachten wir später statt $\lambda$ das $\mu$, so werden $Z_1$, $m_1$, $n_1$ simultan in $Z_2$, $m_2$, $n_2$ zu verwandeln sein. *Damit die Auflösung der Hauptgleichung mit Hülfe der Ikosaedergleichung vollständig sei, haben wir offenbar nur noch die $Z_1$, $m_1$, $n_1$ als rationale Functionen der vorgegebenen Grössen $\alpha$, $\beta$, $\gamma$, $\nabla$ zu bestimmen.*

Wir werden später sehen, wie man die hiermit geforderte Berechnung a priori ausführen kann. Einstweilen folgen wir einem viel elementareren Ansatze. Wir haben in I, 4, § 12 die Hauptresolvente der Ikosaedergleichung explicite berechnet, indem wir $Z$, $m$, $n$ als willkürliche Grössen betrachteten, auch in § 14 daselbst die zugehörige Quadratwurzel aus der Discriminante angegeben. Nun folgt aus den Betrachtungen des vorigen Paragraphen, das jede Hauptgleichung fünften Grades nach Fixirung eines bestimmten Werthes von $\nabla$ gerade einmal in die Gestalt der * Hauptresolvente gesetzt werden kann. *Wir werden also $Z_1$, $m_1$, $n_1$ in rationaler Weise bestimmen können, indem wir einfach die Coefficienten der allgemeinen Hauptresolvente und die Quadratwurzel aus ihrer Discriminante mit dem Coefficienten $\alpha$, $\beta$, $\gamma$ der gegebenen Hauptgleichung* (1) *und dem adjungirten Werthe des zugehörigen $\nabla$ vergleichen.* Wir wollen dabei $\nabla$, wie wir es in I, 4, § 14 thaten, immer folgendermassen definiren:

$$25\sqrt{5} \cdot \nabla = \prod_{\nu < \nu'} (y_\nu - y_{\nu'}), \tag{30}$$

was mit den Formeln (2), (3) des gegenwärtigen Kapitels verträglich ist.

Indem wir jetzt zunächst nur die beiderlei Coefficienten verglei- * chen, erhalten wir:

$$\left\{\begin{aligned} Z \cdot \alpha &= 8m^3 + 12m^2n + \frac{6mn^2 + n^3}{1 - Z}, \\ \frac{Z \cdot \beta}{3} &= -4m^4 + \frac{6m^2n^2 + 4mn^3}{1 - Z} + \frac{3n^4}{4(1 - Z)^2}, \\ \frac{Z \cdot \gamma}{3} &= 48m^5 - \frac{40m^3n^2}{1 - Z} + \frac{15mn^4 + 4n^5}{(1 - Z)^2}. \end{aligned}\right. \tag{31}$$

Ich habe dabei statt $Z_1$, $m_1$, $n_1$ zuvörderst noch $Z$, $m$, $n$ geschrieben, weil diesen Gleichungen ja ebensowohl $Z_2$, $m_2$, $n_2$ genügen.

Die fernere Rechnung gestaltet sich nun folgendermassen*).

*) Ich entnehme das im Texte benutzte Eliminationsverfahren einer Vorlesung von *Gordan* aus dem Winter 1880/81. Auch Hr. *Kiepert* hat bereits den Vergleich mit der Hauptresolvente in ähnlicher Weise benutzt (*Auflösung der Gleichungen fünften Grades*, in den Göttinger Nachrichten vom 17. Juli 1878, oder auch Borchardt's Journal t. 87 (1879)).

Aus der ersten der Gleichungen (31) gewinnen wir: *

$$(32)\qquad \frac{n^2}{1-Z} = \frac{12\beta m + \gamma}{12\alpha}.$$

Andererseits bilden wir uns:

$$(33)\quad \begin{cases} -m\gamma + \dfrac{n^2\beta}{1-Z} = -\dfrac{9}{4Z}\left(4m^2 - \dfrac{n^2}{1-Z}\right)^3, \\ \alpha^2 - \dfrac{4}{81}\cdot\dfrac{1-Z}{n^2}\cdot(3m\alpha + 2\beta)^2 = \dfrac{1}{Z}\left(4m^2 - \dfrac{n^2}{1-Z}\right)^3 \end{cases}$$

und hieraus:

$$\alpha^2 - \frac{4}{81}\cdot\frac{1-Z}{n^2}\cdot(3m\alpha + 2\beta)^2 = \frac{4}{9}\left(m\gamma - \frac{n^2\beta}{1-Z}\right).$$

Hier brauchen wir nur den Werth (32) von $\frac{n^2}{1-Z}$ einzutragen, um für $m$ eine quadratische Gleichung zu erhalten. Ordnen wir dieselbe, indem wir mit den Nennern heraufmultipliciren, so kommt:

$$(34)\qquad 16m^2(\alpha^4 - \beta^3 + \alpha\beta\gamma) - \frac{4}{3}m(11\alpha^3\beta + 2\beta^2\gamma - \alpha\gamma^2)$$
$$+ \frac{1}{9}(64\alpha^2\beta^2 - 27\alpha^3\gamma - \beta\gamma^2) = 0.$$

Durch Auflösung derselben finden wir:

$$(35)\qquad m = \frac{(11\alpha^3\beta + 2\beta^2\gamma - \alpha\gamma^2) \pm \alpha\nabla}{24(\alpha^4 - \beta^3 + \alpha\beta\gamma)},$$

wo $\nabla^2$ genau mit (3) zusammenfällt (wie man verificiren mag) und das Vorzeichen $\pm$ einstweilen natürlich noch unbestimmt bleibt. — Mit diesem Werthe von $m$ sind die übrigen Unbekannten ohne Weiteres mitbestimmt. Zunächst, was den Werth von $Z$ angeht, so genügt es, den Werth von $\frac{n^2}{1-Z}$ aus (32) in die erste der Gleichungen (33) einzutragen; wir finden so:

$$(36)\qquad Z = \frac{(48\alpha m^2 - 12\beta m - \gamma)^3}{64\alpha^2(12(\alpha\gamma - \beta^2)m - \beta\gamma)}.$$

Wir erhalten $n$ in entsprechender Weise, wenn wir die erste der Gleichungen (31) folgendermassen schreiben:

$$\left(12m^2 + \frac{n^2}{1-Z}\right)n = \alpha Z - 8m^3 - 6m\cdot\frac{n^2}{1-Z}$$

und nun $m$ und $Z$ als bekannt betrachten. Die Schlussformel wird:

$$(37)\qquad n = -\frac{96\alpha m^3 + 72\beta m^2 + 6\gamma m - 12\alpha^2 Z}{144\alpha m^2 + 12\beta m + \gamma}.$$

Um jetzt das Vorzeichen von $\nabla$ in (35), und also in (36) und (37), so zu bestimmen, wie es der Bevorzugung des $\lambda$ und der Bezeichnung $m_1$, $n_1$, $Z_1$ entspricht, vergleichen wir (30) mit dem früher angegebenen Differenzenproducte der Hauptresolvente. Es genügt dabei, einen speciellen Fall zu betrachten. Wir nehmen etwa in der allgemeinen Hauptresolvente $m = 1$, $n = 0$, haben also, den Formeln (31) zufolge:

$$\alpha = \frac{8}{Z}, \quad \beta = -\frac{12}{Z}, \quad \gamma = \frac{144}{Z}.$$

Zugleich erhalten wir nach I, 4, § 14:

$$\prod_{\nu < \nu'} (Y_\nu - Y_{\nu'}) = -25\sqrt{5}\,\frac{12^4 (1 - Z)}{Z^3},$$

somit nach Formel (30):

$$\nabla = -\frac{12^4 (1 - Z)}{Z^3}.$$

Nun wird nach Formel (35) das $m$ in diesem Falle:

$$\frac{-11 \cdot 2^8 - 3 \cdot 12^3 \cdot Z \pm 4 \cdot 12^3 \cdot (Z - 1)}{2^{12} - 7 \cdot 12^3 \cdot Z};$$

soll also $m$, wie wir annahmen, gleich 1 sein, so haben wir in (35) das untere Vorzeichen in Anwendung zu bringen.

*Somit haben wir allgemein:*

$$(38) \qquad m_1 = \frac{(11\alpha^3\beta + 2\beta^2\gamma - \alpha\gamma^2) - \alpha\nabla}{24(\alpha^4 - \beta^3 + \alpha\beta\gamma)},$$

*und hieraus nach* (36), (37) *das* $Z_1$ *und* $n_1$. Die entsprechenden Werthe von $m_2$, $Z_2$, $n_2$ gehen hervor, indem wir durchweg das Vorzeichen von $\nabla$ umkehren.

## § 6. Der Gordan'sche Ansatz.

Die gerade entwickelte Methode der Berechung von $m_1$, $n_1$, $Z_1$ hat den Vorzug, unter Benutzung der früher abgeleiteten Resultate auf durchweg elementarem Wege zu operiren. Inzwischen lässt sich nicht läugnen, dass es dabei gewisser, ob auch sehr einfacher Kunstgriffe bedarf, um die richtigen Combinationen der Gleichungen (31) einzuführen, und dass also diese Methode nur wenig in die sonst von uns festgehaltene Darstellungsweise hineinpasst, bei welcher wir bestrebt sind, die Resultate der Rechnung der Art nach allemal von vorneherein einzusehen. Ich werde also noch kurz auf diejenige Art der Berechnung eingehen, welche Hr. *Gordan* ursprünglich gegeben hat, und dies um so mehr, als sich daran gewisse weitere Gesichtspunkte knüpfen, die für unsere Gesammtauffassung des Lösungsproblems von Nutzen sind*).

*) Vergl. ausser der bereits soeben genannten Note eine Mittheilung von *Gordan* an die Naturforscherversammlung zu München (Sept. 1877), sowie die grössere Abhandlung: *Ueber die Auflösung der Gleichungen vom fünften Grade* im 13 Bande der Mathem. Annalen (Jan. 1878).

Machen wir uns zunächst die Schwierigkeiten deutlich, welche einer directen Berechnung der Grössen $Z_1$, $m_1$, $n_1$ entgegenstehen. Wir hatten z. B. für $Z_1$ die Definitionsgleichung:

$$Z_1 = \frac{H^3(\lambda)}{1728\, f^5(\lambda)},$$

wo wir für $\lambda$ den einen Werth:

$$\lambda = -\frac{p_1}{p_2}$$

substituiren mögen. So haben wir in $Z_1$ eine rationale Function der fünf Wurzeln $y_0 \cdots y_4$ vor uns, welche bei allen geraden Vertauschungen der $y$ ungeändert bleibt. Nun geschieht aber das letztere nur, weil die $y$ an die Bedingungsgleichungen $\Sigma y = 0$, $\Sigma y^2 = 0$ gebunden sind, es geschieht keineswegs, wenn wir die $y$ als willkürlich veränderliche Grössen betrachten wollen. Anders ausgedrückt: das $Z_1$ ist bei den geraden Vertauschungen der $y$ allerdings *thatsächlich* aber nicht *formal* invariant. Nun beziehen sich alle Regeln, die man in den gewöhnlichen Darstellungen zur Berechnung symmetrischer Functionen etc. findet, auf Functionen von formaler Symmetrie; es sind diese Regeln also für unseren Zweck nicht unmittelbar zu gebrauchen. *

Hr. *Gordan* umgeht diese Schwierigkeit, indem er die Bedingungsgleichungen $\Sigma y = 0$, $\Sigma y^2 = 0$ in allgemeiner Weise durch Functionen unabhängiger Grössen befriedigt. Er hat dann weiterhin überhaupt mit Functionen *independenter Variabler* zu thun und kann für sie einen Algorithmus aufstellen, der dem gerade genannten, auf symmetrische Functionen bezüglichen Verfahren gewissermassen analog ist.

Die unabhängigen Variabelen, welche Hr. Gordan zu Grunde legt, sind im Wesentlichen keine anderen als die homogenen Parameter $\lambda_1$, $\lambda_2$ und $\mu_1$, $\mu_2$. Wir haben schon oben die Verhältnisse der $p_k$ und andererseits die Verhältnisse der $y_\nu$ durch diese Grössen ausgedrückt [Formel (16), (17)]. Hr. Gordan präcisirt die betreffenden Formeln, indem er sich die absoluten Werthe der $\lambda$, $\mu$ in geeigneter Weise bestimmt denkt und dementsprechend folgendermassen schreibt:

$$(39) \qquad p_1 = 5\lambda_1\mu_1, \quad p_2 = -5\lambda_2\mu_1, \quad p_3 = 5\lambda_1\mu_2, \quad p_4 = 5\lambda_2\mu_2,$$

worauf $y_\nu$ dem folgenden Ausdrucke gleich wird:

$$(40) \qquad y_\nu = \varepsilon^{4\nu}\cdot\lambda_1\mu_1 - \varepsilon^{3\nu}\cdot\lambda_2\mu_1 + \varepsilon^{2\nu}\cdot\lambda_1\mu_2 + \varepsilon^{\nu}\cdot\lambda_2\mu_2.$$ *

Ehe wir in Besprechung des Gordan'schen Verfahrens weiter gehen, wollen wir die gegebenen und die gesuchten Grössen alle durch die hiermit eingeführten $\lambda$, $\mu$ ausdrücken. Ich stelle zunächst die Formeln für die Coefficienten $\alpha$, $\beta$, $\gamma$ der vorgelegten Gleichung fünften Grades und das zugehörige $\nabla$ zusammen. Wir haben:

$$(41)\qquad \alpha = -\frac{\Sigma y^3}{15} = -\lambda_1^3\mu_1^2\mu_2 - \lambda_1^2\lambda_2\mu_2^3 - \lambda_1\lambda_2^2\mu_1^3 + \lambda_2^3\mu_1\mu_2^2,$$

$$(42)\qquad \beta = -\frac{\Sigma y^4}{20} = -\lambda_1^4\mu_1\mu_2^3 + \lambda_1^3\lambda_2\mu_1^4 + 3\lambda_1^2\lambda_2^2\mu_1^2\mu_2^2 - \lambda_1\lambda_2^3\mu_2^4 + \lambda_2^4\mu_1^3\mu_2,$$

$$(43)\qquad \gamma = -\frac{\Sigma y^5}{5} = -\lambda_1^5(\mu_1^5 + \mu_2^5) + 10\lambda_1^4\lambda_2\mu_1^3\mu_2^2 - 10\lambda_1^3\lambda_2^2\mu_1\mu_2^4 - 10\lambda_1^2\lambda_2^3\mu_1^4\mu_2 - 10\lambda_1\lambda_2^4\mu_1^2\mu_2^3 + \lambda_2^5(\mu_1^5 - \mu_2^5),$$

$$(44)\qquad \nabla = \frac{\prod\limits_{\nu<\nu'}(y_\nu - y_{\nu'})}{25\sqrt{5}}$$

$$\begin{aligned}
&= \lambda_1^{10}(\mu_1^{10} + 11\mu_1^5\mu_2^5 - \mu_2^{10}) + \lambda_2^{10}(-\mu_1^{10} - 11\mu_1^5\mu_2^5 + \mu_2^{10}) \\
&+ \lambda_1^9\lambda_2(25\mu_1^8\mu_2^2 - 50\mu_1^3\mu_2^7) + \lambda_1\lambda_2^9(-50\mu_1^7\mu_2^3 - 25\mu_1^2\mu_2^8) \\
&+ \lambda_1^8\lambda_2^2(-75\mu_1^6\mu_2^4 + 25\mu_1\mu_2^9) + \lambda_1^2\lambda_2^8(-25\mu_1^9\mu_2 - 75\mu_1^4\mu_2^6) \\
&+ \lambda_1^7\lambda_2^3(-50\mu_1^9\mu_2 - 150\mu_1^4\mu_2^6) + \lambda_1^3\lambda_2^7(+150\mu_1^6\mu_2^4 - 50\mu_1\mu_2^9) \\
&+ \lambda_1^6\lambda_2^4(150\mu_1^7\mu_2^3 + 75\mu_1^2\mu_2^8) + \lambda_1^4\lambda_2^6(+75\mu_1^8\mu_2^2 - 150\mu_1^3\mu_2^7) \\
&+ \lambda_1^5\lambda_2^5(11\mu_1^{10} - 504\mu_1^5\mu_2^5 - 11\mu_2^{10}).
\end{aligned}$$

Von den *gesuchten* Grössen ist uns $Z_1$ unmittelbar als Function der $\lambda$ bekannt*):

$$(45)\qquad Z_1 = \frac{H^3(\lambda_1, \lambda_2)}{1728 f^5(\lambda_1, \lambda_2)}.$$

Aber auch die $m_1$, $n_1$ lassen sich leicht durch die $\lambda$, $\mu$ darstellen. Tragen wir nämlich in die Definitionsgleichungen:

$$y_\nu = m_1 \cdot v_\nu(\lambda_1, \lambda_2) + n_1 \cdot u_\nu(\lambda_1, \lambda_2) . v_\nu(\lambda_1, \lambda_2)$$

oder:

$$y_\nu = 12 m_1 \cdot \frac{f(\lambda_1, \lambda_2) \cdot W_\nu(\lambda_1, \lambda_2)}{H(\lambda_1, \lambda_2)} + 144 n_1 \cdot \frac{f^3(\lambda_1, \lambda_2) \cdot t_\nu(\lambda_1, \lambda_2) \cdot W_\nu(\lambda_1, \lambda_2)}{H(\lambda_1, \lambda_2) \cdot T(\lambda_1, \lambda_2)}$$

für die $y_\nu$ die Werthe (40) ein, so ergibt sich durch Auflösung:

$$(46)\qquad m_1 = \frac{M_1}{12 f(\lambda_1, \lambda_2)}, \quad n_1 = \frac{N_1 \cdot T(\lambda_1, \lambda_2)}{144 \cdot f^3(\lambda_1, \lambda_2)},$$

wo $M_1$, $N_1$ folgende zwei in den $\mu_1$, $\mu_2$ *lineare* Formen bedeuten:

$$(47)\qquad M_1 = \left\{\begin{aligned} &\mu_1(\lambda_1^{13} - 39\lambda_1^8\lambda_2^5 - 26\lambda_1^3\lambda_2^{10}) \\ -\,&\mu_2(26\lambda_1^{10}\lambda_2^3 - 39\lambda_1^5\lambda_2^8 - \lambda_2^{13}), \end{aligned}\right.$$

---

*) Die Grössen $Z_2$, $m_2$, $n_2$, die an sich mit $Z_1$, $m_1$, $n_1$ gleich berechtigt sind, lassen wir der Kürze halber bei Seite.

(48) $$N_1 = \mu_1(7\lambda_1^5\lambda_2^2 + \lambda_2^7) + \mu_2(-\lambda_1^7 + 7\lambda_1^2\lambda_2^5).*)$$

Es gilt jetzt, die Grössen $Z_1$, $m_1$, $n_1$ *auf Grund der hiermit gegebenen Formeln* (41)—(48) rational durch $\alpha$, $\beta$, $\gamma$, $\nabla$ darzustellen.

### § 7. Substitutionen der $\lambda$, $\mu$; invariante Formen.

Wir müssen jetzt die Umänderungen kennen lernen, welche die $\lambda_1$, $\lambda_2$, $\mu_1$, $\mu_2$ bei den Vertauschungen der $y$ erfahren. An sich sind diese Umänderungen allerdings nicht völlig bestimmt. Denn von den vier Grössen $\lambda$, $\mu$ ist eine, auch wenn wir den absoluten Werthen der $y_\nu$ Rechnung tragen, überzählig. Wir fanden oben, dass bei den geraden Vertauschungen der $y_\nu$, die wir mit $S$ und $T$ bezeichneten, $\frac{\lambda_1}{\lambda_2}$ die ebenso benannten Ikosaedersubstitutionen erfährt, während $\frac{\mu_1}{\mu_2}$ Substitutionen erleidet, die sich aus diesen durch Verwandlung von $\varepsilon$ in $\varepsilon^2$ ergeben. Wir bemerkten ferner, dass $\frac{\mu_1}{\mu_2}$ aus $\frac{\lambda_1}{\lambda_2}$ durch die cyclische Vertauschung $(y_1, y_3, y_4, y_2)$ hervorgeht und dass eine Wiederholung dieser Operation aus $\frac{\mu_1}{\mu_2}$ das $-\frac{\lambda_2}{\lambda_1}$ entstehen lässt. *Auf Grund dieser Sätze werden wir jetzt für $\lambda_1$, $\lambda_2$, $\mu_1$, $\mu_2$ homogene lineare Substitutionen von der Determinante Eins derart definiren, dass rückwärts aus ihnen vermöge* (40) *die geeigneten Permutationen der $y_\nu$ folgen.*

Zu dem Zwecke setzen wir zunächst, unter Benutzung der homogenen Ikosaedersubstitutionen von der Determinante Eins:

(49) $$S:\ \lambda_1' = \varepsilon^3\lambda_1,\ \lambda_2' = \varepsilon^2\lambda_2;\quad \mu_1' = \varepsilon\mu_1,\ \mu_2' = \varepsilon^4\mu_2;$$

(50) $$T:\ \begin{cases} \sqrt{5}\cdot\lambda_1' = -(\varepsilon-\varepsilon^4)\lambda_1 + (\varepsilon^2-\varepsilon^3)\lambda_2, \\ \sqrt{5}\cdot\lambda_2' = (\varepsilon^2-\varepsilon^3)\lambda_1 + (\varepsilon-\varepsilon^4)\lambda_2; \\ \\ \sqrt{5}\cdot\mu_1' = (\varepsilon^2-\varepsilon^3)\mu_1 + (\varepsilon-\varepsilon^4)\mu_2, \\ \sqrt{5}\cdot\mu_2' = (\varepsilon-\varepsilon^4)\mu_1 - (\varepsilon^2-\varepsilon^3)\mu_2, \end{cases}$$

wobei die Formeln für die $\mu$ aus denjenigen für die $\lambda$ wieder hervorgehen, indem man $\varepsilon$ durch $\varepsilon^2$ ersetzt**). Bringen wir diese Substi-

*) Bei Verification der für $M_1$, $N_1$ mitgetheilten Ausdrücke wolle man beachten, dass die Determinante

$$\begin{vmatrix} \frac{\partial M_1}{\partial\mu_1} & \frac{\partial M_1}{\partial\mu_2} \\ \frac{\partial N_1}{\partial\mu_1} & \frac{\partial N_1}{\partial\mu_2} \end{vmatrix}$$

einfach gleich $H(\lambda_1, \lambda_2)$ ist.

**) Hierbei ändert, was man nicht übersehen darf, $\sqrt{5} = \varepsilon + \varepsilon^4 - \varepsilon^2 - \varepsilon^3$ sein Vorzeichen.

tutionen bei (40) in Anwendung, so folgt in der That, wie es sein muss:

$$S:\ y_\nu' = y_{\nu+1},$$

$$T:\ y_0' = y_0,\ y_1' = y_2,\ y_2' = y_1,\ y_3' = y_4,\ y_4' = y_3.$$

Dabei sind die Vertauschungen der $y$, die durch Verbindung von $S$ und $T$ entstehen, den entsprechenden Substitutionen der $\lambda$, $\mu$ natürlich nur hemiedrisch isomorph: es sind 120 Substitutionen der $\lambda$, $\mu$ und nur 60 Vertauschungen der $y$. Dieser Umstand erklärt sich dadurch, dass unter den Substitutionen der $\lambda$, $\mu$ sich folgende befindet:

$$\lambda_1' = -\lambda_1,\ \lambda_2' = -\lambda_2,\ \mu_1' = -\mu_1,\ \mu_2' = -\mu_2,$$

bei welcher die $y_\nu$, als bilineare Functionen der $\lambda$, $\mu$, *sämmtlich* ungeändert bleiben.

Wir führen ferner die nachstehende Substitution ein, die wir kurzweg als *Vertauschung* von $\lambda$ und $\mu$ bezeichnen:

$$(51)\qquad \mu_1' = \lambda_1,\ \mu_2' = \lambda_2,\ \lambda_1' = \mu_2,\ \lambda_2' = -\mu_1.$$

Aus den Formeln (40) ergibt sich dann:

$$y_\nu' = y_{2\nu},$$

also in der That die schon früher benutzte ungerade Permutation der $y_\nu$. In Uebereinstimmung ebenfalls mit dem Früheren kommt bei Wiederholung von (51):

$$\lambda_1' = \lambda_2,\ \lambda_2' = -\lambda_1;\quad \mu_1' = \mu_2,\ \mu_2' = -\mu_1,$$

* d. h. die sonst mit $U$ bezeichnete homogene Ikosaedersubstitution.

Statt der zweiwerthigen oder symmetrischen, homogenen Functionen der $y_\nu$ werden wir nun überhaupt solche rationale und insbesondere ganze homogene Functionen (Formen) der $\lambda_1$, $\lambda_2$ ins Auge fassen, welche bei den Substitutionen (49), (50) bez. (51) ungeändert bleiben. Ist dies nur bei (49), (50) der Fall, so sollen sie *Invarianten* schlechthin genannt sein, während wir, wenn Unveränderlichkeit auch bei (51) hinzutritt, von *vollkommenen* Invarianten sprechen wollen. Es kann sein, dass eine Invariante bei (51) einfach ihr Zeichen umkehrt; wir nennen sie dann *alternirend.* Ist eine Invariante weder vollkommen noch alternirend, so wird sie vermöge (51) mit einer zweiten zusammengeordnet. Das Verhältniss der beiden Invarianten ist dann ein gegenseitiges, denn die Wiederholung von (51) ist eine Ikosaedersubstitution und führt also zur ursprünglichen Invariante zurück.

Offenbar ist $\alpha$, $\beta$ und $\gamma$ eine vollkommene, $\nabla$ eine alternirende Invariante. Die sonst noch von uns benutzten Formen $f(\lambda_1, \lambda_2)$, $H(\lambda_1, \lambda_2)$, $T(\lambda_1, \lambda_2)$, $M_1$, $N_1$ repräsentiren den allgemeineren Typus.

Indem ich die ersteren drei fortan der Kürze halber mit $f_1$, $H_1$, $T_1$ benennen werde, sollen die Formen, welche durch Vertauschung von $\lambda$ und $\mu$ hervorgehen, mit $f_2$, $H_2$, $T_2$, $M_2$, $N_2$ bezeichnet sein.

## § 8. Allgemeines über die von uns auszuführenden Rechnungen.

Die Fragestellung des § 6 verlangt, gewisse *rationale* Invarianten *rational* durch die $\alpha$, $\beta$, $\gamma$, $\nabla$ auszudrücken. Zu dem Zwecke mögen wir zunächst fragen, welche ganzen invarianten Functionen (Formen) ganze Functionen der $\alpha$, $\beta$, $\gamma$, $\nabla$ sind? Offenbar alle diejenigen und nur diejenigen, die ganze Functionen der $y_\nu$ sind. Dies sind aber alle solchen Formen, *welche in den* $\lambda_1$, $\lambda_2$ *und* $\mu_1$, $\mu_2$ *beziehungsweise denselben Grad haben.* Denn einmal ergibt jede ganze Function der $y_\nu$ gewiss eine ganze Function von gleichem Grade in den $\lambda$ und $\mu$, andererseits aber kann jede Form der $\lambda$, $\mu$, die in den $\lambda$ und $\mu$ von gleichem Grade ist, als ganze Function der Terme $\lambda_1\mu_1$, $\lambda_2\mu_1$, $\lambda_1\mu_2$, $\lambda_2\mu_2$ angeschrieben werden, und diese Terme sind, von Zahlenfactoren abgesehen, den $p_1$, $p_2$, $p_3$, $p_4$, d. h. ganzen Functionen der $y_\nu$ gleich*).

Auf Grund dieses Satzes wird unsere Methode jetzt die sein, dass wir eine vorgelegte *rationale* Invariante, welche wir als rationale Function der $\alpha$, $\beta$, $\gamma$, $\nabla$ darstellen sollen, durch Zufügen geeigneter Factoren in Zähler und Nenner so umgestalten, dass Zähler und Nenner für sich genommen invariante Formen gleichen Grades in den $\lambda$, $\mu$ werden, worauf wir Zähler und Nenner einzeln als *ganze* Function der $\alpha$, $\beta$, $\gamma$, $\nabla$ berechnen.

Was nun die Auswerthung solcher ganzer Functionen angeht, so bemerken wir, *dass sich jede invariante Form gleichen Grades in den* $\lambda_1$, $\lambda_2$ *und* $\mu_1$, $\mu_2$ *in eine vollkommene und eine alternirende Invariante spalten lässt.* In der That, sei $F_1$ die vorgelegte Form, $F_2$ die zugeordnete Form, die aus ihr durch Vertauschung von $\lambda$ und $\mu$ entsteht. So setzen wir einfach:

$$F_1 = \frac{F_1 + F_2}{2} + \frac{F_1 - F_2}{2}. \tag{52}$$

Hier ist $\frac{F_1 + F_2}{2}$ als vollkommene Invariante eine ganze Function der $\alpha$, $\beta$, $\gamma$ allein, $\frac{F_1 - F_2}{2}$ aber zerfällt, als alternirende Invariante, in das Product von $\nabla$ mit einer ganzen Function der $\alpha$, $\beta$, $\gamma$.

Die wenigen, hiermit aufgestellten Regeln gestatten uns, die Berechnung der Grössen $m_1$, $n_1$, $Z_1$ auf directem Wege in Angriff nehmen.

---

*) Vergl. die analoge Bemerkung im Schlussparagraphen des vorigen Kapitels.

## § 9. Neuberechnung der Grösse $m_1$.

Es ist $m_1$ in unserer neuen Schreibweise:

$$m_1 = \frac{M_1}{12 f_1}. \tag{53}$$

Hier werden wir jetzt zunächst Zähler und Nenner mit einer solchen invarianten Form multipliciren, dass beiderseits gleicher Grad in den $\lambda$, $\mu$ resultirt. Offenbar ist es am einfachsten (ob auch durchaus nicht nothwendig), $f_2$ als solchen Factor zu wählen. Wir schreiben demnach:

$$m_1 = \frac{M_1 f_2}{12 f_1 f_2}. \tag{54}$$

In dieser Formel ist der Nenner an sich eine vollkommene Invariante; den Zähler aber unterwerfen wir dem eben bezeichneten Spaltungsprocesse. Wir erhalten so:

$$m_1 = \frac{(M_1 f_2 + M_2 f_1) + (M_1 f_2 - M_2 f_1)}{24 f_1 f_2}; \tag{55}$$

*die Berechnung von $m_1$ ist also darauf zurückgeführt, die beiden vollkommenen Invarianten:*

$$M_1 f_2 + M_2 f_1 \quad \textit{und} \quad f_1 f_2$$

*sowie die alternirende Invariante:*

$$M_1 f_2 - M_2 f_1$$

*durch geeignete ganze Functionen von $\alpha, \beta, \gamma$ bez. von $\alpha, \beta, \gamma$ und $\nabla$ zu ersetzen.*

Wir erledigen die nun noch vorliegende Aufgabe, indem wir einmal den Grad der zu Vergleich kommenden Formen in den $\lambda$, $\mu$ in Betracht ziehen, andererseits auf die expliciten Werthe unserer Formen in den $\lambda$, $\mu$ (wie wir dieselben in § 6 mittheilten) zurückgreifen. Die soeben genannten Invarianten $(M_1 f_2 + M_2 f_1)$ etc. sind in den $\lambda$, $\mu$ beziehungsweise vom Grade 13, 12 und 13. Andererseits weisen $\alpha$, $\beta$, $\gamma$, $\nabla$ betreffs derselben Variabelen die Gradzahlen 3, 4, 5, 10 auf. Daher schliessen wir zunächst, dass $(M_1 f_2 + M_2 f_1)$ eine lineare Combination der Terme $\alpha^3\beta$, $\alpha\gamma^2$, $\beta^2\gamma$ sein muss, dann ferner, dass $f_1 f_2$ einer ebensolchen Verbindung von $\alpha^4$, $\beta^3$, $\alpha\beta\gamma$ gleich wird, endlich, dass $(M_1 f_2 - M_2 f_1)$ bis auf einen numerischen Factor mit $\alpha\nabla$ zusammenfällt. Um die hier noch unbestimmten Zahlencoefficienten zu berechnen, genügt es, bei den expliciten Werthen der einzelnen Formen auf nur einige Terme zu achten, also etwa auf die Anfangsterme, die sich ergeben, wenn wir die Formen nach absteigenden Potenzen von $\lambda_1$ und aufsteigenden von $\lambda_2$ ordnen. Ich theile hier, der Vollständigkeit halber, die Anfangsterme der von uns in Betracht zu ziehenden Formen je bis zu derjenigen Grenze mit, bis zu der wir sie wirklich gebrauchen. Wir finden nach § 6:

$$M_1 f_2 + M_2 f_1$$
$$= \lambda_1^{13}(\mu_1^{12}\mu_2^{1} + 11\mu_1^{7}\mu_2^{6} - \mu_1^{2}\mu_2^{11}) + \lambda_1^{12}\lambda_2(-26\mu_1^{10}\mu_2^{3} + 39\mu_1^{5}\mu_2^{8} + \mu_2^{13}) + \cdots,$$
$$f_1 f_2 = \lambda_1^{11}\lambda_2\,(\mu_1^{11}\mu_2 + 11\mu_1^{6}\mu_2^{6} - \mu_1\mu_2^{11}) + \cdots,$$
$$M_1 f_2 - M_2 f_1 = \lambda_1^{13}\mu_1^{12}\mu_2 + \cdots\cdot,$$

sowie:

$$\alpha^3\beta = \lambda_1^{13}\mu_1^{7}\mu_2^{6} + \lambda_1^{12}\lambda_2\,(-\mu_1^{10}\mu_2^{3} + 3\mu_1^{5}\mu_2^{8}) + \cdots,$$
$$\alpha\gamma^2 = \lambda_1^{13}\,(2\mu_1^{7}\mu_2^{6} + 2\mu_1^{2}\mu_2^{11}) + \lambda_1^{12}\lambda_2\,(0) + \cdots,$$
$$\beta^2\gamma = \lambda_1^{13}\,(\mu_1^{12}\mu_2 + 2\mu_1^{7}\mu_2^{6} + \mu_1^{2}\mu_2^{11}) + \lambda_1^{12}\lambda_2\,(0) + \cdots,$$

$$\alpha^4 = \lambda_1^{12}\mu_1^{8}\mu_2^{4} + 4\lambda_1^{11}\lambda_2\mu_1^{6}\mu_2^{6} + \cdots,$$
$$\beta^3 = -\lambda_1^{12}\mu_1^{3}\mu_2^{9} + 3\lambda_1^{11}\lambda_2\mu_1^{6}\mu_2^{6} + \cdots,$$
$$\alpha\beta\gamma = -\lambda_1^{12}(\mu_1^{9}\mu_2^{3} + \mu_2^{3}\mu_2^{9}) + \lambda_1^{11}\lambda_2(\mu_1^{11}\mu_2 + 10\mu_1^{6}\mu_2^{6} - \mu_1\mu_2^{11}) + \cdots,$$

$$\alpha\nabla = -\lambda_1^{13}\mu_1^{12}\mu_2 + \cdots.$$

*Aus diesen Werthen lesen wir nun ohne Weiteres ab:*

$$(56)\qquad \begin{cases} M_1 f_2 + M_2 f_1 = 11\alpha^3\beta + 2\beta^2\gamma - \alpha\gamma^2, \\ f_1 f_2 = \alpha^4 - \beta^3 + \alpha\beta\gamma, \\ M_1 f_2 - M_2 f_1 = -\alpha\nabla, \end{cases}$$

*und also schliesslich:*

$$(57)\qquad m_1 = \frac{(11\alpha^3\beta + 2\beta^2\gamma - \alpha\gamma^2) - \alpha\nabla}{24\,(\alpha^4 - \beta^3 + \alpha\beta\gamma)},$$

*was genau der oben in Formel* (38) *mitgetheilte Werth ist.*

In derselben Weise könnten wir jetzt natürlich auch noch $n_1$ und $Z_1$ berechnen: die betreffenden Rechungen würden nur etwas umständlicher werden, weil es sich bei ihnen um Bildungen höheren Grades in den $\lambda$, $\mu$ handelt. Man wird diese Rechnungen, wie immer in ähnlichen Fällen, durch zweckmässige Reductionsprincipien in eine grössere Zahl kleinerer Schritte zerlegen können (vergl. die Gordan'sche Arbeit). Wir gehen hierauf nicht näher ein, da wir in § 5 für $n_1$, $Z_1$ ja doch schon einfache Formeln erhalten haben, und das Princip der Gordanschen Berechnungsweise an dem Beispiele von $m_1$ bereits hinlänglich erkannt wird.

## § 10. Geometrische Deutung der Gordan'schen Theorie.

In den vorhergehenden Paragraphen ist die Gordan'sche Theorie rein algebraisch exponirt worden; wir werden dieselbe unseren sonstigen Betrachtungen noch näher bringen, wenn wir mit kurzen Worten ihrer geometrischen Bedeutung gedenken. Wir haben dabei die Verhältnisse $\lambda_1 : \lambda_2$ und $\mu_1 : \mu_2$, wie wir dies schon im Schlussparagraphen des vorigen Kapitels in Aussicht nahmen, als *Coordinaten auf der Hauptfläche* zu interpretiren. Eine Gleichung:

$$F(\lambda_1, \lambda_2; \quad \mu_1, \mu_2) = 0$$

definirt dann eine auf der Hauptfläche verlaufende Curve, deren Schnittpunkte mit den Erzeugenden erster und zweiter Art der Zahl nach durch den Grad von $F$ in $\mu$ bez. $\lambda$ bestimmt werden. Ist $F$ eine Invariante, so geht die betreffende Curve bei den 60 geraden Collineationen in sich über, ist also, sofern sie irreducibel ist, *halbregulär.* Die Curve wird (unter der gleichen Bedingung) *regulär,* wenn die Invariante $F$ vollkommen oder alternirend ist.

Interpretiren wir in diesem Sinne die in den vorangehenden Paragraphen auftretenden Invarianten, so werden wir zu lauter Curven geführt, deren Bedeutung uns entweder unmittelbar deutlich oder doch von früher her bekannt ist. Die Curven $\alpha = 0$, $\beta = 0$, $\gamma = 0$ sind uns oben als Schnittcurven der Hauptfläche mit der Diagonalfläche etc. entgegengetreten*). $\nabla = 0$ ergibt eine Curve, die augenscheinlich in 10 ebene Bestandtheile zerfällt; $f_1 = 0$, $H_1 = 0$, $T_1 = 0$ repräsentiren gewisse Aggregate von 12, bez. 20 oder 30 Erzeugenden erster Art. Was aber bedeuten $M_1 = 0$, $N_1 = 0$? Aus der Gestalt von $M_1$, $N_1$ geht unmittelbar hervor, dass es sich um Curven der 14., bez. der 8. Ordnung handelt, welche die einzelne Erzeugende erster Art nur je einmal schneiden. *Es sind dies dieselben Curven, die wir früher durch Formeln folgender Art dargestellt haben:*

$$(58) \qquad \varrho y_\nu = t_\nu(\lambda_1, \lambda_2) \cdot W_\nu(\lambda_1, \lambda_2) \text{ bez. } \varrho y_\nu = W_\nu(\lambda_1, \lambda_2).$$

In der That werden wir zu diesen Formeln zurückgeführt, wenn wir aus $M_1 = 0$ oder $N_1 = 0$ das $\frac{\mu_1}{\mu_2}$ als rationale Function von $\frac{\lambda_1}{\lambda_2}$ bestimmen und den gefundenen Werth in die Formeln (40):

$$y_\nu = \varepsilon^{4\nu}\lambda_1\mu_1 - \varepsilon^{3\nu}\lambda_2\mu_1 + \varepsilon^{2\nu}\lambda_1\mu_2 + \varepsilon^{\nu}\lambda_2\mu_2$$

eintragen. In demselben Sinne repräsentirt offenbar folgende Gleichung:

$$(59) \qquad m \cdot T(\lambda_1, \lambda_2) \cdot N_1 + 12n \cdot f^2(\lambda_1, \lambda_2) \cdot M_1 = 0$$

die ganze Schaar jener Curven 38. Ordnung, die wir in § 4 des gegenwärtigen Kapitels betrachteten (siehe Formel (27) daselbst).

Wir wenden uns jetzt insbesondere zu der im vorigen Paragraphen gegebenen Berechnung von $m_1$. Ursprünglich war, nach (53):

$$m_1 = \frac{M_1}{12 f_1};$$

*) Indem wir uns für $\alpha$ der in (41) gegebenen Darstellung bedienen, können wir jetzt mit Leichtigkeit die früher ausgesprochene Behauptung beweisen, dass die Curve $\alpha = 0$, d. h. die *Bring*'sche Curve, keinerlei wirkliche Doppelpunkte besitzt, also irreducibel ist und dem Geschlechte $p = 4$ angehört.

es ist also $m_1$ eine Function auf der Hauptfläche, welche längs der Curve 14. Ordnung $M_1 = 0$ verschwindet und für die 12 Erzeugenden erster Art $f_1 = 0$ unendlich wird. Indem wir jetzt schreiben, wie in (54) geschah:

$$m_1 = \frac{M_1 f_2}{12 f_1 f_2},$$

haben wir offenbar die beiden Curven $M_1 = 0$, $f_1 = 0$ durch Hinzufügen der Curve $f_2 = 0$, d. h. eines Aggregats von 12 Erzeugenden zweiter Art, zum *vollständigen Schnitte* der Hauptfläche mit je einer zutretenden Fläche ergänzt; die ausschneidenden Flächen können dann insbesondere so angenommen werden, dass sie selbst bei den 60 geraden Collineationen in sich übergehen und also durch Nullsetzen ganzer Functionen von $\alpha$, $\beta$, $\gamma$, $\nabla$ repräsentirt werden. — Hiernach dürfte die Structur der Formel (57) und auch das Maass ihrer Willkürlichkeit geometrisch deutlich sein. Ich überlasse dem Leser, sich in ähnlicher Weise die Bedeutung der Formeln (36), (37) für $Z_1$ und $n_1$ zurechtzulegen.

## § 11. Algebraische Gesichtspunkte (nach Gordan).

Wir haben die Gordan'sche Theorie bisher so dargestellt, wie sie ursprünglich entstanden ist, nämlich als directe Methode zur Berechnung der bei Auflösung der Hauptgleichungen fünften Grades auftretenden Grössen. Inzwischen hat Hr. Gordan in seiner ausführlichen, im 13. Annalenbande publicirten Abhandlung den Standpunkt wesentlich höher gewählt; er hat sich die Aufgabe gestellt: *das volle System der invarianten Formen $F(\lambda_1, \lambda_2; \mu_1, \mu_2)$ und möglichst viele zwischen diesen Formen bestehende Relationen zu bilden.* Dabei findet er 36 Systemformen, von denen diejenigen, die von $\alpha$, $\beta$, $\gamma$, $\nabla$ verschieden sind, durch Vertauschung von $\lambda$ und $\mu$ zusammengehören. Wir können auf diese Resultate nicht näher eingehen, müssen aber der Methode gedenken, deren sich Hr. Gordan zur Ableitung derselben bedient. Man erinnere sich, wie wir früher $H(\lambda_1, \lambda_2)$, $T(\lambda_1, \lambda_2)$ aus $f(\lambda_1, \lambda_2)$ durch Differentiationsprocesse der Invariantentheorie abgeleitet haben. Genau so gewinnt jetzt Hr. Gordan seine Formen, indem er:

$$\alpha = -\lambda_1^3\mu_1^2\mu_2 - \lambda_1^2\lambda_2\mu_2^3 - \lambda_1\lambda_2^2\mu_1^3 + \lambda_2^3\mu_1\mu_2^2$$

als „doppeltbinäre Grundform mit zwei Reihen unabhängiger Variablen" an die Spitze stellt.

Erwähnen wir in dieser Hinsicht zunächst, wie jetzt $f(\lambda_1, \lambda_2)$ [die Grundform des Ikosaeders] zu definiren ist. Man betrachte in $\alpha$ die $\lambda_1$, $\lambda_2$ als constant, d. h. $\alpha$ als binäre Form dritter Ordnung allein der $\mu_1$, $\mu_2$. *Dann ist,* behaupte ich, *von einem Zahlenfactor* *abgesehen, $f$ die Discriminante dieser Form dritter Ordnung.* Wir bestätigen dies durch directe Ausrechnung. Den gewöhnlichen Regeln folgend bilden wir zunächst die Hesse'sche Form von $\alpha$ und finden bis auf einen Zahlenfactor die folgende, in den $\mu$ quadratische Invariante:

$$(60)\qquad \tau = \mu_1^2(-\lambda_1^6 - 3\lambda_1\lambda_2^5) + 10\mu_1\mu_2\lambda_1^3\lambda_2^3 + \mu_2^2(3\lambda_1^5\lambda_2 - \lambda_2^6),$$

die wir später noch gebrauchen werden. Wir berechnen ferner die Determinante von $\tau$ und kommen in der That, von einem numerischen Coefficienten abgesehen, auf

$$f = \lambda_1^{11}\lambda_2 + 11\lambda_1^6\lambda_2^6 - \lambda_1\lambda_2^{11}$$

zurück.

Erläutern wir ferner, wie Hr. Gordan die Umkehrformeln gewinnt, die wir in § 4 aufstellen konnten, indem wir diejenigen Kenntnisse, die wir früher (I, 4, § 12) gewissermassen zufälligerweise durch Aufstellung der Hauptresolvente der Ikosaedergleichung gewonnen haben, in Anwendung brachten. Bei Hrn. Gordan bilden diejenigen Invarianten, die in $\mu_1$, $\mu_2$ *linear* sind, den Ausgangspunkt. Er zeigt, dass vier verschiedene dieser Invarianten existiren, unter welchen diejenigen beiden, die in den $\lambda$ vom niedrigsten Grade sind, genau mit unseren $N_1$, $M_1$ zusammenfallen*). Nun sind die $y_\nu$ der Formel (40) zufolge:

$$y_\nu = \varepsilon^{4\nu}\lambda_1\mu_1 - \varepsilon^{3\nu}\lambda_2\mu_1 + \varepsilon^{2\nu}\lambda_1\mu_2 + \varepsilon^{\nu}\lambda_2\mu_2$$

selber lineare Formen der $\mu_1$, $\mu_2$. Daher können wir von vorneherein schreiben:

$$(61)\qquad a y_\nu = b_\nu \cdot M_1 + c_\nu \cdot N_1,$$

wo die Coefficienten $a$, $b_\nu$, $c_\nu$ der Identität zu entnehmen sein werden:

$$\begin{vmatrix} y_\nu & M_1 & N_1 \\ \frac{\partial y_\nu}{\partial \mu_1} & \frac{\partial M_1}{\partial \mu_1} & \frac{\partial N_1}{\partial \mu_1} \\ \frac{\partial y_\nu}{\partial \mu_2} & \frac{\partial M_1}{\partial \mu_2} & \frac{\partial N_1}{\partial \mu_2} \end{vmatrix} = 0.$$

Hier ist $a$ als Functionaldeterminante der $M_1$, $N_1$ selbst eine Invariante; wir sahen bereits oben, dass sie mit $H(\lambda_1, \lambda_2)$ zusammenfällt. Dagegen sind $b_\nu$, $c_\nu$, wie die $y_\nu$ selbst, nothwendig fünfwerthig. Indem wir sie als Functionaldeterminanten von $y_\nu$ und $N_1$, bez. $y_\nu$ und $M_1$

*) Eine dieser 4 Invarianten ist, wenn wir sie mit $H_1$ multipliciren, in der allgemeinen Form $m \cdot T_1 \cdot N_1 + 12n \cdot f_1^2 \cdot M_1$ enthalten, deren Verschwinden jene Curven 38. Ordnung vorstellt, die wir früher betrachtet haben. Unter diesen Curven ist also neben $M_1 = 0$, $N_1 = 0$ noch eine dritte vorhanden, deren Ordnung sich auf eine niedere Zahl, nämlich auf 18, reducirt.

berechnen, bekommen wir jetzt hinterher dieselben Grössen, die wir früher mit $W_\nu(\lambda_1, \lambda_2)$ und $t_\nu(\lambda_1, \lambda_2) \cdot W_\nu(\lambda_1, \lambda_2)$ bezeichnet haben. In der That muss ja Formel (61), in unseren früheren Bezeichnungen geschrieben, folgendermassen lauten:

$$(62) \quad H(\lambda_1, \lambda_2) \cdot y_\nu = W_\nu(\lambda_1, \lambda_2) \, . \, M_1 + t_\nu(\lambda_1, \lambda_2) \cdot W_\nu(\lambda_1, \lambda_2) \cdot N_1;$$

man vergleiche etwa Formel (46) oben. Wir können sagen, dass Gordan's hiermit geschilderte Entwickelung dieser Formel die genaue Umkehr der unsrigen ist. Der weitere Gang der Rechnung ist dann beiderseits derselbe. Um die $y_\nu$ durch die $\lambda$ und die sonst gegebenen Grössen auszudrücken, führen wir in (62) statt $M_1$, $N_1$ die Ausdrücke

$$m_1 = \frac{M_1}{12 f_1}, \quad n_1 = \frac{N_1 \cdot T_1}{144 \cdot f_1{}^3}$$

ein, d. h. Quotienten, welche in $\lambda_1$, $\lambda_2$ und $\mu_1$, $\mu_2$ gemeinsam von der ersten Dimension sind, und berechnen dann diese als rationale Functionen der $\alpha$, $\beta$, $\gamma$, $\nabla$ in der Weise, wie es in § 9 speciell für $m_1$ ausgeführt wurde.

Wir verweilen noch einen Augenblick bei Gordan's Ableitung der Formel (62). Offenbar können wir dieselbe folgendermassen in Worte fassen. Da die $y_\nu$ bilineare Formen der $\lambda_1$, $\lambda_2$ und $\mu_1$, $\mu_2$ sind, so verlangt ihre Bestimmung, wenn wir $\lambda_2$ (was gestattet ist) beliebig annehmen, sodann $\lambda_1 : \lambda_2$ aus der zugehörigen Ikosaedergleichung gefunden haben, nur noch die Kenntniss der $\mu_1$, $\mu_2$. *Diese nun gewinnen wir, indem wir die beiden in $\mu_1$, $\mu_2$ linearen Invarianten $M_1$, $N_1$ heranziehen und sie als rationale Functionen der $\lambda_1$, $\lambda_2$ und $\alpha$, $\beta$, $\gamma$, $\nabla$ berechnen.* In der That haben wir so zwei lineare Gleichungen für $\mu_1$, $\mu_2$; lösen wir dieselben nach $\mu_1$, $\mu_2$ auf und tragen die entstehenden Werthe in die Formel für $y_\nu$ ein, so haben wir das gesuchte Resultat, dasselbe, welches in abgekürzter Form durch (62) vorgestellt wird. — Oder wir können auch so sagen. Setzen wir $M_1 = 0$, so bestimmen wir damit in der binären Mannigfaltigkeit $\mu_1 : \mu_2$ ein erstes, zu dem Elemente $\lambda_1 : \lambda_2$ *contragredientes,* oder, allgemeiner ausgedrückt, *covariantes* Element. Ein zweites, ebensolches Element gewinnen wir, wenn wir $N_1 = 0$ nehmen. Unsere Aufgabe ist es, dasjenige Element innerhalb $\mu_1 : \mu_2$ zu finden, welches durch $y_\nu = 0$ repräsentirt wird. Wir erledigen diese Aufgabe in (62), indem wir $y_\nu$ aus den beiden covarianten Elementen $M_1$, $N_1$ mit Hülfe geeigneter Coefficienten zusammensetzen, also genau nach denselben Grundsätzen der „typischen Darstellung" verfahren, welche wir schon oben bei Besprechung der Tschirnhaustransformation benutzten. — Die hiermit *
bezeichnete Auffassungsweise wird später in verallgemeinerter Form wiederholt zur Geltung kommen.

## § 12. Die Normalgleichung der $r_\nu$.

In unserer allgemeinen Uebersicht der verschiedenen zur Lösung der Gleichung fünften Grades eingeschlagenen Wege haben wir oben (II, 1, § 1) die Methode der *Resolventenbildung* von derjenigen der *Tschirnhaustransformation* getrennt, dabei aber bemerkt, dass man die eine Methode immer in die andere umsetzen kann. Indem wir die Hauptgleichungen fünften Grades direct mit Hülfe der Ikosaedergleichung lösten, haben wir die Methode der Resolventenbildung befolgt. Sollen wir statt ihrer die Methode der Tschirnhaustransformation zur Darstellung bringen, so werden wir irgend eine der Resolventen fünften Grades, die wir in I, 4 für die Ikosaedergleichung aufgestellt haben, als *Normalgleichung* zu Grunde legen müssen.

Am zweckmässigsten scheint in dieser Hinsicht die Resolvente der $r_\nu$, die wir in § 9 l. c. construirten und der wir damals die folgende Form ertheilt haben:

$$Z : Z - 1 : 1 = (r-3)^3 (r^2 - 11r + 64) : r(r^2 - 10r + 45)^2 : -1728. \tag{63}$$

In der That haben wir bereits früher (§ 13 l. c.) die $u_\nu$, $v_\nu$ durch $r_\nu$ rational dargestellt:

$$u_\nu = \frac{12}{r_\nu^2 - 10r_\nu + 45}, \quad v_\nu = \frac{12}{r_\nu - 3};$$

tragen wir diese Formeln in unsere jetzige:

$$y_\nu = m_1 \cdot u_\nu + n_1 \cdot u_\nu \cdot v_\nu$$

ein, *so erhalten wir unmittelbar die Darstellung der $y_\nu$ durch die Wurzeln der Normalgleichung* (63):

$$y_\nu = \frac{12(r_\nu - 3)m_1 + 144 n_1}{(r_\nu - 3)(r_\nu^2 - 10r_\nu + 45)}. \tag{64}$$

Es fragt sich nur noch, wie wir:

$$r_\nu = \frac{t_\nu^2(\lambda_1, \lambda_2)}{f(\lambda_1, \lambda_2)}$$

als rationale Function des $y_\nu$ berechnen. Wir werden hier einen ähnlichen Weg einschlagen, wie soeben (in § 9) bei der Berechnung von $m_1$. Sei der Kürze halber:

$$t_\nu(\lambda_1, \lambda_2) = t_{\nu,1}, \quad t_\nu(\mu_1, \mu_2) = t_{\nu,2},$$

so schreiben wir der Reihe nach:

$$r_\nu = \frac{t_{\nu,1}^2 \cdot f_2}{f_1 \cdot f_2},$$

$$= \frac{[t_{\nu,1}^2 \cdot f_2 + t_{\nu,2}^2 \cdot f_1] + [t_{\nu,1}^2 \cdot f_2 - t_{\nu,2}^2 \cdot f_1]}{2 f_1 \cdot f_2}.$$

Hier ist $f_1 \cdot f_2$, wie wir wissen, gleich $(\alpha^4 - \beta^3 + \alpha\beta\gamma)$. Nun können wir in ganz entsprechender Weise (durch Zurückgehen auf die expliciten Werthe in $\lambda_1$, $\lambda_2$ und $\mu_1$, $\mu_2$) die beiden Bestandtheile des Zählers berechnen. Denken wir uns einen Augenblick statt der $\lambda$, $\mu$ die $y$ eingeführt, so sind diese Bestandtheile solche ganze Functionen der $y$, die ungeändert bleiben, *wenn man diejenigen vier $y$, welche von unserem festen $y_\nu$ verschieden sind, in beliebiger Weise, resp. in gerader Weise, permutirt.* Nun sind die Potenzsummen dieser vier $y$ ganze Functionen von $y_\nu$, $\alpha$, $\beta$, $\gamma$, ihr Differenzenproduct aber ist gleich $5\nabla : (y_\nu{}^4 + 2\alpha y_\nu + \beta)$, wo $(y^4 + 2\alpha y + \beta)$ den durch 5 dividirten Differentialquotienten der linken Seite unserer Hauptgleichung bezeichnet. *Daher wird* $[t^2_{\nu,1} \cdot f_2 + t^2_{\nu,2} \cdot f_1]$ *eine ganze Function von* $y_\nu$, $\alpha$, $\beta$, $\gamma$ *sein,* $[t^2_{\nu,1} \cdot f_2 - t^2_{\nu,2} \cdot f_2]$ *aber in das Product einer solchen ganzen Function und der Grösse* $\frac{\nabla}{y_\nu{}^4 + 2\alpha y_\nu + \beta}$ *zerfallen.* Es ist unnöthig, dass ich in die Einzelheiten der Rechnung eingehe; ich will also nur das Resultat mittheilen*). Man findet:

$$(65) \qquad 2(\alpha^4 - \beta^3 + \alpha\beta\gamma)r_\nu$$
$$= [(\alpha\gamma + 2\beta^2)y_\nu{}^4 + (\alpha^3 - \beta\gamma)y_\nu{}^3 - 5\alpha^2\beta \cdot y_\nu + (4\alpha^2\gamma + 13\alpha\beta^2)y_\nu$$
$$+ (11\alpha^4 + 9\alpha\beta\gamma)] - \left[(\alpha y_\nu{}^3 + \beta y_\nu{}^2 + \alpha^2) \cdot \frac{\nabla}{y_\nu{}^4 + 2\alpha y_\nu + \beta}\right].$$

Fassen wir zusammen, so haben wir Folgendes: *Wir haben in* (65) *die Tschirnhaustransformation, welche die gegebene Hauptgleichung in die Normalgleichung* (63) *verwandelt; haben wir sodann die Wurzeln $r_\nu$ der letzteren bestimmt, so gibt uns* (64) *die expliciten Werthe der gesuchten $y_\nu$.*

## § 13. Die Bring'sche Transformation.

Ich habe die Formeln des vorigen Paragraphen um so lieber ausführlich mitgetheilt, als sich aus ihnen, wie ich jetzt zeigen werde, alle Formeln ableiten lassen, deren man bei Durchführung der *Bringschen Transformation* bedarf**). Es seien $y_0$, $y_1$, $y_2$, $y_3$, $y_4$ und $y_0'$, $y_1'$, $y_2'$, $y_3'$, $y_4'$ die Coordinaten zweier Punkte der Hauptfläche, welche derselben Erzeugenden erster Art angehören. Dann erhalten wir für die entsprechenden Hauptgleichungen die nämlichen $Z$ und $r_\nu$***),

*) Siehe Math. Ann. t. XII, pag. 556.

**) Siehe die analogen Formeln bei *Gordan* in Bd. 13 der Math. Annalen, pag. 400 ff.

***) Oder richtiger $Z_1$ und $r_{\nu,1}$, wie wir schon im vorigen Paragraphen hätten schreiben können.

während wir die übrigen bei ihnen in Betracht kommenden Grössen je durch Zufügen eines Accentes unterscheiden, also den $\alpha$, $\beta$, $\gamma$, $\Delta$, $m_1$, $n_1$ der ersten Gleichung bei der zweiten Gleichung $\alpha'$, $\beta'$, $\gamma'$, $\nabla'$, $m_1'$, $n_1'$ entgegenstellen wollen. Ich sage nun, *dass eine doppelte Anwendung der Formeln* (64), (65) *genügt, um die eine der Hauptgleichungen in die andere zu transformiren, bez. ihre Wurzeln durch die der zweiten auszudrücken.* Wir wollen die Gleichungen (64), (65), wenn sie mit accentuirten Buchstaben geschrieben werden, der Kürze halber als (64'), (65') bezeichnen. Dann besteht das ganze hier nöthig werdende Verfahren evidenter Weise darin, dass wir das eine Mal, vermöge (65), die $r_\nu$ durch die $y_\nu$ und dann, vermöge (64'), die $y_\nu'$ durch die $r_\nu$ ausdrücken (was die gesuchte Transformation ist), dass wir dann aber rückwärts, vermöge (65'), die $r_\nu$ als Functionen der $y_\nu$ berechnen und nun aus ihnen, durch (64), die $y_\nu$ finden.

*Die Bring'sche Theorie erledigt sich durch einen speciellen Fall des allgemeinen, hiermit gegebenen Ansatzes.* Die Erzeugende erster Art nämlich, welche den Punkt $y$ trägt, begegnet der Curve $\alpha = 0$ in drei Punkten: wir erhalten die Bring'sche Transformation, wenn wir einen dieser Punkte als $y'$ wählen. Analytisch heisst dies, dass wir $m_1'$, $n_1'$ so bestimmen sollen, dass in der Hauptgleichung für $y'$ der Term mit $y'^2$ fortfällt. Ein Blick auf die allgemeine Hauptresolvente, I, 4, § 12, ergibt uns sofort die cubische Gleichung, der $m_1'$, $n_1'$ demzufolge genügen müssen, mit anderen Worten: *die cubische Hülfsgleichung, deren die Bring'sche Theorie bedarf*; es ist folgende:

$$(66) \qquad 8m^3 + 12m^2n + \frac{6mn^2 + n^3}{1 - Z} = 0.$$

Sie hängt, wie a priori deutlich, nicht mehr von dem einzelnen Punkte $y$ ab, sondern nur noch von der Erzeugenden erster Art, auf welcher dieser Punkt gelegen ist, bez. von den 60 Erzeugenden, welche aus der genannten vermöge der geraden Collineationen entstehen. — Wir haben betreffs der Bring'schen Theorie nichts weiter hinzuzufügen; höchstens könnten wir noch darauf aufmerksam machen, dass (65') jetzt sehr einfach wird, indem $\alpha' = 0$ ist*). Auch wird es nützlich sein, hervorzuheben, dass wir bei der trinomischen Gleichung, welche wir durch Ausführung der Bring'schen Transformation erhalten, allemal von vorneherein die Quadratwurzel aus der Discriminante kennen.

*) In ähnlicher Weise, wie die Bring'sche Transformation vermöge (66), erledigt sich mit Hülfe einer Gleichung vierten Grades die Aufgabe, aus der gegebenen Hauptgleichung eine andere herzustellen, für welche $\beta' = 0$ ist. Auf die Durchführbarkeit dieser Aufgabe hat, wie es scheint, zuerst *Jerrard* aufmerksam gemacht [Mathematical Researches, 1834].

## § 14. Die Normalgleichung von Hermite.

Nun wir die Bring'sche Theorie so einfach mit unseren Entwickelungen in Zusammenhang gebracht haben, wollen wir das Gleiche mit der Normalform versuchen, welche *Hermite* der Lösung durch elliptische Functionen zu Grunde legt. Wie wir oben sahen (II, 1, § 4), lautet dieselbe folgendermassen:

$$(67)\quad Y^5 - 2^4 \cdot 5^3 \cdot u^4 (1 - u^8)^2 \cdot Y - 2^6 \sqrt{5^5} \cdot u^3 (1 - u^8)^2 (1 + u^8) = 0,$$

wo $u^8 = \varkappa^2$. Wir werden fragen, ob diese Gleichung in der allgemeinen Hauptresolvente der Ikosaedergleichung als specieller Fall enthalten ist, sobald wir $Z$ (die rechte Seite der Ikosaedergleichung) gleich

$$(68)\quad \frac{g_2^3}{\Delta} = \frac{4}{27} \cdot \frac{(1 - \varkappa^2 + \varkappa^4)^3}{\varkappa^4 (1 - \varkappa^2)^2}$$

setzen, wie wir dies oben (I, 5, § 7) thaten, als es sich um die Auflösung der Ikosaedergleichung durch elliptische Modulfunctionen handelte, — wir werden fragen, weshalb Hermite bei seinen Untersuchungen gleich anfangs zur Bring'schen Form geführt werden konnte, während doch jede Hauptgleichung fünften Grades (durch Vermittelung der Ikosaedergleichung) mit Hülfe der elliptischen Functionen gelöst werden kann, und die Bring'sche Form unter den unendlich vielen Hauptgleichungen mit einem Parameter, die es gibt, keineswegs die einfachste ist.

Zur Beantwortung dieser Fragen setzen wir in (66) für $Z$ die in (68) angegebene Function von $\varkappa^2$ ein. *Der Erfolg ist, dass die cubische Gleichung* (66) *reducibel wird.* In der That genügen wir derselben, wie man sofort bestätigt, wenn wir

$$m : n = 3\varkappa^2 : 2\,(2 - 5\varkappa^2 + 2\varkappa^4)$$

wählen. Ich will dementsprechend setzen:

$$(69)\quad m = 3\varkappa^2 (1 + \varkappa^2), \quad n = 2\,(1 + \varkappa^2)(2 - 5\varkappa^2 + 2\varkappa^4).$$

Die Coefficienten der in I, 4, § 12 gegebenen Hauptresolvente ziehen sich dann beträchtlich zusammen, so dass wir die Gleichung erhalten:

$$(70)\quad y^5 - 2^4 \cdot 3^8 \cdot 5 \cdot \varkappa^{10} (1 - \varkappa^2)^2 \cdot y - 2^6 \cdot 3^{10} \cdot \varkappa^{12} (1 - \varkappa^2)^2 (1 + \varkappa^2) = 0.$$

Hier brauchen wir nun für $y$ nur noch zu substituiren:

$$(71)\quad y = \frac{\sqrt{5}}{9\varkappa^{\frac{9}{4}}} \cdot Y,$$

um genau die Hermite'sche Gleichung zu finden.

*Unsere erste Frage ist also zu bejahen. Zugleich wird man die Beantwortung der zweiten Frage in dem Umstande erblicken, dass Hermite* *nicht mit den rationalen Invarianten $g_2$, $g_3$, sondern durchweg mit $\varkappa^2$ operirte.*

Berechnen wir jetzt für die Hermite'sche Gleichung, oder, was auf dasselbe hinauskommt, für (70) das zugehörige $Z_1$, so kommen wir
* natürlich bei richtiger Wahl des Vorzeichens von $\nabla$ zu $\frac{g_2^3}{\Delta}$ zurück*). Aber auch für $Z_2$ kommt ein sehr einfacher Werth; man findet, indem man in dem Ausdrucke für $Z_1$ das Vorzeichen von $\nabla$ umkehrt:

$$(72) \qquad Z_2 = \frac{(1+14\varkappa^2+\varkappa^4)^3}{108\varkappa^2(1-\varkappa^2)^4}.\text{**)}$$

*Es ist dies, wie in der Theorie der elliptischen Functionen gezeigt wird, einer der drei Werthe, welche aus $\frac{g_2^3}{\Delta}$ durch quadratische Transformation des elliptischen Integrals entstehen.* Wir können den interessanten Zusammenhang der Bring'schen Curve mit der quadratischen Transformation der elliptischen Functionen, der sich hier darbietet, an dieser Stelle leider nicht weiter verfolgen***).

Wir begnügen uns hier, indem wir bis auf Weiteres diese Entwickelungen abbrechen, mit der Thatsache, dass sich die Bring'schen und Hermite'schen Formeln den unseren einfügen. Erst im fünften Kapitel werden wir unter allgemeinen Gesichtspunkten auf unsere jetzigen Resultate zurückkommen und die Frage zu beantworten suchen, welchen theoretischen Werth dieselben besitzen mögen.

---

*) Man hat dabei (für (70)) $\nabla = 2^{12} \cdot 3^{20} \cdot \varkappa^{24}(1-\varkappa^2)^4(1-6\varkappa^2+\varkappa^4)$ zu nehmen.

**) Vergl. *Gordan*, l. c., oder auch meine bereits genannte Mittheilung in den Rendiconti des Istituto Lombardo vom 26. April 1877.

***) Man vergl. meine Abhandlung: *Ueber die Transformation der elliptischen Functionen und die Auflösung der Gleichungen fünften Grades* im 14. Bande der Mathem. Annalen (1878), insbesondere p. 166 ff. dortselbst.

# Kapitel IV.

## Das Problem der A und die Jacobi'schen Gleichungen sechsten Grades.

### § 1. Zielpunkt der folgenden Entwickelungen.

Im vorigen Kapitel haben wir zwei Reihen binärer Veränderlicher $\lambda_1$, $\lambda_2$ und $\mu_1$, $\mu_2$ betrachtet, welche simultan homogenen Ikosaedersubstitutionen und ausserdem einem Processe, den wir Vertauschung von $\lambda$, $\mu$ nannten, unterworfen wurden. Wir haben ferner gewisse bilineare Formen der $\lambda$, $\mu$ in Untersuchung gezogen, die wir $y_\nu$ nannten. Die $y_\nu$ erfuhren bei den in Rede stehenden Transformationen der $\lambda$, $\mu$ ihrerseits lineare Substitutionen der einfachsten Art, nämlich blosse Vertauschungen, und zwar sämmtliche Vertauschungen, die möglich sind; sollen wir also ein zugehöriges *Formenproblem der y* aufstellen, so findet dieses in der Gleichung fünften Grades, der die $y_\nu$ genügen, d. h. in der *Hauptgleichung*, seinen vollständigen Ausdruck. Wir können in diesem Sinne behaupten, dass wir uns im vorigen Kapitel mit einem Formenprobleme beschäftigt haben, das durch Betrachtung der simultanen Substitutionen der $\lambda$, $\mu$ entsteht.

Es soll nun im Folgenden eine Fragestellung ganz ähnlicher Art (die übrigens im Grunde noch einfacheren Charakter besitzt) behandelt werden. Die simultanen Ikosaedersubstitutionen der $\lambda$, $\mu$ waren, wie wir es nannten, contragredient: *wir wollen jetzt zwei Reihen binärer Variabler in Betracht ziehen:*

$$\lambda_1,\ \lambda_2;\quad \lambda_1',\ \lambda_2',$$

*welche simultan jeweils denselben Ikosaedersubstitutionen unterworfen werden, somit als cogredient bezeichnet werden können.* Auch bei ihnen bilden wir gewisse bilineare Formen, nämlich die symmetrischen Functionen:

$$(1)\qquad \mathsf{A}_0 = -\frac{1}{2}(\lambda_1\lambda_2' + \lambda_2\lambda_1'),\quad \mathsf{A}_1 = \lambda_2\lambda_2',\quad \mathsf{A}_2 = -\lambda_1\lambda_1',$$

d. h. die Coefficienten derjenigen quadratischen Form:

$$(2)\qquad \mathsf{A}_1 z_1^2 + 2\mathsf{A}_0 z_1 z_2 - \mathsf{A}_2 z_2^2,$$

welche durch Ausmultiplication der Factoren

$$\lambda_2 z_1 - \lambda_1 z_2,\quad \lambda_2' z_1 - \lambda_1' z_2$$

entsteht. Wenn wir die $\lambda$, $\lambda'$ den 120 homogenen Ikosaedersubstitutionen unterwerfen, oder untereinander vertauschen, so erfahren diese A im Ganzen 60 ternäre lineare Substitutionen, denn die einzelnen A bleiben sämmtlich nicht nur bei Vertauschung der $\lambda$, $\lambda'$ ungeändert, sondern auch dann, wenn wir $\lambda_1$, $\lambda_2$, $\lambda_1'$, $\lambda_2'$ simultan im Vorzeichen umkehren*). *Wir werden uns mit dem ternären Formenprobleme beschäftigen, welches durch Betrachtung der hiermit definirten Substitu-*
* *tionen erwächst.*

Wir sagten bereits, dass dieses Formenproblem der A im Grunde einfacher ist, als das der $y$. In der That werden wir mit unseren Ueberlegungen und Rechnungen durchweg auf das gewöhnliche Ikosaederproblem zurückgehen können, aus dem sich dann die von uns gesuchten Resultate durch ein bestimmtes, in der modernen Algebra wohlgekanntes *Uebertragungsprincip* ergeben, so zwar, dass die Durchführung unserer Aufgabe beinahe wie eine Uebung in der Anwendung gewisser, der Invariantentheorie angehöriger Grundsätze erscheint**). Wir würden nach demselben Schema auch den Fall von 3, 4, $\cdots$ Reihen binärer Variabelen, die den Ikosaedersubstitutionen oder irgend welcher anderen Gruppe binärer Substitutionen in cogredienter Weise unterworfen werden, behandeln können. Wenn wir unter diesen unendlich vielen so zu sagen gleichberechtigten Formenproblemen eben das bezeichnete herausgreifen, so geschieht es, weil wir dasselbe bei der ferneren Betrachtung der Gleichungen fünften Grades gebrauchen. Wir werden bald erkennen, *dass die allgemeinen Jacobi'schen Gleichungen sechsten Grades, auf welche sich die Kronecker'sche Theorie der Gleichungen fünften Grades stützt, Resolventen unseres Problems der* A *sind.* Indem wir statt ihrer überall das Problem der A selbst substituiren, werden wir in einfachster Weise dazu gelangen, die verschiedenen, bei den Jacobi'schen Gleichungen sechsten Grades von anderer Seite gefundenen Resultate von unserem Standpunkte aus zu verstehen und so für die allgemeine Behandlung der Gleichungen fünften Grades eine gleichförmige Grundlage zu gewinnen, welches nichts anderes ist als eine rationelle Theorie des Ikosaeders***).

---

*) Die Substitutionen der A sind hiernach holoedrisch isomorph mit den 60 gewöhnlichen, nicht homogenen Ikosaedersubstitutionen.

**) Das betr. Uebertragungsprincip ist im Wesentlichen dasselbe, dem *Hesse*
* in Bd. 66 des Crelle'schen Journals (1866) eine Abhandlung gewidmet hat.

***) In ähnlicher Weise, wie die Jacobi'schen Gleichungen sechsten Grades, können die allgemeinen vom $(n+1)^{\text{ten}}$ Grade, die wir oben (II, 1, § 3) besprachen, durch parallellaufende Formenprobleme ersetzt werden, welche sich auf die $\frac{n+1}{2}$

Die Disposition für die folgenden Entwickelungen ist mit dem, was wir sagten, bereits gegeben. Es gilt zunächst, das Problem der A in expliciter Form aufzustellen, wobei wir wieder in ausgiebiger Weise von geometrischer Interpretation Gebrauch machen werden. Indem wir sodann die zugehörigen Resolventen studiren, gewinnen wir den Uebergang zu den Jacobi'schen Gleichungen sechsten Grades und den auf dieselben bezüglichen Untersuchungen von Brioschi und Kronecker. Ich wende mich schliesslich zur Auflösung unseres Problems und zeige, dass sich dieselbe mit Hülfe einer Ikosaedergleichung und einer zutretenden Quadratwurzel, in genauer Analogie mit der im vorigen Kapitel dargelegten Gordan'schen Theorie, durchführen lässt*).

### § 2. Die Substitutionen der A; invariante Formen.

Um jetzt zunächst die Substitutionen unserer A explicite zu bestimmen, recurriren wir auf die erzeugenden Ikosaedersubstitutionen $S$ und $T$, bez. $U$. Wir hatten für die $\lambda_1$, $\lambda_2$:

$$(3)\qquad \begin{cases} S: & \lambda_1' = \pm\,\varepsilon^3\lambda_1, \quad \lambda_2' = \pm\,\varepsilon^2\lambda_2; \\ T: & \begin{cases} \sqrt{5}\cdot\lambda_1' = \mp(\varepsilon-\varepsilon^4)\,\lambda_1 \pm (\varepsilon^2-\varepsilon^3)\,\lambda_2, \\ \sqrt{5}\cdot\lambda_2' = \pm(\varepsilon^2-\varepsilon^3)\,\lambda_1 \pm (\varepsilon-\varepsilon^4)\,\lambda_2; \end{cases} \\ U: & \lambda_1' = \mp\,\lambda_2, \quad \lambda_2' = \pm\,\lambda_1. \end{cases}$$

Indem wir dieselben Formeln für die $\lambda_1'$, $\lambda_2'$ anschreiben**), erhalten wir aus (1) für unsere A folgende Substitutionen:

$$(4)\qquad \begin{cases} S: & A_0' = A_0, \quad A_1' = \varepsilon^4 A, \quad A_2' = \varepsilon A_2; \\ T: & \begin{cases} \sqrt{5}\cdot A_0' = A_0 + A_1 + A_2, \\ \sqrt{5}\cdot A_1' = 2A_0 + (\varepsilon^2+\varepsilon^2)\,A_1 + (\varepsilon+\varepsilon^4)\,A_2, \\ \sqrt{5}\cdot A_2' = 2A_0 + (\varepsilon+\varepsilon^4)\,A_1 + (\varepsilon^2+\varepsilon^3)\,A_2; \end{cases} \\ U: & A_0' = -A_0, \quad A_1' = -A_2, \quad A_2' = -A_1, \end{cases}$$

Variabelen $A_0, A_1, \cdots A_{\frac{n-1}{2}}$ beziehen. Ich habe dies für $n = 7$ im 15. Bande der Math. Annalen (1879) in Ausführung gebracht, siehe insbesondere pag. 268—275 daselbst.

*) Die hauptsächlichen bei der folgenden Darstellung zu benutzenden Ueberlegungen sind von mir am 18. Nov. 1876 der Erlanger Societät vorgelegt worden [*Weitere Untersuchungen über das Ikosaeder*, I]; man vergl. ferner den zweiten Abschnitt meiner im zwölften Annalenbande (1877) unter gleichem Titel erschienenen Abhandlung. Die Entwickelungen § 8—13 wurden jetzt erst hinzugefügt.

**) Es wird, wie ich hoffe, kein Missverständniss erzeugen, dass die Buchstaben $\lambda_1'$, $\lambda_2'$ gerade auch in den Formeln (3) linker Hand, in natürlich ganz anderer Bedeutung, gebraucht worden sind.

die, gleich (3), alle die Determinante $+1$ haben. Aus ihnen setzen sich die 60 überhaupt existirenden linearen Substitutionen der A nach dem alten Schema (I, 1, § 12) zusammen:

$$(5)\qquad S^\mu,\ S^\mu T S^\nu,\ S^\mu U,\ S^\mu T S^\nu U\quad (\mu, \nu = 0, 1, 2, 3, 4).$$

Was jetzt die invarianten Formen angeht, d. h. diejenigen ganzen homogenen Functionen der A, welche bei den Substitutionen (5) ungeändert bleiben, so gehört zu ihnen jedenfalls *die Determinante von* (2):

$$(6)\qquad A = \mathsf{A}_0^2 + \mathsf{A}_1 \mathsf{A}_2.$$

In der That wird dieselbe durch Einführung der $\lambda$, $\lambda'$ gleich * $(\lambda_1 \lambda_2' - \lambda_2 \lambda_1')^2$ und bleibt also überhaupt invariant, wenn man die $\lambda$, $\lambda'$ simultan irgendwelcher homogenen Substitution von der Determinante Eins unterwirft. *Neben $A$ wird das volle System der gesuchten Formen,* wie ich behaupte, *nur noch drei Formen beziehungsweise vom* $6^{\text{ten}}$, $10^{\text{ten}}$ *und* $15^{\text{ten}}$ *Grade enthalten.* Ist nämlich $A = 0$, so wird $\lambda_1' = M\lambda_1$, $\lambda_2' = M\lambda_2$, unter $M$ eine beliebige Zahl verstanden, also, nach (1):

$$(7)\qquad \mathsf{A}_0 = -M\lambda_1\lambda_2,\quad \mathsf{A}_1 = M\lambda_2^2,\quad \mathsf{A}_2 = -M\lambda_1^2.$$

Die gesuchten Formen verwandeln sich dementsprechend in Multipla solcher Formen von $\lambda_1$, $\lambda_2$, deren Grad in den $\lambda$ doppelt so gross ist, als der ursprüngliche Grad in den A, und die ausserdem die Eigenschaft haben, durch die homogenen Ikosaedersubstitutionen von $\lambda_1$, $\lambda_2$ in sich überzugehen. Nun wird aber das System aller Ikosaederformen von der Form zwölfter Ordnung $f(\lambda_1, \lambda_2)$, der Form zwanzigster Ordnung $H(\lambda_1, \lambda_2)$ und der Form dreissigster Ordnung $T(\lambda_1, \lambda_2)$ gebildet. Hieraus folgt unsere Behauptung durch Umkehr. Wir werden sogar sagen dürfen, dass, der Identität entsprechend:

$$(8)\qquad T^2 = 1728 f^5 - H^3,$$

eine einzige identische Beziehung zwischen den neuen Formen bestehen wird, welche in (8) übergeht, sobald wir $A = 0$ setzten.

Ich will die drei gesuchten Formen mit $B$, $C$, $D$ bezeichnen. Indem wir ihre Existenz durch Zurückgehen auf die Ikosaederformen $f$, $H$, $T$ erschlossen, haben wir bereits von dem algebraischen Uebertragungsprincip, welches wir oben in Aussicht nahmen, Gebrauch gemacht. Wir werden dies in höherem Maasse thun, indem wir jetzt $B$, $C$, $D$, wenn auch nur in vorläufiger Form, wirklich aufstellen. Es handelt sich dabei um einen zweckmässig angewandten *Polarisationsprocess.* Ist $\varphi(\lambda_1, \lambda_2)$ irgend eine Form, welche bei den homogenen Ikosaedersubstitutionen der $\lambda_1$, $\lambda_2$ ungeändert bleibt, und sind $\lambda_1'$, $\lambda_2'$ mit $\lambda_1$, $\lambda_2$ cogredient, so werden sämmtliche Polaren:

$$\frac{\partial\varphi}{\partial\lambda_1}\cdot\lambda_1'+\frac{\partial\varphi}{\partial\lambda_2}\cdot\lambda_2',$$

$$\frac{\partial^2\varphi}{\partial\lambda_1^{\,2}}\cdot\lambda_1'^2+2\,\frac{\partial^2\varphi}{\partial\lambda_1\partial\lambda_2}\cdot\lambda_1'\lambda_2'+\frac{\partial^2\varphi}{\partial\lambda_2^{\,2}}\cdot\lambda_2'^2,\ \text{etc.}$$

bei den simultanen Substitutionen der $\lambda$, $\lambda'$ invariant sein. Man bilde nun insbesondere für $f(\lambda_1, \lambda_2)$, $H(\lambda_1, \lambda_2)$, $T(\lambda_1, \lambda_2)$ beziehungsweise die *sechste*, *zehnte* und *fünfzehnte* Polare. Wir erhalten so invariante Formen, welche in den $\lambda$, $\lambda'$ symmetrisch sind, also ganze Functionen * von $\mathsf{A}_0$, $\mathsf{A}_1$, $\mathsf{A}_2$ vorstellen. Indem wir sie als solche anschreiben, haben wir die gesuchten Formen $B$, $C$, $D$ gefunden. In der That sind diese Formen jetzt nothwendig bei den Substitutionen (4) oder (5) invariant, sie haben überdies in den $\mathsf{A}$ die Grade 6, 10, 15 und verwandeln sich, wenn man die Formeln (7) anwendet, in Multipla von $f(\lambda_1, \lambda_2)$, $H(\lambda_1, \lambda_2)$, $T(\lambda_1, \lambda_2)$. Ich will hier gleich das Resultat der Rechnung mittheilen. Nach Abtrennung geeigneter Zahlenfactoren findet man in der geschilderten Weise:

$$(9)\quad\left\{\begin{aligned}
B' &= 16\mathsf{A}_0^6-120\mathsf{A}_0^4\mathsf{A}_1\mathsf{A}_2+90\mathsf{A}_0^2\mathsf{A}_1^2\mathsf{A}_2^2+21\mathsf{A}_0(\mathsf{A}_1^5+\mathsf{A}_2^5)-5\mathsf{A}_1^3\mathsf{A}_2^3,\\
C' &= -512\mathsf{A}_0^{10}+11520\mathsf{A}_0^8\mathsf{A}_1\mathsf{A}_2-40320\mathsf{A}_0^6\mathsf{A}_1^2\mathsf{A}_2^2+33600\mathsf{A}_0^4\mathsf{A}_1^3\mathsf{A}_2^3\\
&\qquad -6300\mathsf{A}_0^2\mathsf{A}_1^4\mathsf{A}_2^4-187(\mathsf{A}_1^{10}+\mathsf{A}_2^{10})+126\mathsf{A}_1^5\mathsf{A}_2^5\\
&\qquad +\mathsf{A}_0(\mathsf{A}_1^5+\mathsf{A}_2^5)(22176\mathsf{A}_0^4-18480\mathsf{A}_0^2\mathsf{A}_1\mathsf{A}_2+1980\mathsf{A}_1^2\mathsf{A}_2^2),\\
D &= [\mathsf{A}_1^5-\mathsf{A}_2^5]\,\{-1024\mathsf{A}_0^{10}+3840\mathsf{A}_0^8\mathsf{A}_1\mathsf{A}_2-3840\mathsf{A}_0^6\mathsf{A}_1^2\mathsf{A}_2^2\\
&\qquad +1200\mathsf{A}_0^4\mathsf{A}_1^3\mathsf{A}_2^3-100\mathsf{A}_0^2\mathsf{A}_1^4\mathsf{A}_2^4+\mathsf{A}_1^{10}+\mathsf{A}_2^{10}+2\mathsf{A}_1^5\mathsf{A}_2^5\\
&\qquad +\mathsf{A}_0(\mathsf{A}_1^5+\mathsf{A}_2^5)(352\mathsf{A}_0^4-160\mathsf{A}_0^2\mathsf{A}_1\mathsf{A}_2+10\mathsf{A}_1^2\mathsf{A}_2^2)\}.
\end{aligned}\right.$$

Ich habe dabei die beiden ersten Formen noch nicht mit $B$ und $C$, sondern mit $B'$ und $C'$ benannt, weil ich dieselben hernach durch Zufügen von Factoren, welche $A$ als Factor enthalten, noch modificiren will. Erst wenn dies geschehen ist, werde ich die Relation aufstellen, welche $D^2$ gleich einer ganzen Function von $A$, $B$, $C$ setzt. Wenden wir die Substitution (7) auf vorstehende Formen an, wobei wir der Einfachheit halber $M = 1$ setzen wollen, so kommt in Uebereinstimmung mit dem früher Gesagten:

$$(10)\qquad\left\{\begin{aligned}
B' &= \ \ 21\cdot f(\lambda_1, \lambda_2),\\
C' &= 187\cdot H(\lambda_1, \lambda_2),\\
D &= \qquad T(\lambda_1, \lambda_2).^{*)}
\end{aligned}\right.$$

*) Das im Texte eingehaltene Rechenverfahren wird in den Lehrbüchern der Invariantentheorie nach dem Vorgange von *Gordan* als *Ueberschiebung* der quadratischen Form (2) bezeichnet, und zwar ist (von Zahlenfactoren abgesehen) $B'$ die sechste, $C'$ die zehnte, $D$ die fünfzehnte Ueberschiebung der entsprechenden Potenz von (2) bez. über $f$, $H$, $T$. Ich habe diese Ausdruckweise und die zugehörige symbolische Beziehung im Texte nicht angewandt, weil ich in dieser Hinsicht keinerlei specifische Vorkenntnisse des Lesers voraussetzen wollte.

## § 3. Geometrische Interpretation; Normirung der invarianten Ausdrücke.

Zur Erleichterung der Ausdrucksweise wie der functionentheoretischen Begriffsbildung führen wir jetzt geometrische Interpretation ein. Indem wir die Analogie mit den Entwickelungen des vorigen Kapitels durchweg festhalten, deuten wir $\mathsf{A}_0 : \mathsf{A}_1 : \mathsf{A}_2$ als die projectiven Coordinaten eines Punktes der Ebene, die Substitutionen der $\mathsf{A}$ als genau so viele ebene Collineationen*). Die einzelne invariante Form der $\mathsf{A}$ stellt dann, gleich Null gesetzt, eine ebene Curve vor, welche bei den genannten Collineationen in sich übergeführt wird. In dieser Hinsicht haben wir zunächst den Kegelschnitt $A = 0$, den wir den *Fundamentalkegelschnitt* nennen wollen. Schreiben wir den Formeln (7) entsprechend (indem wir wieder $M = 1$ nehmen):

$$\mathsf{A}_0 = -\lambda_1\lambda_2, \quad \mathsf{A}_1 = \lambda_2^2, \quad \mathsf{A}_2 = -\lambda_1^2,$$

so haben wir den variabelen Punkt dieses Kegelschnitts durch einen Parameter $\frac{\lambda_1}{\lambda_2}$ ausgedrückt. Hiernach werden wir die beiden Parameter $\frac{\lambda_1}{\lambda_2}$, $\frac{\lambda_1'}{\lambda_2'}$, welche in Formel (1) vorkommen, durch zwei Punkte des Fundamentalkegelschnitts deuten können. *Es sind dies diejenigen beiden Punkte, in denen die zwei vom Punkte* $\mathsf{A}$ *an den Fundamentalkegelschnitt laufenden Tangenten den letzteren berühren.* In der That, die Polare des Punktes $\mathsf{A}$ in Bezug auf $A = 0$ hat die Gleichung:

$$2\mathsf{A}_0\mathsf{A}_0' + \mathsf{A}_2\mathsf{A}_1' + \mathsf{A}_1\mathsf{A}_2' = 0,$$

---

*) In entsprechender Weise können wir natürlich jedes Formenproblem deuten. Wenn wir im vorigen Abschnitte anders verfuhren und die binären Formenprobleme durch Punkte der $(x + iy)$-Kugel interpretirten, so geschah dies, weil wir damals nicht nur die reellen, sondern auch die complexen Werthe der Variabelen in elementarem Sinne *anschaulich* von uns haben wollten. —

* Ich knüpfe hieran noch eine etwas andere Interpretation des Problems der $\mathsf{A}$. Man setze $\mathsf{A}_0 = z$, $\mathsf{A}_1 = x + iy$, $\mathsf{A}_2 = x - iy$ und deute $x, y, z$ als rechtwinkelige Punktcoordinaten im Raume. Beachtet man, dass die 60 Substitutionen der $\mathsf{A}$ die Determinante Eins besitzen und $A$ jetzt $= x^2 + y^2 + z^2$ ist, so erkennt man, dass den erwähnten Substitutionen nunmehr *Drehungen um den Coordinatenanfangspunkt* entsprechen. Es sind dies solche Drehungen, bei denen ein bestimmtes Ikosaeder mit sich zur Deckung kommt. Die 6 sogleich im Texte einzuführenden Fundamentalpunkte liefern bei dieser Deutung diejenigen 6 Durchmesser, welche zwei gegenüberstehende Ecken des Ikosaeders verbinden. Andererseits gibt die Gleichung $D = 0$, von der wir sofort zeigen werden, dass sie in 15 lineare Factoren zerfällt, die 15 Symmetrieebenen der Configuration.

Man kann diese neue Interpretation mit derjenigen der $\lambda$, $\lambda'$ auf einer Kugelfläche verbinden, doch gehe ich hierauf nicht ein, weil uns dies zu weit abführen würde.

und diese Gleichung wird befriedigt, wenn wir für die $\mathsf{A}$ die Ausdrücke (1) und für die $\mathsf{A}'$ die Ausdrücke (7), oder die entsprechenden, in denen $\lambda'$ statt $\lambda$ geschrieben ist, substituiren. *

Die Punkte des Fundamentalkegelschnitts gruppiren sich natürlich so, dass unter ihnen Aggregate von 12, 20, 30 ausgezeichneten sind, welche beziehungsweise durch

$$f(\lambda_1, \lambda_2) = 0, \quad H(\lambda_1, \lambda_2) = 0, \quad T(\lambda_1, \lambda_2) = 0$$

dargestellt werden; es sind dies zugleich die Schnittpunkte von $A = 0$ mit den Curven $B = 0$, $C = 0$, $D = 0$. Wir wollen von diesen Punkten diejenigen zwei, welche je bei derselben Collineation festbleiben, durch eine gerade Linie verbinden. So bekommen wir, den Formen $f$, $H$, $T$ entsprechend, beziehungsweise 6, 10 und 15 gerade Linien. Indem wir sodann zu jeder dieser Linien den Pol in Bezug auf den Fundamentalkegelschnitt construiren, erhalten wir ausgezeichnete Gruppen von 6, 10 und 15 Punkten der Ebene.

Betrachten wir jetzt die Gleichungsform

$$A = \mathsf{A}_0^2 + \mathsf{A}_1\mathsf{A}_2 = 0.$$

Offenbar sind die beiden Ecken des Coordinatensystems

$$\mathsf{A}_0 = 0,\ \mathsf{A}_1 = 0 \text{ und } \mathsf{A}_0 = 0,\ \mathsf{A}_2 = 0,$$

welche $A = 0$ angehören, zusammengehörige Verschwindungspunkte von $f$; denn beide bleiben bei der Collineation $S$ [siehe oben, Formel (41)] ungeändert. Daher ist $\mathsf{A}_0 = 0$ eine der sechs Geraden, die zu $f$ gehören, $\mathsf{A}_1 = 0$, $\mathsf{A}_2 = 0$ ist der entsprechende Pol. Uebereinstimmend hiermit nimmt $\mathsf{A}_0$ bei unseren 60 Substitutionen nur folgende 12, paarweise bis auf das Vorzeichen übereinstimmende Werthe an:

(11) $$\pm \mathsf{A}_0, \quad \pm(\mathsf{A}_0 + \varepsilon^\nu \mathsf{A}_1 + \varepsilon^{4\nu}\mathsf{A}_2),$$

und es gruppiren sich, in Folge derselben Formeln, mit dem Punkte $\mathsf{A}_1 = 0$, $\mathsf{A}_2 = 0$ nur folgende fünf zusammen:

(12) $$\mathsf{A}_0 : \mathsf{A}_1 : \mathsf{A}_2 = 1 : 2\varepsilon^{4\nu} : 2\varepsilon^\nu.$$

Ich will die sechs solchergestalt ausgezeichneten Punkte als *Fundamentalpunkte* der Ebene bezeichnen. Verbinden wir den ersten Fundamentalpunkt mit den fünf anderen, so erhalten wir die fünf Geraden:

$$\varepsilon^\nu \mathsf{A}_1 - \varepsilon^{4\nu}\mathsf{A}_2 = 0.$$

Offenbar sind die linken Seiten dieser Gleichungen sämmtlich als Factoren in dem soeben mitgetheilten Werthe von $D$ enthalten. Die Curve $D = 0$ muss sich aber nothwendig gegen alle Fundamentalpunkte gleichförmig verhalten. *Die Curve* $D = 0$ *zerfällt daher in die 15 Verbindungsgeraden der 6 Fundamentalpunkte.* Dem entspricht die folgende algebraische Decomposition:

$$(13)\quad D = \prod_\nu (\varepsilon^\nu \mathsf{A}_1 - \varepsilon^{4\nu}\mathsf{A}_2) \cdot \prod_\nu ((1+\sqrt{5})\,\mathsf{A}_0 + \varepsilon^\nu \mathsf{A}_1 + \varepsilon^{4\nu}\mathsf{A}_2)$$
$$\cdot \prod_\nu ((1-\sqrt{5})\,\mathsf{A}_0 + \varepsilon^{4\nu}\mathsf{A}_1 + \varepsilon^\nu \mathsf{A}_2),$$
$$(\nu = 0, 1, 2, 3, 4),$$

die man leicht verificirt. Wir könnten über die 15 hier auftretenden geraden Linien eine Menge interessanter Sätze aufstellen: sie sind die 15 Geraden, welche zu den Punktpaaren von $T$ gehören, sie laufen zu drei durch die 10 Punkte, die wir den Punktepaaren von $H$ coordinirten*), etc. Ich gehe hier auf diese Sätze nicht näher ein, weil wir sie des Weiteren nicht gebrauchen; übrigens sind dieselben leicht erkennbare Uebertragungen der Gruppirungsverhältnisse, welche beim Ikosaeder Statt haben.

Was die Curven $B' = 0$, $C' = 0$ angeht, so haben dieselben zu unseren sechs Fundamentalpunkten keinerlei ausgezeichnete Relation. *Eben diesen Umstand wollen wir jetzt benutzen, um $B'$ und $C'$ durch zwei andere Ausdrücke zu ersetzen.* Wir werden statt $B'$ eine lineare Combination $B$ von $B'$ und $A^3$ einführen, derart, dass die Curve $B = 0$ den Fundamentalpunkt $\mathsf{A}_1 = 0$, $\mathsf{A}_2 = 0$ und daher (als invariante Curve) sämmtliche Fundamentalpunkte enthält. Desgleichen werden wir $C'$ durch eine lineare Combination $C$ von $C'$, $A^2B$, $A^5$ ersetzen, welche, gleich Null gesetzt, eine Curve repräsentirt, die in $\mathsf{A}_1 = 0$, $\mathsf{A}_2 = 0$, also in sämmtlichen Fundamentalpunkten, einen möglichst hohen singulären Punkt hat. Auf diese Weise finden wir (unter Abtrennung geeigneter Zahlenfactoren):

$$(14)\begin{cases} B = \dfrac{-B' + 16A^3}{21} = 8\mathsf{A}_0^4\mathsf{A}_1\mathsf{A}_2 - 2\mathsf{A}_0^2\mathsf{A}_1^2\mathsf{A}_2^2 + \mathsf{A}_1^3\mathsf{A}_2^3 - \mathsf{A}_0(\mathsf{A}_1^5 + \mathsf{A}_2^5), \\ C = \dfrac{-C' - 512A^5 + 1760A^2B}{187} \\ \quad = 320\mathsf{A}_0^6\mathsf{A}_1^2\mathsf{A}_2^2 - 160\mathsf{A}_0^4\mathsf{A}_1^3\mathsf{A}_2^3 + 20\mathsf{A}_0^2\mathsf{A}_1^4\mathsf{A}_2^4 + 6\mathsf{A}_1^5\mathsf{A}_2^5 \\ \quad - 4\mathsf{A}_0(\mathsf{A}_1^5 + \mathsf{A}_2^5)(32\mathsf{A}_0^4 - 20\mathsf{A}_0^2\mathsf{A}_1\mathsf{A}_2 + 5\mathsf{A}_1^2\mathsf{A}_2^2) + \mathsf{A}_1^{10} + \mathsf{A}_2^{10}. \end{cases}$$

Offenbar hat $B = 0$ in $\mathsf{A}_1 = 0$, $\mathsf{A}_2 = 0$ und somit in sämmtlichen

*) *Clebsch* hat sich gelegentlich, bei verwandten und doch wieder ganz anders formulirten Betrachtungen, mit eben der Figur des Textes beschäftigt und die letztgenannte Eigenschaft so ausgesprochen: *dass die sechs Fundamentalpunkte ein 10-fach Brianchon'sches Sechseck bilden.* (Math. Annalen, t. IV: *Ueber die Anwendung der quadratischen Substitution auf die Gleichungen 5. Grades und die geometrische Theorie des ebenen Fünfseits,* 1871.)

Fundamentalpunkten, nicht nur einen einfachen Punkt, sondern einen Doppelpunkt, ist also (da wir zeigen können, dass es keine weiteren Doppelpunkte besitzt) vom Geschlechte $p = 4$. Ebenso hat $C = 0$ in jedem der Fundamentalpunkte zwei Spitzen, d. h. einen vierfachen Punkt, und ist vom Geschlechte $p = 0$.

Substituiren wir in unsere neuen $B$, $C$ der Formel (7) entsprechend:

$$\mathsf{A}_0 = -\lambda_1\lambda_2, \quad \mathsf{A}_1 = \lambda_2^2, \quad \mathsf{A}_2 = -\lambda_1^2,$$

so kommt:

(15) $$B = -f(\lambda_1, \lambda_2), \quad C = -H(\lambda_1, \lambda_2),$$

was man mit (10) vergleichen mag. Die Relation, welche $D^2$ als ganze Function der $A$, $B$, $C$ ausdrückt, wird also folgende, von $A$ freien Glieder haben:

$$D^2 = -1728\,B^5 + C^3.$$

Indem wir auf die expliciten Werthe (9), (14) zurückgehen und eine hinreichende Anzahl von Termen in Betracht ziehen, finden wir die vollständige Formel *):

(16) $$D^2 = -1728\,B^5 + C^3 + 720\,ACB^3 - 80\,A^2C^2B + 64\,A^3(5\,B^2 - AC)^2.$$

## § 4. Das Problem der $\mathsf{A}$ und seine Reduction.

Das Problem der $\mathsf{A}$, wie wir es in Aussicht nahmen, ist durch die jetzt explicite gewonnenen Formeln (6), (9), (14) für $A$, $B$, $C$, $D$ und die Relation (16) vollkommen bestimmt. Wir denken uns die $A$, $B$, $C$, $D$ ihrem Zahlenwerthe nach in Uebereinstimmung mit (16) irgendwie gegeben: *unser Problem verlangt, die zugehörigen Werthsysteme der* $\mathsf{A}_0$, $\mathsf{A}_1$, $\mathsf{A}_2$ *zu bestimmen.* Da $A$, $B$, $C$, $D$ das volle System der invarianten Formen bilden, so kann unser Problem nur solche Lösungen besitzen, welche aus einer derselben durch die 60 Substitutionen (5) hervorgehen. In der That werden wir, wenn wir die Zahl der Lösungen nach dem Bezout'schen Theoreme bestimmen, auf 60 geführt. Aus den Werthen von $A$, $B$, $C$ nämlich ergeben sich zuvörderst $2 \cdot 6 \cdot 10 = 120$ Werthsysteme der $\mathsf{A}$, von denen sich aber, weil $A$, $B$, $C$ sämmtlich gerade Functionen der $\mathsf{A}$ sind, je zwei allein durch einen simultanen Vorzeichenwechsel der $\mathsf{A}$ unterscheiden können. Von diesen 120 Werthsystemen wird dann nur die Hälfte den vorgegebenen Werth von $D$ befriedigen können, indem $D$ ja von ungerader Ordnung ist. — Alle 60 Lösungssysteme gehen, wie schon gesagt,

*) Man vergl. *Brioschi* in t. I der Annali di Matematica (ser. 2, 1867), pag. 228.

aus einem beliebigen derselben durch die Substitutionen (5) hervor. Die letzteren enthalten als einzige Irrationalität die Einheitswurzel $\varepsilon$. Wir können also in dem früher (I, 4) dargelegten Sinne sagen: *dass unser Problem nach Adjunction von $\varepsilon$ seine eigene Galois'sche Resolvente ist und also eine Gruppe besitzt, welche mit der Gruppe der 60 Ikosaederdrehungen holoedrisch isomorph ist.*

Wir betrachten nunmehr, im Anschlusse an I, 5, § 4, das parallellaufende *Gleichungssystem.* Offenbar sind die Verhältnisse von $\mathsf{A}_0 : \mathsf{A}_1 : \mathsf{A}_2$ auf 60 Weisen bestimmt, wenn wir in den Gleichungen:

$$\text{(17)} \qquad \frac{B}{A^3} = Y, \quad \frac{C}{A^5} = Z$$

die Werthe von $Y$ und $Z$ als bekannt ansehen dürfen*): die gesuchten Punkte $\mathsf{A}$ sind der vollständige Schnitt der Curven sechster, bez. zehnter Ordnung:

$$B - Y \cdot A^3 = 0, \quad C - Z \cdot A^5 = 0.$$

*Aus den 60 Lösungen des Gleichungssystems berechnen wir jetzt die des entsprechenden Formenproblems rational.* Man setze nämlich:

$$\text{(18)} \qquad \frac{D}{A^7} = X.$$

Ist dann $\mathsf{A}_0 : \mathsf{A}_1 : \mathsf{A}_2 = \alpha_0 : \alpha_1 : \alpha_2$ eins der Lösungssysteme des Gleichungsproblems, so haben wir offenbar:

$$\text{(19)} \qquad \mathsf{A}_0 = \varrho\,\alpha_0, \quad \mathsf{A}_1 = \varrho\,\alpha_1, \quad \mathsf{A}_2 = \varrho\,\alpha_2,$$

unter $\varrho$ den folgenden Ausdruck verstanden:

$$\varrho = \frac{A^7(\alpha_0, \alpha_1, \alpha_2)}{D(\alpha_0, \alpha_1, \alpha_2)} \cdot X,$$

womit das Gesagte bewiesen ist.

In letzterer Hinsicht findet zwischen den früher studirten binären Formenproblemen und dem jetzigen ternären ein wesentlicher Unterschied statt; denn damals bedurften wir, wie wir I, 3, § 2 zeigten, bei nachträglicher Lösung des Formenproblems immer noch einer zutretenden Quadratwurzel. Es entspricht dies natürlich dem Umstande, dass die Gruppe der homogenen binären Substitutionen mit derjenigen der nicht homogenen nur hemiedrisch isomorph war, während jetzt holoedrischer Isomorphismus statt hat. Dagegen ergibt sich in einem anderen Punkte wieder Uebereinstimmung. Wir konnten damals, wie wir es nannten, die Formenprobleme *reduciren,* d. h. statt der drei an eine Bedingungsgleichung gebundenen Grössen $F_1$, $F_2$, $F_3$, von denen die Formenprobleme abhingen, zwei unabhängige $X$ und $Y$ setzen, welche selbst rationale Functionen der $F_1$, $F_2$, $F_3$ waren, während umgekehrt letztere wieder

*) Diese Grössen $Y$, $Z$ sind dieselben, die wir in II, 1, § 7 [Formel (36) daselbst] mit $a$, $b$ bezeichnet haben.

von ihnen rational abhingen. Genau dasselbe erreichen wir bei dem Probleme der A, wenn wir die Quotienten $X, Y, Z$ in Betracht ziehen, die wir gerade in (17), (18) einführten. Diese $X, Y, Z$ sind an sich als rationale Functionen der $A, B, C, D$ definirt, aber wir können umgekehrt auch $A, B, C, D$ durch die $X, Y, Z$ rational ausdrücken. In der That, dividiren wir in (16) beide Glieder durch $A^{14}$, so kommt nach leichter Umsetzung vermöge (17), (18):

$$(20) \qquad A = \frac{X^2}{Z^3 - 1728\,Y^5 + 720\,Y^3 Z - 80\,Y Z^2 + 64(5\,Y^2 - Z)^2},$$

während

$$(21) \qquad B = Y \cdot A^3, \quad C = Z \cdot A^5, \quad D = X \cdot A^7$$

ist, was die gewünschten Formeln sind.

Es ist lehrreich, hier auch noch das Problem der $y_\nu$, welches wir im vorigen Kapitel als Hauptgleichung fünften Grades studirten, zum Vergleiche heranzuziehen. Wir dachten uns damals neben den Gleichungscoefficienten $\alpha, \beta, \gamma$ auch noch die Quadratwurzel $\nabla$ aus der Discriminante gegeben, deren Quadrat eine ganze Function der $\alpha, \beta, \gamma$ ist. Wir erhielten dann 60 Lösungssysteme $y_0, y_1, y_2, y_3, y_4$, welche wieder durch die entsprechenden Verhältnisswerthe $y_0 : y_1 : y_2 : y_3 : y_4$ vollkommen (rational) bestimmt sind. Dies beruht darauf, dass wir, wie eben, aus den gegebenen Grössen Quotienten bilden können (z. B. $\frac{\beta}{\alpha}$ oder $\frac{\gamma}{\beta}$), die in den $y$ von der ersten Dimension sind. Auch können wir das Formenproblem der $y$ reduciren, nur gelingt dies nicht so einfach, wie in den anderen Fällen. *Die Reduction wird thatsächlich durch die $m$, $n$, $Z$ der Hauptresolvente des Ikosaeders geleistet.* Wir haben nämlich in I, 4, § 12, § 14 die $\alpha, \beta, \gamma, \nabla$ rational durch $m, n, Z$ dargestellt, während wir umgekehrt soeben, in II, 3, ausführliche Methoden gegeben haben, vermöge deren $m, n, Z$ als rationale Functionen der $\alpha, \beta, \gamma, \nabla$ erscheinen. —

Ist für das Formenproblem der A $A = 0$, so können wir dasselbe ohne Weiteres durch die Ikosaedergleichung $\frac{H^3(\lambda_1, \lambda_2)}{1728 f^5(\lambda_1, \lambda_2)} = \frac{C^3}{1728\,B^5}$ erledigen. Haben wir nämlich aus ihr $\lambda_1 : \lambda_2$ bestimmt, so finden wir nach Formel (7):

$$\mathsf{A}_0 : \mathsf{A}_1 : \mathsf{A}_2 = -\lambda_1 \lambda_2 : \lambda_2^2 : -\lambda_1^2$$

und hieraus, wie wir oben sahen [Formel (19)], die Werthe von $\mathsf{A}_0, \mathsf{A}_1, \mathsf{A}_2$ selbst.

## § 5. Ueber die einfachsten Resolventen des Problems der A.

Wir wollen jetzt die einfachsten Resolventen des Problems der A in Betracht ziehen. Nach dem, was wir über die Gruppe des Problems wissen, ist selbstverständlich, dass es sich dabei um Resolventen des fünften * und sechsten Grades handeln wird. Unsere Aufgabe wird nur sein, die *einfachsten* rationalen, bez. ganzen Functionen der A aufzustellen, welche bei den uns bekannten Substitutionen fünf bez. sechs Werthe annehmen. *Hierzu dient uns nun wieder das in § 2 entwickelte Uebertragungsprincip: wir nehmen die einfachsten ganzen Functionen von* $\lambda_1$, $\lambda_2$, *die bei den homogenen Ikosaedersubstitutionen fünf oder sechs Werthe annehmen, polarisiren dieselben so oft nach* $\lambda_1'$, $\lambda_2'$, *bis eine in den* $\lambda$, $\lambda'$ *symmetrische Function entstanden ist, und substituiren endlich statt der symmetrischen Verbindungen der* $\lambda$, $\lambda'$ *die* A.

Was die fünfwerthigen Functionen der $\lambda_1$, $\lambda_2$ angeht, so waren die einfachsten:

$$\begin{aligned} t_\nu(\lambda_1, \lambda_2) &= \varepsilon^{3\nu}\lambda_1^6 + 2\varepsilon^{2\nu}\lambda_1^5\lambda_2 - 5\varepsilon^{\nu}\lambda_1^4\lambda_2^2 \\ &\quad - 5\varepsilon^{4\nu}\lambda_1^2\lambda_2^4 - 2\varepsilon^{3\nu}\lambda_1\lambda_2^5 + \varepsilon^{2\nu}\lambda_2^6, \\ W_\nu(\lambda_1, \lambda_2) &= -\varepsilon^{4\nu}\lambda_1^8 + \varepsilon^{3\nu}\lambda_1^7\lambda_2 - 7\varepsilon^{2\nu}\lambda_1^6\lambda_2^2 - 7\varepsilon^{\nu}\lambda_1^5\lambda_2^3 \\ &\quad + 7\varepsilon^{4\nu}\lambda_1^3\lambda_2^5 - 7\varepsilon^{3\nu}\lambda_1^2\lambda_2^6 - \varepsilon^{2\nu}\lambda_1\lambda_2^7 - \varepsilon^{\nu}\lambda_2^8; \end{aligned}$$

ihnen schlossen sich des Weiteren $t_\nu^2$ und $t_\nu W_\nu$ an. Indem wir jetzt $t_\nu$ dreimal, $W_\nu$ viermal polarisiren und die A einsetzen, erhalten wir entsprechend als *einfachste fünfwerthige Function der* A:

$$(23)\qquad \begin{cases} \delta_\nu = \varepsilon^{\nu}(4A_0^2A_2 - A_1A_2^2) + \varepsilon^{2\nu}(-2A_0A_2^2 + A_1^3) \\ \quad + \varepsilon^{3\nu}(2A_0A_1^2 - A_2^3) + \varepsilon^{4\nu}(-4A_0^2A_1 + A_1^2A_2), \end{cases}$$

$$\begin{cases} \delta_\nu' = \varepsilon^{\nu}(-4A_0^3A_2 + 3A_0A_1A_2^2 - A_1^4) \\ \quad + \varepsilon^{2\nu}(-6A_0^2A_2^2 + A_0A_1^3 + A_1A_2^3) \\ \quad + \varepsilon^{3\nu}(-6A_0^2A_1^2 + A_0A_2^3 + A_1^3A_2) \\ \quad + \varepsilon^{4\nu}(-4A_0^3A_1 + 3A_0A_1^2A_2 - A_2^4); \end{cases}$$

brauchen wir weitere fünfwerthige Functionen, so werden wir den Ausdrücken $t_\nu^2$ und $t_\nu W_\nu$ entsprechend $\delta_\nu^2$ und $\delta_\nu\delta_\nu'$ hinzunehmen. Die Resolvente der $\delta_\nu$ werden wir sogleich noch ausführlich discutiren.

Von den Resolventen sechsten Grades der Ikosaedergleichung haben wir früher (I, 5, § 15) nur die eine betrachtet, deren Wurzeln $\varphi$ durch die Formeln gegeben sind:

$$(24)\qquad \begin{cases} \varphi_\infty = 5\lambda_1^2\lambda_2^2, \\ \varphi_\nu = (\varepsilon^{\nu}\lambda_1^2 + 2\lambda_1\lambda_2 - \varepsilon^{4\nu}\lambda_2^2)^2. \end{cases}$$

Wir erhalten hieraus durch unser Uebertragungsprincip die folgenden Wurzeln einer Resolvente sechsten Grades der A:

$$(25)\qquad \begin{cases} z_\infty = 5A_0^2, \\ z_\nu = (\varepsilon^{\nu}A_2 + A_0 + \varepsilon^{4\nu}A_1)^2. \end{cases}$$

*Hiermit aber haben wir genau die in II, 1, § 3 gegebenen Definitionsgleichungen der Jacobi'schen Gleichungen sechsten Grades;* wir hätten höchstens den einen Unterschied zu markiren, dass hier $\varepsilon^{\nu}$ da steht, wo damals $\varepsilon^{4\nu}$, und umgekehrt. Aber dies ist eine Abweichung bloss in der Benennung der Wurzeln $z_{\nu}$. Recurriren wir auf die Formeln, welche wir l. c. § 5 des Ferneren bei Besprechung der Jacobi'schen Gleichungen mittheilten, so erkennen wir zunächst, dass unsere jetzigen Grössen $A$, $B$, $C$ mit den dort ebenso bezeichneten genau übereinstimmen. Wir können also die Form der früher mitgetheilten Jacobi'schen Gleichung ohne Weiteres herübernehmen:

$$(26)\quad (z-A)^6-4A(z-A)^5+10B(z-A)^3-C(z-A)+(5B^2-AC)=0;$$

es fragt sich nur, wie wir dieselbe von unserem Standpunkte aus begründen wollen. Es fragt sich ferner, inwieweit man das Problem der A durch die Gleichung (26) ersetzen kann, und insbesondere, welche Bedeutung dabei unsere Form $D$ gewinnt.

## § 6. Die allgemeine Jacobi'sche Gleichung sechsten Grades.

Die linearen Functionen der A, deren Quadrate die Wurzeln $z$ (25) der Jacobi'chen Gleichung sechsten Grades vorstellen, sind uns schon in Formel (11) begegnet; wir sahen dort, dass dieselben gleich Null gesetzt *die Polaren der sechs Fundamentalpunkte in Bezug auf den Kegelschnitt* $A=0$, also gerade Linien repräsentiren, die nicht etwa selbst durch die Fundamentalpunkte hindurchlaufen. Inzwischen können wir statt ihrer Curven einführen, bei denen letzteres der Fall ist. Wir erkennen nämlich sofort, dass die Kegelschnitte:

$$z_{\nu}-A=0\quad (\nu=0,\ 1,\ 2,\ 3,\ 4)$$

sämmtlich durch $\mathsf{A}_1=0$, $\mathsf{A}_2=0$ hindurchgehen, *dass also von den Kegelschnitten*

$$z_{\infty}-A=0,\quad z_{\nu}-A=0$$

*jeder diejenigen fünf Fundamentalpunkte enthält, deren Index von dem seinigen verschieden ist.* Wir wollen jetzt die $(z-A)$ als die eigentlichen Unbekannten betrachten. Dann gestattet uns der angegebene Satz mit Rücksicht auf die in § 3 enthaltene Definition der $B$, $C$ sofort, die Coefficienten der zugehörigen Gleichung der Art nach hinzuschreiben. Betrachten wir z. B. die Summe:

$$\Sigma(z_i-A)(z_k-A)(z_l-A)$$

(summirt über alle von einander verschiedenen Werthe der $i$, $k$, $l$), die den dritten Coefficienten jener Gleichung abgeben wird: sie muss einer invarianten Form sechsten Grades der A gleich sein, welche für alle Fundamentalpunkte zweifach verschwindet, und kann also von $B$ nur um einen Zahlenfactor verschieden sein. Auf solche Weise erhalten wir ohne Weiteres:

$$(z-A)^6+kA(z-A)^5+lB(z-A)^3+mC(z-A)+(nB^2+pAC)=0,$$

wo $k$, $l$, $m$, $n$, $p$ noch unbekannte Zahlencoefficienten sind, die wir hinterher mit Leichtigkeit bestimmen, indem wir auf die expliciten Werthe der vorkommenden Grössen in den A zurückgreifen. Die Uebereinstimmung mit Formel (26) liegt auf der Hand. Bemerken wir noch, dass (26) in der That in die früher aufgestellte Resolvente sechsten Grades der Ikosaedergleichung übergeht, wenn wir in Uebereinstimmung mit (24) und (15)

$$A=0, \quad B=-f, \quad C=-H, \quad z=\varphi$$

setzen.

* Was die *Gruppe* der Gleichung (26) [im Galois'schen Sinne] angeht, so ist dieselbe durch unsere früheren Erläuterungen über den Fall $A=0$, auf die wir hier verweisen (I, 4, § 15), mitbestimmt. Es ist eine Gruppe von 60 Vertauschungen, welche mit der Substitutionsgruppe der A holoedrisch isomorph ist. Daher muss es möglich sein, die A rational durch unsere $z$ auszudrücken. Wir erreichen dies am einfachsten, wenn wir aus den Gleichungen (25) zuvörderst die Quadrate der A und die Producte je zweier berechnen, hieraus die Quotienten $A_0 : A_1 : A_2$ ableiten und dann genau so, wie eben in § 4, verfahren. Dabei müssen wir neben $A$, $B$, $C$, die allein in den Coefficienten von (26) auftreten, selbstverständlich das $D$ benutzen. Wir können also sagen:

*Die Jacobi'sche Gleichung* (26) *ist ein Aequivalent des Problems der* A, *sobald wir ausser ihren Coefficienten auch noch $D$ gegeben denken, d. h. nach* (16): *die Quadratwurzel aus einer bestimmten ganzen Function der $A$, $B$, $C$.*

Wir fragen, wie $D^2$ sich als rationale Function der Wurzeln $z$ mag darstellen lassen. Zu dem Zwecke bilden wir uns aus (25) die Differenz irgend zweier $z$ als Function der A und finden, dass dieselbe, als Differenz zweier Quadrate, nach Abtrennung eines constanten Factors, immer in solche zwei Linearfactoren zerlegt werden kann, welche, Formel (13) zufolge, auch in $D$ auftreten. Wir bekommen z. B.

$$z_\nu - z_{2\nu} = (\varepsilon^\nu - \varepsilon^{4\nu})\,(\varepsilon^\nu A_1 - \varepsilon^{4\nu} A_2)\,\left((1 \pm \sqrt{5})\,A_0 + \varepsilon^\nu A_1 + \varepsilon^{4\nu} A_2\right)$$

für $\nu = 1, 2, 3, 4$, wo $+\sqrt{5}$ für $\nu = 2, 3$, $-\sqrt{5}$ für $\nu = 1, 4$ zu nehmen ist. — Multipliciren wir nun alle diese Differenzen (jede einmal genommen) mit einander, so erhalten wir linker Hand die Quadratwurzel aus der Discriminante von (26), welche wir früher bereits

(II, 1, § 5) mit $\Pi$ bezeichneten. Rechter Hand aber liefern die constanten Factoren $\pm\sqrt{5^5}$, die übrigen gerade $D^2$, so dass also

$$(27)\qquad D^2 = \sqrt{\frac{\Pi}{5^5}}, \text{ oder } D = \sqrt[4]{\frac{\Pi}{5^5}}$$

wird.

Das $D$ selbst erscheint hier, wir wir sehen, als eine *accessorische* Irrationalität, d. h. als irrationale Function der $z$. Dies wird sofort anders, wenn wir, mit Hrn. Kronecker, nicht die $z$, sondern die $\sqrt{z}$ als Unbekannte von (26) auffassen: denn wir können ja durch die $\sqrt{z}$ die $A_0$, $A_1$, $A_2$ unmittelbar linear ausdrücken. Aber auch dann ist die Problemstellung durch (26) allein noch nicht fixirt, sondern es muss der Werth von $D$ ausdrücklich hinzugegeben werden. Ich glaube also, dass es nicht zweckmässig ist, die Jacobi'schen Gleichungen sechsten Grades an die Spitze der Theorie zu stellen, dass es vielmehr besser ist, wie wir es thaten, mit dem Probleme der A als solchem zu beginnen.

## § 7. Die Brioschi'sche Resolvente.

Wir verfolgen den Zusammenhang unserer Betrachtungen mit den Entwickelungen von Brioschi und Kronecker des Weiteren, indem wir jetzt zuvörderst diejenige einfachste Resolvente fünften Grades studiren, deren Wurzeln die Ausdrücke $\delta_\nu$ (23) sind. *Es muss dies genau die Brioschi'sche Resolvente liefern, über die wir in II, 1, § 5 Bericht erstatteten.* Denn in der That stimmen die $\delta_\nu$, wie ein nunmehriger Vergleich lehrt, mit den damals [Formel (22)] als $x_\nu$ bezeichneten Grössen vollständig überein.

Um unsere Gleichung fünften Grades zu berechnen, fragen wir wieder zunächst nach der geometrischen Bedeutung der $\delta_\nu$. Wir bemerken zuvörderst, dass sämmtliche $\delta_\nu$ für $A_1 = 0$, $A_2 = 0$ verschwinden. Sie stellen daher, gleich Null gesetzt, Curven dritter Ordnung vor, welche durch sämmtliche Fundamentalpunkte durchlaufen. Aber mehr: das Product der $\delta_\nu$ muss als invariante Form $15^{\text{ten}}$ Grades in den A bis auf einen Zahlenfactor mit $D$ übereinstimmen, $D = 0$ aber repräsentirt, wir wir wissen, die 15 Verbindungsgeraden der 6 Fundamentalpunkte. *Daher stellt jedes $\delta_\nu$, gleich Null gesetzt, solche drei gerade Linien dar, welche zusammengenommen sämmtliche Fundamentalpunkte enthalten.* Dementsprechend verificirt man die folgende Zerlegung:

$$(28)\qquad \delta_\nu = (\varepsilon^{4\nu} A_1 - \varepsilon^\nu A_2) \cdot ((1+\sqrt{5})\, A_0 + \varepsilon^{4\nu} A_1 + \varepsilon^\nu A_2) \cdot ((1-\sqrt{5})\, A_0 + \varepsilon^{4\nu} A_1 + \varepsilon^\nu A_2).$$

Wir schliessen aus ihr, dass das Product $\delta_0 \delta_1 \delta_2 \delta_3 \delta_4$ mit $D$ nicht nur bis auf einen Zahlenfactor übereinstimmt, sondern geradezu mit $D$ identisch ist. — Was die anderen symmetrischen Functionen der $\delta$ angeht, so ist jedenfalls:

$$\Sigma\delta = 0, \quad \Sigma\delta^3 = 0,$$

denn es gibt keine invarianten Formen vom dritten oder neunten Grade. Wir schliessen ferner aus dem Verhalten der $\delta$ gegen die Fundamentalpunkte:

$$\Sigma\delta^2 = kB, \quad \Sigma\delta^4 = lB^2 + mAC,$$

unter $k$, $l$, $m$ geeignete Zahlenfactoren verstanden. Indem wir letztere bestimmen, haben wir endlich:

$$(29) \qquad \delta^5 + 10B \cdot \delta^3 + 5(9B^2 - AC)\delta - D = 0,$$

in Uebereinstimmung mit Brioschi*), in Uebereinstimmung ferner mit der besonderen Formel, die wir in I, 4, § 11 unter der Voraussetzung $A = 0$ abgeleitet haben. Die Discriminante von (29) ist natürlich ein volles Quadrat. Es hat keine Schwierigkeit, das Product $\prod_{\nu < \nu'} (\delta_\nu - \delta_{\nu'})$ als ganze Function der $A$, $B$, $C$ zu berechnen. Für $A = 0$ wird dasselbe, nach I, 4, § 14, in $-25\sqrt{5} \cdot C^3$ übergehen.

Gleichung (29) muss um so interessanter erscheinen, als sie, im Sinne unserer früheren Terminologie, *die allgemeine Diagonalgleichung fünften Grades* repräsentirt. Sollen wir es geometrisch ausdrücken, so können wir sagen, dass die Formeln (23) für $\delta_\nu$, indem sie die Relationen $\Sigma\delta = 0$, $\Sigma\delta^3 = 0$ identisch befriedigen, *eine eindeutige Abbildung der Diagonalfläche auf die Ebene der* A *vermitteln.* Diese Abbildung ist ein specieller Fall jener wohlbekannten, die von *Clebsch* und *Cremona* für die allgemeinen Flächen dritter Ordnung gegeben wurde**), und die dann *Clebsch* genau in der hier vorliegenden Form bei der Diagonalfläche studirt hat***). Denn den ebenen Schnitten der Diagonalfläche entsprechen vermöge (23) allgemein solche Curven dritter Ordnung, die sich in den sechs Fundamentalpunkten der Ebene, welche jetzt die *Fundamentalpunkte der Abbildung werden,* durchkreuzen.

*) Bei Brioschi finden sich ursprünglich etwas andere Zahlencoefficienten, dieselben sind später von Hrn. *Joubert* (*Sur l'équation du sixième degré,* Comptes rendus t. 64 (1867, 1)) rectificirt worden, siehe insbesondere p. 1237—1240 daselbst.

**) Man vergl. *Salmon-Fiedler's* analytische Geometrie des Raumes (3. Auflage 1879, 80).

***) Nämlich in der bereits soeben genannten Abhandlung: *Ueber die Anwendung der quadratischen Substitution auf die Gleichungen 5. Grades* etc. im vierten Bande der Math. Annalen (1871).

Hierbei wird der Schnitt der Diagonalfläche mit der Hauptfläche, wie aus (29) hervorgeht, durch $B = 0$ abgebildet, während die Curven $A = 0$, $C = 0$ zusammengenommen jene beiden Raumcurven sechster Ordnung der Diagonalfläche vorstellen, die der geometrische Ort für Punkte mit den Pentaedercoordinaten $t_\nu$ sind (II, 3, § 4). Hiermit stimmt, dass wir das Geschlecht $p$ der Curven $B = 0$, $A = 0$, $C = 0$ in § 3 des gegenwärtigen Kapitels gleich 4, 0, 0 gefunden haben. *

## § 8. Vorbemerkungen zur rationalen Transformation unseres Problems.

Von den früher besprochenen, auf Jacobi'sche Gleichungen sechsten Grades bezüglichen Untersuchungen restiren jetzt noch diejenigen, welche sich auf die Aufgabe beziehen, aus einer ersten Jacobi'schen Gleichung sechsten Grades durch möglichst allgemeine, in den $\sqrt{z}$ rationale Transformation eine zweite herzustellen. Ich werde diese Untersuchungen von unserem Standpunkte aus darlegen, ohne weiter auf die historisch gegebenen Beziehungen einzugehen. Es handelt sich für uns darum: *drei Grössen* $\mathsf{B}_0$, $\mathsf{B}_1$, $\mathsf{B}_2$ *in möglichst allgemeiner Weise so als rationale homogene Functionen der* $\mathsf{A}_0$, $\mathsf{A}_1$, $\mathsf{A}_2$ *zu bestimmen, dass sie selbst die linearen Substitutionen des § 2 erfahren, wenn wir die* $\mathsf{A}_0$, $\mathsf{A}_1$, $\mathsf{A}_2$ *denselben unterwerfen**). *

Durch unsere Forderung ist, wohlverstanden, keineswegs verlangt, dass die einzelne Substitution der $\mathsf{B}$ mit derjenigen der $\mathsf{A}$ *identisch* sei, es ist nur nothwendig, dass die Gesammtheit der Substitutionen beiderseits übereinstimme. Wir kennen bisher zwei Möglichkeiten, um eine solche Uebereinstimmung zu erzielen: das eine Mal setzen wir die Substitution der $\mathsf{B}$ mit derjenigen der $\mathsf{A}$ in der That identisch, das andere Mal lassen wir sie aus der Substitution der $\mathsf{A}$ hervorgehen, indem wir überall $\varepsilon^2$ statt $\varepsilon$ schreiben: das eine Mal sprechen wir von *cogredienten*, das andere Mal von *contragredienten* Variabelen. Im zweitfolgenden Paragraphen werde ich zeigen, wie so man a priori zur Unterscheidung gerade dieser beiden Fälle gelangen muss, und dass ausser ihnen keine weiteren, die selbständige Bedeutung hätten, existiren. Einstweilen nehmen wir unsere Fälle als erfahrungsgemäss gegeben und fragen, wie wir sie durch bestimmte Formeln zu erledigen haben.

---

*) Dass wir gerade *homogene* Functionen verlangen, ist, wenn man will, eine unnöthige Beschränkung, die wir hinterher aufheben können, an der wir aber bei unserer Darstellung, um immer unsere geometrische Ausdrucksweise benutzen zu können, festhalten. Siehe die analoge Bemerkung in II, 2, § 7.

Es wird zweckmässig sein, die entsprechende Problemstellung zunächst im binären Gebiete zu behandeln, wo wir sie in den früheren Kapiteln schon wiederholt berührt hatten. Es seien $\varkappa_1$, $\varkappa_2$ homogene, rationale (nicht nothwendig ganze) Functionen von $\lambda_1$, $\lambda_2$:

$$(30) \qquad \varkappa_1 = \varphi_1(\lambda_1, \lambda_2), \quad \varkappa_2 = \varphi_2(\lambda_1, \lambda_2),$$

wir verlangen, $\varphi_1$, $\varphi_2$ so zu bestimmen, dass $\varkappa_1$, $\varkappa_2$ sich entweder cogredient oder contragredient ändern, wenn $\lambda_1$, $\lambda_2$ den homogenen Ikosaedersubstitutionen unterworfen werden. Zu dem Zwecke bilden wir uns die doppeltbinäre Form:

$$(31) \qquad F(\lambda_1, \lambda_2; \mu_1, \mu_2) = \mu_1 \cdot \varphi_2(\lambda_1, \lambda_2) - \mu_2 \cdot \varphi_1(\lambda_1, \lambda_2).$$

Offenbar bleibt dieselbe, wenn wir die $\lambda_1$, $\lambda_2$ den ursprünglichen, die $\mu_1$, $\mu_2$ aber den zugeordneten (cogredienten oder contragredienten) Ikosaedersubstitutionen unterwerfen, invariant; denn sie ist gleich $\mu_1\varkappa_2 - \mu_2\varkappa_1$, und $\mu_1$, $\mu_2$, bez. $\varkappa_1$, $\varkappa_2$ erfahren jeweils identische Substitutionen von der Determinante Eins. Umgekehrt, wenn wir eine in diesem Sinne invariante Form $F$ der $\lambda$, $\mu$ haben, die in den $\mu$ linear, in den $\lambda_1$, $\lambda_2$ homogen ist, wird:

$$(32) \qquad \varkappa_1 = -\frac{\partial F}{\partial \mu_2}, \quad \varkappa_2 = \frac{\partial F}{\partial \mu_1}$$

eine Lösung der gestellten Aufgabe sein. *Es kommt also einzig darauf an, alle invarianten Formen $F$ aufzustellen.*

Bemerken wir nunmehr Folgendes. Haben wir zwei Lösungssysteme $\varkappa_1$, $\varkappa_2$; $\varkappa_1'$, $\varkappa_2'$ von (30) gefunden, so bleibt die Determinante $(\varkappa_1\varkappa_2' - \varkappa_2\varkappa_1')$ bei sämmtlichen Ikosaedersubstitutionen invariant. Dieselbe ist aber gleich der Functionaldeterminante der zugehörigen Formen $F$, $F'$:

$$\begin{vmatrix} \dfrac{\partial F}{\partial \mu_1} & \dfrac{\partial F}{\partial \mu_2} \\ \dfrac{\partial F'}{\partial \mu_1} & \dfrac{\partial F'}{\partial \mu_2} \end{vmatrix},$$

und diese muss also als rationale Function von $\lambda_1$, $\lambda_2$ eine rationale Function der Ikosaederformen $f(\lambda_1, \lambda_2)$, $H(\lambda_1, \lambda_2)$, $T(\lambda_1, \lambda_2)$ sein. Ich will jetzt annehmen, dass wir irgend zwei der gesuchten Formen: $F_1$, $F_2$ von nicht verschwindender Functionaldeterminante kennen. Bringen wir dann die Identität zur Anwendung:

$$\begin{vmatrix} F & F_1 & F_2 \\ \dfrac{\partial F}{\partial \mu_1} & \dfrac{\partial F_1}{\partial \mu_1} & \dfrac{\partial F_2}{\partial \mu_1} \\ \dfrac{\partial F}{\partial \mu_2} & \dfrac{\partial F_1}{\partial \mu_2} & \dfrac{\partial F_2}{\partial \mu_2} \end{vmatrix} = 0,$$

so folgt aus dem gerade aufgestellten Satze, dass jede der von uns gesuchten Formen sich aus $F_1$, $F_2$ in folgender Form zusammensetzt:

$$F = R_1 \cdot F_1 + R_2 \cdot F_2, \tag{33}$$

wo $R_1$, $R_2$ rationale Functionen der $f(\lambda_1, \lambda_2)$, $H(\lambda_1, \lambda_2)$, $T(\lambda_1, \lambda_2)$ sind. Umgekehrt aber, wenn wir $R_1$, $R_2$ als solche rationale Functionen annehmen und dabei nur dem Gesetze Rechnung tragen, dass $F$ in $\lambda_1$, $\lambda_2$ homogen sein soll, wird $F$ eine Form der von uns gesuchten Art sein. *Daher enthält* (33) *überhaupt die Lösung unserer Aufgabe, sobald wir nur zwei unserer Formen, $F_1$, $F_2$, als bekannt ansehen dürfen.* Diese Voraussetzung trifft aber, sowohl im contragredienten als im cogredienten Falle, in der That zu. Wir kennen sogar beidemal die niedrigsten Formen $F_1$, $F_2$, d. h. diejenigen, deren Grad in $\lambda_1$, $\lambda_2$ möglichst gering ist. Im contragredienten Falle sind dies die beiden $N_1$, $M_1$, die wir im vorigen Kapitel immer benutzten:

$$\begin{cases} F_1 = N_1 = \mu_1 (7\lambda_1^5\lambda_2^2 + \lambda_2^7) + \mu_2 (-\lambda_1^7 + 7\lambda_1^2\lambda_2^5), \\ F_2 = M_1 = \mu_1 (\lambda_1^{13} - 39\lambda_1^8\lambda_2^5 - 26\lambda_1^3\lambda_2^{10}) \\ \qquad\qquad + \mu_2 (26\lambda_1^{10}\lambda_2^3 - 39\lambda_1^5\lambda_2^8 - \lambda_2^{13}), \end{cases} \tag{34}$$

im cogredienten Falle aber die folgenden beiden:

$$\begin{cases} F_1 = \lambda_2\mu_1 - \lambda_1\mu_2, \\ F_2 = \dfrac{\partial f}{\partial \lambda_1} \cdot \mu_1 + \dfrac{\partial f}{\partial \lambda_2} \cdot \mu_2 . \end{cases} \tag{35}$$

Hiermit ist unsere Fragestellung, soweit das binäre Gebiet in Betracht kommt, vollständig erledigt*).

## § 9. Durchführung der rationalen Transformation.

Indem wir jetzt zu den A zurückkehren, können wir bei ihnen mit einem Schritte beginnen, welcher dem Uebergange von (30) zu (31) analog ist; mit anderen Worten: statt Elemente $B_0$, $B_1$, $B_2$ zu suchen, welche zu $A_0$, $A_1$, $A_2$ in dem einen oder anderen Sinne *covariant* sind, suchen wir lieber eine *Invariante,* welche beide Reihen von Variabelen simultan enthält. Die Möglichkeit hierfür ist, geometrisch zu reden, darin begründet, dass in der Ebene B ein unveränderlicher Kegelschnitt liegt:

$$B_0^2 + B_1 B_2 = 0$$

*) Was den contragredienten Fall angeht, so hatten wir einen particulären Fall, der sich hier subsumirt, bereits in Formel (25) von II, 3, § 4 kennen gelernt.

und dass in Bezug auf diesen Kegelschnitt jedem Punkte $B_0$, $B_1$, $B_2$ eine gerade Linie, nämlich die zugehörige Polare:

$$2B_0 \cdot A_0' + B_2 \cdot A_1' + B_1 \cdot A_2' = 0, {}^*)$$

in covarianter Weise zugeordnet ist. *Wenn also folgende Formeln:*

(36) $B_0 = \varphi_0(A_1, A_2, A_3)$, $B_1 = \varphi_1(A_0, A_1, A_2)$, $B_2 = \varphi_2(A_0, A_1, A_2)$

*die* B *den* A *cogredient oder contragredient zuordnen, so wird die aus ihnen abgeleitete Form:*

(37) $F(A_0, A_1, A_2; A_0', A_1', A_2') = 2\varphi_0 \cdot A_0' + \varphi_2 \cdot A_1' + \varphi_1 \cdot A_2'$,

*sofern wir die* A' *ebenso substituiren, wie die* B, *invariant sein. Umgekehrt, sobald* $F$ *in dem erwähnten Sinne invariant ist, sind:*

(38) $$B_0 = \frac{1}{2} \cdot \frac{\partial F}{\partial A_0}, \quad B_1 = \frac{\partial F}{\partial A_2}, \quad B_2 = \frac{\partial F}{\partial A_1}$$

* *Formeln der von uns gesuchten Beschaffenheit.*

Wir bemerken jetzt, dass jedes $F$ sich aus dreien, die linear unabhängig sind, in der Form zusammensetzen lässt:

(39) $$F = R_1F_1 + R_2F_2 + R_3F_3,$$

wo die $R_1$, $R_2$, $R_3$ rationale Functionen der von $A_0$, $A_1$, $A_2$ allein abhängigen invarianten Formen, d. h. rationale Functionen der $A$, $B$, $C$, $D$ sind. Umgekehrt werden wir, sobald wir $R_1$, $R_2$, $R_3$ als solche rationale Functionen annehmen, aus (39) immer eine Form $F$ der gewünschten Art gewinnen, wobei wir es in der Hand haben, sofern wir darauf Werth legen, $F$ zu einer homogenen Function der $A_0$, $A_1$, $A_2$ zu machen. *Alles kommt also darauf an, nur noch in beiden Fällen drei, in den* A *möglichst niedrige Formen* $F_1$, $F_2$, $F_3$ *zu finden.*

Im cogredienten Falle erledigen wir diese Aufgabe direct durch Polarenbildung, denen wir die niedersten, bloss A enthaltenden invarianten Formen, d. h. $A$, $B$, $C$, unterwerfen. *Wir werden nämlich setzen:*

(40) $$\begin{cases} F_1 = 2A_0 \cdot A_0' + A_2 \cdot A_1' + A_1 \cdot A_2', \\ F_2 = \frac{\partial B}{\partial A_0} \cdot A_0' + \frac{\partial B}{\partial A_1} \cdot A_1' + \frac{\partial B}{\partial A_2} \cdot A_2', \\ F_3 = \frac{\partial C}{\partial A_0} \cdot A_0' + \frac{\partial C}{\partial A_1} \cdot A_1' + \frac{\partial C}{\partial A_2} \cdot A_2'. \end{cases}$$

Im contragredienten Falle dagegen recurriren wir noch einmal auf das Uebertragungsprincip des § 2. Wir werden uns zunächst drei Formen

$$\Omega(\lambda_1, \lambda_2; \mu_1, \mu_2)$$

verschaffen, welche, bei contragredienten Ikosaedersubstitutionen invariant, in den $\mu$ vom zweiten, in den $\lambda$ von möglichst niederem,

*) $A_0'$, $A_1'$, $A_2'$ bedeuten hier die laufenden Punktcoordinaten.

geradem Grade $2n$ sind. *Dann werden wir diese $\Omega$ unter Einführung von $\lambda'$ $n$-mal nach $\lambda$, unter Einführung von $\mu'$ einmal nach $\mu$ polarisiren und schliesslich die symmetrischen Functionen der $\lambda$, $\lambda'$ durch die* A, *die der $\mu$, $\mu'$ durch die* A' *ersetzen, also schreiben*:

$$(41)\begin{cases} \mathsf{A}_0 = -\frac{1}{2}(\lambda_1\lambda_2' + \lambda_2\lambda_1'), \quad \mathsf{A}_1 = \lambda_2\lambda_2', \quad \mathsf{A}_2 = -\lambda_1\lambda_1'; \\ \mathsf{A}_0' = -\frac{1}{2}(\mu_1\mu_2' + \mu_2\mu_1'), \quad \mathsf{A}_1' = \mu_2\mu_2', \quad \mathsf{A}_2' = -\mu_1\mu_1'.\text{*)} \end{cases}$$

Die Formen $\Omega$, welche hier die zweckmässigsten sind, können wir den früher citirten Angaben von Hrn. *Gordan* entnehmen. Als $\Omega_1$ wählen wir die Form $\tau$, die wir in § 11 des vorigen Kapitels (Formel (60) daselbst) mitgetheilt haben:

$$(42)\quad \Omega_1 = \mu_1^2(-\lambda_1^6 - 3\lambda_1\lambda_2^5) + 10\mu_1\mu_2\cdot\lambda_1^3\lambda_2^3 + \mu_2^2(3\lambda_1^5\lambda_2 - \lambda_2^6).$$

Um sodann $\Omega_2$ zu gewinnen, bilden wir von der ebendort angegebenen Grundform $\alpha$ und dem noch so eben benutzten $N_1$ die Functionaldeterminante:

$$\begin{vmatrix} \frac{\partial\alpha}{\partial\mu_1} & \frac{\partial\alpha}{\partial\mu_2} \\ \frac{\partial N_1}{\partial\mu_1} & \frac{\partial N_1}{\partial\mu_2} \end{vmatrix}.$$

Wir erhalten so:

$$(43)\quad \Omega_2 = \mu_1^2(-10\lambda_1^8\lambda_2^2 + 20\lambda_1^3\lambda_2^7) + 2\mu_1\mu_2(-\lambda_1^{10} + 14\lambda_1^5\lambda_2^5 + \lambda_2^{10}) + \mu_2^2(-20\lambda_1^7\lambda_2^3 - 10\lambda_1^2\lambda_2^8).$$

Endlich ziehen wir als $\Omega_3$ das Quadrat von $N_1$ heran:

$$(44)\qquad \Omega_3 = [\mu_1(-7\lambda_1^5\lambda_2^2 - \lambda_2^7) + \mu_2(\lambda_1^7 - 7\lambda_1^2\lambda_2^5)]^2.$$

Indem wir jetzt unseren Umwandelungsprocess zunächst auf $\Omega_1$ anwenden, entsteht, nach Wegwerfung eines Zahlenfactors, die folgende einfachste Form $F_1$, dritten Grades in den $\mathsf{A}_0$, $\mathsf{A}_1$, $\mathsf{A}_2$:

$$(45)\quad F_1 = 2\mathsf{A}_0'(2\mathsf{A}_0^3 - 3\mathsf{A}_0\mathsf{A}_1\mathsf{A}_2) - \mathsf{A}_1'(3\mathsf{A}_0\mathsf{A}_2^2 + \mathsf{A}_1^3) - \mathsf{A}_2'(3\mathsf{A}_0\mathsf{A}_1^2 + \mathsf{A}_2^3).$$

Wir behandeln jetzt $\Omega_2$ (43) in ähnlicher Weise, subtrahiren aber vom Resultate der Vereinfachung halber noch ein geeignetes Multiplum von $A\cdot F_1$. So entsteht:

$$\begin{aligned}(46)\qquad F_2 = {} & 2\mathsf{A}_0'(-8\mathsf{A}_0^3\mathsf{A}_1\mathsf{A}_2 + 6\mathsf{A}_0\mathsf{A}_1^2\mathsf{A}_2^2 - \mathsf{A}_1^5 - \mathsf{A}_2^5) \\ & + \mathsf{A}_1'(16\mathsf{A}_0^3\mathsf{A}_2^2 - 8\mathsf{A}_0^2\mathsf{A}_1^3 - 4\mathsf{A}_0\mathsf{A}_1\mathsf{A}_2^3 + 2\mathsf{A}_1^4\mathsf{A}_2) \\ & + \mathsf{A}_2'(16\mathsf{A}_0^3\mathsf{A}_1^2 - 8\mathsf{A}_0^2\mathsf{A}_2^3 - 4\mathsf{A}_0\mathsf{A}_1^3\mathsf{A}_2 + 2\mathsf{A}_1\mathsf{A}_2^4).\end{aligned}$$

---

*) Natürlich könnten wir auch im cogredienten Falle genau so verfahren; wir würden dann aber keine anderen Resultate erhalten, als die ohnehin mitgetheilten, und nur den Polarisationsprocess, der uns oben zu den $A$, $B$, $C$, $D$ geführt hat, noch einmal wiederholen.

Wir behandeln endlich $\Omega_3$ (44) und erhalten nach Subtraction geeigneter Multipla von $A^2 \cdot F_1$ und $A \cdot F_2$:

$$(47)\quad F_3 = 2\mathsf{A}_0'(32\mathsf{A}_0^3\mathsf{A}_1^2\mathsf{A}_2^2 - 4\mathsf{A}_0^2(\mathsf{A}_1^5+\mathsf{A}_2^5) - 16\mathsf{A}_0\mathsf{A}_1^3\mathsf{A}_2^3 + 3\mathsf{A}_1\mathsf{A}_2(\mathsf{A}_1^5+\mathsf{A}_2^5))$$
$$+ \mathsf{A}_1'(-32\mathsf{A}_0^5\mathsf{A}_2^2 + 48\mathsf{A}_0^4\mathsf{A}_1^3 - 32\mathsf{A}_0^3\mathsf{A}_1\mathsf{A}_2^3 - 4\mathsf{A}_0^2\mathsf{A}_1^4\mathsf{A}_2 + 14\mathsf{A}_0\mathsf{A}_1^2\mathsf{A}_2^4 - 3\mathsf{A}_1^5\mathsf{A}_2^2 - \mathsf{A}_2^7)$$
$$+ \mathsf{A}_2'(-32\mathsf{A}_0^5\mathsf{A}_1^2 + 48\mathsf{A}_0^4\mathsf{A}_2^3 - 32\mathsf{A}_0^3\mathsf{A}_1^3\mathsf{A}_2 - 4\mathsf{A}_0^2\mathsf{A}_1\mathsf{A}_2^4 + 14\mathsf{A}_0\mathsf{A}_1^4\mathsf{A}_2^2 - 3\mathsf{A}_1^2\mathsf{A}_2^5 - \mathsf{A}_1^7).$$

Indem wir die so gewonnenen $F_1$, $F_2$, $F_3$ in (39) und hierdurch in (38) eintragen, ist auch im contragredienten Falle unserer Aufgabe vollkommen entsprochen.

## § 10. Gruppentheoretische Bedeutung von Cogredienz und Contragredienz.

Wir kehren jetzt zu der gruppentheoretischen Frage zurück, zu der wir bei Beginn von § 8 geführt wurden. Die linearen Substitutionen der B sind denen der A jedenfalls holoedrisch isomorph; es handelt sich also in letzter Linie um die Aufgabe, zu untersuchen, auf wie viel verschiedene Weisen man eine Gruppe von 60 Ikosaedersubstitutionen:

$$(48)\qquad V_0,\ V_1,\ \cdots\cdots\ V_{59}$$

holoedrisch isomorph sich selbst zuordnen kann. Zwei Arten dieser Zuordnung sind durch Cogredienz und Contragredienz gegeben; wir wollen zeigen, dass auf sie alle anderen im Wesentlichen zurückkommen.

Ich muss dabei von vorneherein sagen, welche Umordnungen von (48) als unwesentlich betrachtet werden sollen. Es sind diejenigen Umordnungen, welche im Sinne unserer früheren Erläuterungen (I, 1, § 2) durch *Transformation* entstehen, welche also $V_k$ je durch $V'^{-1}V_kV'$ ersetzen, unter $V'$ eine beliebige Operation von (48) verstanden. Bei den Anwendungen, die wir zu machen haben, können wir nämlich eine solche Umordnung immer als blosse Aenderung des Coordinatensystems deuten. Man ersetze die Variable $z$, die den Ikosaedersubstitutionen (48) unterworfen wird, durch $z' = V'(z)$, so wird an Stelle der Operation $V_k$ durchweg $V'^{-1}V_kV'$ treten. Analog, wenn wir die $V_k$ als die ternären Substitutionen unserer $\mathsf{A}_0$, $\mathsf{A}_1$, $\mathsf{A}_2$ deuten.

Wir recurriren jetzt, indem wir uns vornehmen, wiederholt das gerade formulirte „Transformationsprincip“ zu verwenden, auf die Erzeugung der Ikosaedergruppe aus zwei Operationen $S$ und $T$, von denen die erste die Periode 5, die zweite die Periode 2 besitzt (I, 1,

§ 12). Wir werden die Zuordnung, die wir suchen, bestimmt haben, sobald wir angeben, welche Operationen $S'$, $T'$ den $S$, $T$ entsprechen sollen. Hier wird $S'$ jedenfalls wieder die Periode 5 besitzen müssen. Nach I, 1, § 8 gibt es aber innerhalb der Ikosaedergruppe überhaupt 24 Operationen von der Periode 5, von denen 12 mit $S$, 12 andere mit $S^2$ gleichberechtigt sind. Wenn wir also bei der von uns gesuchten Zuordnung eine Modification derselben durch geeignete Transformation der Gruppe zu Hülfe nehmen, *können wir auf alle Fälle* $S'$ *entweder* $= S$ *oder* $= S^2$ *setzen.* Ist dies geschehen, so bleibt $S'$ ungeändert, wenn wir $V_k$ allgemein durch $S^{-\nu} V_k S^{\nu}$ ersetzen ($\nu = 0, 1, 2, 3, 4$). Man beachte jetzt die 15 Operationen von der Periode 2, welche in (48) enthalten sind. Wenn wir $\nu$ in der gerade genannten Transformation geeignet wählen, so können wir die einzelne Operation von der Periode 2 immer auf eine der folgenden drei zurückführen:

$$T, \quad TU, \quad U,$$

wo $U$ in I, 1, § 8 definirt ist [man vergl. I, 2, § 6]. *Haben wir daher über* $S'$ *in der gerade genannten Weise verfügt, so genügt es,* $T'$ *irgend einer der drei Operationen* $T$, $TU$, $U$ *gleich zu setzen.* Man vergleiche jetzt die Periodicitätsangaben in I, 2, § 6. Denselben zufolge hat $ST$ die Periode 3; es muss also auch $S'T'$ die Periode 3 haben. Nun findet man aber ebendort für $ST$, $STU$, $SU$, $S^2T$, $S^2TU$, $S^2U$ beziehungsweise die Perioden 3, 5, 2, 5, 3, 2 angegeben. Daher kann $S'T'$ nur entweder wieder $ST$ oder $S^2TU$ sein. *Es bleiben also überhaupt bloss zwei Möglichkeiten: das eine Mal setzen wir* $S' = S$, $T' = T$, *das andere Mal* $S' = S^2$, $T' = TU$. Schreiben wir die zugehörigen Ikosaedersubstitutionen hin, so erkennen wir, dass $S^2$ und $TU$ aus $S$ und $T$ hervorgehen, indem wir $\varepsilon$ in $\varepsilon^2$ verwandeln. *Somit werden wir in der That genau zu den beiden Fällen der Cogredienz und Contragredienz, und nur zu ihnen, hingeführt,* was zu beweisen war. *

Offenbar können wir die Frage, welche hiermit beim Ikosaeder beantwortet ist, bei jeder Gruppe wiederholen. Ist dann ein Formenproblem vorgelegt, welches zu einer bereits untersuchten Gruppe gehört, so können wir algebraische Entwickelungen verlangen, die den in § 8, 9 gegebenen entsprechen. Ich will mich hier nicht auf allgemeine Erläuterungen einlassen, die über unser Thema hinausführen würden (siehe indess I, 5, § 5). Nur diese eine Bemerkung finde hier ihre Stelle, dass der cogrediente Fall (der natürlich jedesmal existirt) immer dann durch Polarenbildung erledigt werden kann, wenn unter den Invarianten des Formenproblems eine solche vom zweiten Grade ist. Dies tritt zumal bei denjenigen Formenproblemen ein, deren Variabele $x_0, x_1, \cdots x_{n-1}$ einfach permutirt werden, die also durch Gleichungen

$r^{\text{ten}}$ Grades mit unbeschränkten Coefficienten repräsentirt werden. Benutzen wir bei ihnen die Invariante $\Sigma x^2$ genau so, wie wir soeben (in § 9) den Kegelschnitt $\mathsf{B}_0^2 + \mathsf{B}_1\mathsf{B}_2$ verwandten, so gelangen wir dazu, den $x_0, x_1, \cdots x_{n-1}$ die Differentialquotienten $\frac{\partial \varphi}{\partial x_0}, \frac{\partial \varphi}{\partial x_1}, \cdots \frac{\partial \varphi}{\partial x_{n-1}}$ covariant zu setzen, unter $\varphi$ irgend eine bei den Vertauschungen der Gruppe invariante Form verstanden. Offenbar kommen wir durch Verfolg dieses Ansatzes, sobald wir als Functionen $\varphi$ insbesondere Potenzsummen der $x$ in Betracht ziehen, genau zur *Tschirnhaustransformation* zurück. Das alte Verfahren von Tschirnhaus subsumirt sich also, zusammen mit den Formeln (38), unter eine allgemeine, auf Formenprobleme einer bestimmten Classe bezügliche Methode. — Man vergleiche hierzu, was in II, 2, § 7 über die Zuordnung von Punkten und Ebenen gesagt wurde*).

## § 11. Ansatz zur Auflösung unseres Problems.

Wir wollen die Analogie mit der Tschirnhaustransformation einen Augenblick festhalten und die Coefficienten $R_1$, $R_2$, $R_3$ in (39) dementsprechend als unbestimmte Grössen betrachten. Berechnen wir dann für die zugehörigen $\mathsf{B}_0$, $\mathsf{B}_1$, $\mathsf{B}_2$ den Ausdruck $\mathsf{B}_0^2 + \mathsf{B}_1\mathsf{B}_2$, so erhalten wir eine quadratische Form dieser Grössen, welche wir durch mannigfache Annahme der $R_1$, $R_2$, $R_3$ zu Null machen können. Dann aber können wir, wie wir wissen, die $\mathsf{B}_0$, $\mathsf{B}_1$, $\mathsf{B}_2$ unmittelbar durch eine Ikosaedergleichung bestimmen. Ist dies geschehen, so bringen wir jetzt noch einmal die Formel (39), bez. (38) in Anwendung, doch so, dass wir die Buchstaben $\mathsf{A}$, $\mathsf{B}$ vertauschen und also $\mathsf{A}_0$, $\mathsf{A}_1$, $\mathsf{A}_2$ durch $\mathsf{B}_0$, $\mathsf{B}_1$, $\mathsf{B}_2$ ausdrücken. Die Coefficienten $R_1$, $R_2$, $R_3$ werden dann nothwendig rationale Functionen der ursprünglichen $A$, $B$, $C$, $D$ und derjenigen Irrationalitäten, die wir eingeführt haben mögen, indem wir $\mathsf{B}_0^2 + \mathsf{B}_1\mathsf{B}_2 = 0$ setzten: *das ursprüngliche Problem der* $\mathsf{A}$ *ist also durch Vermittelung dieser Irrationalitäten und der für die* $\mathsf{B}$ *maassgebenden Ikosaedergleichung gelöst***).

Ich erwähnte dies allgemeine Verfahren nur, um die Anwend-

---

*) Man kann die Bemerkung des Textes noch ein wenig verallgemeinern. Es ist nicht nöthig, damit die Polarenbildung zum Ziele helfe, dass eine in den $x$ quadratische, invariante Form existire, sondern es genügt das Vorhandensein einer invarianten, *in den $x$, $x'$ bilinearen* Form. In diesem Sinne gehören die Formeln (35) ebenfalls hierher, denn in ihrem Falle liegt eine solche bilineare Invariante in der Determinante $(\lambda_2 \mu_1 - \lambda_1 \mu_2)$ vor.

**) Wir berührten denselben Gedanken bereits (indem wir von den Jacobischen Gleichungen sechsten Grades sprachen) in II, 1, § 6.

barkeit der Formel (39) hervortreten zu lassen. Der Weg, den wir jetzt einschlagen wollen, um das Problem der A zu lösen, d. h. auf eine Ikosaedergleichung zu reduciren, ist ein sehr viel einfacherer. Wir hatten: *

$$(49) \qquad 2\mathsf{A}_0 = -(\lambda_1\lambda_2' + \lambda_2\lambda_1'), \quad \mathsf{A}_1 = \lambda_2\lambda_2', \quad \mathsf{A}_2 = -\lambda_1\lambda_1';$$

*wir wollen die Auflösung jetzt so versuchen, dass wir uns die Ikosaedergleichung gebildet denken, von der das hier auftretende* $\frac{\lambda_1}{\lambda_2}$ *resp. das* $\frac{\lambda_1'}{\lambda_2'}$ *abhängt.* Geometrisch heisst dies, dass wir den Punkt A durch einen der beiden Punkte auf $A = 0$ zu bestimmen suchen, in welchem eine von A an den Kegelschnitt $A$ laufende Tangente berührt, während die allgemeine soeben skizzirte Methode, — wenn anders wir die vorkommenden Functionen als homogene Functionen der $\mathsf{A}_0$, $\mathsf{A}_1$, $\mathsf{A}_2$ voraussetzen —, dem Punkte A *irgend einen* auf $A = 0$ gelegenen covarianten Punkt zuordnet, sodann auch dessen Coordinaten $\mathsf{B}_0$, $\mathsf{B}_1$, $\mathsf{B}_2$ nicht nur ihrem Verhältnisse nach, sondern absolut bestimmt denkt.

Die Analogie unserer Fragestellung mit derjenigen, die wir nach Hrn. *Gordan* im vorigen Kapitel behandelt haben, liegt auf der Hand. Es handelt sich, wie wir wissen, beidemal um ein Formenproblem, dessen Variabele bilineare Formen solcher zweier Reihen binärer Variabler sind, die simultan den Ikosaedersubstitutionen unterworfen werden: beidemal suchen wir die Lösung, indem wir auf die Ikosaedergleichung zurückgehen, von der die Variabelen der einen Reihe ihrem Verhältnisse nach abhängen. Wir werden dementsprechend genau dem Gedankengange folgen können, der in § 6—11 des vorigen Kapitels entwickelt wurde: die einzelnen Schritte werden so einfach, dass es überflüssig scheint, die jedesmaligen Resultate ausführlich zu begründen. *

Wir beginnen damit, solche homogene ganze Functionen der $\lambda_1$, $\lambda_2$ und $\lambda_1'$, $\lambda_2'$ aufzuzählen, welche bei den simultanen (jetzt cogredienten) Ikosaedersubstitutionen dieser Grössen ungeändert bleiben (*invariante Formen*). Die einfachsten beiden in den $\lambda'$ linearen Formen haben wir in Formel (35) zusammengestellt; es waren die folgenden beiden: *

$$(50) \qquad \begin{cases} \lambda_1\lambda_2' - \lambda_2\lambda_1' = \sqrt{A}, \\ \dfrac{\partial f}{\partial \lambda_1}\cdot\lambda_1' + \dfrac{\partial f}{\partial \lambda_2}\cdot\lambda_2' = \mathsf{P}, \end{cases}$$

(wo gleich der ausgerechnete Werth der ersten Form angegeben und der Buchstabe P für später der Abkürzung halber eingeführt ist). Es gehören ferner hierher, wie wir schon in § 2 bemerkten, alle sonstigen Formen, welche aus $f(\lambda_1, \lambda_2)$, $H(\lambda_1, \lambda_2)$, $T(\lambda_1, \lambda_2)$ durch Polarisation nach $\lambda_1'$, $\lambda_2'$ entstehen*). Unsere $A$, $B$, $C$, $D$, die

*) Ich urgire nicht weiter, dass mit den solchergestalt aufgezählten Formen bereits das volle System der hier in Betracht kommenden Invarianten erschöpft ist.

„bekannten“ Grössen des Formenproblems, sind solche Combinationen der hiermit genannten Formen, welche in den $\lambda, \lambda'$ symmetrisch sind.

Wir betrachten jetzt überhaupt die *Vertauschung* der $\lambda, \lambda'$, d. h. die Ersetzung von $\lambda_1, \lambda_2$ durch $\lambda_1', \lambda_2'$ und umgekehrt. Bleibt eine invariante Form bei Vertauschung von $\lambda, \lambda'$ ungeändert, so ist sie eine ganze Function von $A, B, C, D$; ändert sie dagegen bei Vertauschung ihr Vorzeichen, so ist sie das Product einer solchen ganzen
* Function in $\sqrt{A}$ (50). Hat eine invariante Form nur gleichen Grad in den $\lambda, \lambda'$, so kann sie immer in folgende Gestalt gesetzt werden:

$$(51)\qquad F(\lambda_1, \lambda_2;\, \lambda_1', \lambda_2') = G(A, B, C, D) + \sqrt{A}\cdot H(A, B, C, D),$$

wo die ganzen Functionen $G, H$ durch folgende Gleichungen definirt sind:

$$(52)\qquad \begin{cases} 2G = F(\lambda_1, \lambda_2;\, \lambda_1', \lambda_2') + F(\lambda_1', \lambda_2';\, \lambda_1, \lambda_2), \\ 2\sqrt{A}\cdot H = F(\lambda_1, \lambda_2;\, \lambda_1', \lambda_2') - F(\lambda_1', \lambda_2';\, \lambda_1, \lambda_2). \end{cases}$$ —

Der allgemeine Gang unserer Auflösungsmethode wird nunmehr folgender sein. Wir haben zunächst die Ikosaedergleichung zu bilden:

$$(53)\qquad \frac{H^3(\lambda_1, \lambda_2)}{1728\, f^5(\lambda_1, \lambda_2)} = Z,$$

von welcher $\lambda_1 : \lambda_2$ abhängt, dann aber die Invariante $\mathsf{P}$ (50) durch $\lambda_1, \lambda_2, \sqrt{A}$ und die bekannten Grössen auszudrücken. Beides gelingt, wenn wir Formel (51), (52) in geschickter Weise verwenden. Wir betrachten sodann die Formeln (50) als lineare Gleichungen zur Bestimmung von $\lambda_1', \lambda_2'$: *die gesuchten Schlussformeln für die* $\mathsf{A}_0, \mathsf{A}_1, \mathsf{A}_2$ *ergeben sich, indem wir die gefundenen Werthe in* (49) *eintragen.* Dabei erscheinen die $\mathsf{A}_0, \mathsf{A}_1, \mathsf{A}_2$, wie es sein muss, als geeignete lineare Combinationen der linearen Invarianten $\sqrt{A}$ und $\mathsf{P}$.

## § 12. **Zugehörige Formeln.**

Die Formeln, welche vermöge des allgemeinen soeben gegebenen Ansatzes benöthigt werden, sollen jetzt noch soweit entwickelt werden, als zur Präcisirung des Gedankenganges wünschenswerth erscheint. Ich will dabei wieder (wie im vorigen Kapitel) die uns ursprünglich gegebenen Formen mit dem Index 1, die anderen, die aus ihnen durch Vertauschung der Variabelen $\lambda, \lambda'$ entstehen, mit dem Index 2 bezeichnen. Höhere Indices mögen den Grad ganzer Functionen der jeweils beigesetzten Argumente unter der Voraussetzung angeben, dass man diese Argumente als Functionen der $\mathsf{A}_0, \mathsf{A}_1, \mathsf{A}_2$ betrachtet.

Wir beginnen mit der Berechnung von $Z$ (53), oder, wie wir jetzt sagen, von $Z_1$. Offenbar haben wir der Reihe nach:

$$(54)\qquad Z_1 = \frac{H_1^3}{1728 f_1^5} = \frac{H_1^3 f_2^5}{1728 f_1^5 f_2^5}$$

$$= \frac{(H_1^3 f_2^5 + H_2^3 f_1^5) + (H_1^3 f_2^5 - H_2^3 f_1^5)}{3456 f_1^5 f_2^5}$$

$$= \frac{G_{60}(A, B, C) + \sqrt{A} \cdot D \cdot G_{44}(A, B, C)}{3456\,[G_{12}(A, B, C)]^5}.$$

Neben (51), (52) habe ich dabei den Umstand verwendet, dass unter den gegebenen Grössen $A$, $B$, $C$, $D$ das $D$ allein von ungeradem Grade in den $\mathsf{A}$, sowie, dass $D^2$ eine ganze Function von $A$, $B$, $C$ ist. — Die ganzen Functionen $G_{12}$, $G_{44}$, $G_{60}$ von $A$, $B$, $C$ bleiben auszuwerthen, indem man auf die expliciten Werthe der in Betracht kommenden Grössen in den $\mathsf{A}_0$, $\mathsf{A}_1$, $\mathsf{A}_2$ recurrirt. Die betreffende Rechnung ist natürlich etwas umständlich; ich unterlasse sie, weil sie keinerlei principielles Interesse bietet.

Wir wenden uns jetzt zur Berechnung von $\mathsf{P}$, oder vielmehr von $\mathsf{P}_1$. Die Form $\mathsf{P}_1$ ist in den $\lambda'$ von der ersten, in den $\lambda$ von der elften Dimension; wollen wir ein Verfahren, wie das eben bei $Z_1$ angewandte, benutzen, so werden wir $\mathsf{P}_1$ vorab mit solchen nur von $\lambda_1$, $\lambda_2$ abhängigen Factoren behaften müssen, dass das entstehende Aggregat in den $\lambda$, $\lambda'$ gleichförmig die erste Dimension besitzt. Wir setzen dementsprechend:

$$(55)\qquad \varrho_1 = \frac{\mathsf{P}_1 \cdot H_1}{T_1},$$

und haben dann der Reihe nach:

$$(56)\qquad \varrho_1 = \frac{\mathsf{P}_1 \cdot H_1}{T_1} = \frac{\mathsf{P}_1 \cdot H_1 T_2}{T_1 T_2}$$

$$= \frac{(\mathsf{P}_1 H_1 T_2 + \mathsf{P}_2 H_2 T_1) + (\mathsf{P}_1 H_1 T_2 - \mathsf{P}_2 H_2 T_1)}{2 T_1 T_2}$$

$$= \frac{D \cdot G_{16}(A, B, C) + \sqrt{A} \cdot G_{30}(A, B, C)}{2\,\Gamma_{30}(A, B, C)},$$

wo die ganzen Functionen $G_{16}$, $G_{30}$, $\Gamma_{30}$ auszuwerthen bleiben. — Tragen wir ein, so kommt:

$$(57)\qquad \mathsf{P}_1 = \frac{T_1}{H_1} \cdot \frac{D \cdot G_{16}(A, B, C) + \sqrt{A} \cdot G_{30}(A, B, C)}{2\,\Gamma_{30}(A, B, C)}.$$

Wir suchen jetzt, wie verabredet, aus $\sqrt{A}$ und $\mathsf{P}_1$ die $\lambda_1'$, $\lambda_2'$. Die entstehenden Formeln lauten einfach:

$$(58)\qquad \begin{cases} \lambda_1' = -\sqrt{A} \cdot \dfrac{\frac{\partial f_1}{\partial \lambda_2}}{12 f_1} + P_1 \cdot \dfrac{\lambda_1}{12 f_1}, \\[2ex] \lambda_2' = +\sqrt{A} \cdot \dfrac{\frac{\partial f_1}{\partial \lambda_1}}{12 f_1} + P_1 \cdot \dfrac{\lambda_2}{12 f_1}. \end{cases}$$

Indem wir sie mit (49) vergleichen, kommt schliesslich:

$$
* \quad (59) \qquad \left\{\begin{aligned}
2\mathsf{A}_0 &= -\sqrt{A} - 2\mathsf{P}_1 \cdot \frac{\lambda_1\lambda_2}{12 f_1},\\
\mathsf{A}_1 &= +\sqrt{A} \cdot \frac{\lambda_2 \frac{\partial f_1}{\partial \lambda_1}}{12 f_1} + \mathsf{P}_1 \cdot \frac{\lambda_2^2}{12 f_1},\\
\mathsf{A}_2 &= -\sqrt{A} \cdot \frac{\lambda_1 \frac{\partial f_1}{\partial \lambda_2}}{12 f_1} - \mathsf{P}_1 \cdot \frac{\lambda_1^2}{12 f_1},
\end{aligned}\right.
$$

wo wir uns für $\mathsf{P}_1$ den Werth (57) eingetragen denken.

Wir können die hiermit gegebene Auflösungsmethode, wenn wir noch einmal den Entwickelungsgang des vorigen Kapitels heranziehen wollen, mannigfach modificiren. Man substituire beispielsweise in (59) statt $\mathsf{P}_1$ die Grösse $\varrho_1$ (55), worauf die A nur von $\sqrt{A}$, $\varrho_1$ und $\lambda_1 : \lambda_2$ abhängen, berechne sodann, indem man diese drei Grössen als beliebig gegeben ansieht, das zugehörige Problem der A und vergleiche dasselbe mit dem vorgegebenen Probleme. Man erhält so für $\varrho_1$ und $Z_1$ (53) Bestimmungsgleichungen, die zur wirklichen Berechnung derselben verwandt werden können. Auch können wir, wie wir es im vorigen Kapitel thaten, jeden Schritt der Auflösungsmethode geometrisch
* deuten. Indem ich alle diese Dinge dem Leser überlasse, betone ich zum Schlusse noch das Auftreten von $\sqrt{A}$. Im Sinne unserer früheren Ausdrucksweise ist dies eine *accessorische Irrationalität*, d. h. eine solche, welche in den zu berechnenden Grössen $\mathsf{A}_0$, $\mathsf{A}_1$, $\mathsf{A}_2$ nicht rational ist*). Wir werden bald sehen, dass eine derartige Irrationalität in der That nicht zu vermeiden ist, wenn anders wir das Problem der A auf eine Ikosaedergleichung zurückführen wollen.

---

*) In analogem Sinne überträgt sich der Begriff der accessorischen Irrationalität auf Formenprobleme überhaupt.

# Kapitel V.

## Die allgemeinen Gleichungen fünften Grades.

### § 1. Formulirung zweier Auflösungsmethoden.

Indem wir uns jetzt zu den allgemeinen Gleichungen fünften Grades wenden, nehmen wir sofort das eigentliche Auflösungsproblem in Angriff*). Es handelt sich in der Hauptsache darum, aus fünf Grössen $x_0, x_1, \cdot\cdot x_4$, welche der einzigen Bedingung $\Sigma x = 0$ unterworfen sind, eine Function $\varphi(x_0, x_1, \cdot\cdot\cdot, x_4) = \lambda$ zusammenzusetzen, welche bei den geraden Vertauschungen der $x$ sich ikosaedrisch substituirt; wie wir später die einzelnen $x$ rational durch $\lambda$ darstellen werden, ist eine Frage für sich, die wir für's Erste als secundär betrachten. Indem wir uns vorab auf die Hauptfrage beschränken, legen wir geometrische Interpretation zu Grunde: wir deuten, wie es oben geschah, $x_0 : x_1 : \cdot\cdot\cdot x_4$ als Coordinaten eines Raumpunktes, $\lambda$ aber als Parameter einer Erzeugenden erster Art auf der Hauptfläche zweiten Grades $\Sigma x^2 = 0$. Unsere Aufgabe wird dann: *dem beliebigen Raumpunkte $x$ durch geeignete Construction eine Erzeugende $\lambda$ in covarianter Weise zuzuordnen*, d. h. der Art zuzuordnen, dass die Beziehung zwischen Raumpunkt und Erzeugender ungeändert bleibt, wenn man beide simultan den geraden Collineationen unterwirft.

Eine erste Lösung dieser Aufgabe ergibt sich, auf Grund unserer bisherigen Entwickelungen, wie von selbst. *Wir werden nämlich dem Punkte $x$ zuvörderst in covarianter Weise einen Punkt $y$ der Hauptfläche zuweisen und dann als Erzeugende $\lambda$ die durch $y$ hindurchlaufende Erzeugende nehmen.* Also, dass wir gleich die hieraus hervorgehende algebraische Behandlung der allgemeinen Gleichung fünften Grades charakterisiren: *wir werden die allgemeine Gleichung fünften Grades durch eine geeignete Tschirnhaustransformation in eine Hauptgleichung*

---

*) Die im Folgenden gegebenen Entwickelungen sind ihren Grundzügen nach bereits in meinen öfter citirten Arbeiten in den Bänden 12, 14, 15 der Mathematischen Annalen enthalten, doch werden sie hier zum ersten Male in zusammenhängender Form zur Darstellung gebracht.

*fünften Grades verwandeln und dann diese nach der im dritten Kapitel des gegenwärtigen Abschnitts dargelegten Methode auflösen.*

Die Tschirnhaustransformation, welche bei dem hiermit bezeichneten Verfahren benöthigt wird, haben wir bereits in II, 2, § 6 genauer besprochen und dort in der Weise formulirt, dass wir dem Punkte $x$ zunächst eine Raumgerade zuordneten, welche zwei rationale, zu $x$ covariante Punkte verbindet, um dann von den Schnittpunkten, die diese Raumgerade mit der Hauptfläche gemein hat, den einen als Punkt $y$ zu wählen. Dabei wurde zur Trennung der beiden Schnittpunkte, allgemein zu reden, eine accessorische Quadratwurzel gebraucht. Wollen wir uns kurz fassen, so können wir bei Beschreibung dieser Construction den Punkt $y$ auch bei Seite lassen. Es handelt sich für uns dann einfach darum, eine der beiden Erzeugenden erster Art der Hauptfläche zu benutzen, welche einer zu $x$ covarianten Raumgeraden begegnen. Die accessorische Quadratwurzel beruht darauf, dass es neben einer ersten Erzeugenden dieser Art, die wir $\lambda$ nennen, immer noch eine zweite, mit $\lambda$ gleichberechtigte gibt, die wir einen Augenblick mit $\lambda'$ bezeichnen wollen. Indem wir uns so ausdrücken, erkennen wir die Möglichkeit, die Benutzung der accessorischen Irrationalität noch etwas hinauszuschieben. *Statt gleich die Ikosaedergleichung aufzusuchen, von welcher $\lambda$ abhängt, werden wir vorab das Gleichungssystem aufstellen, durch welches die symmetrischen Functionen der $\lambda$, $\lambda'$ bestimmt werden, und erst später aus diesem Gleichungssysteme die vorbenannte Ikosaedergleichung ableiten.* Das aber heisst augenscheinlich nichts Anderes, als dass wir auf die Entwickelungen unseres soeben abgeschlossenen vierten Kapitels zurückgreifen. In der That: unsere $\lambda$, $\lambda'$ sind cogrediente Variabele; das Gleichungssytem, von dem wir sprechen, ist also ein Gleichungssystem der A, bei dessen Behandlung wir übrigens sofort, wie wir sehen werden, zur homogenen Fassung, d. h. zum *Formenproblem der* A hingeführt werden. Zugleich ist die Ikosaedergleichung, von welcher $\lambda$ abhängt, dieselbe, die wir ohnehin bei Auflösung des Problems der A benutzen würden. *Wir finden also eine zweite Lösungsmethode der allgemeinen Gleichung fünften Grades, bei der wir die Entwickelungen von* II, 4 *genau so verwerthen, wie bei der ersten Lösungsmethode diejenigen von* II, 3.

Uebrigens ist die Formulirung, welche wir gerade für die zweite Lösungsmethode aufstellten, noch unnöthig particulär. Indem wir uns der Betrachtungen erinnern, die wir in II, 2, § 9 gegeben haben, erkennen wir, dass wir dem Punkte $x$ statt einer Raumgeraden bei Durchführung der zweiten Methode einen allgemeinen linearen Complex zuordnen können. *Die Erzeugenden $\lambda$, $\lambda'$ sind dann diejenigen beiden,* *welche diesem linearen Complexe angehören.* Die expliciten Formeln, welche wir später behufs Präcisirung der zweiten Methode aufstellen werden, bleiben von dieser Verallgemeinerung unberührt; wir werden also auf die specielle Formulirung, mit der wir gerade begonnen haben, überhaupt nur beiläufig zurückkommen.

Wir haben für die folgenden Paragraphen nunmehr eine doppelte Aufgabe. Einmal werden wir noch die genauen Formeln aufstellen müssen, welche den zweierlei Lösungsmethoden, deren Möglichkeit wir erkannten, entsprechen, — dann aber wollen wir die Gesammtheit jener Untersuchungen, über die wir in II, 1 Bericht erstatteten, in unsere eigenen Ueberlegungen einordnen. In letzterer Hinsicht ist von vorneherein die Verwandtschaft unserer ersten Lösungsmethode mit derjenigen von *Bring*, unserer zweiten Methode mit derjenigen von *Kronecker* evident. Durch Benutzung eines Satzes, den wir früher (I, 2, § 8) über die Ikosaedersubstitutionen aufgestellt haben, gelingt es denn auch, jenen Fundamentalsatz der Kronecker'schen Theorie zu beweisen, über den wir in II, 1, § 7 referirt haben.

## § 2. Durchführung unserer ersten Methode.

Um unsere erste Methode zu fixiren, sei

$$x^5 + ax^3 + bx^2 + cx + d = 0 \tag{1}$$

die vorgelegte Gleichung fünften Grades (bei der wir $\Sigma x = 0$ genommen haben). Wir setzen ferner nach II, 2, § 5:

$$y_\nu = p \cdot x_\nu^{(1)} + q \cdot x_\nu^{(2)} + r \,.\, x_\nu^{(3)} + s \cdot x_\nu^{(4)}, \tag{2}$$

wo $x_\nu^{(k)} = x_\nu^k - \frac{1}{5}\Sigma x^k$, und berechnen $\Sigma y^2$. Dasselbe wird eine homogene ganze Function zweiten Grades der $p$, $q$, $r$, $s$:

$$\Phi(p, q, r, s), \tag{3}$$

deren Coefficienten symmetrische, ganze Functionen der $x$ und also ganze Functionen der in (1) auftretenden Coefficienten $a$, $b$, $c$, $d$ sind. *Wir wünschen ein Lösungssystem der Gleichung $\Phi = 0$ zu finden, welches bei den geraden Vertauschungen der $x$ ungeändert bleibt.*

Bemerken wir vorab, dass die gesuchten $p$, $q$, $r$, $s$ unmöglich gleich rationalen Functionen der $x_0$, $x_1$, $\cdot\cdot$ $x_4$ sein können. Es geht dies aus dem später zu erbringenden Beweise hervor, demzufolge bei Durchführung unserer Methoden die Benutzung einer accessorischen Irrationalität, zum Mindesten also einer accessorischen Quadratwurzel, nicht zu vermeiden ist*). Um so mehr greifen wir auf die geometrische

*) Umgekehrt würde man, wenn man den Satz des Textes (betreffs der Irrationalität der $p$, $q$, $r$, $s$) direct nachwiese, einen neuen Beweis für die Nothwendigkeit

Construction mit der *covarianten Raumgeraden* zurück, die wir soeben bezeichneten und für welche wir in II, 2, § 6 bereits die nöthigen Formeln gegeben haben. Es seien:

$$P_1,\ Q_1,\ R_1,\ S_1;\quad P_2,\ Q_2,\ R_2,\ S_2$$

zwei Reihen von vier Grössen, welche von den $x$ rational und derart abhängen, dass sie sich bei den geraden Vertauschungen der $x$ nicht ändern, die also rationale Functionen der Coefficienten $a, b, c, d$ von (1) und der Quadratwurzel aus der zugehörigen Discriminante sind. Wir setzen dann in (2) wie früher:

$$(4)\qquad p = \varrho_1 P_1 + \varrho_2 P_2,\quad q = \varrho_1 Q_1 + \varrho_2 Q_2,\quad r = \varrho_1 R_1 + \varrho_2 R_2,$$
$$s = \varrho_1 S_1 + \varrho_2 S_2.$$

Hierdurch verwandelt sich $\Phi$ [Formel (3)] in eine binäre quadratische Form der $\varrho_1, \varrho_2$, deren Coefficienten rationale Functionen der bekannten Grössen sind: wir setzen $\Phi = 0$ und bestimmen $\varrho_1 : \varrho_2$ aus der entstehenden quadratischen Gleichung, wodurch die in Aussicht genommene accessorische Quadratwurzel eingeführt wird. Sodann substituiren wir zugehörige Werthe von $\varrho_1, \varrho_2$ in (4), resp. (2) und berechnen die für die $y$ resultirende Hauptgleichung, die wir folgendermaassen abkürzend bezeichnen wollen:

$$(5)\qquad y^5 + 5\alpha y^2 + 6\beta y + \gamma = 0.$$

Hiermit haben wir Alles zugerichtet, um die Entwickelungen von II, 3 unmittelbar verwenden zu können. Haben wir sodann mit Hülfe dieser Entwickelungen die Wurzeln $y_\nu$ von (5) berechnet, so finden wir die zugehörigen $x_\nu$ durch Umkehr von (2). —

Ich möchte dabei hinsichtlich der Umkehr der Tschirnhaustransformation eine beiläufige Bemerkung machen. Man sagt gewöhnlich, und so haben wir es früher auch ausgedrückt (II, 1, § 1), dass man das gesuchte $x_\nu$ rational als gemeinsame Wurzel der Gleichungen (1) und (2) [wo jetzt $y_\nu$ als bekannte Grösse zu erachten ist] berechnet. Im Wesentlichen dasselbe, aber mehr im Sinne unserer sonstigen Betrachtungen ist es, wenn wir der Formel (2) folgende andere explicite gegenüberstellen:

$$(6)\qquad x_\nu = p' \cdot y_\nu^{(1)} + q' \cdot y_\nu^{(2)} + r' \cdot y_\nu^{(3)} + s' \cdot y_\nu^{(4)},$$

---

der in Rede stehenden Quadratwurzel haben. Liesse sich nämlich aus (1) ohne Benutzung accessorischer Irrationalitäten eine Ikosaedergleichung herstellen, so würde man von dieser eine der unendlich vielen zugehörigen Hauptresolventen fünften Grades bilden können und erhielte dann durch Zusammenziehen der Formeln eine Transformation (2), deren Coefficienten $p, q, r, s$ rationale Functionen der $x$ wären, die sich bei den geraden Vertauschungen der $x$ nicht änderten.

wo $y_\nu^{(k)} = y_\nu^k - \frac{1}{5} \Sigma y^k$ und $p', q', r', s'$ rationale Functionen der $\varrho_1, \varrho_2, a, b, c, d$ und der Quadratwurzel aus der Discriminante von (1) bezeichnen, die man mit Hülfe elementarer Methoden berechnet. Die Bestimmung des $x_\nu$ lässt sich dann so auffassen, dass man, geometrisch zu reden, aus dem erstgefundenen Punkte $y = y^{(1)}$ zunächst drei weitere covariante Punkte: $y^{(2)}, y^{(3)}, y^{(4)}$ ableitet und dann aus diesen den gesuchten Punkt $x$ vermöge invarianter Coefficienten zusammensetzt*).

Beachten wir, dass bei der so geschilderten Auflösungsmethode die Berechnung von $x_\nu$ aus der Wurzel $\lambda$ der schliesslich zu Grunde gelegten Ikosaedergleichung in zwei Schritte zerlegt ist: wir haben ursprünglich, in II, 3, die fünfwerthigen Functionen von $\lambda$:

$$u_\nu = \frac{12 f^2(\lambda) \cdot t_\nu(\lambda)}{T(\lambda)}, \quad v_\nu = \frac{12 f(\lambda) \cdot W_\nu(\lambda)}{H(\lambda)}$$

benutzt, um aus ihnen, resp. aus $v_\nu$ und $u_\nu v_\nu$, die $y_\nu$ linear zusammenzusetzen, wir haben sodann den Punkt $x$ als lineare Combination der $y^{(1)}, y^{(2)}, y^{(3)}, y^{(4)}$ dargestellt. Offenbar können wir diese beiden Schritte in einen Schritt zusammenziehen: *wir können den Punkt $x$ direct aus solchen vier Punkten componiren, die Covarianten der Erzeugenden $\lambda$ sind.* Die einfachsten rationalen Functionen von $\lambda$, welche bei den Ikosaedersubstitutionen im Ganzen fünf Werthe annehmen, sind nach dem Früheren (I, 4) die folgenden:

$$u_\nu, \quad v_\nu, \quad u_\nu v_\nu, \quad r_\nu = \frac{t_\nu^2(\lambda)}{f(\lambda)}.$$

Hier ist $\Sigma u = \Sigma v = \Sigma uv = 0$, dagegen $\Sigma r \gtrless 0$, so dass wir statt *
$r_\nu$ die Verbindung $r_\nu - \frac{1}{5} \Sigma r$ einführen wollen. Dann ist:

$$(7) \qquad x_\nu = p'' \cdot u_\nu + q'' \cdot v_\nu + r'' \cdot u_\nu v_\nu + s'' \cdot \left(r_\nu - \frac{1}{5} \Sigma r\right),$$

wo $p'', q'', r'', s''$ Coefficienten derselben Beschaffenheit sind, wie eben die $p', q', r', s'$.

Ich habe diese neue Umkehrformel wesentlich aus Gründen der Vollständigkeit zugefügt. In der That scheint mir gerade dieses der eigentliche Vorzug unserer ersten Methode zu sein, dass sie bei der durch (6) dargestellten Formulirung in zwei getrennte Theile zerfällt,

*) Die geometrische Ausdrucksweise des Textes ist natürlich nur dann ein Gegenbild des algebraischen Verfahrens, wenn man letzteres wieder so specialisirt, dass durchweg dem Gesetze der Homogeneität genügt wird, d. h. dass die Verhältnisse der $y$ nur von den Verhältnissen der $x$ abhängen. Wir müssten eigentlich die gleiche Bemerkung bei allen folgenden Entwickelungen wiederholen, was wir aber der Kürze wegen unterlassen.

von denen der erste, der den Zusammenhang der allgemeinen Gleichung fünften Grades mit der Hauptgleichung betrifft, durchaus elementaren Charakter hat. Wir können Formel (6) auch als einfacher betrachten, als Formel (7). Denken wir uns nämlich die $P_1, Q_1, \cdots R_2, S_2$ in (4) nur von $a, b, c, d$, nicht aber von der Quadratwurzel aus der zugehörigen Discriminante, rational abhängig, so wird die Quadratwurzel aus der Discriminante auch in den Coefficienten von (6) fehlen, während sie in den Coefficienten von (7), wie in der rechten Seite der Ikosaedergleichung für $\lambda$, durchaus nothwendig auftritt.

## § 3. Kritik der Methoden von Bring und Hermite.

Ehe wir weiter gehen, werden wir jetzt unsere erste Lösungsmethode mit den eng verwandten Auflösungsarten vergleichen, welche Bring, bez. Hermite, gegeben haben. Die Einzelheiten, welche hier in Betracht kommen, haben wir bereits in II, 3, § 13 und 14 entwickelt. *Indem wir auf dieselben zurückgreifen, müssen wir unsere Methode als wesentliche Vereinfachung der Bring'schen Methode bezeichnen.* Auch Bring transformirt die gegebene Gleichung fünften Grades in eine Hauptgleichung, auch er benutzt die geradlinigen Erzeugenden, die auf der Hauptfläche verlaufen. Aber hierüber hinaus kommt er zu einer unnöthigen Complication: um eine Normalgleichung mit nur einem Parameter zu erreichen, glaubt er durch Vermittelung einer Hülfsgleichung dritten Grades eine neue accessorische Irrationalität einführen zu sollen. Ich halte also dafür, dass das ursprüngliche Verfahren von Bring zu verlassen ist und durch unsere erste Methode, *welche den wesentlichen Gedanken der Bring'schen Methode festhält,* ersetzt werden muss. Der Fortschritt, um den es sich handelt, findet in dem Geschlechte der bei der geometrischen Deutung zu benutzenden Gebilde seinen prägnanten Ausdruck: die Schaar der auf der Hauptfläche verlaufenden geradlinigen Erzeugenden der einen oder anderen Art bildet eine Mannigfaltigkeit vom Geschlechte $p = 0$, das Geschlecht $p$ der Bring'schen Curve ist gleich 4*).

Im Grossen und Ganzen werden wir in das hiermit formulirte Urtheil auch das Verfahren von *Hermite* einbegreifen: *wollen wir zur Auflösung der Hauptgleichung fünften Grades elliptische Functionen verwenden, so geschieht dies in einfachster Weise, wenn wir für die Wurzel*

---

*) Von diesem Werthe des $p$ und der allgemeinen Theorie der Curven $p = 4$ ausgehend, kann man, was ich hier nicht ausführe, zeigen, dass Bring's cubische Hülfsgleichung in der That nicht zu vermeiden ist, wenn man einen Punkt der Bring'schen Curve bestimmen, d. h. die trinomische Gleichungsform $y^5 + 5\beta y + \gamma = 0$ als Normalgleichung benutzen will.

*der zugehörigen Ikosaedergleichung die in I, 5, § 7 gegebene Formel benutzen.* Hermite's Benutzung der Bring'schen Form kann fürderhin nur dann noch in Betracht kommen, wenn man statt der rationalen Invariante $\frac{g_2^3}{\Delta}$, der die rechte Seite der Ikosaedergleichung gleich wird, das zugehörige $\varkappa^2$ benutzen will. In der That sahen wir ja in II, 3, § 14, dass die cubische Hülfsgleichung von Bring reducibel wird, sobald wir das $\varkappa$ als bekannt erachten. — Auch will ich hier noch besonders den Fortschritt hervorheben, der darin liegt, dass wir die Möglichkeit, die Iksosaedergleichung durch elliptische Functionen zu lösen, früher unmittelbar aus der *Gestalt* des Ikosaeders abgeleitet haben (siehe I, 5, § 7).

## § 4. Vorbereitungen zu unserer zweiten Auflösungsmethode.

Der geometrische Ansatz, den wir für unsere zweite Auflösungsmethode gegeben haben, verlangt, die quadratische Gleichung aufzustellen, von welcher die beiden Erzeugenden erster Art der Hauptfläche, die einem bestimmten linearen Complexe angehören, abhängen. Genau diese Aufgabe haben wir in II, 2, § 10 für eine beliebige Fläche zweiten Grades gelöst, *aber wohlverstanden unter Benutzung eines particulären Coordinatensystems.* Wir hatten damals als Gleichung der Fläche die folgende genommen:

$$X_1X_4 + X_2X_3 = 0, \tag{8}$$

hatten sodann den Parameter $\lambda$ der Erzeugenden erster Art in nachstehender Weise definirt:

$$\lambda = -\frac{X_1}{X_2} = \frac{X_3}{X_4} = \frac{\lambda_1}{\lambda_2} \tag{9}$$

und endlich, unter $A_{\mu,\nu}$ die Coordinaten des linearen Complexes verstanden, die Gleichung erhalten:

$$A_{42}\lambda_1^2 + (A_{23} - A_{14})\,\lambda_1\lambda_2 + A_{13}\lambda_2^2 = 0. \tag{10}$$

Ich füge hier gleich die entsprechenden Formeln für die Erzeugenden zweiter Art hinzu. Wir fanden als Definition des Parameters $\mu$:

$$\mu = -\frac{X_2}{X_4} = \frac{X_3}{X_1} = \frac{\mu_1}{\mu_2} \tag{11}$$

und als zugehörige quadratische Gleichung:

$$-A_{34}\mu_1^2 + (A_{23} + A_{14})\,\mu_1\mu_2 + A_{12}\mu_2^2 = 0. \tag{12}$$

Wir erinnern uns jetzt zunächst der Art und Weise, vermöge deren wir in II, 3, § 2, 3 die Parameter $\lambda$, $\mu$ speciell bei der Hauptfläche eingeführt haben. Es geschah dies genau in Uebereinstimmung mit (8), (9), (11), nur dass wir statt $X_1$, $X_2$, $X_3$, $X_4$ beziehungsweise $p_1$, $p_2$, $p_3$, $p_4$ geschrieben hatten, wo $p_\mu$ den Ausdruck des *Lagrange* bedeutete:

$$(13) \qquad p_\mu = x_0 + \varepsilon^\mu \cdot x_1 + \varepsilon^{2\mu} \cdot x_2 + \varepsilon^{3\mu} \cdot x_3 + \varepsilon^{4\mu} \cdot x_4 .$$

*Wir können also an Gleichung* (10), (12) *ungeändert festhalten, sofern wir nur durchweg bei unserer Behandlung das Coordinatensystem von Lagrange zu Grunde legen.*

Das Letztere ist nun in II, 2, § 9, wo wir dem Raumpunkte $x$ in allgemeinster Weise einen covarianten linearen Complex zuordneten, keineswegs vorausgesetzt worden, vielmehr beziehen sich die damals angegebenen Complexcoordinaten:

$$(14) \qquad a_{ik} = \sum_{l,m} c^{l,m} \left\{ x_i^{(l)} x_k^{(m)} - x_i^{(m)} x_k^{(l)} \right\}$$

[wo die $c^{l,m}$ irgend welche rationale Functionen der Coefficienten $a$, $b$, $c$, $d$ und der Quadratwurzel aus der zugehörigen Discriminante bezeichnen] ebenso wie die Punktcoordinaten $x$ selbst auf das fundamentale Pentaeder. Unsere nächste Aufgabe ist also eine Coordinatentransformation: *wir müssen die Coordinaten $A_{\mu\nu}$ bestimmen, welche der Complex* (14) *annimmt, wenn wir durch* (13) *die Ausdrücke $p_\mu$ einführen.* Ich will zu dem Zwecke diejenigen $p$, welche den Punkten $x^{(l)}$, $x^{(m)}$ zugehören, mit $p^{(l)}$, $p^{(m)}$ bezeichnen. Wir haben dann:

$$(15) \qquad p_\mu^{(l)} p_\nu^{(m)} - p_\nu^{(l)} p_\mu^{(m)} = \sum_{i,k} \left( \varepsilon^{\mu i + \nu k} - \varepsilon^{\nu i + \mu k} \right) \left( x_i^{(l)} x_k^{(m)} - x_k^{(l)} x_i^{(m)} \right),$$

wo rechter Hand jede Combination $(i, k) = (k, i)$ einmal auftritt. Wir addiren jetzt die sechs Gleichungen, die wir solchergestalt für die verschiedenen Combinationen $(l, m) = (m, l)$ erhalten, nachdem wir jede mit $c^{l,m}$ [Formel (41)] multiplicirt haben. So entstehen links die gesuchten $A_{\mu\nu}$, rechter Hand aber ziehen sich je sechs Terme zu den $a_{ik}$ (14) zusammen. *Hiernach lauten die gesuchten Transformationsformeln:*

$$* \quad (16) \qquad A_{\mu\nu} = \sum_{i,k} \left( \varepsilon^{\mu i + \nu k} - \varepsilon^{\nu i + \mu k} \right) \cdot a_{ik} .$$

Die so gewonnenen $A_{\mu\nu}$ tragen wir jetzt in (10), (12) ein. Ich will die dabei entstehenden quadratischen Gleichungen in derjenigen Gestalt schreiben, die wir soeben, in II, 4, zu Grunde legten:

$$(17) \qquad \begin{cases} \mathsf{A}_1 \lambda_1^2 + 2\mathsf{A}_0 \lambda_1 \lambda_2 - \mathsf{A}_2 \lambda_2^2 = 0, \text{ bez.} \\ \mathsf{A}_1' \mu_1^2 + 2\mathsf{A}_0' \mu_1 \mu_2 - \mathsf{A}_2' \mu_2^2 = 0. \end{cases}$$

Es wird dann:

$$
(18)\begin{cases}
2\mathsf{A} = +A_{23} - A_{14} = \sum\limits_{i,k}(\varepsilon^{2i+3k} - \varepsilon^{3i+2k} + \varepsilon^{4i+k} - \varepsilon^{i+4k})\cdot a_{ik}, \\
\mathsf{A}_1 = +A_{42} \qquad\qquad\; = \sum\limits_{i,k}(\varepsilon^{4i+2k} - \varepsilon^{2i+4k})\cdot a_{ik}, \\
\mathsf{A}_2 = -A_{13} \qquad\qquad\; = \sum\limits_{i,k}(\varepsilon^{3i+k} - \varepsilon^{i+3k})\cdot a_{ik},
\end{cases}
$$

so wie ferner:

$$
(19)\begin{cases}
2\mathsf{A}_0' = -A_{23} - A_{14} = \sum\limits_{i,k}(\varepsilon^{3i+2k} - \varepsilon^{2i+3k} + \varepsilon^{4i+k} - \varepsilon^{i+4k})\cdot a_{ik}, \\
\mathsf{A}_1' = +A_{34} \qquad\qquad\; = \sum\limits_{i,k}(\varepsilon^{3i+4k} - \varepsilon^{4i+3k})\cdot a_{ik}, \\
\mathsf{A}_2' = +A_{12} \qquad\qquad\; = \sum\limits_{i,k}(\varepsilon^{i+2k} - \varepsilon^{2i+k})\cdot a_{ik}.
\end{cases}
$$

## § 5. Von den Substitutionen der $\mathsf{A}$, $\mathsf{A}'$. Definitive Formulirung.

Vermöge der geometrischen Betrachtungen, die wir voranstellten, ist es selbstverständlich, dass sich die *Verhältnisse* der gerade aufgestellten $\mathsf{A}_0$, $\mathsf{A}_1$, $\mathsf{A}_2$ (18) bei den geraden Permutationen der $x_0$, $x_1$, $x_2$, $x_3$, $x_4$ genau so linear substituiren, wie die *Verhältnisse* der im vorigen Kapitel zu Grunde gelegten, mit denselben Buchstaben bezeichneten Grössen; ebenso ist ersichtlich, dass sich die Verhältnisse der in (19) eingeführten $\mathsf{A}'$ zu den Verhältnissen der $\mathsf{A}$ contragredient verhalten. Ich sage nun, dass diese Uebereinstimmung bestehen bleibt, wenn wir statt der Verhältnisse der $\mathsf{A}$, $\mathsf{A}'$ die $\mathsf{A}$, $\mathsf{A}'$ selber ins Auge fassen. Es wäre nicht schwer, die Richtigkeit dieser Behauptung aus allgemeinen Gründen zu beweisen; wir werden sogleich noch (§ 9) den Ansatz dazu geben. Einstweilen begnügen wir uns damit, die Richtigkeit aus den Formeln zu verificiren. Offenbar haben wir nur die beiden Operationen $S$, $T$ in Betracht zu ziehen, aus denen sich alle anderen durch Wiederholung und Combination zusammensetzen. Was zunächst die geraden Vertauschungen der $x$ angeht, so haben wir in II, 3, § 2 als solche $S$, $T$ die nachstehenden eingeführt:

$$
(20)\qquad \begin{cases}
S:\; x_\nu' = x_{\nu+1}, \\
T:\; x_0' = x_0,\; x_1' = x_2,\; x_2' = x_1,\; x_3' = x_4,\; x_4' = x_3.
\end{cases}
$$

Ihnen entsprechend erhalten wir bestimmte Permutationen der $a_{ik}$ (14) und, wenn wir diesen Rechnung tragen, für die durch (18) definirten $\mathsf{A}$ folgende Substitutionen:

$$
(21) \quad \begin{cases} S: & \mathsf{A}_0' = \mathsf{A}_0, \quad \mathsf{A}_1' = \varepsilon^4 \mathsf{A}_1, \quad \mathsf{A}_2' = \varepsilon \mathsf{A}_2; \\ T: & \begin{cases} \sqrt{5} \cdot \mathsf{A}_0' = \mathsf{A}_0 + \mathsf{A}_1 + \mathsf{A}_2, \\ \sqrt{5} \cdot \mathsf{A}_1' = 2\mathsf{A}_0 + (\varepsilon^2 + \varepsilon^3)\mathsf{A}_1 + (\varepsilon + \varepsilon^4)\mathsf{A}_2, \\ \sqrt{5} \cdot \mathsf{A}_2' = 2\mathsf{A}_0 + (\varepsilon + \varepsilon^4)\mathsf{A}_1 + (\varepsilon^2 + \varepsilon^3)\mathsf{A}_2, \end{cases} \end{cases}
$$

d. h. genau dieselben Substitutionen, die wir in II, 4, § 2 angegeben haben*). — Was aber die Contragredienz der Grössen $\mathsf{A}'$ (19) und der $\mathsf{A}$ (18) angeht, so genügt es, zu bemerken, dass die Werthe der $\mathsf{A}'$ aus denen der $\mathsf{A}$ hervorgehen, wenn wir in letzteren $\varepsilon$ durchweg in $\varepsilon^2$ verwandeln. —

Wir denken uns jetzt aus den $\mathsf{A}$, $\mathsf{A}'$ (18), (19) irgendwelche der invarianten Formen gebildet, die wir im vorigen Kapitel besprachen, also entweder aus den $\mathsf{A}$ allein die Ausdrücke $A$, $B$, $C$, $D$, oder auch aus den $\mathsf{A}$, $\mathsf{A}'$ simultan die in den $\mathsf{A}'$ linearen Functionen $F_1$, $F_2$, $F_3$, die wir in § 9 daselbst betrachtet haben [siehe insbesondere Formel (45), (46) und (47)]. Indem wir für die $\mathsf{A}$, $\mathsf{A}'$ die entsprechenden Werthe in $x_0, x_1, \cdot\cdot\, x_4$ eintragen, erhalten wir durchweg solche rationale Functionen der $x$, welche sich bei den geraden Vertauschungen der $x$ nicht ändern, welche sich also mit Hülfe elementarer Methoden, die wir nicht ausführen, als rationale Functionen der in (1) vorkommenden Coefficienten $a$, $b$, $c$, $d$ und der Quadratwurzel aus der zugehörigen Discriminante darstellen lassen. Um unsere zweite Methode in definitiver Weise zu formuliren, gebrauchen wir zunächst nur das Problem der $\mathsf{A}$ und also die Werthe der gerade genannten Grössen $A$, $B$, $C$, $D$. Wir folgen dann genau den Entwickelungen, die wir in den beiden Schlussparagraphen des vorigen Kapitels gegeben haben, und bilden uns, indem wir die accessorische Irrationalität $\sqrt{A}$ adjungiren, eine zugehörige Ikosaedergleichung zur Bestimmung von $\lambda$. Es fragt sich nur noch, wie wir rückwärts mit Hülfe dieses $\lambda$ die Wurzeln $x_0, x_1, \cdot\cdot\, x_4$ darstellen wollen. Hiervon soll erst im folgenden Paragraphen gehandelt werden.

## § 6. Die Umkehrformeln der zweiten Methode.

Um die noch restirende Aufgabe zu lösen, bieten sich nicht weniger als dreierlei Ansätze, jenachdem wir nämlich unsere Aufgabe mit einem Schlage erledigen oder in zwei oder drei Schritte zerlegen wollen.

---

*) Die Buchstaben $\mathsf{A}_0'$, $\mathsf{A}_1'$, $\mathsf{A}_2'$ sind in (21) in ganz anderer Bedeutung gebraucht, wie in (19); da ich auf (21) nicht mehr recurrire, so wird daraus, hoffe ich, kein Missverständniss entstehen.

Im ersteren Falle machen wir unmittelbar von der Formel (7) Gebrauch, die ich noch einmal hersetze, indem ich jetzt die damals bei $p, q, r, s$ gebrauchten Accente weglasse:

$$x_\nu = p \cdot u_\nu + q \cdot v_\nu + r \cdot u_\nu v_\nu + s\left(r_\nu - \frac{1}{5}\Sigma r^2\right). \tag{22}$$

Hier sind die $p, q, r, s$ rationale Functionen der $a, b, c, d$, der Quadratwurzel aus der zugehörigen Discriminante und der accessorischen Quadratwurzel $\sqrt{A}$.

Im zweiten Falle drücken wir zunächst, wie wir dies in § 12 des vorigen Kapitels ausführten, die $A_0, A_1, A_2$ selbst durch die Wurzel $\lambda$ der Ikosaedergleichung aus. Wir nehmen dann ferner die niedrigsten fünfwerthigen ganzen Functionen der $A$ zu Hülfe. Nach § 5 des vorigen Kapitels sind dies:

$$\delta_\nu, \quad \delta_\nu', \quad \delta_\nu^2, \quad \delta_\nu\delta_\nu'.$$

Hier ist wieder $\Sigma\delta = \Sigma\delta' = \Sigma\delta\delta' = 0$, dagegen $\Sigma\delta^2$ von Null verschieden, so dass wir, zur Darstellung der $x_\nu$, statt des einzelnen $\delta_\nu^2$ die Combination $\left(\delta_\nu^2 - \frac{1}{5}\Sigma\delta^2\right)$ einführen wollen. Wir haben dann wieder Formeln folgender Art:

$$x_\nu = p' \cdot \delta_\nu + q' \cdot \delta_\nu' + r' \cdot \left(\delta_\nu^2 - \frac{1}{5}\Sigma\delta\right) + s' \cdot \delta_\nu\delta_\nu', \tag{23}$$

wo $p', q', r', s'$ rationale Functionen der $a, b, c, d$ und der Quadratwurzel aus der Discriminante sind, *die accessorische Irrationalität* $\sqrt{A}$ *aber nicht mehr enthalten.*

Im dritten Falle endlich denken wir uns aus der Wurzel $\lambda$ der Ikosaedergleichung zunächst wieder die $A_0, A_1, A_2$ berechnet, suchen dann aber nicht die $x_\nu$ direct, sondern vorab die zugehörigen $A_0', A_1', A_2'$ (19). Wir erreichen dies, nach Analogie von Rechnungen, die wir früher ausführten, indem wir die soeben genannten, von den $A$ und $A'$ abhängenden Formen $F_1, F_2, F_3$ als Functionen der $a, b, c, d$ und der Quadratwurzel aus der Discriminante darstellen und aus den so entstehenden Gleichungen die $A_0', A_1', A_2'$ als linear vorkommende Unbekannte bestimmen. Ist dies geschehen, so suchen wir möglichst einfache Functionen der $A, A'$, die fünfwerthig und dabei in den $A, A'$ symmetrisch sind. Wir finden eine erste derartige Function, wenn wir das $y_\nu$ von II, 3:

$$y_\nu = \varepsilon^{4\nu} \cdot \lambda_1\mu_1 - \varepsilon^{3\nu} \cdot \lambda_2\mu_1 + \varepsilon^{2\nu} \cdot \lambda_1\mu_2 + \varepsilon^{\nu} \cdot \lambda_2\mu_2$$

quadriren und dem in § 2 des vorigen Kapitels etc. fortwährend benutzten Uebertragungsprocesse unterwerfen. Auf solche Weise kommt eine in den A, A′ bilineare Form:

$$(24)\qquad \chi_\nu = 2\mathsf{A}_0'(\varepsilon^{4\nu}\mathsf{A}_1 + \varepsilon^{\nu}\mathsf{A}_2) + \mathsf{A}_1'(-2\varepsilon^{3\nu}\mathsf{A}_0 + \varepsilon^{2\nu}\mathsf{A}_1 - \varepsilon^{4\nu}\mathsf{A}_2) + \mathsf{A}_2'(-2\varepsilon^{2\nu}\mathsf{A}_0 - \varepsilon^{\nu}\mathsf{A}_1 + \varepsilon^{3\nu}\mathsf{A}_2).$$

Als weitere Functionen derselben Eigenschaft wollen wir die Potenzen $\chi_\nu^2$, $\chi_\nu^3$, $\chi_\nu^4$ verwenden, wobei wir aber beachten müssen, dass keine der Wurzelsummen $\Sigma\chi^2$, $\Sigma\chi^3$, $\Sigma\chi^4$ identisch verschwindet. Wir werden also die Formel, welche (22), (23) entspricht, am besten mit einem Zusatzgliede $t''$ folgendermaassen schreiben:

$$(25)\qquad x_\nu = p''\cdot\chi_\nu + q''\cdot\chi_\nu^2 + r''\cdot\chi_\nu^3 + s''\cdot\chi_\nu^4 + t''.$$

Hier sind $p''$, $q''$, $r''$, $s''$, $t''$ zuvörderst wieder rationale Functionen der $a$, $b$, $c$, $d$ und der Quadratwurzel aus der Discriminante. *Uebrigens können wir auch erreichen, dass sie blosse rationale Functionen der $a$, $b$, $c$, $d$ werden.* Wir müssen dann nur in dem ursprünglichen Ansatze (14) die $c^{l,m}$ ihrerseits allein von den $a$, $b$, $c$, $d$ rational abhängen lassen. —

Ich habe diese Angaben ohne ausführliche Begründung zusammengestellt, da sie sich aus den früheren Entwickelungen sozusagen mit Nothwendigkeit ergeben. Am zweckmässigsten erscheint mir ohne Zweifel die dritte Art des Ansatzes. Indem dieselbe die Berechnung der $x_\nu$ in nicht weniger als drei getrennte Schritte zerlegt, benutzt sie dreimal dieselben Grundsätze der typischen Darstellung, welche wir unter wechselnden Formen in den drei voraufgehenden Kapiteln kennen gelernt haben.

## § 7. Beziehungen zu Kronecker und Brioschi.

Unsere zweite Auflösungsmethode ist, wie wir schon öfter sagten, nur eine *Modification und Weiterentwickelung* der Kronecker'schen Methode. In der That haben wir ja in II, 4 ausführlich gesehen, dass das Problem der A in dem dort näher erläuterten Sinne durch seine einfachste Resolvente sechsten Grades, die Jacobi'sche Gleichung, ersetzt werden kann. Im Einzelnen bieten sich dann freilich mannigfache Abweichungen. Ich will hier nur auf zwei derselben aufmerksam machen, von denen die zweite die wichtigere ist.

Wir bemerken zunächst, dass die Art, vermöge deren Hr. Kronecker in seiner ersten Mittheilung an Hermite*) die allgemeine Jacobi'sche Gleichung sechsten Grades auf den Fall $A = 0$, oder, wie wir hier sagen, auf eine Ikosaedergleichung, reducirt, von der im vorigen Kapitel angewandten Methode verschieden ist. *Hr. Kronecker formulirt*

*) Siehe II, 1, § 6.

*seinen Ansatz so, dass die* $A_0$, $A_1$, $A_2$ *einen linear vorkommenden Parameter* $v$ *enthalten, der dann hinterher derart bestimmt wird, dass* $A_0^2 + A_1 A_2 = A$ *zu Null wird.* — Wir können diesen Gedanken natürlich auch mit unseren Formeln verbinden, indem wir nämlich die $c^{l,m}$ selbst [Formel (14)] zuvörderst mit einem linear vorkommenden Parameter $v$ versehen. Statt dann die beiden Erzeugenden erster Art, welche der betreffende lineare Complex bei beliebigen $v$ mit der Hauptfläche gemein hat, durch eine accessorische Quadratwurzel zu trennen, verfahren wir so, dass wir den Complex zunächst in einem linearen Büschel beweglich sein lassen und nun durch die Forderung fixiren, er solle von den Erzeugenden erster Art der Hauptfläche zwei zusammenfallende enthalten. Eben diese Forderung bringt dann ihrerseits eine accessorische Quadratwurzel mit sich. — Ich habe die hiermit angedeutete Formulirung im Vorangehenden vermieden, weil sie nur anwendbar ist, wenn wir das Problem der A als Resolvente der vorgegebenen Gleichung fünften Grades behandeln, ich aber das Problem der A zunächst unabhängig von jedem solchen Zusammenhange betrachten wollte. —

Wir bemerken ferner, *dass die allgemeinen Formeln, welche Hr. Brioschi für die Durchführung der Kronecker'schen Methode gegeben hat,* — Formeln, über die wir in II, 1, § 6 ausführlich Bericht erstatteten, — *von unseren Formeln* (18) *durchaus verschieden sind.* Hr. Brioschi benutzt zur Bildung seiner $A_0$, $A_1$, $A_2$ sechs linear unabhängige Grössen $u_\infty, u_0, \cdots u_4$, während wir zwanzig Grössen $a_{ik}$ gebrauchen, zwischen denen die Relationen $a_{ik} = -a_{ki}$, $\sum_i a_{ik} = \sum_k a_{ik} = 0$ bestehen. Dafür wieder reichen wir, wenn wir neben den A die A′ in Betracht ziehen wollen, mit denselben Grössen $a_{ik}$ aus, während Hr. Brioschi sechs neue Grössen $u_\infty', u_0', \cdots u_4'$ würde heranziehen müssen. Ich will diesen Vergleich, der nur den *äusseren Aufbau* der Formeln betrifft, nicht weiter fortsetzen. Bemerken wir vor Allem, *dass unsere Formeln* (gleich den Brioschi'schen) *jedenfalls so allgemein als möglich sind.* Giebt man nämlich die A, A′ beliebig, so können wir rückwärts aus ihnen die zugehörigen $a_{ik}$, resp. $c^{l,m}$ [Formel (14)] bestimmen. Wir haben nur die Coordinatenverwandlung des § 4 im umgekehrten Sinne zu wiederholen.

Die betreffende Rechnung stellt sich folgendermassen. Wir haben zuvörderst, indem wir von (18), (19) zu den Coordinaten $A_{\mu\nu}$ (16) zurückgehen:

$$(26)\qquad \begin{cases} A_{12} = \quad A_2', & A_{34} = A_1', \\ A_{13} = -A_2, & A_{42} = A_1, \\ A_{14} = -A_0 - A_0', & A_{23} = A_0 - A_0'. \end{cases}$$

Wir ersetzen sodann die Formeln (13) durch ihre Umkehr:

$$(27)\qquad 5x_i = \varepsilon^{-i}\cdot p_1 + \varepsilon^{-2i}\cdot p_2 + \varepsilon^{-3i}\cdot p_3 + \varepsilon^{-4i}\cdot p_4.$$

Hieraus:

$$25(x_i^{(l)} x_k^{(m)} - x_k^{(l)} x_i^{(m)}) = \sum_{\mu,\nu} (\varepsilon^{-\mu i - \nu k} - \varepsilon^{-\nu i - \mu k})(p_\mu^{(l)} p_\nu^{(m)} - p_\nu^{(l)} p_\mu^{(m)}),$$

wo die Summe rechter Hand über alle Combinationen $(\mu, \nu) = (\nu, \mu)$ zu erstrecken ist, und nun, indem wir die einzelne Gleichung mit $c^{l,m}$ multipliciren und über $(l, m) = (m, l)$ addiren:

* (28) $$25 a_{ik} = \sum_{\mu,\nu} (\varepsilon^{-\mu i - \nu k} - \varepsilon^{-\nu i - \mu k}) \cdot A_{\mu\nu},$$

was die gesuchte Formel ist.

Ich möchte zum Schlusse den geometrischen Gedanken, der unserer Behandlung der Kronecker'schen Methode zu Grunde liegt und der vielleicht weitertragende Bedeutung hat, noch einmal scharf formuliren. Das Erste ist, dass wir dem Punkte $x$ überhaupt einen linearen Complex substituiren, also statt der Gleichung 5. Grades eine Gleichung 20. Grades in Betracht ziehen, deren Wurzeln $a_{ik}$ der wiederholt genannten Relationen $a_{ik} = -a_{ki}$, $\sum_i a_{ik} = \sum_k a_{ik} = 0$ genügen. Das Zweite ist, dass wir diesen Complex durch (18), (19) auf ein neues Coordinatensystem beziehen. Ich will betreffs der Bedeutung der $\mathsf{A}$, $\mathsf{A}'$ in keine Einzelheiten eingehen*), sondern nur bemerken, dass die erste der beiden Gleichungen (17) identisch verschwindet, wenn sämmtliche $\mathsf{A}$, die zweite, wenn sämmtliche $\mathsf{A}'$ gleich Null sind. *Für die Erzeugenden erster Art der Hauptfläche ist also* $\mathsf{A}_0 = \mathsf{A}_1 = \mathsf{A}_2 = 0$,
* *für die Erzeugenden zweiter Art* $\mathsf{A}_0' = \mathsf{A}_1' = \mathsf{A}_2' = 0$. — Welches ist nun der Zweck dieser Coordinatenverwandlung? Wir erreichen dadurch, dass die Gleichung 20. Grades der $a_{ik}$ durch *das Formenproblem der* $\mathsf{A}$ *oder der* $\mathsf{A}'$ ersetzt werden kann. In der That haben wir ja gesehen, dass bei den 60 geraden Collineationen des Raumes sich die $\mathsf{A}_0$, $\mathsf{A}_1$, $\mathsf{A}_2$ und ebenso die $\mathsf{A}_0'$, $\mathsf{A}_1'$, $\mathsf{A}_2'$ für sich genommen, also ternär, linear substituiren. Bemerken wir jetzt, dass wir dieses Verhalten von unserer geometrischen Auffassung aus a priori hätten erschliessen können. Bei den geraden Collineationen des Raumes wird nämlich, wie wir wissen, jedes der beiden Systeme geradliniger Erzeugender der Hauptfläche in sich verwandelt. *Daher werden bei diesen Collineationen nothwendig auch die beiden dreigliedrigen Schaaren linearer Complexe, denen diese Erzeugendensysteme beziehungsweise angehören, in sich transformirt.* Hieraus folgt aber ohne Weiteres das bezeichnete Verhalten der $\mathsf{A}$, $\mathsf{A}'$, sofern wir noch hinzunehmen, dass jeder Raum-

*) Man vergleiche meinen Aufsatz im zweiten Annalenbande (1869): *Die allgemeine lineare Transformation der Liniencoordinaten.* Insbesondere beachte man, dass der lineare Complex speciell, d. h. eine gerade Linie, wird, wenn $\mathsf{A}_0^2 + \mathsf{A}_1 \mathsf{A}_2 = \mathsf{A}_0'^2 + \mathsf{A}_1' \mathsf{A}_2'$ ist.

collineation eine lineare Transformation der Liniencoordinaten entspricht. *Die Möglichkeit, unsere Gleichung der* $a_{ik}$ *auf ein ternäres Formenproblem zu reduciren, erscheint so als ein unmittelbarer Ausfluss der elementaren Anschauungen der Liniengeometrie.* Dies ist der eigentliche Gesichtspunkt, unter welchem ich die zweite Methode betrachtet sehen möchte. —

## § 8. Vergleich unserer beiden Methoden.

Die beiden Methoden zur Auflösung der Gleichung fünften Grades, welche wir einander gegenüberstellten, sind jedenfalls, wie schon aus den Betrachtungen von § 1 des gegenwärtigen Kapitels hervorgeht, auf das Engste verwandt: wir wollen hier zeigen, dass sie überhaupt nur unwesentlich verschieden sind, indem jede Ikosaedergleichung, welche einer vorgegebenen Gleichung fünften Grades vermöge der einen Methode zugeordnet wird, immer auch durch die andere Methode abgeleitet werden kann.

Der Uebergang, welcher in diesem Sinne von der ersten Methode zur zweiten führt, ist ohne Weiteres deutlich. Um einen Punkt $y$ der Hauptfläche dem Punkte $x$ covariant zuzuordnen, haben wir soeben (in § 2) zuvörderst eine zu $x$ covariante Gerade construirt, mit der wir dann die Hauptfläche geschnitten haben. *Eben diese Gerade können wir jetzt als speciellen linearen Complex der zweiten Methode zu Grunde legen:* wir haben uns nur die zugehörigen Coordinaten $a_{ik}$ zu berechnen. Bilden wir dann das entsprechende Problem der A, so wird die eine der zwei Ikosaedergleichungen, durch welche wir dieses Problem erledigen können, mit der Ikosaedergleichung, zu der die Bestimmung der $y_\nu$ führt, ohne Weiteres identisch sein.

Die Umkehr dieser Betrachtung ist nicht viel complicirter. Wir nehmen an, wir haben vermöge unserer zweiten Methode der Gleichung fünften Grades eine Ikosaedergleichung, also dem Punkte $x$ eine Erzeugende $\lambda$ der Hauptfläche coordinirt. *Dann können wir jedesmal auf rationalem Wege* (und zwar auf mannigfache Weise) *einen Punkt $y$ angeben, der auf der Erzeugenden $\lambda$ liegt:* wir brauchen z. B. die $y_\nu$ nur den $W_\nu(\lambda)$ oder den anderen in der Hauptresolvente der Ikosaedergleichung auftretenden Ausdrücken proportional zu setzen. Dieser Punkt $y$ ist aber dem Punkte $x$ jedenfalls in covarianter Weise zugeordnet; *wir haben also ohne Weiteres eine Tschirnhaustransformation, welche dem Punkte $x$ einen Punkt $y$ der Hauptfläche coordinirt.* Legen wir jetzt diese Tschirnhaustransformation unserer ersten Methode zu Grunde, so kommen wir natürlich zur anfänglichen Ikosaedergleichung zurück.

Wir können in diesem Sinne sagen, *dass im Grunde nur eine*

*Auflösung der Gleichungen fünften Grades gefunden ist.* Die Verschiedenheit der beiden Methoden, die wir in Vorschlag brachten, *liegt allein in der Anordnung der einzelnen Schritte.* Bei der ersten Methode stellen wir die accessorische Quadratwurzel voran, bei der zweiten führen wir sie erst nach Trennung der beiden Erzeugendensysteme ein. Dafür hat die erstere Methode, wie wir schon sagten, den Vorzug, zunächst mit ganz elementaren Mitteln zu operiren.

Wie dem auch sei: als gemeinsames Fundament der beiden Methoden erscheint bei unserer Darstellung einmal die Theorie des Ikosaeders, dann weiter die Betrachtung der geradlinigen Erzeugenden der Hauptfläche. Dass erstere die wirklichen Normalgleichungen abgibt, auf welche man ein für allemal die Auflösung der Gleichungen fünften Grades zurückführen muss, ist mir unzweifelhaft. Dagegen beurtheile ich unsere geometrischen Ueberlegungen und Constructionen, so förderlich uns dieselben gewesen sind, anders: ich glaube, dass es gelingen wird, die allgemeine Theorie der Formenprobleme in der Art algebraisch zu entwickeln, dass unsere Zurückführung der Gleichungen fünften Grades auf das Ikosaeder als blosses Corollar erscheint und nicht in besonderer Weise begründet zu werden braucht. Ich habe selbst hierzu im 15. Bande der Mathematischen Annalen einen Ansatz gemacht, indem ich den Zusammenhang zwischen dem Probleme der A und der Gleichung fünften Grades — und zwar ebensowohl die hierher gehörigen Formeln von Brioschi als unsere Formeln mit den $a_{ik}$ — aus dem einzigen Umstande herleitete, dass die Substitutionen der A den geraden Permutationen der $x$ isomorph und dabei eindeutig zugeordnet werden können*). Wenn ich hierauf in den vorstehenden Erläuterungen nicht eingegangen bin, so geschah es, weil ich diese weitergehenden Speculationen, auf die ich schon in I, 5 (§ 4, 5, 9) hinwies, noch nicht für abgeschlossen halte. Ich habe mich vorab um so lieber auf geometrische Constructionen von individuellem Charakter beschränkt, als ich meine, dass man gerade durch sie zu den richtigen Gesichtspunkten auch für die allgemeine Theorie wird hingeführt werden können.

## § 9. Ueber die Nothwendigkeit der accessorischen Quadratwurzel.

Wir sind am Ende unserer Darlegungen; was wir noch hinzuzufügen haben, betrifft die Nothwendigkeit jener accessorischen Quadrat-

*) *Ueber die Auflösung gewisser Gleichungen vom siebenten und achten Grade* (1879); siehe insbesondere § 1—5 daselbst. — Die Ausdrucksweise des Textes meint, dass jeder Vertauschung der $x$ nur eine Substitution der A entspricht; Eindeutigkeit im umgekehrten Sinne findet auch statt, aber wäre für den Erfolg des algebraischen Processes nicht nothwendig.

wurzel, welche in unserer ersten Methode bei der Tschirnhaustransformation, in unserer zweiten Methode aber auftrat, sobald wir die Auflösung des Problems der A bewerkstelligen wollten. Wir werden zeigen, dass diese Quadratwurzel in der That nicht zu vermeiden ist, wenn überhaupt eine Ikosaedergleichung erreicht werden soll; wir werden ferner nachweisen, dass eben hieraus jener allgemeine *Kronecker'sche* Satz hervorgeht, den wir in II, 1, § 7 besprochen haben, und der bei der allgemeinen Gleichung fünften Grades die generelle Unmöglichkeit einer rationalen Resolvente mit nur einem Parameter aussagt.

Um zunächst den ersten Punkt zu erledigen, formuliren wir unsere Behauptung folgendermassen. Es seien $x_0, x_1, \cdot \cdot x_4$ fünf beliebig veränderliche Grössen, $\varphi$, $\psi$ seien zwei ganze Functionen derselben ohne gemeinsamen Theiler. *Dann ist es*, behaupten wir, *unmöglich*, $\varphi$, $\psi$ *derart zu wählen, dass*

(29) $$\lambda = \frac{\varphi\,(x_0\,x_1\,x_2\,x_3\,x_4)}{\psi\,(x_0\,x_1\,x_2\,x_3\,x_4)}$$

*bei den geraden Vertauschungen der* $x$ *die Ikosaedersubstitutionen erleidet.*

Der Beweis ergibt sich sofort, wenn wir beachten, dass sich die ursprünglich functionentheoretische Frage vermöge der Willkürlichkeit der $x$ in eine *formentheoretische* umsetzt. Soll nämlich irgend einer Permutation der $x$ entsprechend die Substitutionsformel statthaben:

(30) $$\lambda' = \frac{\varphi'}{\psi'} = \frac{\alpha\varphi + \beta\psi}{\gamma\varphi + \delta\psi},$$

so werden wir wegen der Willkürlichkeit der $x$, unter $C$ eine geeignete Constante verstanden, sofort schreiben können:

(31) $$\varphi' = C\,(\alpha\varphi + \beta\psi), \quad \psi' = C\,(\gamma\varphi + \delta\psi),$$ *

so dass also, mit den Vertauschungen der $x$ zusammen, die beiden ganzen Functionen $\varphi$, $\psi$ sich *binär-linear* transformiren. Nun aber umfasst, wie wir in I, 2, § 8 ausführlich zeigten, jede Gruppe binärer Substitutionen, die mit der Gruppe der nicht homogenen Ikosaedersubstitutionen isomorph sein soll, nothwendig *mehr* als 60 Operationen, während doch den 60 geraden Vertauschungen der $x$ nicht mehr als 60 Umänderungen der ganzen rationalen Functionen $\varphi$, $\psi$ entsprechen können. Dies ist ein unhebbarer Widerspruch und also erweist sich der in (29) ausgedrückte Ansatz in der That als unmöglich, w. z. b. w.*). — Der Widerspruch wird auch nicht beseitigt, wenn wir jetzt hinterher

*) Man vergl. hier und in den folgenden Paragraphen meine wiederholt genannte Abhandlung in Bd. XII der Math. Annalen (1877), sowie meine Mittheilung an die Erlanger Societät vom 15. Januar 1877.

$\Sigma x = 0$ annehmen; denn jede Gleichung fünften Grades kann rational in eine solche mit $\Sigma x = 0$ verwandelt werden. —

Vergleichen wir, um den Kern des Beweises noch besser zu fassen, die Theorie der Hauptgleichungen fünften Grades. Bei ihnen haben wir ausser $\Sigma x = 0$ auch noch $\Sigma x^2 = 0$; schreiben wir also Gleichung (30) etwa folgendermassen:

(32) $$\varphi' (\gamma \varphi + \delta \psi) = \psi' (\alpha \varphi + \beta \psi),$$

so ist im Falle der Hauptgleichungen keineswegs nöthig, dass die beiden Flächen:

$$\varphi' (\gamma \varphi + \delta \psi) = 0, \quad \psi' (\alpha \varphi + \beta \psi) = 0$$

unter sich identisch sind, sondern nur, *dass sie die durch jene Bedingungen dargestellte Hauptfläche zweiten Grades je in derselben Curve durchsetzen.* Nun haben wir allerdings ausgeschlossen, dass $\varphi$, $\psi$, und somit auch, dass $\varphi'$, $\psi'$ einen Theiler gemein haben. Ebensowenig soll sich, werden wir verlangen, ein Theiler absondern lassen, wenn wir die vorkommenden Functionen durch Hinzufügen geeigneter Multipla von $\Sigma x$, $\Sigma x^2$ modificiren. Trotzdem aber können die Durchschnittscurven der Hauptfläche mit $\varphi' = 0$, $\psi' = 0$ einen Bestandtheil gemeinsam haben: es muss dieser Bestandtheil nur eine *unvollständige Durchschnittscurve* sein und sich also nicht für sich genommen durch eine zur Hauptfläche hinzutretende Fläche ausschneiden lassen. Nehmen wir an, dass dies eintritt, so ist für die Entstehung der Formel (31) (aus welch' letzterer wir unseren Widerspruch ableiteten) in der That kein Grund vorhanden. — Ich unterlasse es, das hier Gesagte noch specieller auszuführen und zu zeigen, dass sich unsere frühere Behandlung der Hauptgleichungen fünften Grades in der That unter die hiermit gegebene Ueberlegung subsumirt. —

Den Beweis, den wir für unsere anfängliche Behauptung gegeben haben, erstreckt sich ohne wesentliche Modification auch auf andere Fälle. Zunächst dürfen wir ohne Weiteres statt der allgemeinen Gleichung fünften Grades das Problem der A substituiren: wir erkennen, dass es bei Zurückführung dieses Problems auf eine Ikosaedergleichung unmöglich ist, die früher benutzte Quadratwurzel $\sqrt{A}$ (oder eine äquivalente accessorische Irrationalität) zu vermeiden. Wir erkennen ferner, dass es unmöglich ist, die allgemeinen Gleichungen vierten Grades durch rationale Resolventenbildung auf eine Oktaedergleichung, oder auch, nach Adjunction der Quadratwurzel aus der Discriminante, auf eine Tetraedergleichung zu reduciren*). — Uebrigens können wir

*) Was die *Gleichungen vierten Grades* betrifft, so lässt sich bei ihnen, wie ich hier beiläufig anführe, eine Auflösung mit Hülfe der Oktaedergleichung (resp. der Tetraedergleichung) bewerkstelligen, welche sozusagen eine Verschmelzung der

unserem Gedankengange auch eine positive Wendung geben. Ich bemerke in dieser Hinsicht nur, dass sich das Verhalten der $A_0$, $A_1$, $A_2$, welches soeben (in § 5) besprochen wurde, auf dem hiermit ange- *
deuteten Wege ableiten lässt.

## § 10. Specielle Gleichungen fünften Grades, welche rational auf eine Ikosaedergleichung zurückgeführt werden können. *

Wir müssen jetzt unsere allgemeinen Betrachtungen unterbrechen und specielle Gleichungen fünften Grades zur Sprache bringen, bei denen der gerade bewiesene Satz eine Ausnahme erleidet. In II, 2, § 4 haben wir die Resolventen fünften Grades der Ikosaedergleichung geometrisch gedeutet und gesehen, dass dieselben je durch zwei halbreguläre Raumcurven vom Geschlechte Null repräsentirt werden. Es handelt sich jetzt darum, dies Resultat umzukehren. Sei

(33) $$F(x, Z) = 0$$

eine Gleichung fünften Grades mit einem Parameter, welche eine Interpretation der genannten Art zulässt: ich behaupte, dass wir die- *
selbe allemal in rationaler Weise auf eine Ikosaedergleichung zurückführen können.

Der Beweis ist im Grunde derselbe, den wir in etwas anderer Form bereits in II, 3, § 1 bei Betrachtung der Hauptgleichung gegeben haben. Nach Voraussetzung lassen sich die fünf Wurzeln von *
(33) derart als rationale Functionen einer Hülfsgrösse $\lambda$ darstellen:

(34) $$x_\nu = R_\nu(\lambda),$$

---

beiden bei den Gleichungen fünften Grades unterschiedenen Methoden ist. Man deute die Wurzeln $x_0$, $x_1$, $x_2$, $x_3$, die der Bedingung $\Sigma x = 0$ unterworfen sein sollen, in früherer Weise als Vierseitscoordinaten in der Ebene. Dann haben wir den Hauptkegelschnitt $\Sigma x^2 = 0$, und wir sahen schon oben (II, 3, § 2), wie ein demselben angehöriger Punkt durch eine Oktaedergleichung oder eine Tetraedergleichung direct bestimmt werden kann. Jetzt werden wir dem beliebigen Punkte $x$ der Ebene einen Punkt $y$ des Hauptkegelschnitts covariant zuordnen, indem wir von $x$ die beiden an den Kegelschnitt möglichen Tangenten legen und unter den zwei Berührungspunkten den einen auswählen. Wir können dann die Oktaedergleichung (oder Tetraedergleichung) aufstellen, von welcher $y$ abhängt, können rückwärts daraus $x$ finden, etc. etc., alles in genauer Analogie mit den Entwickelungen, die wir in den beiden Schlussparagraphen des vorigen Kapitels erbracht haben.

Bei den *Gleichungen dritten Grades* kommen alle solche Weitläufigkeiten, wie wir bereits in II, 3, § 2 bemerkten, in Wegfall. In der That sahen wir auch in I, 2, § 8, dass die bei ihnen in Betracht zu ziehende Diedergruppe von 6 Substitutionen sehr wohl in die homogene Form umgesetzt werden kann, ohne dass sich die Zahl ihrer Substitutionen vermehrt: es fällt also der Grund für das Auftreten der accessorischen Irrationalität fort, den wir im Texte als bei Gleichungen vierten und fünften Grades maassgebend erkannt haben.

dass bei geeigneter Veränderung des $\lambda$ die $x_\nu$ jede beliebige gerade Permutation erfahren. Wir müssen nun aus der Theorie der rationalen Curven den Satz hinzunehmen, dass man dieses $\lambda$ allemal als rationale Function der $x$ einführen kann, also derart, dass jedem Punkte der Curve nur ein $\lambda$ entspricht*). Ich will der Kürze halber voraussetzen, dass das in (33) auftretende $\lambda$ bereits in der hiermit bezeichneten Weise gewählt sei. Dann begründet jede eindeutige Transformation, welche unsere Curve in sich überführt, insbesondere also jede gerade Vertauschung der $x_\nu$, eine eindeutige und eindeutig umkehrbare, also *lineare* Umwandlung des $\lambda$. Somit erhalten wir den 60 geraden Vertauschungen der $x_\nu$ entsprechend eine zu ihnen holoedrisch isomorphe Gruppe linearer Substitutionen der Variabelen $\lambda$. Nach I, 5, § 2 ist dies nothwendig die Ikosaedergruppe; dieselbe erscheint in der bei uns immer festgehaltenen kanonischen Form, sobald wir statt $\lambda$ eine geeignete lineare Function $\lambda' = \frac{a\lambda + b}{c\lambda + d}$ als Parameter einführen. *Dieses* $\lambda'$, *welches selbst eine rationale Function der* $x_\nu$ *ist, hängt dann unmittelbar von einer Ikosaedergleichung ab, womit der Beweis unserer Behauptung erbracht ist.* —

Wir knüpfen an das Gesagte noch einige lose Bemerkungen. Zunächst sehen wir, dass wir unseren Satz mit unwesentlichen Modificationen beim Probleme der A, oder auch, wenn wir statt des Ikosaeders Oktaeder oder Tetraeder in Betracht ziehen wollen, bei den Gleichungen vierten Grades wiederholen können. Wir erkennen ferner, dass es, bei den Gleichungen fünften Grades, keinerlei rationale Raumcurven geben kann, die bei sämmtlichen Vertauschungen der $x_\nu$ in sich selbst übergingen. Endlich bemerken wir, dass das Auftreten rationaler invarianter Curven (wie wir uns ausdrücken wollen) überhaupt auf diejenigen Formenprobleme beschränkt ist, deren Gruppe mit einer der früher aufgezählten Gruppen linearer Substitutionen einer Variabelen holoedrisch isomorph ist.

## § 11. Der Kronecker'sche Satz.

Wir haben jetzt alle Mittel, um den Beweis des wiederholt genannten Satzes von Kronecker zu erbringen. Es handelt sich darum, nachzuweisen, *dass es bei beliebig vorgegebener Gleichung fünften Grades auch nach Adjunction der Quadratwurzel aus der Discriminante unmöglich* * *ist, eine rationale Resolvente zu bilden, welche nur einen Parameter enthielte.*

Bemerken wir vorab, dass wir diesem Satze, indem die Gruppe

*) Vergl. den Beweis dieses Satzes bei *Lüroth* im neunten Bande der Mathematischen Annalen (1875).

der geraden Vertauschungen von fünf Dingen *einfach* ist*), sofort eine scheinbar engere Formulirung ertheilen können. Wir werden nämlich aus dem angegebenen Grunde von jeder rationalen Resolvente durch erneute Resolventenbildung wieder eine Gleichung fünften Grades $F(X) = 0$ ableiten können, wobei wir die $X$ ohne Weiteres auch der Bedingung $\Sigma X = 0$ unterwerfen dürfen. Dabei sind die Wurzeln $X_\nu$ den ursprünglichen $x_\nu$ in der Art einzeln zugeordnet, dass die Zuordnung bei beliebigen geraden Vertauschungen der $x_\nu$ ungeändert bleibt. Wir können also in früherer Weise schreiben:

$$(35) \qquad X_\nu = p \cdot x_\nu^{(1)} + q \cdot x_\nu^{(2)} + r \cdot x_\nu^{(3)} + s \cdot x_\nu^{(4)},$$

wo $x_\nu^{(k)} = x_\nu^k - \frac{1}{5} \Sigma x^k$ und die $p$, $q$, $r$, $s$ von den Coëfficienten der vorgelegten Gleichung fünften Grades und der Quadratwurzel aus der zugehörigen Discriminante rational abhängen. *Alles, was wir zeigen müssen, ist jetzt dieses, dass es unmöglich ist, aus der allgemeinen Gleichung fünften Grades durch eine Tschirnhaustransformation* (35) *eine Gleichung fünften Grades mit nur einem Parameter zu machen.*

Zu dem Zwecke überlegen wir vorab im Allgemeinen, welche geometrische Interpretation eine solche Gleichung finden müsste. Die Gesammtheit der willkürlichen Werthe $x_0$, $x_1$, $x_2$, $x_3$, $x_4$ bildet ein zusammenhängendes Continuum. Lassen wir also die $x_0, x_1, \cdot\cdot\, x_4$ in (35) sich beliebig ändern, so wird der Punkt $X$ jedenfalls ein *irreducibeles* Gebilde durchlaufen. Fügen wir jetzt die Voraussetzung hinzu, dass die Gleichung der $X_\nu$ nur einen Parameter enthalte, so wird das fragliche irreducibele Gebilde eine *Curve* sein müssen. Ich sage jetzt, *dass die so erhaltene irreducibele Curve bei den 60 geraden Collineationen des Raumes in sich übergehen wird.* In der That, vermöge der Festsetzung, die wir hinsichtlich der in (35) auftretenden Coefficienten $p$, $q$, $r$, $s$ gemacht haben, entsprechen den geraden Vertauschungen der $x_\nu$ die geraden Vertauschungen der $X_\nu$, — andererseits aber können wir jede Vertauschung der $x_\nu$ (und also insbesondere jede gerade Vertauschung derselben) erzielen, indem wir die $x_\nu$ von irgend welchen Anfangswerthen beginnend in geeigneter Weise continuirlich laufen lassen.

Wir greifen jetzt speciell auf die Entwickelungen des vorigen Paragraphen zurück. Es ist nämlich deutlich, *dass die gerade besprochene Curve der $X_\nu$ auf alle Fälle rational sein muss.* Denn wir können uns die $x_0, x_1, \cdot\cdot\, x_4$ in (35) irgendwie rational von einem Parameter $\lambda$ abhängig denken, worauf die $X_\nu$ selber rationale Functionen dieses $\lambda$ werden: den Einwand, dass in besonderen Fällen das $\lambda$ aus den

*) Vergl. die Definition in I, 1, § 2.

$X_\nu$ überhaupt herausfallen könnte, brauchen wir nicht zu berücksichtigen, da wir ein solches Ereigniss augenscheinlich immer vermeiden können. Es sind also in der That die Prämissen des vorigen Paragraphen gegeben. Wir schliessen, *dass wir eine rationale Function der* $X_\nu$ *aufstellen können, welche bei den geraden Vertauschungen der* $X_\nu$ *die Ikosaedersubstitutionen erleidet.* Diese Function würde vermöge (35) auch von den $x_\nu$ in der Weise rational abhängen, dass sie bei den geraden Vertauschungen der $x_\nu$ ikosaedrisch substituirt würde. Nun haben wir aber in § 9 ausdrücklich bewiesen, dass eine solche rationale Function der $x_\nu$ unmöglich ist. *Wir kommen also zu vollem Widerspruche* und müssen unsere Annahme, es gäbe eine Tschirnhaustransformation (35) * von der oben näher bezeichneten Eigenschaft, fallen lassen, w. z. b. w.

Ich schliesse, indem ich noch einige allgemeine Bemerkungen zur Gleichungstheorie hinzufüge.

Zunächst, wenn wir in den vorstehenden Erläuterungen dem Ikosaeder überall das Oktaeder oder Tetraeder substituiren, so können wir alle Betrachtungen ungeändert für die Gleichungen *vierten* Grades wiederholen bis auf die eine, die von der Einfachheit der zugehörigen Gruppe handelte. Die Gruppe der Gleichungen vierten Grades ist zusammengesetzt. Wollen wir also bei den Gleichungen vierten Grades den Kronecker'schen Satz wiederfinden, so müssen wir demselben ausdrücklich die Bedingung hinzufügen, *dass die Gruppe der in Betracht zu ziehenden Resolvente mit der Gruppe der 24 oder der 12 Vertauschungen der* $x_0$, $x_1$, $x_2$, $x_3$ *holoedrisch isomorph sein solle.* Lassen wir diese Bedingung fallen, so gibt es sehr wohl rationale Resolventen der allgemeinen Gleichung vierten Grades, welche nur einen Parameter enthalten. Der empirische Beweis hierfür wird durch die gewöhnliche Auflösung der Gleichungen vierten Grades erbracht. In der That operirt dieselbe ja mit lauter Hülfsgleichungen, die nur einen Parameter enthalten, nämlich mit binomischen Gleichungen.

Bei den Gleichungen *dritten* Grades kann auf Grund unserer früheren Bemerkungen von einem Satze, der dem Kronecker'schen entspräche, natürlich keine Rede sein.

Ueber Gleichungen *höheren Grades* will ich hier, um nicht zu weitläufig zu sein, nur Eins bemerken, indem ich dabei der Einfachheit wegen an der Beschränkung festhalte, die wir eben für den vierten Grad formulirten. Unter der genannten Voraussetzung sind Resolventen mit nur einem Parameter — von ganz speciellen und leicht erkennbaren Fällen abgesehen — bei der allgemeinen Gleichung schon deshalb unmöglich, weil nach der Bemerkung von § 10 unter den zugehörigen invarianten Curven keine rationalen existiren können.

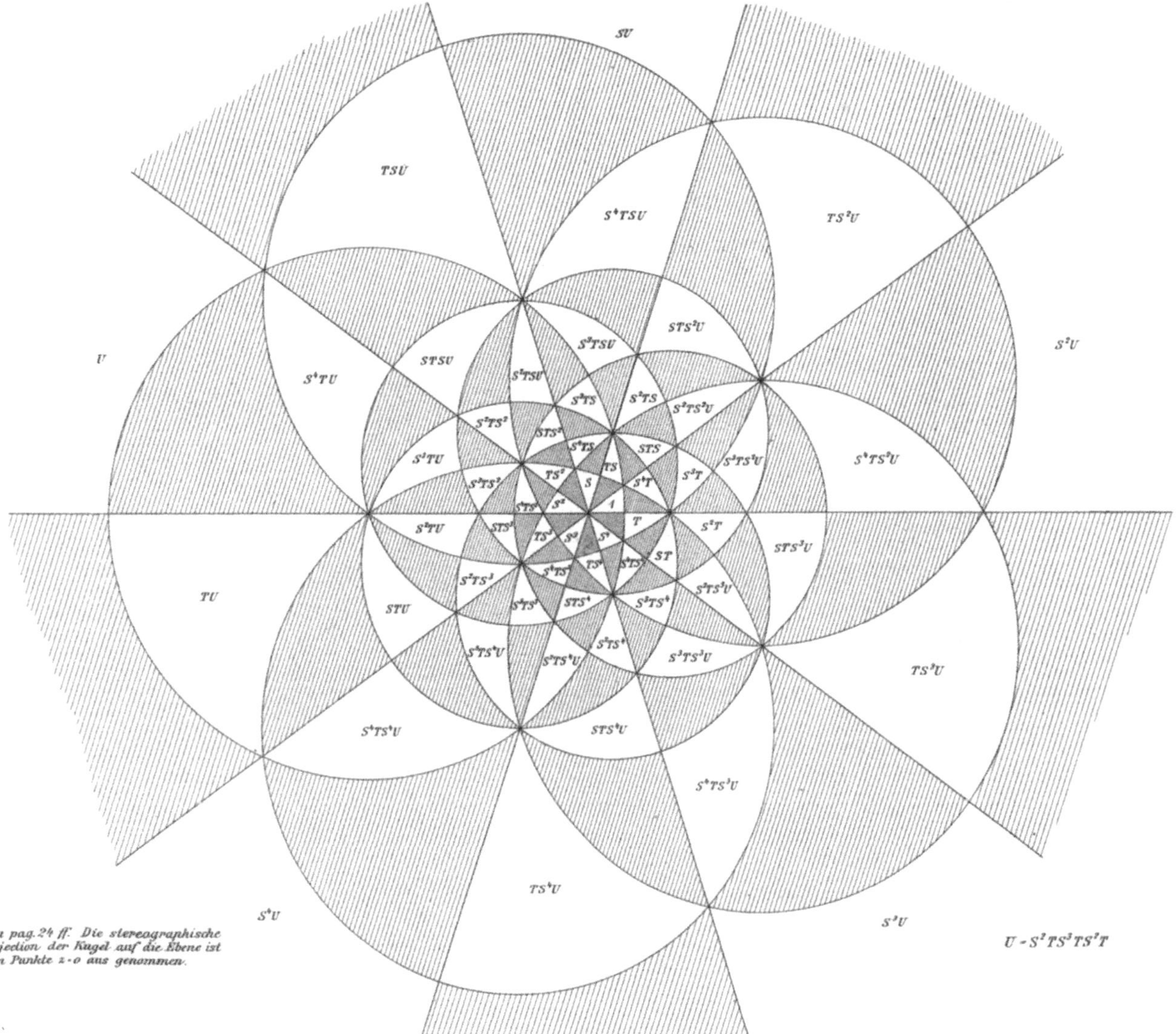


$U = S^2TS^3TS^2T$

*Zu pag. 24 ff. Die stereographische Projection der Kugel auf die Ebene ist vom Punkte z = o aus genommen.*

# Anmerkungen zum Text

**Seite VIII; Zeile -1: (Weitere Druckfehlerberichtigungen)**

| | |
|---|---|
| S. 12, Fußnote *): | $\nu' \equiv c\nu + k \pmod n$ |
| S. 42, 9: | $\mu + \nu \equiv 0$ |
| S. 48, Formel (35): | $z_1^\alpha z_2^\beta \cdot \prod_i (\lambda_1^{(i)} z_1^n + \lambda_2^{(i)} z_2^n)$ |
| S. 73, 11: | von $\frac{1}{z}$ und eine rationale Funktion |
| S. 95, Fußnote **): | ergänze: adjungiert |
| S. 97, Formel (8): | Die Formel muß lauten: $\frac{-4Z_1}{(Z_1-1)^2} = Z$ |
| S. 103, Formel (22): | Die Formel muß lauten: $t(z_1, z_2) = (\ldots)(z_1^2 - 2(\varepsilon + \varepsilon^4) z_1 z_2 - z_2^2) \cdot (\ldots)$ |
| S. 105, Formel (29): | Die Formel muß lauten: $48\,u^5(\ldots)^2 - 40\,u^3(\ldots) + \ldots = 0$ |
| S. 109, Formel (40): | die erste geschweifte Klammer soll sich nach rechts (und nicht nach links) öffnen. |
| S. 115, -2: | statt "werden" muß es "worden" heißen. |
| S. 117, -2: | statt "Seite von (3)" muß es "Seite von (2)" heißen. |
| S. 125, 3: | derjenigen |
| S. 154, Formel (30): | lautet korrekt: $f^{12} - 10\varphi \cdot f^6 + 5\varphi^2 = \psi \cdot f^2$. |
| S. 189, Formel (20): | $v_\nu = \frac{12 f \cdot W_\nu}{H}$. |
| S. 189, Formel (22) | $t_\nu W_\nu = (\ldots)(\ldots) + (\varepsilon^{2\nu} z_1 + \varepsilon^\nu z_2)(\ldots)$ |
| S. 198, 14: | der $\lambda_1$, $\lambda_2$, $\mu_1$, $\mu_2$ |
| S. 208, 14: | als Funktionen der $y'_\nu$ berechnen |
| S. 234, Fußnote **): | in II, 1, § 5. |
| S. 236, 8: | Funktion mit $\sqrt{A}$ (50). |

## Kapitel I 1:

S. 5, 8: Diese Definition einer Gruppe ist natürlich vom abstrakten Gesichtspunkt aus unzureichend. Allerdings genügt sie, wenn man sie auf eine Teilmenge $G$ einer umfassenden Transformationsgruppe $\Gamma$ bezieht, deren Elemente $g \in G$ von endlicher Ordnung sind. Diese Situation liegt bei der sich anschließenden Untersuchung der Polyedergruppen vor.

S. 8, 1: Klein benutzt hier eine heute überholte Benennung für Homomorphismen von Gruppen, die bis zum Ende des 19. Jahrhunderts in Gebrauch war (vgl. z.B. Weber [1899]).

S. 28, 14: Neben den Erzeugern kann man auch ergänzend die Relationen, also eine Präsentation, für die Polyedergruppen bestimmen. Bei Wahl geeigneter Erzeuger $a$, $b$, $c$ ergibt sich für jede Polyedergruppe eine Präsentation

$$a^{\nu_1} = b^{\nu_2} = c^{\nu_3} = abc = 1,$$

wobei $(\nu_1, \nu_2, \nu_3)$ das entsprechende "Platonische Tripel" aus der Tabelle von S. 21 ist. Im Fall der Ikosaedergruppe kann man etwa $c = S$, $b = S^2TS^2$ und $a = bc = S^2TS^3$ wählen. Für eine ausführlichere Erörterung vergleiche man Coxeter-Moser [1975], Coxeter [1991], Lamotke [1986].

Der Stoff dieses Kapitels ist in vielen Variationen in zahlreichen Lehrbüchern reproduziert worden. Wir wollen hier nur drei "Klassiker" nennen, die u.a. denselben Gegenstand behandeln oder berühren: Weyl [1955], Coxeter [1973], Du Val [1964].

## Kapitel I 2:

S. 32, 2: In heutiger Terminologie lassen sich Kleins gruppentheoretische Betrachtungen in den Paragraphen 2 und 3 folgendermaßen umschreiben. Die Gruppe der (komplex-analytischen) Automorphismen der Riemannschen Zahlenkugel $\mathbf{P}^1$ ist die projektive lineare Gruppe $PGL_2(\mathbf{C})$ aller gebrochenen linearen Transformationen

$$z \longmapsto \frac{az+b}{cz+d}, \qquad a, b, c, d \in \mathbf{C}, \quad \det\begin{pmatrix} a & b \\ c & d \end{pmatrix} \neq 0.$$

Man hat zwei exakte Sequenzen

$$\begin{array}{ccccccccc} 1 & \to & \mathbf{C}^* & \to & GL_2(\mathbf{C}) & \to & PGL_2(\mathbf{C}) & \to & 1 \\ & & \cup & & \cup & & \| & & \\ 1 & \to & <\pm 1> & \to & SL_2(\mathbf{C}) & \to & PGL_2(\mathbf{C}) & \to & 1. \end{array}$$

Durch die Drehungen auf der Zahlenkugel bettet sich die Gruppe $SO_3(\mathbf{R})$ der Rotationen des euklidischen $\mathbf{R}^3$ in die Gruppe $PGL_2(\mathbf{C})$ ein (u.a. als maximal kompakte Untergruppe). Klein bestimmt nun das Urbild von $SO_3(\mathbf{R})$ in $SL_2(\mathbf{C})$ und erhält dabei die spezielle unitäre Gruppe $SU_2(\mathbf{C})$ (Formeln (14), (16)). Die Gruppe $SU_2(\mathbf{C})$ ist einfach zusammenhängend, da topologisch eine 3-Sphäre (Formel (13)), und identifiziert sich mit der Spingruppe $\mathrm{Spin}_3(\mathbf{R})$ zu $SO_3(\mathbf{R})$. In der zweiten Fußnote auf S. 36 beschreibt Klein ebenfalls den expliziten Isomorphismus von $SU_2(\mathbf{C})$ mit der Gruppe $\mathbf{H}_{(1)}$ der Hamiltonschen Quaternionen der Norm 1.

S. 36, 12: Hier führt Klein u.a. die "binären Polyedergruppen" $\hat{G} \subset SU_2(\mathbf{C})$ (oder $\hat{G} \subset SL_2(\mathbf{C})$) der Polyedergruppen $G \subset SO_3(\mathbf{R})$ ein. Durch Abänderung der Ausgangsposition der regulären Körper lassen sich die Koeffizienten der expliziten Matrixrealisationen weiter einschränken. So kann man z.B. die binäre Ikosaedergruppe mittels Quaternionen über $\mathbf{Q}(\sqrt{5})$ realisieren (vgl. dazu Coxeter [1940], Du Val [1964 p. 53]; zudem erweist sich die binäre Ikosaedergruppe als Gruppe der Norm-Eins-Einheiten einer maximalen Ordnung der Quaternionen über $\mathbf{Q}(\sqrt{5})$, vgl. dazu Tits [1980], Vignéras [1980]).

S. 46, -5: Die Unmöglichkeit der Liftung einer Vierergruppe $V \subset PGL_2(\mathbf{C})$ nach $GL_2(\mathbf{C})$ (und damit das entsprechende Resultat für alle $V$ enthaltenden Obergruppen) läßt sich auch so begründen. Bis auf Konjugation gibt es in $GL_2(\mathbf{C})$ nur eine zu $V$ isomorphe Gruppe, die aus den Matrizen $\pm\begin{pmatrix}1&0\\0&1\end{pmatrix}$, $\pm\begin{pmatrix}1&0\\0&-1\end{pmatrix}$ besteht. Das Bild dieser Gruppe in $PGL_2(\mathbf{C})$ ist jedoch keine Vierergruppe, sondern nur isomorph zu $\mathbf{Z}/2\mathbf{Z}$. Ersetzt man $GL_2(\mathbf{C})$ durch $SL_2(\mathbf{C})$, so kann man noch einfacher argumentieren, da diese Gruppe nur ein Element der Ordnung zwei besitzt, nämlich $\begin{pmatrix}-1&0\\0&-1\end{pmatrix}$. Für alle Polyedergruppen $G$ liefert daher die Sequenz

$$1 \longrightarrow <\pm 1> \longrightarrow \hat{G} \longrightarrow G \longrightarrow 1$$

eine nichttriviale zentrale Erweiterung $\hat{G}$ von $G$ durch $\mathbf{Z}/2\mathbf{Z}$. Ist $G$ eine Ikosaedergruppe (oder auch eine Tetraedergruppe oder eine Diedergruppe mit "$n$ ungerade"), dann ist eine solche Erweiterung bis auf Isomorphie eindeutig bestimmt. In der Terminologie der Gruppenkohomologie wird dies durch die Aussage $H^2(G, \mathbf{Z}/2\mathbf{Z}) = \mathbf{Z}/2\mathbf{Z}$ ausgedrückt.

S. 47, 13: Im heutigen Sprachgebrauch verlangt man von einer invarianten Form, daß sie vollkommen ungeändert bleibt, also eine "absolute Invariante" im Sinne Kleins ist (vgl. dazu p. 63). Einer "Invarianten" im Sinne Kleins legt man heute den Namen "relative Invariante" oder "Semiinvariante" bei (vgl. z.B. Springer [1977, p. 84], allerdings besitzt der Begriff der "Semiinvarianten" im klassischen Kontext eine wiederum andere Bedeutung, vgl. Dickson [1930 Chap. I, § 10]). Jede relative Invariante einer Gruppe $G$ wird automatisch eine (absolute) Invariante für ihre Kommutatoruntergruppe $G'$. Mit dieser Bemerkung lassen sich im folgenden gelegentlich einige Argumente abkürzen.

S. 52, 9 ff: Für den Begriff der Kovarianten einer binären Form sowie weiteren, im folgenden hilfreichen Ausführungen vgl. man z.B. Dickson [1930 Chap. I § 4] oder, in moderner Formulierung, Springer [1977 Chap. 3 § 3]. Etwas allgemeiner kann man, bei Zugrundelegung einer Gruppe $G$, den Begriff der Kovariante auf den einer $G$-äquivarianten (polynomialen) Abbildung $c\colon V \longrightarrow W$, $\quad c(gv) = g\,c(v)$ für alle $v \in V$, $g \in G$, zwischen $G$-Darstellungen (oder allgemeiner $G$-Varietäten) $V$ und $W$ zurückführen. Ist $v \in V$, so heißt dann $c(v)$ eine Kovariante von $v$. Klein macht von dieser umfassenderen Bedeutung vor allem in Abschnitt II des "Ikosaederbuches" öfter Gebrauch (vgl. z.B. II 2, §§ 5–9, II 3, § 11, II 4, §§ 8–10, II 5, §§ 2–6).

S 57, -4ff: Zum Begriff der Überschiebung (engl. transvectant) vgl. Springer [1977 Chap. 3 § 3]. Für eine Neuaufnahme der Untersuchungen über die durch das Verschwinden von Überschiebungen definierten Untervarietäten binärer Formen vgl. die Arbeiten von J. Dixmier [1986], [1991].

S 61, 2: Für die späteren gleichungstheoretischen Anwendungen ist es bedeutsam, daß die in der "fundamentalen rationalen Funktion $Z$" auftretenden Koeffizienten keine unnötigen Irrationalitäten einführen. Abgesehen vom Tetraederfall erreicht dies Klein durch geschickte Normierungen (der Position der regulären Körper und der singulären Werte von $Z$). Mit Serre [1978] kann man die Fragestellung aber auch von einem systematischeren Standpunkt aus betrachten. Dabei stellt sich zunächst die Frage, unter welchen Bedingungen an einen Grundkörper $k$ man eine treue Aktion einer Polyedergruppe $G$ durch $k$-rationale Automorphismen der über $k$ definierten projektiven Geraden $\mathbf{P}^1$, also einen Monomorphismus $G \hookrightarrow PGL_2(k)$, erhält. Für den Fall der Ikosaedergruppe und $\mathrm{char}(k) = 0$ erweisen sich die Forderungen $\sqrt{5} \in k$ und $-1 = x^2 + y^2$ $(x, y \in k)$ als notwendig und hinreichend. Hier ist die zweite Bedingung äquivalent zur Isotropie der Form $x^2 + y^2 + z^2$ oder zum Zerfallen der Standard-Quaternionenalgebra $\mathbf{H} = (-1, -1)$ über $k$. (Gilt nur $\sqrt{5} \in k$, so erhält man noch eine Einbettung $G \hookrightarrow \mathbf{H}^*/k^*$ in die projektive Einheitengruppe von $\mathbf{H}$, eine $k$-Form von $PGL_2(k)$. Dazu sowie zur Situation in beliebiger Charakteristik und bei den anderen Polyedergruppen vgl. Serre [1978] § 1. Man vergleiche auch Dickson [1900, Chap. XII] und Feit [1976] für Beweise in positiver Charakteristik.) Die Funktion $Z$ realisiert nun den über $k$ definierten Quotienten $q\colon \mathbf{P}^1 \longrightarrow \mathbf{P}^1/G$ von $\mathbf{P}^1$ nach der Polyedergruppe $G$ im Sinne der algebraischen Geometrie (vgl. z.B. Serre [1959 Chap. III, 12]) und muß daher als Quotient zweier Polynome mit Koeffizienten in $k$ darstellbar sein. Daß $\mathbf{P}^1/G$ wieder isomorph zu einer projektiven Geraden ist, ergibt sich als Konsequenz des Satzes von Lüroth (vgl. z.B. Hartshorne [1977 Chap. IV, Example 2.5.5]; Klein benutzt diesen Satz übrigens an einer späteren Stelle, II 5 § 10).

## Kapitel I 3:

S. 63, 15: Aus algebraischer Sicht liefert die folgende Liste eine Präsentation

$$0 \longrightarrow (R) \longrightarrow \mathbf{C}[x, y, z] \longrightarrow \mathbf{C}[z_1, z_2]^{\hat{G}} \longrightarrow 0$$

des Invariantenrings $\mathbf{C}[z_1, z_2]^{\hat{G}}$ der binären Polyedergruppen $\hat{G}$. Hier werden $x$, $y$, $z$ auf die drei fundamentalen, absolut invarianten Formen abgebildet, und $(R)$ ist das von der

"Identität" in $x$, $y$, $z$ erzeugte Hauptideal. Geometrisch entspricht dieser Präsentation eine Einbettung des Bahnenraumes $\mathbf{C}^2/\hat{G} = \mathrm{Specmax}(\mathbf{C}[z_1, z_2]^{\hat{G}})$ als Hyperfläche

$$S = \{(x, y, z) \in \mathbf{C}^3 \mid R(x, y, z) = 0\}$$

in den $\mathbf{C}^3$. Diese Hyperfläche $S$ besitzt eine isolierte Singularität im Nullpunkt, die seit den Arbeiten von Du Val [1934] das konstante Interesse der Mathematiker auf sich gezogen hat (vgl. dazu die Übersichten Durfee [1970], Slodowy [1983] sowie die dort zitierte Originalliteratur). Insbesondere verband Du Val die genannten Singularitäten über die dualen Graphen ihrer minimalen Auflösungen mit den später sogenannten Coxeter-Dynkin-Witt-Diagrammen (vgl. z.B. Bourbaki [1968]). Den Kleinschen Fällen $I - V$ entsprechen demgemäß die Diagramme $A_{2n-1}$, $D_{n+2}$, $E_6$, $E_7$, $E_8$. (Die Diagramme $A_{2n}$ erhält man durch die Betrachtung der zyklischen Untergruppen von $Sl_2(\mathbf{C})$ von ungerader Ordnung $2n + 1$. Diese Gruppen präsentieren sich nicht als Urbilder von Gruppen in $SO_3(\mathbf{R})$, da sie nicht das Element $-1$ enthalten.) Wie in der Einleitung erwähnt, hat McKay eine darstellungstheoretische Herleitung der erweiterten Diagramme gegeben (vgl. McKay [1980]). Wegen späterer Anwendungen wollen wir hier kurz auf den Fall der binären Ikosaedergruppe eingehen. McKays Resultat besagt dann, daß sich die irreduziblen Charaktere dieser Gruppe durch das erweiterte Diagramm vom Typ $E_8$

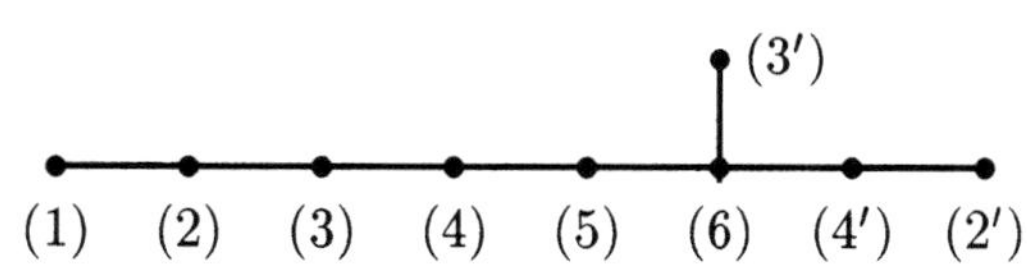


parametrisieren lassen, so daß das Tensorprodukt eines Charakters $\chi$ mit dem "natürlichen" zwei-dimensionalen Charakter (2) die Summe der im Diagramm benachbarten Charaktere ist, z.B.

$$(6) \otimes (2) = (5) \oplus (4') \oplus (3').$$

(Wir haben hier die bei Physikern übliche Bezeichnung einer irreduziblen Darstellung durch die Dimension benutzt.)

Weitere Referenzen zu den erwähnten Resultaten, die keinen Eingang in die genannten Übersichten gefunden haben, sind Hazewinkel et al. [1977], Iwahori-Yokonuma [1982], Steinberg [1985], Lamotke [1986], Riemenschneider [1986].

S. 65, -9: Die Existenz der rationalen Funktionen $X$, $Z$ sowie die Umkehrformeln zu Ende dieses Paragraphen besagen, daß die Fläche $S = \mathbf{C}^2/\hat{G}$ eine rationale Fläche, d.h. birational zur Ebene $\mathbf{C}^2$ ist. Bei den in der Fußnote zitierten Untersuchungen von M. Nöther handelt es sich vermutlich um jene, die später in dessen Arbeit [1889] Eingang gefunden haben. Diese Arbeit ist auch für die simultane Auflösungstheorie der Flächen $S$ wichtig geworden (vgl. Brieskorn [1968]). Die zunächst auf $S$ rationalen Funktionen $X$, $Z$ liften sich übrigens zu wohldefinierten regulären Abbildungen $\tilde{S} \longrightarrow \mathbf{P}^1$ auf der minimalen Auflösung $\tilde{S}$ von $S$. Ein eingehendes Studium des Verhaltens von relativen Invarianten (d.h. ihres Divisors) auf der minimalen Auflösung $\tilde{S}$ liegt den Arbeiten von Gonzalez-Sprinberg, Verdier [1983] und Knörrer [1985a] zugrunde, die McKays Resultat algebraisch-geometrisch interpretieren.

S. 68, -12: Bei der durch die "Funktion $z(Z)$" gegebenen konformen Abbildung handelt es sich, etwas vorsichtiger formuliert, um die konformen Abbildungen, die durch die Zweige der Umkehrfunktion zu $Z$ von der oberen und unteren (offenen) $Z$-Halbebene geliefert werden. Für grundsätzliche Erörterungen über konforme Abbildungen (Randverhalten, Ecken, ...) vgl. z.B. Ahlfors [1966 Chap. 6], Caratheodory [1960 Teil 7].

S. 71, -3: Hier benutzt Klein die Riemann-Hurwitz-Formel für verzweigte Überlagerungen Riemannscher Flächen (vgl. z.B. Hartshorne [1977 IV, Cor. 2.4]).

S. 72, 10: Diese Argumentation läßt sich nicht auf den Tetraederfall anwenden, da die Form $F_1 = t$ in diesem Fall in 0 und $\infty$ verschwindet. Für die Zahl der Nullstellen von $z_2$ ergibt sich nun $\frac{N}{\nu_1} + 2$, entsprechend für die Zahl der Polstellen $\frac{N}{\nu_2} + \frac{N}{\nu_3}$.

S. 72, -4: Auch die hier folgende Diskussion ist im Tetraederfall zu modifizieren. Eine Möglichkeit der Abänderung wird von Klein in einem anderen Kontext (I 5 § 7, S. 133) realisiert.

S. 73, 3: Die Modifikationen im Ikosaederfall erweisen sich als unnötig (vgl. Kleins eigene Korrekturen, S. VIII).

S. 80, 1: Bei der Herleitung dieser Formel benutze man auch die Eulersche Formel für homogene Polynome.

S. 80, -1: Entsprechend den früheren Anmerkungen ist der Tetraederfall mit geeigneten Modifikationen zu behandeln.

S. 82, -1: In diesen abschließenden Bemerkungen spielt Klein u.a. auf die Realisation der binären Polyedergruppen als Monodromiegruppen der entsprechenden hypergeometrischen Differentialgleichungen an. Dieser Sachverhalt hat eine ausführliche Darstellung in seinen "Vorlesungen über die hyper geometrische Funktion" [1933] gefunden (für eine Übersicht vergleiche man Slodowy [1986]). Sowohl in diesen Vorlesungen als auch in denen über elliptische Modulfunktionen, Klein-Fricke [1890] (Kap. 2, 3, 4 des ersten Abschnitts), wird die Thematik der vorangehenden Paragraphen in einem umfassenderen Kontext und sehr ausführlich behandelt. Insbesondere werden dort auch die Lösungen der hypergeometrischen Differentialgleichungen, d.h. die hypergeometrischen Funktionen, studiert. Explizite Formeln zur Lösung der Ikosaedergleichung gibt Klein in [1877c I, § 8]. Als eine neuere Einführung in die Grundlagen der Theorie der hypergeometrischen Differentialgleichungen sei Jänich [1983 Kapitel XII] genannt, vgl. auch Fischer-Lieb [1988 Kapitel VI] und Caratheodory [1960 7. Teil]. Eine historische Einordnung liefert J. Gray [1984], [1986].

## Kapitel I 4:

S. 83, -11: Für den heutigen Leser mag es nützlich sein, die in den folgenden Paragraphen dargestellten Resultate aus der körpertheoretischen Formulierung der Galoistheorie (wie z.B. in Artin [1968], Lang [1967], v.d. Waerden [1966]) herzuleiten. Wir begnügen uns mit einigen Erläuterungen zur Übertragung der Begriffe.

Sei $k$ ein Körper und $K$ eine Galoiserweiterung von $k$ mit endlicher Galoisgruppe $G$. Im gleichungstheoretischen Kontext ist eine solche Erweiterung der Zerfällungskörper $K = k(x_1, \ldots, x_n)$ eines separablen Polynoms $P \in k[X]$, wobei $x_1, \ldots, x_n$ die Wurzeln von $P$ bezeichnen mögen. Jedes Element $y \in K$ ist nun darstellbar als eine "rationale Funktion der Wurzeln $x_1, \ldots, x_n$", wobei die Koeffizienten aus $k$ sind. Seien $y_1 = y, y_2, \ldots, y_m$ die Galoiskonjugierten von $y$ und

$$R = \prod_{i=1}^{m} = (X - y_i)$$

das irreduzible Polynom von $y$ über $k$. Die Gleichung $R = 0$ heißt dann eine (rationale) Resolvente der Gleichung $P = 0$ oder der Körpererweiterung $k \subset K$. Der Begriff "Resolvente" geht auf Euler [1732] zurück, der die Gleichung $R = 0$ "aequatio resolvens" nannte. Lagrange und nachfolgende französische Autoren (z.B. Galois) sprachen von "réduite". Manche Autoren nennen das Element $y$ eine Resolvente. Dies veranlaßte R. Fricke zu der Unterscheidung "Resolvente $R = 0$" und "Solvente $y$".

Der Grad $m$ von $R$, oder der Grad der Körpererweiterung $k(y)$ über $k$, ist gleich dem Index $|G/G_y|$ des Stabilisators $G_y = \{g \in G \mid gy = y\}$ in $G$. Die Gleichung $R = 0$ heißt eine Galoisresolvente von $P = 0$, falls ihr Grad $m$ gleich der Ordnung von $G$ oder, äquivalent dazu, falls $G_y = \{1\}$ ist. Im letzteren Fall ist der Grad von $k(y)$ über $k$ gleich dem von $K$. Es gilt dann also $K = k(y)$, d.h. $y$ ist ein primitives Element von $K$ über $k$.

Sei $H \subset G$ eine Untergruppe. Ein Element $y \in K$ heißt der Gruppe $H$ zugehörig genau dann, wenn der Stabilisator $G_y$ gleich $H$ ist. In diesem Fall ist $y$ ein primitives Element für den Fixkörper $K^H$, d.h. $K^H = k(y)$. Es gilt dann der "Satz von Lagrange", daß jedes Element $z \in K^H$ eine "rationale Funktion von $y$" mit Koeffizienten in $k$ ist.

Der Zerfällungskörper $L = k(y_1, \ldots, y_m)$ von $R$ ist eine Galoissche Zwischenerweiterung $k \subset L \subset K$. Es ist $Gal(K, L) = \bigcap_{i=1}^{m} G_{y_i}$ und $Gal(L, k) = G/Gal(K, L)$. Zwei Resolventen $R = 0$ und $R' = 0$ heißen äquivalent, wenn ihre Zerfällungskörper über $k$ übereinstimmen. In diesem Fall lassen sich die Wurzeln von $R' = 0$ als "rationale Funktionen" in den Wurzeln von $R = 0$ mit Koeffizienten in $k$ ausdrücken und umgekehrt. Ist insbesondere $G$ einfach, so sind alle nicht trivialen Resolventen zueinander äquivalent.

S. 84, -14: Hier betrachtet also Klein zunächst die Galoiserweiterung $K \supset k$, wobei $K$ der Körper $k_0(x_0, \ldots, x_{n-1})$ der rationalen Funktionen in $n$ Unbestimmten über einem Grundkörper $k_0$ und $k = K^{S_n}$ der Fixkörper unter der natürlichen Aktion der symmetrischen Gruppe $S_n$ ist. Ist $k_0$ von der Charakteristik Null (wie bei Klein), so gilt $k = k_0(s_1, \ldots, s_n)$, wobei die $s_i$ die elementaren Potenzsummen (S. 85, Formel (1)) sind.

S. 90, -8: Bei dieser Transformation handelt es sich um eine sogenannte Tschirnhaustransformation. Da Klein erst später und an verschiedenen Stellen darauf eingeht (vgl. II 1, §§ 1, 2, II 2, §§ 5, 6) seien hier einige für die folgenden Entwicklungen hilfreiche Erläuterungen vorangeschickt.

Sei $P \in k[X]$ ein Polynom vom Grad $n$, das über einer Erweiterung von $k$ in der Form $P = \prod_{i=1}^{n}(X - x_i)$ zerfalle. Sei $\psi \in k(X)$ eine rationale Funktion, die in allen Wurzeln $x_i$, $i = 1, \ldots, n$, definiert sei. Dann heißt

$$Q = \tau_\psi(P) = \prod_{i=1}^{n}\bigl(Y - \psi(x_i)\bigr) \in k[Y]$$

die Tschirnhaustransformation von $P$ mittels $\psi$. Ohne Beschränkung der Allgemeinheit kann man $\psi$ durch ein Polynom vom Grad $< n$ ersetzen. Das Polynom $Q$ ist dann über $k$ proportional zur Resultante von $P$ und $\psi - Y$ (beide aufgefaßt als Polynome in $X$ über $k[Y]$). Sind $P$ und $Q$ separabel, so lassen sich die Wurzeln von $P$ aus denen von $Q$ auf rationalem Wege berechnen. Für diesbezügliche detaillierte Ausführungen sei auf Weber [1912 I 6] und Fricke [1924 S. 163–165] verwiesen.

Man kann der Tschirnhaustransformation eine transformationsgruppentheoretische Interpretation geben, auf die Klein bei Gelegenheit (II 4 § 10, S. 234) eingeht. Dazu faßt man den affinen Raum $N_n$ ($\cong \mathbf{A}_k^n$) aller normierten Polynome vom Grad $n$ als Quotienten (im Sinne der algebraischen Geometrie) des affinen Raumes $W_n$ ($\cong \mathbf{A}_k^n$) der "Wurzeln" $(x_1, \ldots, x_n)$ nach der natürlichen Permutationsaktion der symmetrischen Gruppe $S_n$ auf. Die Quotientenabbildung $W_n \longrightarrow N_n$ wird dann durch die elementarsymmetrischen Funktionen vermittelt

$$(x_1, \ldots, x_n) \longmapsto (a_1, \ldots, a_n),$$

wobei $\prod_{i=1}^{n}(X-x_i) = X^n - a_1X^{n-1} + \cdots + (-1)^n a_n$. Jede Kovariante, d.h. jeder über $k$ definierte, $S_n$-äquivariante Morphismus $\Psi: W_n \longrightarrow W_n$ induziert dann einen Morphismus $T_\Psi: N_n \longrightarrow N_n$. Die Menge $\mathcal{M}_n = Mor_{S_n}(W_n, W_n)$ aller Kovarianten läßt sich als Modul über den invarianten Funktionen $k[W_n]^{S_n} = k[N_n]$ auffassen und wird, sofern $\mathrm{char}(k) = 0$ ist, von den fundamentalen Kovarianten

$$\Pi_\ell: (x_1, \ldots, x_n) \longrightarrow (x_1^\ell, \ldots, x_n^\ell), \qquad \ell = 0, \ldots, n-1,$$

frei über $k[N_n]$ erzeugt (dies ergibt sich aus der Invarianten- und Kovariantentheorie der symmetrischen, wie allgemeiner auch der endlichen Spiegelungsgruppen, vgl. z.B. Bourbaki [1968 V § 5]). Ist nun etwa $\Psi = \sum_{\ell=0}^{n-1} \alpha_\ell \Pi_\ell$ mit $\alpha_\ell \in k[N_n]$, so ist für $P = X^n - a_1X^{n-1} + \cdots + (-1)^n a_n$ das Polynom $T_\Psi(P) \in N_n$ gerade die Tschirnhaustransformation $\tau_\psi(P)$ von $P$ mittels des Polynoms $\psi = \sum_{\ell=0}^{n-1} \alpha_\ell(a_1, \ldots, a_n)X^\ell$.

S. 91, 10: Mit den vorangegangenen Definitionen lassen sich auch die folgenden Ausführungen Kleins präziser formulieren.

Sei $P \in N_n$ (im Anschluß an Klein, irreduzibel) und $\mathcal{M}_P = \{\Psi \in \mathcal{M}_n \mid T_\Psi(P) = P\}$ das "Isotropieuntermonoid" des Monoids $\mathcal{M}_n$ aller Kovarianten (bzgl. Komposition). Ist $\Psi \in \mathcal{M}_P$ und $(x_1, \ldots, x_n)$ eine Anordnung der Wurzeln von $P$, so ist $\Psi(x_1, \ldots, x_n)$ eine andere Anordnung derselben. Also gibt es eine Permutation $\sigma_\Psi \in S_n$ so daß

$$\Psi(x_1, \ldots, x_n) = \sigma_\Psi(x_1, \ldots, x_n).$$

Sind $\Phi$, $\Psi \in \mathcal{M}_P$, so folgt mit der $S_n$-Äquivarianz von $\Phi$, daß $\sigma_{\Phi\cdot\Psi} = \sigma_\Psi \cdot \sigma_\Phi$ gilt, d.h. daß die Zuordnung $\Psi \longmapsto \sigma_\Psi$ einen Antihomomorphismus von Monoiden

$$\sigma: \mathcal{M}_P \longrightarrow S_n$$

definiert. Das Bild $\sigma(\mathcal{M}_P)$ ist dann als Untermonoid einer endlichen Gruppe eine Untergruppe (dies ist letztlich der Inhalt der Behauptung in Zeile 10). Kleins Ausführungen in den Zeilen 11 bis -10 zeigen zunächst, daß $\sigma(\mathcal{M}_P)$ die Galoisgruppe $\Gamma$ enthält. Aufgrund der gleichen Ordnung stimmen daher beide Gruppen überein.

S. 92, 18: Zur Herleitung des folgenden Resultates sei $P = 0$ die fragliche Gleichung. Man schließt zunächst, daß jede Wurzel $x$ von $P$ eine Galoissolvente, also ein primitives Element des Zerfällungskörpers von $P$ über $k$ ist (z.B. da die $\psi_i$ modulo $P$ verschieden sind, die $\psi_i(x)$ also alle Wurzeln von $P$ durchlaufen müssen). Aufgrund der Irreduzibilität von $P$ hat dann die Galoisgruppe $\Gamma$ die Ordnung $n$. Die Argumentation auf S. 91 zeigt schließlich, daß $\Gamma$ in $\sigma(\mathcal{M}_P)$, d.h. der "Gruppe der $\psi$", enthalten ist, und daher mit ihr übereinstimmt.

S. 93, 2: Es handelt sich hier also um die Gleichungen (1) und (2) von S. 62 oder, etwas umgestellt in die Form $f(z) = 0$, um

$$(1)' \qquad z^n - Z = 0$$

$$(2)' \qquad c.F_2(z,1)^{\nu_2} - Z.F_3(z,1)^{\nu_3} = 0.$$

Hier sind die linken Seiten Polynome in $z$ über dem Funktionenkörper $k(Z)$, dessen Konstanten $k$ die rationalen Zahlen $\mathbf{Q}$ und die Koeffizienten der Transformationen der zugehörigen Polyedergruppe enthalten (z.B. $k \supset \mathbf{Q}(\mu)$, $\mu = e^{2\pi i/n}$ im Falle (1)' und $k \supset \mathbf{Q}(\varepsilon)$, $\varepsilon = e^{2\pi i/5}$ im Ikosaederfall; im Tetraederfall benötigt Klein aufgrund der gewählten Position des Tetraeders zudem noch $\sqrt{3} \in k$).

S. 94, -10: Da die Ikosaedergleichung

$$H(z,1)^3 - 1728 \cdot Z \cdot f(z,1)^5 = 0$$

nur Koeffizienten aus $\mathbf{Q}(Z)$ enthält, kann man sie als Gleichung über diesem Körper auffassen. Ihr Zerfällungskörper (d.h. $\mathbf{Q}(\varepsilon, z)$) ist dann vom Grade 240 über $\mathbf{Q}(Z)$. Vgl. hierzu auch Frickes Darstellung [1926 I 3, § 2, S. 57].

S. 95, -6: Will man die von Klein hier diskutierte Situation präzisieren, so kann man dies in der Sprache der zugehörigen Funktionenkörper tun. Dann betrachtet man die Körpererweiterung $k(z_1, z_2)^{\hat{G}} \subset k(z_1, z_2)$, wobei $\hat{G} \subset SL_2(k)$ eine endliche binäre Gruppe ist. In der heutigen algebraischen Geometrie verwendet man aber auch den geometrischen Begriff der Galoisüberlagerung (vgl. z.B. Milne [1980 I § 5]). Eine solche liegt vor, wenn man den Quotienten $\mathbf{A}_k^2 \longrightarrow \mathbf{A}_k^2/\hat{G}$ außerhalb des Verzweigungsortes, also die unverzweigte Überlagerung

$$\mathbf{A}_k^2 \setminus \{0\} \longrightarrow (\mathbf{A}_k^2 \setminus \{0\})/\hat{G},$$

betrachtet.

S. 98, 14: Aus geometrischer Sicht handelt es sich bei $F$ um eine Faktorisierung des Ikosaederquotienten über den Tetraederquotienten:

$$\begin{array}{ccc} \mathbf{P}^1 & \xrightarrow{\quad Z \quad} & \mathbf{P}/G \\ & {\scriptstyle r}\searrow \quad \nearrow{\scriptstyle F} & \\ & \mathbf{P}^1/T & \end{array}$$

(hier ist $T$ eine in der Ikosaedergruppe $G$ enthaltene Tetraedergruppe). Da $Z$ vom Grad 60 und $r$ vom Grad 12 ist, hat $F$ den Grad 5.

S. 98, -11: Mit dem Ikosaederproblem ist hier das Formenproblem für die binäre Ikosaedergruppe gemeint.

S.100, -7: Da die Tetraedergruppe auf den Ikosaederecken $E = \{z = z_1/z_2 \in \mathbf{P}_1 \mid f(z_1, z_2) = 0\}$ einfach transitiv operiert, sind alle 12 Punkte aus $E$ einfach für die Abbildung $r$, und das Bild $r(E)$ besteht aus einem Punkt. Andererseits besitzt $Z = F \circ r$ in den Punkten von $E$ einen fünffachen Pol. Daher besitzt $F$ in $r(E)$ einen fünffachen Pol. Die folgende Argumentation betreffend $\psi$ und $\varphi$ ist, obwohl im Detail komplizierter, vollkommen analog.

S. 110, -4: Zusammenfassend kann man also sagen, daß sich die Ikosaedergruppe — nach geeigneter Identifikation der 6 Paare antipodaler Ikosaederecken mit den Punkten der projektiven Geraden $\mathbf{P}^1(\mathbf{F}_5)$ — mit der Gruppe $PSL_2(\mathbf{F}_5)$ identifiziert. Klein wird an späterer Stelle (z.B. II 1) erneut auf diesen Sachverhalt eingehen.

## Kapitel I 5:

S. 116, -5: Liegen die Koeffizienten der gebrochenen linearen Transformationen $\psi_i$ in einem Grundkörper $k$, so liefert die Formel

(1) eine Gleichung $N$-ten Grades (für $x$) über dem Funktionenkörper $k(X)$. Aus geometrisch-funktionentheoretischer Sicht definiert die Formel (1) eine Quotientenabbildung

$$\begin{aligned} \mathbf{P}^1 \longrightarrow \mathbf{P}^1/\Gamma \overset{\sim}{\longrightarrow} \mathbf{P}^1 \\ x \longmapsto X(x) \end{aligned}$$

nach der von den $\psi_i$ gebildeten Untergruppe $\Gamma \subset PGL_2(k)$.

S. 117, 9: Dies impliziert, daß die Gruppe $\Gamma$ zu einer der früher eingeführten Polyedergruppen in $PGL_2(\mathbf{C})$ konjugiert ist.

S. 120, -13: Der arithmetische Teil des obigen Beweises wird in zahlreichen späteren Herleitungen der Klassifikation der endlichen Untergruppen von $PGL_2(\mathbf{C})$ oder $SO_3(\mathbf{R})$ reproduziert (vgl. z.B. Weyl [1955]). Im Fall der Obergruppe $SO_3(\mathbf{R})$ ergibt sich die Konjugation der endlichen Untergruppen gleichen Typs mittels eines elementargeometrischen Arguments. Benutzt man die Tatsache, daß alle endlichen Untergruppen von $PGL_2(\mathbf{C})$ in die maximal kompakte Untergruppe $SO_3(\mathbf{R}) \subset PGL_2(\mathbf{C})$ konjugiert sind, so erübrigt sich damit die Heranziehung der von Klein benutzten differentialgleichungstheoretischen Sachverhalte (d.h. S. 120, 8 ff).

S. 123, 4: Neben Kleins eigenen Angaben vergleiche man die Arbeiten von J. Gray, [1984], [1986] für eine historische Einordnung der in diesem Abschnitt behandelten Problematik.

S. 123, -6 ff: Hier nimmt Klein ohne nähere Begründung an, daß der Ring der Invarianten $k[\mathbf{A}^n]^\Gamma$ einer endlichen Untergruppe $\Gamma \subset GL_n(k)$ endlich erzeugt ist. Ein allgemein gültiger Beweis für diesen Sachverhalt (zumindest für $\mathrm{char}(k) = 0$, oder $(\mathrm{char}(k), |\Gamma|) = 1$) scheint zum ersten Mal von Weber [1899 § 57] publiziert worden zu sein. Webers Beweis benutzt den Hilbertschen Basissatz (Hilbert [1890]) und die Mittelungstechnik von Hurwitz ([1897]).

S. 124, 7: Vgl. hierzu auch Weber [1899], insbesondere § 58 und § 60.

S. 124, -17: Aus geometrischer Sicht läßt sich die hier behandelte Situation folgendermaßen präzisieren. Ist $\Gamma \subset GL_n(k)$ eine endliche Untergruppe, so operiert diese in natürlicher Weise auf dem projektiven Raum $\mathbf{P}^{n-1} = \mathbf{P}(\mathbf{A}^n)$. Bezüglich einer affinen Karte, z.B. mit Koordinaten $z_1/z_0, \ldots, z_{n-1}/z_0$, sind die

Transformationen von $\Gamma$ dann gebrochen linear. Als Analogon zum Formenproblem der Gruppe $\Gamma$ können wir nun das Problem der (lokalen) Umkehr der Quotientenabbildung

$$\mathbf{P}^{n-1} \longrightarrow \mathbf{P}^{n-1}/\Gamma$$

auffassen. Klein führt diese Interpretation nicht voll aus und begnügt sich mit einem birationalen Standpunkt. Aus körpertheoretischer Sicht handelt es sich bei der Auflösung des "$\Gamma$ zugehörigen Gleichungssystems" um die Rekonstruktion des Funktionenkörpers $k(\mathbf{P}^{n-1}) = k(z_1/z_0, \ldots, z_{n-1}/z_0)$ über dem Invariantenkörper $k(\mathbf{P}^{n-1})^\Gamma = k(Z_1, Z_2, \ldots)$.

S. 124, -5: Bei diesen Ausführungen mag die folgende Interpretation hilfreich sein. Sei $\Gamma \subset S_n$ eine Untergruppe der symmetrischen Gruppe und

$$q\colon W_n \longrightarrow W_n/\Gamma$$

der Quotientenmorphismus nach der Permutationsaktion von $\Gamma$ auf dem $n$-dimensionalen affinen Raum $W_n$ ("der Wurzeln") über einem Grundkörper $k$. Die Lösung des Formenproblems für $\Gamma$ besteht dann in der (lokalen) Umkehr von $q$ (außerhalb des Verzweigungsortes). Ist nun $f \in k[X]$ ein separables, normiertes Polynom $n$-ten Grades mit Wurzeln $x_0$, ..., $x_{n-1}$, dessen Galoisgruppe über $k$ sich als Permutationsgruppe der $x_i$ mit $\Gamma \subset S_n$ identifiziert, so ist der Bildpunkt $y = q(x_0, \ldots, x_{n-1})$ ein $k$-rationaler Punkt von $W_n/\Gamma$. Daher lassen sich die Wurzeln $x_i$ von $f$ mittels der Umkehrabbildung von $q$ über $k$ ausdrücken.

S. 125, -5: Kleins Begriff der Reduktion von Formenproblemen läßt sich folgendermaßen fassen. Es seien $G$, $H$ endliche Gruppen und $V$, $W$ über einem Grundkörper $k$ definierte Darstellungen von $G$ bzw. $H$. Die zugehörigen Formenprobleme beinhalten dann die Umkehr der Quotientenabbildungen $q\colon V \longrightarrow V/G$ bzw. $Q\colon W \longrightarrow W/H$, körpertheoretisch gesehen also die Konstruktion der Erweiterungen

$$K = k(V)^G \subset k(V) = K' \quad \text{bzw.} \quad L = k(W)^H \subset k(W) = L'.$$

Das Formenproblem zu $Q$ ist nun auf das Formenproblem zu $q$ reduzierbar, falls, heuristisch gesprochen, die zur Umkehr von $Q$ erforderlichen algebraischen Funktionen mittels rationaler Funktionen (deren Koeffizienten in $L$ liegen) in den zur Umkehr von $q$ benötigten Funktionen ausdrückbar sind. Präziser können wir diesen Sachverhalt in der Sprache der heutigen algebraischen Geometrie so formulieren: es gibt einen $L$-wertigen Punkt, $\bar{x} \in (V/G)(L)$, des Quotienten $V/G$, so daß $L'$ von den Koordinaten $x_1, \ldots, x_n$ eines Urbildpunktes $x \in q^{-1}(\bar{x})$ erzeugt wird. Hierbei ist irgendein $k$-rationales Koordinatensystem $V \cong \mathbf{A}^n$ zugrundegelegt, und die Werte der Koordinaten $x_i$ liegen zunächst in einem algebraischen Abschluß $\bar{L} \supset L' \supset L$. (Etwas weniger einschränkend könnte man nur $L' \subset L(x_1, \ldots, x_n)$ fordern. In der älteren Literatur, z.B. Weber [1899 § 58] oder auch Krull [1959] findet man die Koordinaten auch durch eine "generische" Linearkombination über $L$ ersetzt.)

Zur effektiven Reduktion von Formenproblemen zu gleicher Gruppe ($G = H$) konstruiert Klein später $G$-äquivariante, über $k$ definierte rationale Abbildungen $\varphi: W \longrightarrow V$. Um die folgende Interpretation seines Vorgehens zu vereinfachen, nehmen wir jetzt an, daß $G$ einfach und $V$ irreduzibel ist (eine Situation, auf die man sich leicht zurückziehen kann) sowie daß $\varphi$ bereits polynomial ist. Bezeichnen dann $W' \subset W$, $V' \subset V$ die Mengen der $G$-regulären Punkte, d.h. der Punkte mit trivialem $G$-Stabilisator, so zeigt man unter unseren Voraussetzungen (und der trivialen Annahme $W' \neq \emptyset$, $V' \neq \emptyset$) leicht, daß $\varphi(W') \cap V'$ nicht leer und somit $W^0 = \varphi^{-1}(V')$ Zariski-dicht in $W$ ist. Wir erhalten dann ein cartesisches Diagramm

$$
\begin{array}{ccccc}
W^0 & & \xrightarrow{\quad\varphi\quad} & & V' \\
 & \searrow^{\alpha} & & \nearrow_{pr_2} & \\
Q \big\downarrow & & W^0/G \times_{V'/G} V' & & \big\downarrow q \\
 & \swarrow_{pr_1} & & & \\
W^0/G & & \xrightarrow{\quad\bar{\varphi}\quad} & & V'/G
\end{array}
$$

bei dem $\bar{\varphi}$ die von $\varphi$ induzierte Abbildung auf den Quotientenräumen und die natürliche Abbildung $\alpha$ ein Isomorphismus von Varietäten ist. Dieses Diagramm liefert die gewünschte Reduktion des Formenproblems zu $Q$ auf das zu $q$. Aus geometrisch-funktionentheoretischer Sicht (man nehme $k = \mathbf{C}$ an) liefert nämlich jede lokale Umkehr $s: V'/G \supset U \longrightarrow V'$ von $q$ eine lokale Umkehr $S: W^0/G \supset \bar{\varphi}^{-1}(U) \longrightarrow$

$W^0$ von $Q$ durch die Setzung

$$S = \alpha^{-1} \circ \big(\mathrm{id}_{W^0/G} \times (s \circ \bar{\varphi})\big),$$

die $S$ als eine rationale Funktion in $s$ mit Koeffizienten in $L$ ausdrückt. Nehmen wir an, daß $\varphi$ und somit $\bar{\varphi}$ dominant sind, so entspricht dem obigen Diagramm ein duales von Funktionenkörpern

$$\begin{array}{ccccc} L' & & \xleftarrow{\quad\varphi^*\quad} & & K' \\ \uparrow & \nwarrow^{\alpha^*} & & \swarrow & \uparrow \\ Q^* & & L \otimes_K K' & & q^* \\ | & \nearrow & & & | \\ L & & \xleftarrow{\quad\bar{\varphi}^*\quad} & & K, \end{array}$$

welches zeigt, daß $L'$ von $K'$ über $L$ erzeugt wird ($\alpha$ und $\alpha^*$ sind Isomorphismen). Wir erhalten den Anschluß an unsere algebraisch-geometrische Formulierung der "Reduktion" wie folgt: Der Morphismus $\bar{\varphi}: W/G \longrightarrow V/G$ definiert einen $L$-wertigen Punkt $\bar{x}$

$$\begin{array}{ccc} k[V]^G & \xrightarrow{\qquad\bar{x}\qquad} & L \\ & \searrow \qquad \nearrow_{\bar{\varphi}^*} & \\ & K & \end{array}$$

des Quotienten $V/G$. Sind $x_1, \ldots, x_n$ $k$-rationale Koordinaten auf $V$, also $k[V] = k[x_1, \ldots, x_n]$, so liefert $x = (x_1, \ldots, x_n) \in \mathbf{A}^n(K') = V(K')$ einen $K'$-wertigen Urbildpunkt, $x \in q^{-1}(\bar{x})$. Da die Elemente $x_1, \ldots, x_n$ den Körper $K'$ über $K$ erzeugen, erzeugen sie auch $L'$ über $L$.

Die obige Argumentation ist leicht zu modifizieren, falls $\varphi$ nicht dominant ist. Will man diesen Fall mitbetrachten, so kann man die obigen Entwicklungen jedoch gleich in einen allgemeineren Rahmen einbetten, in dem $V$ und $W$ quasiprojektive $G$-Varietäten sind (ggf. hat man zu fordern, daß $\varphi(W') \cap V'$ nicht leer ist). Insbesondere fallen Kleins "Gleichungssysteme" und deren Reduktion in diesen Rahmen. Wir können die Details dem interessierten Leser überlassen.

Die von Klein in den Kapiteln II 3 und II 4 durchgeführten Reduktionen lassen sich dem obigen Schema unterordnen. Man beachte dabei jedoch, daß Klein sich zumeist auf die Konstruktion von $\alpha$ oder $\alpha^{-1}$ beschränkt und das Faserprodukt (d.h. $W^0/G \times_{V'/G} V'$) durch einfachere, birational äquivalente Objekte ersetzt.

S 131, 5: Klein hat den Schwarzschen Funktionen eingehendere Beachtung geschenkt in den Vorlesungen über die elliptischen Modulfunktionen (Klein-Fricke [1890 insbes. Kap. I 3]) und vor allem in den Vorlesungen über die hypergeometrische Funktion ([1933]).

S 132, 5: Neben den von Klein angegebenen Quellen vergleiche man auch Klein-Fricke [1892 Kapitel V 4, § 7] sowie Fricke [1926 Kapitel I 4]. In dem Werk von Klein und Fricke findet sich auch die Herleitung des Zusammenhangs zwischen Modulfunktionen und Thetateilwerten, der den expliziten Formeln dieses Paragraphen zugrunde liegt.

S. 134, 10: Neben Klein-Fricke [1890], [1892], Fricke [1926] vergleiche man auch Fricke [1916], [1922]. Einführungen in die Transformationstheorie der elliptischen Funktionen aus heutiger Sicht geben z.B. Lang [1973 Chap. 5] und Schoeneberg [1974]. Die historische Bedeutung der Lösungen in diesem Paragraphen wird in Kleins folgendem Kapitel, II 1, klarer herausgestellt werden.

**Kapitel II 1:**

S. 140, 22: Zur Tschirnhaustransformation vgl. unsere Anmerkungen zu I 4, § 4.

S. 141, 3: Zum Begriff der Resolventen vgl. unsere Anmerkungen zu I 4, § 1.

S. 141, 15: Eine Darstellung der historischen Entwicklung der Theorie der Gleichungen 5. Grades bis zu den ersten Arbeiten von Hermite, Brioschi, und Kronecker, die auch auf die früheren Autoren ausführlicher eingeht, gibt J. Pierpont [1895].

S. 142, 12: Diese Behauptung ist nicht begründet. Körpertheoretisch entspricht ihr im wesentlichen die Behauptung, daß alle Zwischenkörper $n$-ten Grades $k \subset L \subset K$ einer Galoiserweiterung $k \subset K$ zueinander konjugiert sind. Dies ist aber i.a. nicht korrekt, da nicht alle Untergruppen vom Index $n$ in $Gal(K, k)$

zueinander konjugiert sein brauchen. Während zwar alle Untergruppen vom Index $n$ der symmetrischen Gruppe $S_n$, $n \neq 6$, in $S_n$ konjugiert sind, gibt es zwei Konjugationsklassen von Untergruppen des Index 6 in $S_6$, vgl. dazu Fricke [1924 § 7, S. 348–353]. In seinen Forschungen über Gleichungen höheren Grades war sich Klein dieser Sachlage voll bewußt.

S. 145, 1: Aus heutiger Sicht läßt sich die Transformationstheorie der elliptischen Funktionen am einfachsten mittels des Isogeniebegriffs für elliptische Kurven interpretieren (vgl. Houzel [1978 §§ 8, 9] für historische Erläuterungen und Lang [1973 Chapters 5, 6] für Details zu den folgenden Ausführungen). Wir fassen eine elliptische Kurve $E$ auf als die Gruppe der $\mathbf{C}$-wertigen Punkte einer eindimensionalen abelschen Varietät, die über einem Grundkörper $k \subset \mathbf{C}$ definiert sei. Wir können dann $E$ in der Form

$$E = \mathbf{C}/\Lambda, \qquad \Lambda = \mathbf{Z}.1 + \mathbf{Z}\tau, \quad Im(\tau) > 0$$

parametrisieren. Sei nun $n$ eine ungerade Primzahl (der Einfachheit halber; für beliebige $n$ vgl. Lang, loc. cit.). Zwei elliptische Kurven $E$ and $E'$ heißen $n$-isogen, wenn es einen Homomorphismus $\varphi\colon E \longrightarrow E'$ gibt, dessen Kern isomorph zu $\mathbf{Z}/n\mathbf{Z} = \mathbf{F}_n$ ist. Man sieht leicht, daß diese Relation symmetrisch ist und daß die zu $E$ $n$-isogenen Kurven $E'$ den eindimensionalen Unterräumen der Gruppe $E_n \cong \frac{1}{n}\Lambda/\Lambda \cong \mathbf{F}_n^2$ der $n$-Teilungspunkte von $E$, also den Punkten $\infty, 0, 1, \ldots, n-1$ der projektiven Geraden $\mathbf{P}^1(\mathbf{F}_n)$ über $\mathbf{F}_n$ entsprechen. Sei $j = j(q) = j(e^{2\pi i\tau})$ die $j$-Invariante von $E$. Nach Auswahl geeigneter Repräsentanten in $\mathbf{F}_n^2$ für die Punkte von $\mathbf{P}^1(\mathbf{F}_n)$ erhält man die $j$-Invarianten $j_\infty, j_0, \ldots, j_{n-1}$ der zu $E$ $n$-isogenen Kurven $E'$ in der Form $j(q')$, wobei $q'$ die von Klein in Formel (9) angegebenen Werte durchläuft. Diese $n+1$ Werte erfüllen die sogenannte Modulargleichung

$$\Phi_n(x, j) = 0,$$

bei der $\Phi_n$ ein Polynom aus $\mathbf{Z}[X, Y]$ ist, das in $X$ und in $Y$ den Grad $n+1$ hat. Ist $j = j(E)$ allgemein genug, z.B. transzendent über $\mathbf{Q}$, und $\varepsilon$ eine $n$-te Einheitswurzel, so ist die Galoisgruppe von $\Phi_n(x, j)$ über dem Körper $\mathbf{Q}(\varepsilon, j)$ isomorph zu der Gruppe $PSL_2(\mathbf{F}_n)$, die auf den Wurzeln $j_\infty$, $j_0$,

..., $j_{n-1}$ entsprechend der natürlichen Aktion auf $\mathbf{P}^1(\mathbf{F}_n) = \{\infty, 0, 1, \ldots, n-1\}$ operiert. (Dieses Resultat ist zwar nicht explizit in Lang [1973] formuliert, ergibt sich aber unmittelbar aus den dortigen Entwicklungen, insbesondere Chap. 6, Theorem 3 und Beweis von Theorem 6.) Vor der Einführung der $j$-Invariante (bzw. $J = j/1728$) durch Dedekind [1877] und Klein [1878a] betrachtete man den Legendreschen Modul $\kappa$ anstelle von $j$, der in der Normalform

$$y^2 = (1 - x^2)(1 - \kappa^2 x^2)$$

für $E$ in Erscheinung tritt und mit $j$ durch die Gleichung

$$j = 16\frac{(\kappa^4 + 14\kappa^2 + 1)^3}{\kappa^2(\kappa^2 - 1)^4}$$

verbunden ist (vgl. z.B. Klein-Fricke [1890]). An die Stelle der Modulargleichung $\Phi_n(X, j) = 0$ tritt jetzt bei den entsprechenden Entwicklungen die von Klein angeführte Gleichung (6) bzw. (7).

S. 147, 11: Multiplikatorgleichungen treten in der Transformationstheorie elliptischer Modulformen auf. Ist z.B. $f$ eine Modulform 1. Stufe und $n$ eine ungerade Primzahl, so ist die zugehörige Multiplikatorgleichung $\Psi_{f,n}(X, j) = 0$ gegeben durch ein Polynom $(n+1)$-ten Grades

$$\Psi_{n,f} = \prod_{\nu}(X - \frac{f_\nu}{f}) \in \mathbf{C}(j)[X],$$

bei dem die $f_\nu$, $\nu = \infty$, 0, 1, ..., $n-1$, die verschiedenen Transformierten $n$-ter Ordnung von $f$ durchlaufen (d.h. $f_\nu(\tau) = f\left(\frac{a\tau+b}{c\tau+d}\right)$ für $n+1$ geeignete Matrizen $\left(\begin{smallmatrix} a & b \\ c & d \end{smallmatrix}\right) \in M_2(\mathbf{Z})$, $\det \left(\begin{smallmatrix} a & b \\ c & d \end{smallmatrix}\right) = n$). Für mehr Details über Multiplikatorgleichungen sei auf Klein-Fricke [1892 IV 2], Fricke [1922 II 6 § 4], sowie Schoeneberg [1974 VI, 7] verwiesen.

S. 147, 14: Jacobis Gleichungen hingen von insgesamt $\frac{n+1}{2}$ Parametern ab. Seine Beobachtung besagte dann, daß die $(n+1)$-Tupel der Quadratwurzeln der Lösungen dieser Gleichungen eine lineare Mannigfaltigkeit bildeten, die durch die $\frac{n+1}{2}$ linearen Gleichungen (14) oder die Parametrisierung (13) beschrieben werden konnte. Diese Sachlage wird etwas klarer im übernächsten Paragraphen 5 dargestellt. Es ist Kleins Verdienst, der oben genannten Parametrisierung eine darstellungstheoretische Interpretation gegeben zu haben. Für den Fall $n = 5$ wird diese in II, 4 vorgestellt. Ist $n$ eine beliebige ungerade Primzahl, so läßt sie sich aus heutiger, darstellungstheoretischer Sicht folgendermaßen beschreiben.

Sei $G$ die Gruppe $SL_2(\mathbf{F}_n)$ und $B \subset G$ die Boreluntergruppe der oberen Dreiecksmatrizen. Wir bezeichnen mit $\tau\colon B \longrightarrow \mathbf{Q}^\times$ den trivialen und mit $\lambda\colon B \longrightarrow \mathbf{Q}^\times$ den Lift auf $B$ des Legendre-Charakters $\mathbf{F}_n^\times \longrightarrow \{\pm 1\}$. Es gibt dann eine offensichtliche quadratische und $G$-äquivariante Abbildung zwischen den $(n+1)$-dimensionalen induzierten Darstellungen

$$Q\colon \mathrm{Ind}_B^G \lambda \longrightarrow \mathrm{Ind}_B^G \tau,$$

die über $\mathbf{Q}$ definiert ist. Während die rechte Darstellung über $\mathbf{Q}$ in eine $n$-dimensionale und die triviale Darstellung zerfällt, spaltet sich $\mathrm{Ind}_B^G\lambda$ über einer quadratischen Erweiterung ($\mathbf{Q}(\sqrt{5}\,)$ falls $n = 5$) in zwei Summanden der Dimension $\frac{n+1}{2}$. Die Parametrisierung (13) entsteht durch Einschränkung von $Q$ auf einen dieser Summanden (über dem Grundkörper $\mathbf{Q}(\varepsilon)$).
Für Jacobi, Kronecker und Klein war die modulfunktionentheoretische Interpretation der Abbildung $Q$ mittels Teilwerten der $\Theta$-Funktion von Bedeutung (vgl. dazu Kronecker [1879], Klein [1885], Hurwitz [1886]).

S. 149, 6: Hier bedeutet "reziprok", daß die Gleichung (18) durch die Transformation $u \mapsto \frac{\alpha}{u}$, wobei $\alpha$ die achte Einheitswurzel $\frac{1+i}{\sqrt{2}}$ ist, in sich übergeht (vgl. auch die Fußnote *** auf S. 30). Als Konsequenz reduziert sich die Lösung von Gleichung (18) auf die von quadratischen Gleichungen.

S. 149, -3: Der Bericht in diesem Paragraphen dient der Vorbereitung des späteren Kapitels II 4, in dem Klein seine transformationsgruppentheoretische Interpretation der historisch vorangehenden Entwicklungen gibt. In Anbetracht der dem heutigen Leser sicherlich knapp erscheinenden Darstellung mag es hilfreich sein, beide Textteile ständig miteinander zu vergleichen.

S. 151, -1: Für diese Übereinstimmung benötigt man noch die Identität $\Pi = 5^5 \cdot T^4$. Diese wird in Kapitel II 4 hergeleitet (vgl. die dortigen Formeln (10) und (27)).

S. 152, -11: Sinngemäß mit den späteren Entwicklungen sowie denen von Brioschi und Kronecker muß die Formel (27) die Gestalt

$$\sqrt{Z} = \lambda \cdot \frac{\partial\sqrt{z}}{\partial A} + \mu \cdot \frac{\partial\sqrt{z}}{\partial B} + \nu \cdot \frac{\partial\sqrt{z}}{\partial C}$$

haben. Dabei dürfen $\lambda$, $\mu$, $\nu$ beliebige rationale Funktionen in $\mathsf{A}_0$, $\mathsf{A}_1$, $\mathsf{A}_2$ mit Koeffizienten in $\mathbf{Q}(\varepsilon)$ sein. Die Ausdrücke $\frac{\partial\sqrt{z}}{\partial A}$, etc. sind ebenfalls rational in $\mathsf{A}_0$, $\mathsf{A}_1$, $\mathsf{A}_2$. Sie werden durch Auflösung des symbolischen Gleichungssystems

$$\frac{\partial\sqrt{z}}{\partial \mathsf{A}_i} = \frac{\partial\sqrt{z}}{\partial A} \cdot \frac{\partial A}{\partial \mathsf{A}_i} + \frac{\partial\sqrt{z}}{\partial B} \cdot \frac{\partial B}{\partial \mathsf{A}_i} + \frac{\partial\sqrt{z}}{\partial C} \cdot \frac{\partial C}{\partial \mathsf{A}_i} \qquad i = 0, 1, 2$$

definiert (vgl. den weiter unten von Klein angeführten Artikel von Brioschi, insbesondere S. 126–127).

S. 155, -3: Hier geht die Tatsache ein, daß alle Untergruppen vom Index 5 in $A_5$ zueinander konjugiert sind (vgl. auch unsere Anmerkung zu S. 142).

S. 157, 12: Körpertheoretisch lassen sich diese Begriffe auf triviale Weise definieren. Sei $k \subset K$ eine Körpererweiterung, $\bar{K}$ der algebraische Abschluß von $K$. Dann heißt ein Element $x \in \bar{K} \setminus k$ eine natürliche (bzw. akzessorische) Irrationalität in Bezug auf $K$, falls $x \in K$ (bzw. $x \notin K$).

S. 157, -9: Obwohl der Begriff einer einparametrigen Resolvente durch die aufgeführten Beispiele hinreichend erläutert wurde, mag eine formale Definition nützlich sein.

Sei $K$ ein Funktionenkörper über einem Konstantenkörper $k$, $K'$ eine algebraische Erweiterung und $k(Z)$ der Körper der rationalen Funktionen in einer Unbestimmten $Z$ über $k$. Eine Gleichung

$$P(x, Z) = \sum_{i=0}^{n} a_i x^i = 0, \qquad a_i \in k(Z), \quad a_n = 1,$$

heißt eine einparametrige Resolvente der Erweiterung $K \subset K'$, wenn es ein Element $\zeta \in K \setminus k$ gibt, so daß

$$P(x, \zeta) = \sum_{i=0}^{n} a_i(\zeta) x^i = 0$$

eine Resolvente von $K'$ über $K$ ist, d.h. daß es ein Element $\xi \in K'$ gibt, für das $P(x, \zeta)$ das Minimalpolynom über $K$ ist.

## Kapitel II 2:

S. 163, 21: Im Hinblick auf spätere Entwicklungen mag es nützlich sein, die den 60 Kollineationen der alternierenden Gruppe entsprechende vierdimensionale Darstellung

$$\rho: G \longrightarrow GL_4(\mathbf{C})$$

der Ikosaedergruppe $G$ im McKay-Graphen für die binäre Ikosaedergruppe $\hat{G}$ zu identifizieren. Die Gruppe $\hat{G}$ besitzt nur zwei irreduzible Darstellungen vom Grad 4, von denen eine treu (auf $S^3(\mathbf{C}^2)$) und die andere nichttreu ist. Bei $\rho$ handelt es sich daher um letztere, $\rho = (4')$:

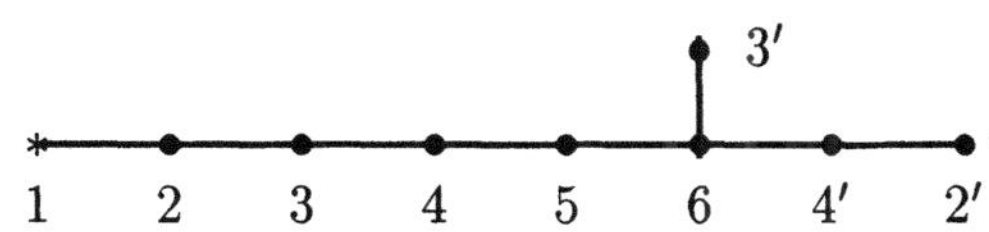


Nach Konstruktion ist $\rho$ über $\mathbf{Q}$ definiert.

S. 164, -8: Im Anschluß an Klein liege den folgenden Betrachtungen der Grundkörper $\mathbf{C}$ zugrunde. Sei $N \cong \mathbf{A}^4$ der Raum aller normierten Polynome fünften Grades

$$x^5 + a_1x^3 + a_2x^2 + a_3x + a_4, \qquad a_i \in \mathbf{C}$$

und $W \cong \mathbf{A}^4$ der Raum der zugehörigen Wurzelquintupel $(x_0, x_1, x_2, x_3, x_4)$, $\sum_{i=0}^{4} x_i = 0$. Die Quotientenabbildung

$$q: W \longrightarrow W/S_5 = N$$

induziert dann eine Abbildung

$$\tilde{q}: \mathbf{P}(W) \longrightarrow \mathbf{P}(W)/S_5 = \mathbf{P}(N),$$

wobei $\mathbf{P}(W)$ der dreidimensionale projektive Raum zu $W$ und $\mathbf{P}(N)$ der gewichtet projektive Raum zu $N$ ist ($N$ ist gewichtet durch die Grade 2, 3, 4, 5 der elementarsymmetrischen

Funktionen, die die Komponenten von $q$ bilden). Sei nun $V$ eine (irreduzible) Varietät (über $\mathbf{C}$) und

$$f(x) = x^5 + A_1x^3 + A_2x^2 + A_3x + A_4 = 0 \qquad (A_i \in \mathbf{C}[V])$$

eine Gleichung mit $V$ als Parameterraum. Sei $V' = \{v \in V \mid A_i(v) \neq 0$ für mindestens ein $i\}$. Dann induzieren die Koeffizienten $A_1, \ldots, A_4$ einen Morphismus von Varietäten

$$\alpha: V' \longrightarrow \mathbf{P}(N).$$

Die Dimension des Bildes $\alpha(V')$ ist nun die Zahl der Parameter, "wie sie die Verhältnisse $x_0 : x_1 : x_2 : x_3 : x_4$ beeinflussen", und das "Bild" der Gleichung $f(x) = 0$ ist das Urbild $\tilde{q}^{-1}(\alpha(V'))$.

S. 165, 9: Wir behalten die Notationen der vorigen Anmerkung bei. Das Polynom $f$ sei nun irreduzibel über dem Funktionenkörper $\mathbf{C}(V)$ von $V$. Sei $K = \mathbf{C}(V)[x]/(f)$ die durch $f$ definierte Erweiterung von $\mathbf{C}(V)$ vom Grad 5 und $\tilde{K} \supset K$ der Zerfällungskörper von $f$ über $\mathbf{C}(V)$. Die Galoisgruppe $\Gamma_g$ der Gleichung $f(x) = 0$ ist dann die Automorphismengruppe von $\tilde{K}$ über $\mathbf{C}(V)$.

Sei $V_K$ die Normalisierung von $V$ in $K$. Gegebenenfalls nach Verkleinerung von $V$ können wir dann annehmen, daß $V_K$ durch die Gleichung $f(x) = 0$ in $V \times \mathbf{A}^1$ definiert wird, und die Überlagerung $\pi: V_K \overset{i}{\hookrightarrow} V \times \mathbf{A}^1 \overset{pr_1}{\longrightarrow} V$ unverzweigt ist. Sei $v_0 \in V$ ein fest gewählter Punkt. Die analytische Fortsetzung von Wurzeln von $f$ längs Wegen in $V$ induziert dann eine transitive Operation der Fundamentalgruppe $\pi_1(V, v_0)$ von $V$ auf den Punkten der Faser $\pi^{-1}(v_0)$. Das Bild $\Gamma_m$ von $\pi_1(V, v_0)$ in der symmetrischen Gruppe $S_5$ dieser fünf Punkte ist dann die "Monodromiegruppe" der Gleichung $f(x) = 0$. Im Sinne der Theorie der Faserbündel ist $\Gamma_m$ die Strukturgruppe der Überlagerung $V_K \longrightarrow V$.

Eine Identifikation von $\Gamma_g$ mit $\Gamma_m$ ergibt sich durch Betrachtung der Antiäquivalenz zwischen der Kategorie der endlichen Körpererweiterungen $L$ von $\mathbf{C}(V)$ und der Kategorie der endlichen, irreduziblen, i.a. verzweigten Überlagerungen von $V$, die über die Zuordnung

$$L \longmapsto V_L = \textit{Normalisierung} \text{ von } V \text{ in } L$$

erhalten wird (vgl. z.B. Grothendieck-Dieudonné [1961 EGA II 6.3]). Indem man zum Ausschluß von Verzweigungspunkten die Varietät $V$ fallsweise verkleinert, entspricht dabei einer Galoiserweiterung $L$ eine Galoisüberlagerung $V_L \longrightarrow V$. In einem solchen Fall stimmen sowohl $\Gamma_g$ als auch $\Gamma_m$ mit der Gruppe der Decktransformationen von $V_L$ über $V$ überein. Ist $K \supset \mathbf{C}(V)$ nicht Galoissch, so identifiziert sich die Monodromiegruppe $\Gamma_m$ von $V_K \longrightarrow V$ mit der Gruppe der Decktransformationen der kleinsten Galoisüberlagerung $\tilde{V} \longrightarrow V$, die über $V_K \longrightarrow V$ faktorisiert, d.h. $\Gamma_m = Gal(\tilde{K}, \mathbf{C}(V))$, wobei $\tilde{K} \supset \mathbf{C}(V)$ die kleinste Galoiserweiterung von $\mathbf{C}(V)$ ist, die $K$ enthält.

S. 165, 22: Bei der Herleitung dieser Behauptung hat man vorauszusetzen, daß die Abbildung $\alpha$ einen birationalen Isomorphismus von $V$ und $\alpha(V')$ induziert (mit den vorausgehenden Bezeichnungen). Wir identifizieren daher $V$ und $\alpha(V')$. Zudem nehmen wir o.B.d.A. an, daß $\tilde{q}^{-1}(V)$ unverzweigt über $V$ ist. Jede irreduzible Komponente $C$ von $\tilde{q}^{-1}(V)$ liefert dann eine Galoissche Überlagerung von $V$, deren Decktransformationsgruppe der Stabilisator $\Gamma$ von $C$ in $S_5$ ist. Andererseits identifiziert sich die Monodromiegruppe dieser Überlagerung mit $\Gamma_m$ (analytische Fortsetzung von 5-Tupeln von Wurzeln), also $\Gamma \cong \Gamma_m \cong \Gamma_g$.

Insbesondere läßt sich die Überlagerung $C \longrightarrow V$ mit der Überlagerung $\tilde{V} \longrightarrow V$ der letzten Anmerkung identifizieren. Mittels einer “generischen” Projektion (affin in der Form $(x_0, x_1, \ldots, x_4) \longmapsto \tilde{x} = \sum_{i=0}^{4} s_i x_i, \quad s_i \in \mathbf{C}(V)$, gegeben) kann man auch aus $C$ eine Galoisresolvente von $f(x) = 0$,

$$\prod_{\gamma \in \Gamma} (y - \gamma(\tilde{x})) = 0$$

in der klassischen Weise gewinnen.

S. 170, -17: Eine mögliche Interpretation dieser Ausführungen ist die folgende. Sei $W = \left\{ (x_0, \ldots, x_4) \in \mathbf{A}_5 \;\middle|\; \sum_{\nu=0}^{4} x_\nu = 0 \right\}$ mit der offensichtlichen Permutationsaktion der symmetrischen Gruppe $S_5$. In der von Klein betrachteten Situation ist eine Kovariante eine bezüglich $S_5$ (oder $A_5$) äquivariante, polynomiale (oder rationale) Abbildung $\varphi\colon W \longrightarrow W$. Statt diese in den ursprünglichen Koordinaten $x_0, \ldots, x_4$ auszuschreiben, kann man sie als Linearkombination

$$\varphi = \sum_{i=1}^{4} P_i \varphi_i$$

von fundamentalen Kovarianten $\varphi_1, \ldots, \varphi_4$ mit invarianten polynomialen (oder rationalen) Koeffizienten $P_\nu$ "typisch darstellen". (In der vorliegenden Situation wird der $k[W]^{S_5}$-Modul $Mor_{S_5}(W,W)$ aller polynomialen $S_5$-Kovarianten von den 4 Kovarianten

$$\varphi_i : W \longrightarrow W,\ \varphi_i(x_0,\ldots,x_4) = (x_0^{(i)},\ldots,x_4^{(i)})$$

frei erzeugt, vgl. unsere Anmerkungen zu I 4).

In der von Klein in der Fußnote zitierten Quelle betrachtet Clebsch die endliche (rationale) Erzeugung aller Kovarianten von binären Formen (bezüglich der Gruppe $SL_2$ bzw. $GL_2$). Dabei entwickelt er zahlreiche Beispiele "typischer Darstellungen".

S. 170, -4: Der Ausdruck "genügt" mag an dieser Stelle irreführend sein. Zur Beschreibung einer irreduziblen Komponente einer reduziblen Varietät benötigt man neben den Gleichungen für die Varietät zusätzliche Gleichungen.

S. 171, 6: In heutiger Terminologie formuliert übersieht hier Klein die Tatsache, daß ein "reguläres Gebilde" nur durch ein invariantes Ideal, aber nicht unbedingt durch invariante Gleichungen beschrieben wird (z.B. ist der Durchschnitt zweier assoziierter halbregulärer Gebilde selbst regulär). Bei der sich anschließenden Konklusion (Zeilen 11 ff.) ist dies allerdings ohne Belang, da dort nur die andere, offensichtliche Richtung der behaupteten Äquivalenz benötigt wird.

S. 175, 3: Hier benutzt Klein die Tatsache, daß sich alle Kovarianten $\varphi\colon \mathbf{A}^4 \longrightarrow \mathbf{A}^4$ (bzgl. der durch die Permutationsaktion von $S_5$ auf $\mathbf{A}^5$ induzierten Aktion auf der Hyperebene $\mathbf{A}^4 = \left\{(x_0,\ldots,x_4) \;\middle|\; \sum_{\nu=0}^{4} x_\nu = 0\right\}$) als Tschirnhaustransformation schreiben lassen, vgl. unsere diesbezüglichen Anmerkungen zu S. 90 u. 170.

S. 175, 21: In heutiger Terminologie leitet Klein hier die Äquivalenz der Darstellung von $S_5$ auf $\mathbf{A}^5$ (oder $\mathbf{A}^4$, wie oben) mit ihrer kontragredienten auf dem Dualraum her. Dazu benutzt er die $S_5$-invariante quadratische Form $\sum\limits_{\nu=0}^{4} x_\nu^2$.

S. 175, -6: Die in diesem Paragraphen geschilderten Sachverhalte werden heutzutage im Rahmen der "äußeren Algebra" abgehandelt. Für eine geometrische und weiterführende Darstellung vgl. z.B. Griffith-Harris [1978 I 5, VI 2].

S. 178, 13: Diese Gleichungen haben also die Gestalt

$$\prod_{i\neq j}(X - a_{ij}) = \prod_{i<j}(X^2 - (a_{ij})^2) = 0.$$

S. 178, -1: Mit den Formeln (31) und (32) beschreibt Klein alle Kovarianten $\psi\colon \mathbf{A}^4 \longrightarrow \mathbf{A}^6 = \bigwedge^2 \mathbf{A}^4$ bezüglich der Aktionen von $S_5$ (auf $\mathbf{A}^6$ durch die Realisierung als äußere Potenz $\bigwedge^2\mathbf{A}^4$). Sind $\varphi_1, \ldots, \varphi_4$ fundamentale $S_5$-Kovarianten $\mathbf{A}^4 \longrightarrow \mathbf{A}^4$, so erhält man mit $\varphi_i \wedge \varphi_j$, $i < j$, sechs Kovarianten $\mathbf{A}^4 \longrightarrow \bigwedge^2\mathbf{A}^4$. Mittels der Kovariantentheorie der Spiegelungsgruppe $S_5$ auf $\mathbf{A}^4$ (vgl. z.B. Bourbaki [1968], V § 5) kann man zeigen, daß diese fundamental sind, d.h. daß sich jede $S_5$-Kovariante $\mathbf{A}^4 \longrightarrow \bigwedge^2\mathbf{A}^4$ wie in Formel (32) ausdrücken läßt. Die erforderlichen Modifikationen bei Betrachtung der Untergruppe $A_5$ sind trivial herzuleiten (man beachte jedoch, daß die Darstellung von $A_5$ auf $\bigwedge^2\mathbf{A}^4$ über $\mathbf{Q}(\sqrt{5})$ in zwei dreidimensionale Untermoduln zerfällt, vgl. dazu auch S. 181).

Ist $(x_0, \ldots, x_4)$, $\sum x_\nu = 0$, ein "allgemeiner" Punkt des $\mathbf{A}^4$, und sind $a_{ij}$, $i \neq j$, die pentaedrischen Koordinaten eines dem Punkt $(x_0, \ldots, x_4)$ gemäß Formel (32) zugeordneten, genügend allgemeinen Geradenkomplexes, so ist die Gleichung

$$\prod_{i\neq j}(X - a_{ij}) = 0$$

eine Resolvente der Gleichung

$$\prod_{\nu=0}^{4}(Y - x_\nu) = 0.$$

Dies ergibt sich aus der Transitivität der Permutationsaktion von $S_5$ auf den Paaren $(i,j)$, $i \neq j$, und den pentaedrischen Koordinaten $a_{ij}$, $i \neq j$.

S. 179, 4: Diese Flächen werden bald (Zeile 8) als nichtsingulär vorausgesetzt. Für die Herleitung einiger im folgenden benutzter Eigenschaften solcher Flächen vgl. man z.B. Griffith-Harris [1978 IV 1].

S. 180, 13: Aus heutiger gruppentheoretischer Sicht handelt es sich hierbei um den Isomorphismus der projektiven orthogonalen Gruppe $PO_4(k)$ mit einem semidirekten Produkt $(PGL_2(k) \times PGL_2(k)) \times (\mathbf{Z}/2\mathbf{Z})$ ($k$ algebraisch abgeschlossen, $\mathrm{char}(k) \neq 2$; $\mathbf{Z}/2\mathbf{Z}$ operiert durch Vertauschung der Faktoren).

## Kapitel II 3:

S 182, 2: Für eine kurz gefaßte Erläuterung der Hauptideen dieses Kapitels vgl. den Abschnitt 5 unserer Einführung.

S 189, 11: Aus darstellungstheoretischer und geometrischer Sicht stellt sich die jetzige Situation folgendermaßen dar: Seien $V$ und $V'$ die beiden nichtäquivalenten, zweidimensionalen und irreduziblen Darstellungen der binären Ikosaedergruppe $\hat{G}$ (d.h. $V = (2)$, $V' = (2')$ in der Notation unserer Anmerkungen zu S. 63). Beide Darstellungen sind über $\mathbf{Q}(\varepsilon)$, $\varepsilon = e^{2\pi i/5}$, definiert. Dem McKay-Graph von $\hat{G}$ entnehmen wir, daß das Tensorprodukt $V \otimes V'$ eine vierdimensionale irreduzible Darstellung ist, die über die Ikosaedergruppe $G$ faktorisiert und durch die Permutationsaktion von $A_5$ auf der Hyperebene $W = \{\sum x_\nu = 0\} \subset \mathbf{A}^5$ realisiert wird. Diese Darstellungen induzieren $G$-Aktionen auf den zugehörigen projektiven Räumen

$$\mathbf{P}^1_{(1)} = \mathbf{P}(V), \quad \mathbf{P}^1_{(2)} = \mathbf{P}(V'), \quad \mathbf{P}^3 = \mathbf{P}(W)$$

(die ersten beiden sind über $\mathbf{Q}(\sqrt{5})$, die letzte über $\mathbf{Q}$ definiert). Die Segre-Einbettung

$$\mathbf{P}(V) \times \mathbf{P}(V') \hookrightarrow \mathbf{P}(V \otimes V') = \mathbf{P}(W)$$

liefert dann einen $G$-äquivarianten Isomorphismus des Produktes $\mathbf{P}^1_{(1)} \times \mathbf{P}^1_{(2)}$ auf die Hauptfläche $Q \subset \mathbf{P}^3$.

S. 190, 18: Es mag zur Klärung der jetzt und später auftretenden Formeln beitragen, wenn wir sie mittels der ihnen entsprechenden Abbildungen interpretieren. Durch die Formel (27) wird eine bihomogene, über $\mathbf{Q}(\varepsilon)$ definierte Abbildung

$$\begin{aligned} V \times \mathbf{A}^2 &\longrightarrow \mathbf{A}^5 \\ ((\lambda_1, \lambda_2), (m, n)) &\longmapsto (y_0, \ldots, y_4) \end{aligned}$$

definiert, die äquivariant bezüglich der binären Ikosaedergruppe $\hat{G}$ ist, sofern diese auf dem linken Faktor $V$ über die Darstellung (2), auf dem rechten Faktor $\mathbf{A}^2$ trivial und auf $\mathbf{A}^5$ als Permutationsgruppe $A_5$ operiert. Durch Übergang zu den projektiven Räumen erhalten wir eine $G$-äquivariante, rationale Abbildung

$$\eta \colon \mathbf{P}^1_{(1)} \times \mathbf{P}^1 \longrightarrow \mathbf{P}^4$$

(Formeln (19), (26)), deren "Bild" in der Hauptfläche $Q \subset \mathbf{P}^3 \subset \mathbf{P}^4$ liegt. (Unsere Behauptung in Slodowy [1986 S. 99], daß diese Abbildung wohldefiniert, also regulär, sei, ist nicht korrekt, vgl. die folgenden Ausführungen). Die Komposition $\Phi$ von $\eta$ mit der inversen der Segre-Einbettung (gegeben durch die Formeln (14), (15)) hat dann aufgrund der Formeln (21)–(25) die Gestalt

$$\begin{aligned} \Phi \colon \mathbf{P}^1_{(1)} \times \mathbf{P}^1 &\longrightarrow Q \xrightarrow{\sim} \mathbf{P}^1_{(1)} \times \mathbf{P}^1_{(2)} \\ (\lambda, (m:n)) &\longmapsto (\lambda, \varphi_\lambda(m:n)), \end{aligned}$$

wobei $\lambda = \lambda_1 : \lambda_2$ und $\varphi_\lambda \colon \mathbf{P}^1 \to \mathbf{P}^1_{(2)}$ eine i.a. rationale Abbildung ist, die von der linearen Abbildung $\tilde{\varphi}_{(\lambda_1,\lambda_2)} \colon \mathbf{A}^2 \longrightarrow V'$

$$(m,n) \longmapsto \big(R(\lambda_1, \lambda_2, m, n), S(\lambda_1, \lambda_2, m, n)\big)$$

induziert wird. Mittels der Formeln (47), (48) des Paragraphen 6 läßt sich diese lineare Abbildung weiter explizieren, d.h. $\tilde{\varphi}_{(\lambda_1,\lambda_2)}$ wird durch eine Matrix

$$\begin{pmatrix} \frac{\partial N}{\partial \mu_2} & \frac{\partial M}{\partial \mu_2} \\ -\frac{\partial N}{\partial \mu_1} & -\frac{\partial M}{\partial \mu_1} \end{pmatrix} \cdot \begin{pmatrix} T & 0 \\ 0 & 12f^2 \end{pmatrix}$$

gegeben, deren Determinante sich als $-12\,HTf^2$ berechnet (vgl. S. 197, Fußnote).

S. 190, -8: Diese und die unmittelbar folgenden Behauptungen Kleins sind, wörtlich genommen, nicht ganz korrekt, da die rationale Abbildung $\eta$ zwar ein birationaler, aber kein regulärer Isomorphismus ist. Wie Kleins voraufgehende Bemerkungen über das Absinken der Ordnung gewisser Kurven (27) belegen, ist er sich dieser Sachlage durchaus bewußt. Mit den Notationen unserer vorigen Anmerkung läßt sich das Verhalten von $\Phi$ (und damit von $\eta$) folgendermaßen beschreiben: Verschwinden weder $f$ noch $H$ noch $T$ in $\lambda \in \mathbf{P}^1_{(1)}$, so ist die Faserabbildung

$$\varphi_\lambda \colon \mathbf{P}^1 \longrightarrow \mathbf{P}^1_{(2)}$$

ein Isomorphismus. Verschwindet dagegen eine dieser Funktionen, so hat die Matrix $\tilde{\varphi}_{(\lambda_1,\lambda_2)}$ den Rang 1. In diesem Fall besitzt die rationale "Abbildung" $\varphi_\lambda \colon \mathbf{P}^1 \longrightarrow \mathbf{P}^1_{(2)}$ eine Unbestimmtheitsstelle (die durch den Kern von $\tilde{\varphi}_{(\lambda_1,\lambda_2)}$ gegeben wird), und sie bildet das Komplement dieser Stelle auf einen Punkt in $\mathbf{P}^1_{(2)}$ ab (der dem Bild von $\tilde{\varphi}_{(\lambda_1,\lambda_2)}$ entspricht). Unter anderem läßt sich $\Phi$ zu einer wohldefinierten Abbildung liften, wenn man die $12 + 20 + 30$ Unbestimmtheitsstellen aufbläst. Wir können uns auch leicht davon überzeugen, daß es keinen $G$-äquivarianten, regulären Isomorphismus $\mathbf{P}^1_{(1)} \times \mathbf{P}^1 \longrightarrow \mathbf{P}^1_{(1)} \times \mathbf{P}^1_{(2)}$ geben kann. Während auf $\mathbf{P}^1_{(1)} \times \mathbf{P}^1$ insgesamt $12+20+30$ Geraden mit nicht trivialer Punktisotropie ($\mathbf{Z}/5\mathbf{Z}$, $\mathbf{Z}/3\mathbf{Z}$, $\mathbf{Z}/2\mathbf{Z}$) liegen, gibt es auf $\mathbf{P}^1_{(1)} \times \mathbf{P}^1_{(2)}$ nur $2 \cdot (12 + 20 + 30)$ isolierte Punkte mit entsprechender Isotropie. Jede $G$-äquivariante Abbildung muß daher die genannten Geraden in entsprechende Punkte kontrahieren.

S. 191, 11: Mit unseren oben eingeführten Bezeichnungen bemerkt hier Klein zunächst, daß die Formel (26) eine birationale Abbildung $\tilde{\eta} \colon \mathbf{P}^1_{(1)} \times \mathbf{A}^2 \longrightarrow \tilde{Q}$ definiert (wie in unserer Einführung bezeichnet $\tilde{Q}$ den affinen Kegel über der Hauptfläche $Q$). Infolge der $G$-Äquivarianz induziert $\tilde{\eta}$ einen birationalen Isomorphismus $\bar{\eta}$ der Quotientenräume

$$\begin{array}{ccccc} & & \mathbf{P}^1_{(1)} \times \mathbf{A}^2 & \xrightarrow{\tilde{\eta}} & \tilde{Q} \\ & & \downarrow & & \downarrow \\ (\mathbf{P}^1_{(1)}/G) \times \mathbf{A}^2 & = & (\mathbf{P}^1_{(1)} \times \mathbf{A}^2)/G & \xrightarrow{\bar{\eta}} & \tilde{Q}/G. \end{array}$$

Während wir auf $\mathbf{P}^1_{(1)}/G$ die Koordinate $Z$ und auf $\mathbf{A}^2$ die Koordinaten $m$ und $n$ haben, läßt sich $\tilde{Q}/G$ mittels Gleichung (3), S. 182, als Hyperfläche im $\mathbf{A}^4$ mit Koordinaten $\alpha$, $\beta$, $\gamma$, $\nabla$ realisieren. Aufgrund der Birationalität von $\bar{\eta}$ sind dann $Z$, $m$, $n$ rationale Funktionen in $\alpha$, $\beta$, $\gamma$, $\nabla$.

S. 191, -10: Der Gebrauch des Begriffes "kontragredient" an dieser und späteren Stellen deckt sich leider nicht mehr mit dem heutigen. Während man heute die Darstellung auf dem Dualraum einer gegebenen Darstellung kontragredient zu der letzteren nennt, würde man in Kleins Situation eher von (mittels äußerer Automorphismen) "konjugierter" Darstellungen sprechen. Die Darstellungen $V$ und $V'$ sind im heutigen Sinne selbstdual.

S. 192, 17: Im Lichte unserer obigen Anmerkungen ist diese Behauptung nicht ganz korrekt, da die "Abbildung" $\eta: \mathbf{P}^1_{(1)} \times \mathbf{P}^1 \longrightarrow Q$ nicht surjektiv ist. Die "Bilder" der Hauptgleichungen, die außerhalb des Bildes von $\eta$ liegen, sind im wesentlichen durch die Bedingung $Z_1 \in \{0, 1, \infty\}$ charakterisiert. (Sofern $Z_2 \notin \{0, 1, \infty\}$ gilt, könnte man auch die Rollen von $\lambda$ und $\mu$ vertauschen und eine entsprechende Abbildung $\eta': \mathbf{P}^1_{(2)} \times \mathbf{P}^1 \longrightarrow Q$ heranziehen.) Andererseits sieht man leicht, daß die fraglichen Gleichungen algebraisch auflösbar sind, also eine Galoisgruppe (über $\mathbf{Q}(\varepsilon, \nabla)$) besitzen, die echt kleiner als $A_5$ ist. Dazu beachte man, daß die Punkte $\lambda \in \mathbf{P}^1_{(1)}$ mit $Z_1(\lambda) \in \{0, 1, \infty\}$, also mit $T(\lambda) \cdot H(\lambda) \cdot f(\lambda) = 0$, entweder in $\mathbf{Q}(\varepsilon)$ ($f(\lambda) = 0$) oder in einer quadratischen Erweiterung von $\mathbf{Q}(\varepsilon)$ liegen (als Fixpunkte von Elementen in $PGL_2(\mathbf{Q}(\varepsilon))$). Wir können daher o.B.d.A. annehmen, daß das Element

$$\lambda = -\frac{p_1}{p_2} = -\frac{y_0 + \varepsilon y_1 + \varepsilon^2 y_2 + \varepsilon^3 y_3 + \varepsilon^4 y_4}{y_0 + \varepsilon^2 y_1 + \varepsilon^4 y_2 + \varepsilon y_3 + \varepsilon^3 y_4}$$

von der Galoisgruppe der Gleichung fixiert wird. Dann kann diese aber nicht die gerade Permutation $S = (1\ 2\ 3\ 4\ 5)$ enthalten, unter der $\lambda$ in $\varepsilon\lambda$ transformiert wird.

S. 192, -4: Zu diesem Vergleich ziehe man die Formel (34) von S. 106 heran.

S. 193, 1: Dieser Satz sollte offensichtlich lauten: "Aus den drei Gleichungen (31) ...". In den Darstellungen der Kleinschen

Theorie bei Weber [1899 § 129], Dickson [1930 §§ 132, 133] und Vivanti [1906 Art. 156] werden die folgenden Rechnungen ausführlicher reproduziert.

S. 194, 18: Sofern man sich für explizite Formeln im Fall $\alpha = 0$ interessiert (wie z.B. in § 14), hat man die Formeln (35)–(37) korrekt zu spezialisieren. Das Ergebnis ist

$$m = \frac{-\gamma}{12\beta}, \; Z = -\frac{1}{1728} \cdot \frac{(5\gamma^2 \pm 3\nabla)^3}{4\beta^5(\gamma^2 \mp \nabla)}, \; n = \frac{\gamma}{18\beta} \cdot \frac{(11\gamma^2 \mp 9\nabla)}{(3\gamma^2 \mp \nabla)}.$$

S. 195, 17: Aus heutiger Sicht ist diesen Überlegungen entgegenzuhalten, daß sich jede $G$-Invariante in dem Quotientenring $k[y_0, \ldots, y_4]/(\sum y_\nu, \sum y_\nu^2)$ durch eine $G$-Invariante in $k[y_0, \ldots, y_4]$ repräsentieren läßt ($k \supset \mathbf{Q}(\varepsilon)$, vollständige Reduzibilität von $G$ über $k$).

S. 195, -6: In der Sprache der heutigen algebraischen Geometrie kann man diesen Wechsel der Betrachtung folgendermaßen umschreiben: Sei $Q = \mathbf{P}^1_{(1)} \times \mathbf{P}^2_{(2)}$ die Hauptfläche mit den natürlichen Projektionen $p_i\colon Q \longrightarrow \mathbf{P}^1_{(i)}$, $i = 1, 2$, und den fundamentalen Geradenbündeln $\mathcal{L}_i = p_i^*\mathcal{O}(1)$. Sei $k \supset \mathbf{Q}(\varepsilon)$ der Grundkörper. Anstelle des homogenen Koordinatenrings A der durch $\mathcal{L}_1 \otimes \mathcal{L}_2$ gegebenen projektiven Einbettung $Q \hookrightarrow \mathbf{P}^3 = \mathbf{P}(W)$,

$$A = \bigoplus_{n=0}^{\infty} H^0(Q, (\mathcal{L}_1 \otimes \mathcal{L}_2)^n) \cong k[y_0, \ldots, y_4] \Big/ \Big(\sum y_\nu, \sum y_\nu^2\Big),$$

betrachtet Gordan den “bihomogenen” Koordinatenring

$$B = \Big(\bigoplus_{n=0}^{\infty} H^0(Q, \mathcal{L}_1^n)\Big) \otimes \Big(\bigoplus_{n=0}^{\infty} H^0(Q, \mathcal{L}_2^n)\Big)$$
$$\cong k[V] \otimes k[V'] \cong k[V \times V'],$$

der im Gegensatz zu A ein freier Polynomring, und damit für die “formale” Invariantentheorie “besser” geeignet ist. Obwohl von Klein nicht explizit hervorgehoben, sind es die bihomogenen Funktionen $V \times V' \longrightarrow k$, d.h. diejenigen, die bzgl. $V$ und $V'$ homogen von nicht notwendig gleichem Grad sind, die in der Folge von Interesse sind. So ist die $G$-äquivariante Einbettung $Q \hookrightarrow \mathbf{P}(W)$ durch die bilinearen Funktionen $p_1$,

..., $p_4$ (Formel (39)) vermittelt, entsprechend dem darstellungstheoretischen Isomorphismus $V^* \otimes V'^* \cong V \otimes V' \cong W$.

S. 198, -17: Die Formeln (49)–(51) definieren eine nichttriviale zentrale Erweiterung

$$1 \longrightarrow \mathbf{Z}/2\mathbf{Z} \longrightarrow \hat{S}_5 \longrightarrow S_5 \longrightarrow 1$$

der symmetrischen Gruppe $S_5$. Nach Konstruktion identifiziert sich die induzierte Aktion auf den bilinearen Funktionen $V^* \otimes V'^*$ mit der Permutationsaktion von $S_5$ auf $W = \{(y_0, \ldots, y_4) \in \mathbf{A}^5 \mid \sum y_\nu = 0\}$.

S. 202, 3: Hier ist $F$ von vornherein als bihomogen vorausgesetzt (vgl. auch unsere Anmerkungen zu S. 195).

S. 202, -4: Zur Klärung auch anderer Sachverhalte (s. S. 205) seien diese Ausführungen weiter kommentiert. Sei $F \in k[V \times V']$ bihomogen, $\hat{G}$-invariant und linear auf $V'$ (wie z.B. $M_1$, $N_1$ oder das Polynom aus Formel (59)). Das Nullstellengebilde von $F$ auf $\mathbf{P}^1_{(1)} \times \mathbf{P}^1_{(2)}$ läßt sich dann als Graph $\Gamma_\psi = \{(\lambda, \psi(\lambda)) \mid \lambda \in \mathbf{P}^1_{(1)}\}$ einer $G$-äquivarianten Abbildung

$$\psi\colon \mathbf{P}^1_{(1)} \longrightarrow \mathbf{P}^1_{(2)}, \quad \lambda = \lambda_1/\lambda_2 \longmapsto \frac{\partial F}{\partial \mu_2} \Big/ -\frac{\partial F}{\partial \mu_1},$$

wie auch als Bild der $G$-äquivarianten Abbildung

$$id \times \psi\colon \mathbf{P}^1_{(1)} \longrightarrow \mathbf{P}^1_{(1)} \times \mathbf{P}^1_{(2)}, \quad \lambda \longmapsto (\lambda, \psi(\lambda)),$$

auffassen. Durch Komposition mit der Segre-Einbettung liefert letztere eine $G$-äquivariante Abbildung

$$\mathbf{P}^1_{(1)} \longrightarrow Q \subset \mathbf{P}^3.$$

In diesem Sinne korrespondiert der Gleichung (59) die halbreguläre Kurve (27) (beide für das gleiche, feste $(m, n)$). Die Abbildung $\psi\colon \mathbf{P}^1_{(1)} \longrightarrow \mathbf{P}^1_{(2)}$ selbst wird von der $\hat{G}$-Kovarianten

$$\tilde{\psi}\colon V \longrightarrow V', \quad (\lambda_1, \lambda_2) \longmapsto \left(\frac{\partial F}{\partial \mu_2}, -\frac{\partial F}{\partial \mu_1}\right),$$

durch Übergang zu den projektiven Räumen induziert. Umgekehrt liefert jede (homogene) $\hat{G}$-Kovariante $\tilde{\psi}\colon V \longrightarrow V'$,

$(\lambda_1, \lambda_2) \longmapsto (d_1, d_2)$, durch $F = d_1\mu_2 - d_2\mu_1$ eine bihomogene, auf $V'$-lineare $\hat{G}$-Invariante. Beachten wir, daß der $\hat{G}$-Modul $V'$ mittels der $\hat{G}$-invarianten (ja sogar $SL(V')$-invarianten) Bilinearform

$$\omega: V' \times V' \longrightarrow k, \quad \omega\big((\mu_1', \mu_2'), (\mu_1, \mu_2)\big) = \mu_1'\mu_2 - \mu_2'\mu_1,$$

zu seinem Dualraum $V'^*$ $\hat{G}$-isomorph wird, so beruht diese Entsprechung $F \leftrightarrow \tilde{\psi}$ auf den Isomorphismen

$$\begin{aligned}(k[V \times V']_{(n,1)})^{\hat{G}} &\cong (k[V]_{(n)} \otimes V'^*)^{\hat{G}} \\ &\cong Mor_{\hat{G}}(V, V'^*)_{(n)} \cong Mor_{\hat{G}}(V, V')_{(n)}\end{aligned}$$

(hier bezeichnet $(n, 1)$ bzw. $(n)$ den Bigrad bzw. den Grad der betrachteten Polynome oder Abbildungen).

S. 204, 19: Diese vier Invarianten entsprechen vier fundamentalen $\hat{G}$-Kovarianten $V \longrightarrow V'$ mit den Graden 7, 13, 17, 23, aus denen sich alle polynomialen $\hat{G}$-Kovarianten $V \longrightarrow V'$ linear über $k[V]^{\hat{G}}$ kombinieren lassen. Für neuere, umfangreichere Informationen über $\hat{G}$-Kovarianten vgl. Knörrer [1985a], Kostant [1985], Springer [1987].

S. 204, -7: Formel (61) läßt sich folgendermaßen begründen: Sei $k(V)$ der Funktionenkörper von $V$, d.h. der Körper aller rationalen Funktionen in $\lambda_1$, $\lambda_2$ und $E = k(V) \otimes_k V'^*$ der $k(V)$-Vektorraum der linearen Formen auf $V'$. Dann bilden die Linearformen $\mu_1$, $\mu_2$ eine Basis von $E$, bezüglich der sich jedes Element $F \in E$ in der Form

$$F = \frac{\partial F}{\partial \mu_1} \cdot \mu_1 + \frac{\partial F}{\partial \mu_2} \cdot \mu_2$$

schreiben läßt. Ist nun $\{F_1, F_2\}$ eine andere Basis von $E$, so erhält man eine Darstellung

$$F = c_1 \cdot F_1 + c_2 \cdot F_2, \qquad c_i \in k(V),$$

durch Lösung eines linearen Gleichungssystems. Die dabei benutzte Cramersche Regel interpretiert sich symbolisch durch das Verschwinden der Determinante

$$\begin{vmatrix} F & F_1 & F_2 \\ \frac{\partial F}{\partial \mu_1} & \frac{\partial F_1}{\partial \mu_1} & \frac{\partial F_2}{\partial \mu_1} \\ \frac{\partial F}{\partial \mu_2} & \frac{\partial F_1}{\partial \mu_2} & \frac{\partial F_2}{\partial \mu_2} \end{vmatrix}$$

S. 204, *): Diesen Sachverhalt haben wir schon bei unserer Diskussion der Abbildungen $\Phi$ und $\varphi_\lambda$ erkannt (vgl. die Anmerkungen zu S. 190).

S. 205, -3: Im Zusammenhang mit unseren Anmerkungen zu S. 202 werden diese Ausführungen vielleicht etwas klarer, wenn wir die $G$-äquivariante, rationale Abbildung

$$\Phi\colon \mathbf{P}^1_{(1)} \times \mathbf{P}^1 \longrightarrow \mathbf{P}^1_{(1)} \times \mathbf{P}^1_{(2)}$$

(vgl. die Anmerkungen zu S. 190) als durch $\mathbf{P}^1$ parametrisierte Schar von $G$-äquivarianten Abbildungen

$$\psi_{(m:n)}\colon \mathbf{P}^1_{(1)} \longrightarrow \mathbf{P}^1_{(2)},$$
$$\Phi((\lambda_1 : \lambda_2), (m : n)) = ((\lambda_1 : \lambda_2), \psi_{(m:n)}(\lambda_1 : \lambda_2))$$

auffassen. Jede Abbildung $\psi_{(m:n)}$ wird dann durch eine $\hat{G}$-Kovariante

$$\tilde{\psi}_{(m,n)}\colon V \longrightarrow V'$$

der Form

$$\tilde{\psi}_{(m,n)} = m\frac{12f}{H}\Psi_7 + n\frac{144f^3}{HT}\Psi_{13},$$

oder, in stärkerer Anlehnung an (59), von der Form

$$\tilde{\psi}_{(m,n)} = mT\Psi_7 + n12f^2\Psi_{13}$$

induziert, wobei $\Psi_7$, $\Psi_{13}\colon V \longrightarrow V'$ die fundamentalen Kovarianten

$$\Psi_7(\lambda_1, \lambda_2) = \left(\frac{\partial N_1}{\partial \mu_2}, -\frac{\partial N_1}{\partial \mu_1}\right)$$
$$\Psi_{13}(\lambda_1, \lambda_2) = \left(\frac{\partial M_1}{\partial \mu_2}, -\frac{\partial M_1}{\partial \mu_1}\right)$$

vom Grad 7 und 13 sind. Jede rationale Kovariante $V \longrightarrow V'$ läßt sich als $k(V)^{\hat{G}}$-Linearkombination dieser beiden Kovarianten “typisch darstellen”.

S. 208, -1: Denn die “Kenntnis” der Quadratwurzel aus der Diskriminante der Bringschen Gleichung ist äquivalent zur Kenntnis einer der beiden Erzeuger von $Q$, auf denen das Bild der Gleichung liegt.

S. 210, 5: Hier benutze man die Formel für $Z$ aus unserer Anmerkung zu S. 194.

## Kapitel II 4:

S. 212, 8: Ähnlich wie in Kapitel II 3 (vgl. unsere Anmerkung zu S. 189) können wir die vorliegende Situation darstellungstheoretisch interpretieren. Sei $V$ eine zweidimensionale irreduzible Darstellung der binären Ikosaedergruppe $\hat{G}$ (d.h. $V = (2)$, definiert über $\mathbf{Q}(\varepsilon)$). Das Tensorprodukt $V \otimes V$ zerfällt dann in zwei Summanden

$$\Lambda^2(V) \oplus S^2(V),$$

wobei $\Lambda^2(V)$ die triviale Darstellung (1) und $S^2(V)$ eine irreduzible dreidimensionale Darstellung (d.h. (3) bei der Wahl $V = (2)$) realisiert (vgl. den McKay-Graph). Die Darstellung auf $S^2(V)$ ist über $\mathbf{Q}(\sqrt{5})$ definiert. Aus geometrischer Sicht haben wir die folgenden Analogien: In II 3 führte der Isomorphismus

$$V \otimes V' \xrightarrow{\sim} W$$

zur Segre-Einbettung

$$\mathbf{P}(V) \times \mathbf{P}(V') \hookrightarrow \mathbf{P}(W) = \mathbf{P}^3,$$

deren Bild sich mit der Hauptfläche $Q$ identifiziert. Entsprechend ergab sich eine Äquivalenz zwischen dem "projektiven" Formenproblem (d.h. dem Gleichungssystem i.S. von S. 124) zu $\mathbf{P}(V) \times \mathbf{P}(V') \longrightarrow (\mathbf{P}(V) \times \mathbf{P}(V'))/G$ und dem zu $Q \longrightarrow Q/G$, d.h. dem der Lösung der Hauptgleichungen bei bekannter Diskriminante. Nun induziert die $G$-äquivariante Projektion

$$V \otimes V \longrightarrow S^2(V)$$

eine doppelte, $G$-äquivariante, verzweigte Überlagerung

$$\mathbf{P}(V) \times \mathbf{P}(V) \longrightarrow \mathbf{P}(S^2(V)) = \mathbf{P}^2,$$

die die projektive Ebene $\mathbf{P}^2$ als symmetrisches Produkt von $\mathbf{P}(V)$ mit sich realisiert (diese Überlagerung ist verzweigt längs eines Kegelschnitts in $\mathbf{P}^2$, dessen Urbild gerade die Diagonale in $\mathbf{P}(V) \times \mathbf{P}(V)$ ist). Wir erhalten damit eine "Reduktion" des projektiven Formenproblems zu $\mathbf{P}(V) \times \mathbf{P}(V) \longrightarrow$

$(\mathbf{P}(V) \times \mathbf{P}(V))/G$ auf das projektive ternäre Formenproblem $\mathbf{P}^2 \longrightarrow \mathbf{P}^2/G$, dem sich die folgenden Paragraphen widmen werden.

S. 212, **): In dieser Arbeit betrachtet Hesse die projektive Ebene als symmetrisches Produkt der projektiven Geraden mit sich.

S. 214, 10: Genauer folgt aus den Formeln (1) und (6), daß $4A = (\lambda_1\lambda_2' - \lambda_2\lambda_1')^2$.

S. 215, 6: Ist $\varphi$ eine homogene Form vom Grad $2m$ in $\lambda_1$, $\lambda_2$, so ist die $m$-te Polarisierung von $\varphi$ symmetrisch bzgl. der Vertauschung von $(\lambda_1, \lambda_2)$ und $(\lambda_1', \lambda_2')$. Dies läßt sich z.B. leicht mit den Argumenten der "symbolischen Methode" verifizieren.

S. 216, *): Im zweiten Absatz zeigt Klein mittels eines Koordinatenwechsels, daß die Darstellung von $G$ auf $S^2(V)$ ($\cong \mathbf{C}^3$, bei Klein) die Komplexifizierung der gewöhnlichen reellen Darstellung durch Rotationen eines Ikosaeders im $\mathbf{R}^3$ ist (vgl. dazu auch unsere Anmerkungen zu I 1, §§ 4, 5, 6).

S. 217, 3: Im Sinne unserer früheren Anmerkungen liefert Klein hier eine explizite Beschreibung der doppelten Überlagerung $\mathbf{P}(V) \times \mathbf{P}(V) \longrightarrow \mathbf{P}^2$, deren Verzweigungsort der Kegelschnitt $\{A = 0\}$ ist.

S. 219, 5: Hier wendet Klein die (allgemeinen) Plückerformeln an (vgl. z.B. Griffith-Harris [1978 Chap. 2.4] oder Brieskorn-Knörrer [1981 Kap. 9.1]).

S. 220, 6: Bei geschickterer Wahl der Koordinaten wäre die Adjunktion von $\sqrt{5}$ ausreichend.

S. 222, 2: Den Begriff der Resolventen des Problems der $\mathsf{A}$ kann man präzise fassen, wenn man darunter eine Resolvente für die Galoiserweiterung

$$k(\mathsf{A}_0, \mathsf{A}_1, \mathsf{A}_2)^G \subset k(\mathsf{A}_0, \mathsf{A}_1, \mathsf{A}_2)$$

versteht. Aus Kleins geometrischer Sicht läßt sich eine solche Resolvente mittels einer regulären (oder rationalen) $G$-Kovarianten

$$\varphi: S^2(V) \longrightarrow P$$

in eine transitive Permutationsdarstellung $P$ gewinnen (ist $k$ der zugrundegelegte Grundkörper, so gilt $P \cong k^n$, wobei

$G$ die Koordinaten permutiert). Man kann $\varphi$ oder jede ihrer Komponenten $\varphi_i$, $i = 1, \ldots, n$, eine Solvente des Problems der $\mathsf{A}$ nennen. Die zugehörige Resolvente ist dann

$$\prod_{i=1}^{n}(X - \varphi_i) = \sum_{j=0}^{n} a_j X^j = 0.$$

Hierbei sind die elementarsymmetrischen Funktionen $a_j$ der $\varphi_i$ reguläre (oder rationale) Funktionen in den fundamentalen Invarianten $A$, $B$, $C$, $D$ des Problems der $\mathsf{A}$.

S. 224, 14: Hier ist die Gruppe der Gleichung (26) über dem Grundkörper $k(\mathsf{A}_0, \mathsf{A}_1, \mathsf{A}_2)^G = k(A, B, C, D)$ gemeint.

S. 227, 7: Auf die gerade angeschnittenen Sachverhalte ist Klein etwas ausführlicher in seiner Arbeit [1877c] eingegangen (man beachte, daß das Ziel der Paragraphen 6 und 7 die Interpretation der historisch vorangegangenen Entwicklungen von Brioschi und Kronecker im Lichte der Ikosaedertheorie ist). Betreffend der Geometrie der Clebschschen Diagonalfläche, die ein vielstudiertes Beispiel aus der Theorie der algebraischen Flächen ist, vergleiche man Klein [1873], Fischer [1986], sowie die dort angeführte Literatur. Erwähnenswert ist das Auftreten dieser Fläche in neueren Untersuchungen über elliptische und Hilbertsche Modulflächen (Naruki [1978], Burns [1983], Hirzebruch [1976], [1977], [1981]) sowie über das Horrocks-Mumford-Bündel (vgl. dazu Hulek [1989] und die dort aufgeführten Referenzen). Die Invariantentheorie und Geometrie der Aktion der Ikosaedergruppe $G$ auf $S^2(V)$ wird von Sekiguchi-Yano [1979] im Zusammenhang mit den Coxetergruppen der Typen $H_3$ (erweiterte Ikosaedergruppe im Sinne von I 1 § 12), $D_6$ (Jacobische Gleichungen) und $E_6$ (Clebschsche Diagonalfläche) studiert. Schließlich sei erwähnt, daß sich in Analogie zu Kleins geometrischer Theorie der Hauptgleichungen (II 3) eine entsprechende Theorie der Diagonalgleichung entwickeln läßt, bei der die Diagonalfläche die Rolle der Hauptfläche $Q$ übernimmt. Für eine diesbezügliche Skizze, die Elemente dieses Kapitels, II 4, verwendet, vergleiche man Slodowy [1986 Anhang II].

S. 227, 20: Insofern Klein die Jacobischen Gleichungen der Untersuchungen von Brioschi und Kronecker durch sein "Problem der $\mathsf{A}$"

ersetzt, wird die Rolle der Tschirnhaustransformationen dieser Gleichungen ($S_6$-äquivariante Morphismen des Raumes der Wurzelsextupel) nun durch $G$-äquivariante (rationale) Abbildungen

$$S^2(V) \longrightarrow S^2(V)$$
oder
$$S^2(V) \longrightarrow S^2(V')$$

übernommen.

S. 228, 3: Im folgenden vergleiche man unsere Anmerkungen zu den entsprechenden Passagen in II 3, vor allem zu den Seiten 202 und 204.

S. 230, 12: Ähnlich wie die zweidimensionale $G$-Darstellung $V = (2)$ (bzw. $V' = (2')$) selbstdual ist aufgrund der Existenz einer $G$-invarianten symplektischen Form, so ist die dreidimensionale Darstellung $S^2(V) = (3)$ (bzw. $S^2(V') = (3')$) selbstdual aufgrund der Existenz einer $G$-invarianten quadratischen Form, die bei Kleins Koordinatenwahl durch $\mathsf{A}_0^2 + \mathsf{A}_1\mathsf{A}_2$ (bzw. $\mathsf{B}_0^2 + \mathsf{B}_1\mathsf{B}_2$) gegeben wird. Unsere Anmerkungen zu S. 202 u. S. 204 übertragen sich dann sinngemäß auf die Ausführungen in diesem Paragraphen.

S. 233, -13: Aus heutiger Sicht hat Klein hier bewiesen, daß die Gruppe der äußeren Automorphismen $Aut(G)/G$ der Ikosaedergruppe $G$ isomorph zu $\mathbf{Z}/2\mathbf{Z}$ ist. Darauf, daß die Begriffe der Kogredienz und Kontragredienz heute einen anderen Sinn besitzen, haben wir bereits in einer Anmerkung zu S. 191 hingewiesen.

S. 234, 11: Vgl. hierzu auch unsere Anmerkungen zu den Seiten 90, 202, 204 und 230.

S. 234, **): Gemeint sind die Entwicklungen in II 1, § 5 (nicht § 6).

S. 235, 3: Dabei werden von den vorhergehenden Entwicklungen der §§ 8, 9, 10 nur die Formeln (35) benötigt.

S. 235, 25: Die folgende Interpretation mag zu einer ersten Klärung der im folgenden (§§ 11, 12) sehr rasch hergeleiteten Formeln beitragen: Sei $\tilde{S} \subset V \otimes V$ der Segrekegel der zerlegbaren Tensoren (d.h. das Bild der bilinearen Abbildung $V \times V \longrightarrow V \otimes V$, $(v, w) \longmapsto v \otimes w$). Ergänzen wir die Kleinschen Koordinaten

$\mathsf{A}_0$, $\mathsf{A}_1$, $\mathsf{A}_2$ auf $S^2(V)$ (Formeln (49)) durch die $G$-invariante Koordinate $\mathsf{A}_3 = \frac{1}{2}(\lambda_1\lambda_2' - \lambda_2\lambda_1')$ auf $\Lambda^2(V)$, so wird $\tilde{S}$ durch die Gleichung

$$\mathsf{A}_3^2 = A = \mathsf{A}_0^2 + \mathsf{A}_1\mathsf{A}_2$$

definiert. Die Projektion von $\tilde{S}$ auf $S^2(V)$ längs $\Lambda^2(V)$ ("Symmetrisierung der Tensoren") liefert eine doppelte, längs $\{A = 0\}$ verzweigte Überlagerung, die nach Übergang zu den projektiven Varietäten die früher betrachtete Abbildung

$$\begin{array}{ccccc} \mathbf{P}(V) \times \mathbf{P}(V) & \xrightarrow{\sim} & S & \longrightarrow & \mathbf{P}(S^2(V)) = \mathbf{P}^2 \\ & & \| & & \\ & & \mathbf{P}(\tilde{S}) & & \\ & & \cap & & \\ & & \mathbf{P}(V \otimes V) & & \end{array}$$

induziert. Klein ersetzt nun das Formenproblem der $\mathsf{A}$, d.h. das zum Quotienten $S^2(V) \longrightarrow S^2(V)/G$, durch das Formenproblem zu $\tilde{S} \longrightarrow \tilde{S}/G$. Für die $G$-invarianten regulären Funktionen auf $\tilde{S}$ gilt

$$\begin{aligned} k[\tilde{S}]^G &= (k[\mathsf{A}_0, \mathsf{A}_1, \mathsf{A}_2, \mathsf{A}_3]/(\mathsf{A}_3^2 - A))^G \\ &= k[\sqrt{A}, B, C, D]/(D^2 - \dots). \end{aligned}$$

Aus körpertheoretischer Sicht entspricht diesem Wechsel des Formenproblems die Adjunktion der Quadratwurzel $\sqrt{A}$ zum Funktionenkörper $k(\mathsf{A}_0, \mathsf{A}_1, \mathsf{A}_2)^G = k(A, B, C, D)$. Da $\sqrt{A}$ nicht in $k(\mathsf{A}_0, \mathsf{A}_1, \mathsf{A}_2)$ liegt, ist diese Wurzel akzessorisch (vgl. auch Kleins diesbezügliche Ausführung auf S. 238). Das neue Formenproblem läßt sich mittels einer $G$-äquivarianten, birationalen "Abbildung"

$$\begin{aligned} \alpha\colon \tilde{S} &\longrightarrow \mathbf{P}(V) \times \mathbf{A}^2 \\ (\mathsf{A}_0, \mathsf{A}_1, \mathsf{A}_2, \mathsf{A}_3) &\longmapsto ((\lambda_1 : \lambda_2), \mu, \nu) \end{aligned}$$

auf die Ikosaedergleichung, d.h. das projektive Formenproblem zu $\mathbf{P}(V) \longrightarrow \mathbf{P}(V)/G$, $(\lambda_1 : \lambda_2) \longmapsto Z(\lambda_1 : \lambda_2)$, reduzieren. Dabei operiert $G$ trivial auf dem Faktor $\mathbf{A}^2$. Wir erhalten ein kommutatives Diagramm

$$\begin{array}{ccc} \tilde{S} & \longrightarrow & \mathbf{P}(V) \times \mathbf{A}^2 \\ \downarrow & & \downarrow \\ \tilde{S}/G & \xrightarrow{\beta} & (\mathbf{P}/G) \times \mathbf{A}^2 \end{array}$$

in dem die vertikalen Pfeile die Quotientenabbildungen und $\beta$ die von $\alpha$ induzierte birationale Abbildung auf den Quotienten ist. Ist $y \in \tilde{S}/G$, so erhält man ein Urbild $x \in \tilde{S}$, indem man zunächst die Gleichung $(Z(\lambda_1 : \lambda_2), \mu, \nu) = \beta(x)$ löst (eine Ikosaedergleichung) und dann $x = \alpha^{-1}((\lambda_1 : \lambda_2), \mu, \nu)$ setzt (vorausgesetzt, daß die birationalen Abbildungen $\beta$ und $\alpha^{-1}$ in den relevanten Punkten definiert sind). Klein gibt nur eine implizite Definition von $\alpha$. Explizit hat sie die folgende Form:

$$\alpha(\mathsf{A}_0, \mathsf{A}_1, \mathsf{A}_2, \mathsf{A}_3) = \left(\frac{\mathsf{A}_3 - \mathsf{A}_0}{\mathsf{A}_1}, \mathsf{A}_3, \rho_1\right),$$

wobei $\rho_1$ der Ausdruck von Formel (55) in der Gestalt von Formel (56) (§ 12) ist. Die Abbildung $\beta$ wird gegeben durch die Angabe der drei Koordinatenfunktionen

| | |
|---|---|
| $Z_1 \in k(\tilde{S})^G$ | in Formel (54), |
| $\mu = \mathsf{A}_3 = \sqrt{A} \in k(\tilde{S})^G$ | in Formel (50), |
| $\nu = \rho_1 \in k(\tilde{S})^G$ | in Formel (56). |

(Man beachte, daß $P_1$ (S. 237) nicht in $k(\tilde{S})$ liegt und zur besseren Übersicht immer durch $\rho_1$ (Formel (55)) ersetzt werden sollte.) Die Umkehrabbildung $\alpha^{-1}$ wird schließlich durch die Formeln (59) geliefert, die korrigiert und auf unsere Definitionen bezogen die folgende Gestalt annehmen:

$$\begin{aligned}
24\, f_1 H_1 \mathsf{A}_0 &= -\mu\, H_1 \left(\lambda_1 \frac{\partial f_1}{\partial \lambda_1} - \lambda_2 \frac{\partial f_1}{\partial \lambda_2}\right) - 2\nu T_1 \lambda_1 \lambda_2 \\
12\, f_1 H_1 \mathsf{A}_1 &= \mu\, H_1 \lambda_2 \frac{\partial f_1}{\partial \lambda_1} \qquad + \nu\, T_1 \lambda_2^2 \\
12\, f_1 H_1 \mathsf{A}_2 &= \mu\, H_1 \lambda_1 \frac{\partial f_1}{\partial \lambda_1} \qquad - \nu\, T_1 \lambda_1^2 \\
2\mathsf{A}_3 &= \mu
\end{aligned}$$

S. 235, -6: Wie schon zu S. 214 angemerkt wurde, gilt $\lambda_1 \lambda_2' - \lambda_2 \lambda_1' = 2\sqrt{A}$.

S. 236, 8: Es muß hier "... Funktion mit $\sqrt{A}$ ..." heißen.

S. 238, 2: Wie schon in den Anmerkungen zu S. 235 erwähnt wurde, sind diese Formeln zu korrigieren. Es gilt

$$2\mathsf{A}_0 = -\sqrt{A} \cdot \frac{\left(\lambda_1 \frac{\partial f_1}{\partial \lambda_1} - \lambda_2 \frac{\partial f_1}{\partial \lambda_2}\right)}{12 f_1} - 2P_1 \cdot \frac{\lambda_1 \lambda_2}{12 f_1}$$

und

$$\mathsf{A}_2 = +\sqrt{A} \cdot \frac{\lambda_1 \frac{\partial f_1}{\partial \lambda_2}}{12 f_1} - P_1 \cdot \frac{\lambda_1^2}{12 f_1}.$$

S. 238, 14: Obwohl Klein die geometrische Deutung dem Leser überläßt, wollen wir hier doch kurz darauf eingehen, da sie die voraufgegangenen Passagen weiter erhellt. Dabei werden wir die Analogien zu unseren früheren Anmerkungen zu II 3, insbesondere den Seiten 190 und 205, hervorheben.

Zunächst ersetzen wir das Formenproblem zu $\tilde{S} \longrightarrow \tilde{S}/G$ durch das entsprechende projektive zu $S \longrightarrow S/G$. Die Reduktion dieses Problems erfolgt mittels einer $G$-äquivarianten, birationalen Abbildung

$$\Phi' \colon \mathbf{P}(V) \times \mathbf{P}(V) \longrightarrow \mathbf{P}(V) \times \mathbf{P}^1$$
$$((\lambda_1 : \lambda_2), (\lambda_1' : \lambda_2')) \longmapsto ((\lambda_1 : \lambda_2), (m : n)),$$

die durch Projektivierung der Abbildung $\alpha$ (Anmerkungen zu S. 235) entsteht und explizit durch

$$m = m_{(\lambda_1, \lambda_2)}(\lambda_1', \lambda_2') = T(\lambda_1, \lambda_2)(\lambda_1 \lambda_2' - \lambda_2 \lambda_1')$$
$$n = n_{(\lambda_1, \lambda_2)}(\lambda_1', \lambda_2') = H(\lambda_1, \lambda_2) \left( \frac{\partial f}{\partial \lambda_1} \lambda_1' + \frac{\partial f}{\partial \lambda_2} \lambda_2' \right)$$

gegeben wird (man beachte, daß $m$ und $n$ bihomogene, $\hat{G}$-invariante Formen des gleichen Grades $(31, 1)$ sind; in Kleins Notation (Formel (50) und § 12) gilt $m = 2T_1\sqrt{A}$, $n = H_1 P_1$). Eine birationale, $G$-äquivariante Umkehrung zu $\Phi'$ erhalten wir mit

$$\Phi \colon \mathbf{P}(V) \times \mathbf{P}^1 \longrightarrow \mathbf{P}(V) \times \mathbf{P}(V)$$
$$((\lambda_1 : \lambda_2), (m : n)) \longmapsto ((\lambda_1 : \lambda_2), \varphi_{(\lambda_1 : \lambda_2)}(m : n)),$$

wobei die rationale Abbildung

$$\varphi_{(\lambda_1 : \lambda_2)} \colon \mathbf{P}^1 \longrightarrow \mathbf{P}(V)$$

durch die lineare Abbildung

$$\tilde{\varphi}_{(\lambda_1, \lambda_2)} \colon \mathbf{A}^2 \longrightarrow V$$
$$(m, n) \longmapsto \left( -\frac{\partial f}{\partial \lambda_2} H(\lambda_1, \lambda_2) m + \lambda_1 T(\lambda_1, \lambda_2) n, \right.$$
$$\left. \frac{\partial f}{\partial \lambda_1} H(\lambda_1, \lambda_2) m + \lambda_2 T(\lambda_1, \lambda_2) n \right).$$

induziert wird (hier benutzen wir die Kleinschen Koordinaten $\lambda_1', \lambda_2'$ auf $V$). Diese Definition von $\varphi_{(\lambda_1:\lambda_2)}$ ist die projektive Version von Kleins Formel (58).

Ähnlich wie in unseren Anmerkungen zu S. 190 lassen sich die Unbestimmtheitsstellen und singulären Punkte von $\Phi$ und $\Phi'$ bestimmen (unsere Notation ist mit Absicht an diese früheren Anmerkungen angepaßt). Auch läßt sich $\Phi$ wieder als einparametrige Schar von $G$-äquivarianten Abbildungen

$$\psi_{(m:n)}: \mathbf{P}(V) \longrightarrow \mathbf{P}(V),$$
$$\Phi((\lambda_1 : \lambda_2), (m : n)) = ((\lambda_1 : \lambda_2), \psi_{(m:n)}(\lambda_1 : \lambda_2))$$

auffassen (vgl. die Anmerkung zu S. 205). Die Abbildung $\psi_{(m:n)}$ wird durch die $\hat{G}$-Kovariante

$$\tilde{\psi}_{(m,n)}: V \longrightarrow V,$$
$$\tilde{\psi}_{(m,n)} = mH\ \Psi_{11} + n\ T\ \Psi_1$$

induziert, wobei $\Psi_1$, $\Psi_{11}: V \longrightarrow V$ die fundamentalen $\hat{G}$-Kovarianten

$$\Psi_1(\lambda_1, \lambda_2) = (\lambda_1, \lambda_2)$$
$$\Psi_{11}(\lambda_1, \lambda_2) = \left(-\frac{\partial f}{\partial \lambda_2}, \frac{\partial f}{\partial \lambda_1}\right)$$

vom Grade 1 und 11 sind, mittels derer sich jede rationale $\hat{G}$-Kovariante "typisch" darstellen läßt.

## Kapitel II 5:

S. 239, 10: Die Aufgabe ist also die Konstruktion einer $G$-äquivarianten Abbildung $\varphi: W \longrightarrow \mathbf{P}(V)$, die über einem fixierten Grundkörper $k \supset \mathbf{Q}(\varepsilon)$ definiert ist. Hierbei bezeichnet $W$ den Raum $\{(x_0, \ldots, x_4) \in \{\mathbf{A}^5 \mid \sum x_i = 0\}$, der die Darstellung (4′) realisiert, und $V$ den Raum zur Darstellung (2) der binären Gruppe $\hat{G}$ (vgl. die früheren Anmerkungen, insbesondere zu S. 189). Klein wird im folgenden (§ 9) zeigen, daß $\varphi$ nicht rational (sondern nur rational in algebraischen Funktionen) gewählt werden kann.

S. 243, -9: Hier ist natürlich "$\sum r \neq 0$" gemeint.

S. 246, -5: Diese Formel ergibt sich natürlich auch direkt aus (13) und den Definitionen von II 2 § 8 (ohne den Umweg über (14)). Für Klein liegt die Bedeutung der Formel (14) darin, daß sie eine $G$-äquivariante, reguläre Abbildung $W \longrightarrow \Lambda^2 W$ vermittelt. Die Formeln (14) + (16) bzw. (14) + (18) + (19) beschreiben dann die gleiche Abbildung bezüglich anderer Koordinaten auf $\Lambda^2 W$.

S. 248, 6: Mit anderen Worten zerfällt die Darstellung von $G$ auf $\Lambda^2 W$ in die direkte Summe

$$\Lambda^2(4') = (3) \oplus (3').$$

Dies erfordert $\sqrt{5}$ im Grundkörper $k$. Als $S_5$-Modul ist $\Lambda^2 W$ irreduzibel.

S. 248, -9: D.h. bei der zweiten Lösungsmethode faktorisieren wir $\varphi$ in $G$-äquivarianter Weise

$$\begin{array}{ccccc} W & & \xrightarrow{\varphi} & & \mathbf{P}^1(V) \\ & {}_{\psi}\searrow & & \nearrow_{\rho} & \\ & & S^2(V) & & \end{array}$$

wobei $\psi$ durch die Formeln (14) + (18) und $\rho$ durch die Entwicklungen in II 4 (vgl. unsere explizite Definition von $\rho$ in den Anmerkungen zu S. 235) gegeben wird. Man beachte, daß $\rho$, und somit $\varphi$, nicht rational ist (in unserer Definition ist $\rho$ auf der Überlagerung $\tilde{S}$ von $S^2(V)$ definiert).

S. 252, 6: Vgl. unsere Anmerkung zu Formel (16), S. 246.

S. 252, -15: Die ungestrichenen und gestrichenen Koordinaten sind hier zu vertauschen (vgl. auch die Formeln (41)–(44) auf S. 181, II 2 § 10).

S. 254, -11: Bei diesem Ansatz handelt es sich um die Konstruktion von $G$-Kovarianten $\varphi\colon W \longrightarrow V$ zwischen linearen Darstellungen einer endlichen Gruppe $G$ durch Mittelung

$$\varphi := \sum_{g \in G} g \circ \psi \circ g^{-1}$$

einer gegebenen (homogenen) polynomialen Abbildung $\psi\colon W \longrightarrow V$. Dabei hat man sinnvollerweise $W$ als treu und $V$ als irreduzibel über einem Grundkörper $k$ mit $\mathrm{char}(k) = 0$

anzunehmen (im Prinzip genügt $(\text{char}(k), |G|) = 1$). In seiner Arbeit [1879a] (vgl. die Fußnote *) auf S. 254) erörtert Klein neben zahlreichen Beispielen (z.B. Lagrangesche Resolventen bei zyklischen, Jacobische Gleichungen und das "Problem der A" bei Gleichungen fünften Grades) eine wenig explizite Bedingung für das Nichtverschwinden der Mittelung $\varphi$, deren Erfüllbarkeit erst später von H. Burkhardt [1893] nachgewiesen wurde. Burkhardts Resultat geht verwandten Entwicklungen in der ab 1895 entstehenden Charakter- und Darstellungstheorie endlicher Gruppen voraus (Resultate von Molien und Burnside, vgl. Burnside [1911 Chap. XV, §§ 226, 227]). In heutiger Formulierung besagt es, daß jede irreduzible Darstellung (d.h. $V^*$) in einer geeigneten symmetrischen Potenz $S^n(W^*)$ von $W^*$ enthalten ist. Einen Beweis ($\text{char}(k) = 0$) kann man etwa so führen: Da $G$ auf $W$ treu operiert und $k$ unendlich ist, gibt es eine freie Bahn $X \subset W$ von $G$ auf $W$, d.h. $\text{card}(X) = \text{card}(G)$. Die Einschränkung der regulären Funktionen von $W$ auf $X$

$$k[W] \longrightarrow k[X]$$

liefert dann einen surjektiven $G$-Modulhomomorphismus von $k[W]$ auf die reguläre Darstellung $k[G] \cong k[X]$. Aufgrund der vollständigen Reduzibilität von $G$ tritt daher die reguläre Darstellung in $k[W]$, jede irreduzible Darstellung also in einer geeigneten homogenen Komponente $S^n(W^*) \subset k[W]$ auf. Auf die Bedeutung $G$-äquivarianter Abbildungen $\varphi\colon W \longrightarrow V$ für die Reduktion der zugehörigen Formenprobleme sind wir schon in den Anmerkungen zu S. 125 eingegangen.

S. 255, -11: Im Sprachgebrauch der heutigen Algebra benutzt Klein hier die Tatsache, daß der Polynomring $k[x_0, \ldots, x_n]$ eine eindeutige Primfaktorzerlegung besitzt. Auf der folgenden Seite 256 wird Klein zum Kontrast den Koordinatenring

$$\begin{aligned} k[\tilde{Q}] &= k[x_0, \ldots, x_4]/(\textstyle\sum x_\nu, \sum x_\nu^2) \\ &= k[X_1, \ldots, X_4]/(X_1X_4 + X_2X_3) \end{aligned}$$

der affinen Hauptfläche $\tilde{Q}$ betrachten, der diese Eigenschaft offensichtlich nicht mehr besitzt (vgl. auch Hartshorne [1977 II § 6, insbesondere Ex. 6.5]).

S. 257, 3: Gemeint ist, daß sich schon die $\mathsf{A}_i$ (und nicht bloß ihre Verhältnisse) gemäß den Formeln II 4, § 2, (4) transformieren.

S. 257, 6: Kleins Präsentation der beiden letzten Paragraphen ist nicht immer sehr klar. Zum Vergleich seien dem Leser die Darstellungen von Weber [1899 §§ 124–126] und Fricke [1926 I 6, §§ 11–13] empfohlen, auch wenn diese inhaltlich an einigen Stellen von Klein abweichen.

S. 257, 16: Hier ist gemeint, daß das "Bild" der Gleichung (3) im Sinne von II 2, § 2 eine Vereinigung zweier Kurven vom Geschlecht Null ist. Zur Präzisierung sollte man hier zudem annehmen, daß (33) eine Gleichung über einer rein transzendenten Erweiterung $k(Z)$ des "skalaren" Grundkörpers $k \supset \mathbf{Q}(\varepsilon)$ ist, und daß beide Komponenten des "Bildes" von (33) $k$-rationale Punkte besitzen.

S. 257, -3: Die folgenden acht Zeilen sind unnötig verwirrend. Nach Voraussetzung ist eine Komponente des "Bildes" von (33) vom Geschlecht Null, daher birational zur projektiven Gerade $\mathbf{P}^1$ über $k$ (man beachte, daß wir die Existenz eines $k$-rationalen Punktes auf jeder Komponente vorausgesetzt haben, vgl. Serre [1968 Chap. X, § 6], [1978]). Die Heranziehung der Parametrisierung (34) und des Satzes von Lüroth sind nicht hier, sondern erst bei der Argumentation auf S. 259 unten angebracht (dies entspricht auch der ursprünglichen Vorgehensweise Kleins in seiner Arbeit von 1877, [1877c]). Für die heute übliche Formulierung des Satzes von Lüroth vgl. Hartshorne [1977 Chap. IV 2.5.5].

S. 258, -2: Zur Präzisierung des Gemeinten vgl. unsere Anmerkung zu S. 157.

S. 259, 13: Vgl. unsere Anmerkung zu S. 142, Zeile 12.

S. 259, -7: Kleins voraufgehende Argumentation legt es nahe, als "skalaren" Grundkörper $k = \mathbf{C}$ zu wählen (wie es Weber [1899 § 123] und Fricke [1926 I 6, § 12] tun). Kleins Schlüsse lassen sich jedoch auch im Rahmen der algebraischen Geometrie über einem beliebigen Grundkörper $k$ rechtfertigen (in unserer Situation wird man allerdings an der Grundvoraussetzung $k \supset \mathbf{Q}(\varepsilon)$, oder oft auch $k \supset \mathbf{Q}(\sqrt{5})$, festhalten).

S. 259, -4: An dieser Stelle benötigen wir nun Lüroths Satz. In heutiger Terminologie beweist Klein den folgenden Sachverhalt:

Sei $\xi\colon \mathbf{A}_k^5 \longrightarrow C$ eine rationale, dominante, über $k$ definierte Abbildung des affinen Raumes $\mathbf{A}_k^5$ auf eine über $k$ definierte Kurve $C$. Dann ist $C$ $k$-birational zur projektiven Geraden $\mathbf{P}_k^1$ über $k$. Da die $k$-rationalen Punkte von $\mathbf{A}_k^5$ Zariski-dicht liegen ($k \supset \mathbf{Q}$), muß auch $C$ einen $k$-rationalen Punkt besitzen. Somit genügt es, über dem algebraischen Abschluß $\bar{k}$ von $k$ zu argumentieren. Klein wählt nun eine rationale Kurve $D \subset \mathbf{A}_{\bar{k}}^5$, die nicht konstant, also dominant, auf $C$ abgebildet wird. Wir haben dann eine Inklusion der Funktionenkörper

$$\bar{k}(\lambda) = \bar{k}(D) \supset \bar{k}(C).$$

Aus dem Satz von Lüroth ergibt sich nun, daß $\bar{k}(C)$ rein transzendent vom Grad 1, d.h. $C$ rational ist.

S. 260, 12: Kleins Beweis des Satzes von Kronecker ist von Gordan abgeändert worden und hat in dieser Abänderung eine Darstellung bei Weber [1899] und Fricke [1926] gefunden. Aus dem Blickwinkel der heutigen Interpretation der Kleinschen Theorie durch Brauer [1934] und Serre [1978] bietet Kleins Darstellung den Vorteil, daß sie das Auftreten der akzessorischen Quadratwurzel explizit an der Unmöglichkeit festmacht, die Ikosaedergruppe $G \subset PGL_2(k)$ zu einer isomorphen linearen Gruppe in $GL_2(k)$ zu liften. Dem entspricht die Nichttrivialität der Erweiterung

$$1 \longrightarrow < \pm 1 > \longrightarrow \hat{G} \longrightarrow G \longrightarrow 1,$$

oder das nichttriviale Element in $H^2(G, \mathbf{Z}/2\mathbf{Z})$, vgl. die Anmerkung zu S. 46. In der Theorie von Brauer und Serre liefert dieses Element schließlich eine Quaternionenalgebra, deren Zerfallen oder Nichtzerfallen über die Notwendigkeit der akzessorischen Quadratwurzel entscheidet (bei beliebigen Galoiserweiterungen $k \subset K$ mit $Gal(K, k) = G$).

# Weitere Entwicklungen

Klein verfaßte sein "Ikosaederbuch", nachdem er seine wichtigsten Entdeckungen in der Gleichungstheorie (1875–1879), der Theorie der elliptischen Modulfunktionen (1878–1881) und der Theorie der automorphen Funktionen (1881–1882) bereits gemacht hatte. Von den Ergebnissen her bezieht sich sein Buch im wesentlichen auf die Arbeit [1877c], und abgesehen von gelegentlichen Anmerkungen sowie den allgemeineren Ausführungen in Kapitel I 5 ging Klein nicht inhaltlich auf Resultate ein, die die "Ikosaedertheorie" fortführten. Dies lag teilweise an der Unabgeschlossenheit seines allgemeinen Ansatzes in [1879a] aber auch an der Verflechtung der weitergehenden Resultate mit der Theorie der elliptischen Modulfunktionen, der Klein weitere Buchprojekte (nämlich die später erschienenen Bände Klein-Fricke [1890], [1892]) zugedacht hatte.

Wir wollen hier kurz über einige der Fortentwicklungen der Ikosaedertheorie bis in unsere heutige Zeit berichten. Wertvolle Berichte dazu findet der Leser auch bei Wiman [1900], Fricke [1926, Zweiter Abschnitt, Kap. 4, §§ 7–9] und Brauer [1979].

## 1. Formenprobleme

"Formenprobleme" werden von Klein bereits im "Ikosaederbuch" (I 5, §§ 4, 5) angeschnitten und sind auch von uns technisch kommentiert worden (vgl. die Anmerkungen zu den Seiten 125 und 254). Wir wiederholen jedoch noch einmal einige grundlegende Definitionen.

Jeder endlichdimensionalen, linearen Darstellung $\rho: G \longrightarrow GL(V)$ einer endlichen Gruppe $G$ über einem Grundkörper $k$ ist ein Formenproblem $(G, V)$ zugeordnet, das — heuristisch gesprochen — in der Umkehr des Quotienten

$$V \longrightarrow V/G$$

besteht. Etwas präziser kann man es folgendermaßen formulieren (dabei fassen wir $V$ und $V/G$ als affine Schemata zu den $k$-Algebren $k[V]$ bzw. $k[V]^G$ auf):

*Sei $L$ ein Erweiterungskörper von $k$ (z.B. $L = k$ oder $L = k(V)^G$), $\bar{L}$ algebraischer Abschluß von $L$ und $u \in (V/G)(L)$. Bestimme $x \in V(\bar{L})$ mit $q(x) = u$.*

Da jede Faser $q^{-1}(u)$ aus einer Bahn unter $G$ besteht, lassen sich aus einem Punkt $x \in q^{-1}(u)$ alle anderen durch $L$-rationale Operationen gewinnen.

Bezeichnet $L(x)$ die Körpererweiterung von $L$, die von den $k$-Koordinaten von $x$ erzeugt wird, so gilt also

$$L(x) = L(y)$$

für alle $x$, $y$, $\in q^{-1}(u)$.

Neben die "Formenprobleme" stellt Klein die "Gleichungssysteme", die wir, wie in unseren Kommentaren, lieber "Projektive Formenprobleme" nennen. Letztere sind projektiven Darstellungen

$$\rho: G \longrightarrow PGL(V) = Aut_k(\mathbf{P}(V))$$

zugeordnet und bestehen in dem Problem der "Umkehr" des Quotienten

$$q: \mathbf{P}(V) \longrightarrow \mathbf{P}(V)/G$$

(welches sich analog zu den obigen Formenproblemen präzisieren läßt).

In seiner Arbeit [1879a] hatte Klein bereits erkannt, daß seine "Ikosaedertheorie" ein Spezialfall einer Reduktion von Formenproblemen war, in diesem Fall nämlich eine Reduktion des Formenproblems $(A_5, \mathbf{A}_k^5)$, bei dem die alternierende Gruppe $A_5$ durch Permutation auf den Koordinaten des affinen Raumes $\mathbf{A}_k^5$ operiert, auf das projektive Formenproblem $(A_5, \mathbf{P}_k^1)$, wobei die Gruppe $A_5$ jetzt als Ikosaedergruppe auf der projektiven Geraden $\mathbf{P}_k^1$ operiert. Gleichzeitig erkannte er, daß sich ein Formenproblem $(G, W)$ auf ein Formenproblem $(G, V)$ reduzieren läßt, sofern eine nichttriviale $G$-äquivariante (polynomiale) Abbildung

$$\varphi: W \longrightarrow V$$

zur Verfügung steht (für eine technische Präzisierung vgl. unsere Anmerkungen zu S. 125).
Zur Konstruktion einer solchen Kovariante $\varphi$ schlug Klein die Mittelung einer beliebigen (polynomialen) Abbildung

$$\psi: W \longrightarrow V$$

vor:

$$\varphi = \sum_{g \in G} g\psi g^{-1}.$$

Abgesehen von einigen Beispielen konnte er allerdings noch nicht zeigen, daß $\varphi$ bei geeigneter Wahl von $\psi$ nicht trivial wird. Dies wurde erst später von H. Burckhardt [1893] gezeigt (vgl. unsere Anmerkung zu S. 254).

In Anbetracht dieser Entwicklungen ergaben sich für Klein die folgenden Fragestellungen, die er mehr oder weniger explizit formulierte (vgl. [1879a], Ikosaederbuch I 5 § 5, [1894 Lect. IX]): 1) Zu einer gegebenen endlichen Gruppe $G$ finde man die linearen treuen Darstellungen

$$\rho : G \longrightarrow GL(V)$$

kleinsten Grades $\dim V$. (In unserem heutigen Verständnis dachte Klein dabei an den Grundkörper $k$ als dem Körper der komplexen Zahlen oder dem Definitionskörper $\mathbf{Q} \subset k \subset \mathbf{C}$.)
2) Zu einer gegebenen endlichen Gruppe $G$ finde man die projektiven treuen Darstellungen

$$\rho : G \longrightarrow PGL(V)$$

kleinster Dimension, $\dim \mathbf{P}(V)$. (Bezüglich des Grundkörpers $k$ vgl. 1)).

Aus der Sicht der Anwendungen stellten sich die obigen Probleme zunächst für einfache Gruppen. Für diejenigen kleinster Ordnung waren Klein 1894 die folgenden Resultate bekannt (vgl. Klein [1879a], [1879b], [1886]):

| Gruppe | Ordnung | min. Dim. 1) | min. Dim. 2) |
|---|---|---|---|
| $A_5 \cong PSL_2(\mathbf{F}_5)$ | 60 | 3 | 1 |
| $PSL_2(\mathbf{F}_7)$ | 168 | 3 | 2 |
| $A_6$ | 360 | | $\leq 4$ |
| $PSL_2(\mathbf{F}_{11})$ | 660 | $\leq 5$ | $\leq 4$ |
| $A_7$ | 2520 | | $\leq 4$ |

Für jede alternierende Gruppe $A_n$ erhält man eine lineare Darstellung

$$A_n \longrightarrow GL(\mathbf{A}_k^{n-1})$$

durch Einschränkung der $n$-dimensionalen Permutationsdarstellung auf die Hyperebene

$$\sum_{i=1}^{n} x_i = 0.$$

Zudem induziert diese Darstellung eine projektive Darstellung

$$A_n \longrightarrow PGL_{n-1}(k).$$

Klein war im Falle $n = 8$ keine projektive Darstellung von $A_8$ kleinerer Dimension bekannt. In seinem Bericht [1894] stellte er diese Gruppe daher besonders heraus. Tatsächlich wurde dann später von Wiman gezeigt, daß

$A_n$ für $n \geq 8$ keine projektive Darstellung der Dimension kleiner $n-2$ besitzt (Wiman [1899]).

Im Rahmen der sich ab 1896 entwickelnden Darstellungs- und Charaktertheorie endlicher Gruppen (Frobenius, Burnside, Schur) sind die obigen Fragen erneut von I. Schur aufgenommen und zusammen mit anderen weitreichenden Resultaten bewiesen worden (vgl. Schur [1904], [1907], [1911]).

Ein Einfluß der Kleinschen Fragen auf die Beiträge von Molien und Maschke zur Darstellungstheorie wird von Hawkins [1972] nahegelegt.

Eine Abwandlung der Fragen 1) und 2) ist die folgende, die bereits in Kleins Arbeiten [1877c], [1878a], [1878c] suggeriert wird und auf die sich Hurwitz bei seinen Untersuchungen über die Automorphismen algebraischer Kurven bezieht ([1888], [1893]):
3) Zu einer gegebenen endlichen Gruppe $G$ finde man eine irreduzible algebraische Kurve $X$ minimalen Geschlechts, auf der $G$ treu operiert.
(Es ist einfach eine irreduzible Kurve mit treuer $G$-Aktion zu konstruieren, vgl. Hurwitz, loc. cit. Von den Anwendungen her liegt es nahe, zusätzlich zu verlangen, daß $X/G$ rational ist.)

## 2. Gleichungen mit speziellen Galoisgruppen

Im Anschluß an seine Arbeiten über das Ikosaeder und die Gleichungen fünften Grades (1875–1877) ging Klein zur Betrachtung höherer Gleichungen mit größeren Galoisgruppen über.

Am ausführlichsten untersuchte Klein die nach der Ikosaedergruppe nächstgrößere einfache Gruppe

$$G_{168} \cong PSL_2(\mathbf{F}_7)$$

der Ordnung 168. In der Arbeit [1878c] konstruierte er eine dreidimensionale Darstellung dieser Gruppe unter Benutzung elliptischer Modulfunktionen:
Sei $C$ die vervollständigte Modulkurve der Stufe 7

$$C = \overline{H/\Gamma(7)}$$

(zu den Notationen vgl. unsere Einführung § 3).
Diese hat das Geschlecht 3. Die Gruppe $G_{168} \cong \Gamma/\Gamma(7)$ operiert auf $C$ in natürlicher Weise, daher auch auf dem 3-dimensionalen komplexen Vektorraum $V = H^0(C, \Omega^1)$ der globalen holomorphen Differentialformen auf $C$.

Bezüglich einer geeigneten Basis von $V$ wird das Bild von $C$ unter der kanonischen $G_{168}$-äquivarianten Einbettung

$$C \hookrightarrow \mathbf{P}^2 = \mathbf{P}(V^*)$$

durch die quartische Kurve

$$\left\{(x:y:z) \in \mathbf{P}^2 \mid x^3y + y^3z + z^3x = 0\right\}$$

repräsentiert.
Die Auflösung der Gleichungen 7. und 8. Grades mit Galoisgruppe $G_{168}$ erfolgt nun in Analogie zur Ikosaedertheorie (Weg über das "Problem der A", vgl. Klein [1879a]):
Zunächst konstruiert Klein eine $G_{168}$-äquivariante Abbildung

$$\mathbf{A}^7_k \longrightarrow \mathbf{P}^2_k \qquad \text{bzw.} \qquad \mathbf{A}^8_k \longrightarrow \mathbf{P}^2_k$$

($k$ ist eine hinreichend kleine Erweiterung von $\mathbf{Q}$), die die Lösung der Gleichungen auf das (projektive) Formenproblem $(G_{168}, \mathbf{P}^2)$ reduziert. Nach Adjunktion einer akzessorischen Irrationalität vierten Grades läßt sich dieses Problem auf das Problem der Umkehr des Quotienten

$$q: C \longrightarrow C/G_{168}$$

reduzieren, in Analogie zur Reduktion des "Problems der A" auf die Ikosaedergleichung. Ist nämlich $x \in \mathbf{P}^2$, so schneidet die Polare von $x$ bezüglich $C$ die Kurve $C$ in vier kovarianten Punkten. Trennung dieser Punkte erfordert die akzessorische Irrationalität. Die Umkehr des Quotienten $C \longrightarrow C/G_{168}$ läßt sich wie bei der Ikosaedergleichung mittels elliptischer Integrale und elliptischer Modulfunktionen bewerkstelligen.

Klein entwickelte diese Theorie nicht mehr so detailliert wie seine Ikosaedertheorie. Dies blieb einer Serie von invariantentheoretisch orientierten Arbeiten Gordans vorbehalten (Gordan [1880a], [1880b], [1882a], [1882b], [1882c], [1885], vgl. auch Kleins Bericht [1922, GMA II, S. 426–438]). Darstellungen von Teilen der Theorie finden sich bei Weber [1899 §§ 131–147] und Fricke [1926, 2. Abschnitt, Kap. 1 und 2]. Für einige Aspekte vgl. auch Gray [1982], [1986].

In Fortsetzung der obigen Theorie beginnt Klein in [1879b] die Untersuchung von Gleichungen 11. und 12. Grades mit einfacher Galoisgruppe $G_{660} \cong PSL_2(\mathbf{F}_{11})$. Hier hat die vervollständigte Modulkurve $C = \overline{/\Gamma(11)}$ das Geschlecht 26. Mittels der 11-Teilungswerte von Thetafunktionen konstruiert Klein eine 5-dimensionale Darstellung $\rho: G_{660} \longrightarrow GL(V)$, auf deren Formenproblem $(G_{660}, V)$ sich die Lösung der oben genannten Gleichungen reduziert. Die Modulkurve $C$ bettet sich $G_{660}$-äquivariant in den zugehörigen $\mathbf{P}^4 = \mathbf{P}(V)$ als Doppelkurve der Hesseschen einer $G_{660}$-äquivarianten Kubik ein. Eine Reduktion des Formenproblems $(G_{660}, V)$ auf die Umkehr des Quotienten $C \longrightarrow C/G_{660}$ wird von Klein jedoch nicht angegangen.

Die Konstruktion der 5-dimensionalen Darstellung wird später von Klein verallgemeinert zur Konstruktion von $SL_2(\mathbf{F}_p)$-Darstellungen der Dimension $\frac{p-1}{2}$ (Klein [1885], s. a. Hurwitz [1886]). Dabei entstehen ebenfalls Darstellungen der Dimension $\frac{p+1}{2}$. Aus heutiger Sicht vermittelt Kleins geometrische Konstruktion projektive Modelle für Shiodas elliptische Modulflächen (vgl. z.B. Barth-Hulek [1985], Bartsch [1985]).

Allgemeine Gleichungen 6. und 7. Grades mit Galoisgruppe $A_6$ bzw. $A_7$ wurden von Klein in [1886] in Analogie zur Theorie der Hauptgleichungen bei Gleichungen fünften Grades studiert. Ihre Lösung wurde dabei auf 4-dimensionale Formenprobleme reduziert. Im Fall der Gruppe $A_6$ ergab sich jedoch später eine Vereinfachung durch Entdeckung einer projektiven Darstellung

$$A_6 \longrightarrow PGL_3(\mathbf{C})$$

(Valentiner-Wiman, vgl. Wiman [1896]).
In Anbetracht dieser Situation skizzierte Klein eine Reduktionsmethode für die Gleichungen sechsten Grades auf das entsprechende projektive Formenproblem $(A_6, \mathbf{P}^2)$ (vgl. Klein [1905a]). Diese Skizze wurde von Lachtin [1899], Gordan [1904], [1905], [1908], [1910] und Coble [1911b] aufgenommen und schließlich von Fricke [1926, 2. Abschnitt, Kap. 3, 4] soweit ausgebaut, daß sich eine weitestgehende Analogie zur "Ikosaedertheorie" und zur Theorie der Gleichungen 7. Grades mit Galoisgruppe $G_{168}$ herausbildete. (Für die transzendente Lösung benutzte Fricke jetzt nicht-elliptische automorphe Funktionen; derartige Funktionen hatte er allerdings auch bereits zur Lösung des projektiven Formenproblems $(G_{168}, \mathbf{P}^2)$ eingesetzt.)

An weiteren Untersuchungen über Gleichungen und Formenprobleme, die sich zumeist von geometrisch ausgezeichneten Konfigurationen ableiten und weniger von Klein als von seinen Schülern bearbeitet wurden, seien die folgenden genannt:
1) Die Gleichung der 27 Geraden auf einer kubischen Fläche. Hier tritt als Galoisgruppe die Weylgruppe $W(E_6)$ des Wurzelsystems vom Typ $E_6$ auf, die eine einfache Gruppe $G_{25920} \cong PSp_4(\mathbf{F}_3)$ als Untergruppe vom Index 2 enthält. Mittels hyperelliptischer Modulfunktionen des Geschlechtes 2 und der Stufe 3 konstruiert Klein eine 4-dimensionale Darstellung der

Gruppe $Sp_4(\mathbf{F}_3)$. Die obige Gleichung 27. Grades läßt sich dann auf das zugehörige projektive Formenproblem $(PSp_4(\mathbf{F}_3), \mathbf{P}^3)$ reduzieren (Klein [1888]). Detaillierte Ausführungen und Weiterentwicklungen wurden von Witting, Maschke und Burkhardt geliefert (vgl. Maschke [1889], Burkhardt [1890–93], Coble [1917]).
2) Auch die Weylgruppe $W(D_6)$ tritt in natürlicher Weise bei den hyperelliptischen Modulfunktionen des Geschlechtes 2, aber diesmal der Stufe 2 auf. Über diesbezügliche Untersuchungen und die Beziehung zu den Gleichungen 6. Grades vgl. Wiman [1900 § 22].
3) Hinweise zur Untersuchung der einfachen Gruppe $G_{504} \cong SL_2(\mathbf{F}_8)$ findet man bei Fricke [1926, 2. Abschnitt, Kap. 4, § 9].
4) Schließlich sei auf die Untersuchung birationaler Transformationsgruppen hingewiesen (Kantor [1895], Wiman [1897], Wiman [1900 § 25]). Eine Verallgemeinerung des Formenproblems für solche Gruppen wurde von Coble betrachtet und für die Reduktion von Gleichungen benutzt (vgl. Coble [1911a], [1915], [1916]).

## 3. Neuere Entwicklungen

Entsprechend der ständig anwachsenden Bedeutung der abstrakten Algebra zu Anfang dieses Jahrhunderts tritt zu dieser Zeit die Betrachtung expliziter Gleichungen in den Hintergrund zugunsten der durch diese Gleichungen definierten Körpererweiterungen (eine Tendenz, die bereits deutlich in den Werken von Galois angelegt war, aber erst in einem langen Prozeß von Dedekind, Kronecker, Weber, Hilbert, Steinitz entfaltet wurde). In der Darstellungstheorie endlicher Gruppen (Frobenius, Burnside, Schur) und der damit eng verbundenen Strukturtheorie einfacher Algebren ("hyperkomplexe Systeme", Molien, Noether, Hasse, Brauer, Deuring) wuchsen zudem neue Begriffe und Methoden heran, die ebenfalls zu einer Transformation der Kleinschen Theorie beitrugen.

Einen ersten Schritt in diesem Umwandlungsprozeß vollzieht Speiser in seiner Arbeit [1916 §§ 1–4]. Seinen Ansatz können wir folgendermaßen umreißen: Sei $K$ eine endliche Galoiserweiterung von $k$ mit Galoisgruppe $G$ und $\rho: G \longrightarrow GL(V)$ eine über $k$ definierte lineare Darstellung. Eine "verallgemeinerte Lagrangesche Resolvente" oder, wie wir lieber sagen, eine $\rho$-Solvente von $K$ über $k$ ist dann ein Element $x \in V(K)$, das sich unter der Aktion der Galoisgruppe gemäß der Darstellung $\rho$ transformiert

$$^{\sigma}x = \rho(\sigma)^{-1}x \qquad (\sigma \in G).$$

(Hier bezeichne ${}^{\sigma}x$ die Aktion von $\sigma$ als Element der Galoisgruppe und $\rho(\sigma)x$ die Anwendung der linearen Transformation $\rho(\sigma)$.) Ist $q: V \longrightarrow V/G$ die über $k$ definierte Quotientenabbildung, so gilt

$$
{}^{\sigma}q(x) = q({}^{\sigma}x) = q(\rho(\sigma)^{-1}x) = q(x).
$$

Also ist $x$ eine Lösung der "$\rho$-Resolvente"

$$
q(X) = u
$$

(mit $u = q(x)$), d.h. $x$ ist eine (spezielle) Lösung des Formenproblems $(G, V)$. Der Körper $K$ wird von $x$, d.h. von den Koordinaten von $x$ bezüglich einer $k$-Basis von $V$, über $k$ erzeugt, sofern $x$ primitiv ist, d.h. falls ${}^{\sigma}x \neq x$ für alle $\sigma \in G \setminus \{1\}$ gilt.

Ausgehend von geeigneten Elementen $\omega \in K$ konstruiert Speiser $\rho$-Solventen $x(\omega)$ für alle irreduziblen, über $k$ definierten Darstellungen $\rho$ von $G$. Beim Beweis der Nichttrivialität dieser Solventen benutzt er neben elementaren Resultaten aus der Darstellungstheorie die Existenz einer Normalbasis von $K$ über $k$, ein Sachverhalt, der schon Dedekind (vgl. den Brief an Frobenius vom 8.7.1896, [GMW II, S. 433]) bekannt war, der aber erst später einen publizierten Beweis erhielt (vgl. E. Noether [1932a], wo eine lückenhafte Skizze gegeben wurde, sowie Deuring [1933], der methodisch anders vorging; eine korrekte Durchführung des von E. Noether benutzten Spezialisierungsargumentes findet man z.B. in Lang [1967], Modifikationen bei Artin [1968] und van der Waerden [1966]).

Speiser rekonstruiert auch eine Normalbasis von $K$ aus einer vollständigen Familie von $\rho$-Solventen (wobei $\rho$ die irreduziblen $k$-Darstellungen durchläuft). Wie er in § 4 zeigt, benötigt er jedoch nur eine $\rho$-Solvente zu einer treuen Darstellung $\rho$. Dazu leitet er erneut ein Resultat von Burnside über die Tensordarstellungen einer gegebenen treuen Darstellung her, auf das wir in unseren Anmerkungen zu S. 254 bereits eingegangen sind.

Obwohl sich Speiser explizit auf das "Ikosaederbuch" bezieht, scheint er keine Kenntnis von Kleins allgemeinem Ansatz [1879a] gehabt zu haben, der seine Konstruktion der $\rho$-Solventen bereits in der allgemeinen Konstruktion $G$-äquivarianter Abbildungen durch Mittelung vorweggenommen hatte (vgl. insbesondere [1879a] § 4 für die Rechnung von Speisers Beispiel in [1916 § 2], sowie § 12 für die vereinfachten Verhältnisse bei Galoissolventen). Am präzisesten läßt sich die Unterordnung des Begriffes der "$\rho$-Solvente" unter den der "$G$-Kovariante" oder "$G$-äquivarianten Abbildung" in der Sprache der heutigen algebraischen Geometrie verstehen. Fassen wir Spec$(K)$ als einen Raum mit $G$-Aktion auf, so ist eine $\rho$-Solvente

$x \in V(K)$ nichts anderes als ein $G$-äquivarianter Morphismus

$$\mathrm{Spec}(K) \longrightarrow V$$

von $G$-Schemata (vgl. auch unsere Anmerkungen zu S. 125).

Obwohl nicht durch explizite Verweise belegbar, mag Speisers Arbeit [1916] einen Einfluß gehabt haben auf seine und Schurs spätere Beiträge zur heute so genannten Galoiskohomologie der allgemeinen und projektiven linearen Gruppen ($H^1(Gal(K,k), GL_n(K)) = 1$, Speiser [1919], $H^1(Gal(K,k), PGL_n(K)) = H^2(G, K^*)$ falls $n = [K : k]$, Schur [1919], vgl. auch Serre [1968, Chap. X, §§ 1, 5]). Eine begrifflich einfachere Konstruktion der $\rho$-Solventen mittels des Normalbasissatzes und der daraus resultierenden $G$-Modulisomorphie $K \cong k[G]$ gibt E. Noether in [1932a].

Während die Artikel von Speiser [1916] und Noether [1932a] keine neuen inhaltlichen Beiträge zur Kleinschen Theorie beisteuern, erreicht R. Brauer in seiner Arbeit [1934] eine umfassende Einsicht in die Kernfragen der Theorie, die man auch heute noch als abschließend betrachten kann. Zu Anfang seiner Arbeit [1934] präzisiert Brauer einige grundlegende Definitionen und Aussagen über Formenprobleme und die Reduktion von Gleichungen auf solche (§ 1). In Anlehnung an Noether [1932a] gibt er auch einen erneuten Beweis für die Reduzierbarkeit einer Gleichung mit Galoisgruppe $G$ ($G = Gal(K,k)$, wobei $k$ der Grundkörper und $K$ der Zerfällungskörper der Gleichung über $k$ ist) auf ein Formenproblem $(G, V)$ zu einer treuen, über $k$ definierten, linearen Darstellung $G \longrightarrow GL(V)$ (§ 2). Im Hauptteil der Arbeit (§§ 3, 4) untersucht er dann die Bedingungen, unter denen eine Reduktion auf ein projektives Formenproblem $(G, \mathbf{P}_k^n)$ zu einer treuen projektiven Darstellung

$$\rho: G \longrightarrow PGL_{n+1}(k) = Aut_k(\mathbf{P}_k^n)$$

möglich ist, d.h. unter denen es eine primitive $\rho$-Solvente $x \in \mathbf{P}_k^n(K)$ gibt:

$$\begin{aligned} {}^{\sigma}x &= \rho(\sigma^{-1})x \qquad \text{für alle} \quad \sigma \in G = Gal(K,k), \\ {}^{\sigma}x &\neq x \qquad \text{für alle} \quad \sigma \in G \setminus \{1\}. \end{aligned}$$

Wie ja schon Klein im "Ikosaederbuch" gezeigt hatte, war diese Reduktion im allgemeinen erst nach Ersetzung des Grundkörpers $k$ durch eine akzessorische Erweiterung durchführbar. Das diesbezügliche Hindernis wird nun von Brauer als die Klasse eines durch die projektive Darstellung $\rho$ gegebenen Faktorensystems

$$\delta: G \times G \longrightarrow K^*$$

bzw. als die "Brauerklasse" der entsprechenden zentral-einfachen $k$-Algebra $A_\rho$ identifiziert. Ist $\tilde{\rho}: G \longrightarrow GL_{n+1}(k)$ eine mengentheoretische Liftung von $\rho$, so erhält man ein Faktorensystem $\delta$ durch die Definition

$$\delta(\sigma,\tau) = \tilde{\rho}(\sigma)\,\tilde{\rho}(\tau)\,\tilde{\rho}(\sigma\tau)^{-1} \qquad (\sigma,\tau \in G),$$

und die Algebra $A_\delta$ ist das mittels $\delta$ konstruierte "verschränkte Produkt" von $K$ und $G$ (zur Terminologie vgl. Noether [1932a], van der Waerden [1967]).

Die Konstruktion der Körpererweiterung $K$ von $k$ läßt sich genau dann auf das projektive Formenproblem $(G, \mathbf{P}_k^n)$ reduzieren, wenn die Klasse von $\delta$ bzw. $A_\delta$ trivial ist, d.h. wenn die Algebra $A_\delta$ isomorph zu $M_{n+1}(k)$ ist ("$A_\delta$ zerfällt"). Mit den in der Algebrentheorie erhaltenen Einsichten über die Zerfällungskörper zentral einfacher Algebren erhält man nun wertvolle Informationen über die Natur der akzessorischen Irrationalitäten, die für den Reduktionsprozeß erforderlich sind (vgl. Brauers Beispiele [1934 § 4.13], [1979 § 17]). Brauer zeigt (§5) im Anschluß an Kleins Beweis von Kroneckers Satz ("Ikosaederbuch" II 5, §§ 9, 10, 11), daß sich "allgemeine" Formenprobleme, insbesondere die Lösung "allgemeiner" Gleichungen, mit Galoisgruppe $G$ genau dann auf ein projektives Formenproblem $(G, \mathbf{P}_k^n)$ reduzieren lassen, wenn sich die projektive Darstellung von $G$ auf $\mathbf{P}_k^n$ zu einer linearen Darstellung von $G$ auf $\mathbf{A}_k^{n+1}$ liften läßt. In der Sprache der Gruppenerweiterungen bedeutet dies, daß die von der exakten Sequenz

$$1 \longrightarrow k^* \longrightarrow GL_{n+1}(k) \longrightarrow PGL_{n+1}(k) \longrightarrow 1$$

induzierte zentrale Erweiterung

$$1 \longrightarrow k^* \longrightarrow \hat{G} \longrightarrow G \longrightarrow 1$$

trivial ist. Gleichbedeutend damit ist die Trivialität der durch diese Erweiterung definierten Gruppenkohomologieklasse in $H^2(G, k^*)$. (Falls $G$ perfekt, also z.B. einfach ist, so gilt das gleiche für die von der Sequenz

$$1 \longrightarrow \mu_{n+1}(k) \longrightarrow SL_{n+1}(k) \longrightarrow PGL_{n+1}(k)$$

induzierte Erweiterung

$$1 \longrightarrow \mu_{n+1}(k) \longrightarrow \hat{G} \longrightarrow G \longrightarrow 1,$$

der ein Element in $H^2(G, \mu_{n+1}(k))$ entspricht.)

Brauers Beweise seines Hauptresultates (§ 3 und § 4) sind elementar, sie gewinnen aber an Durchsichtigkeit, wenn man wie Serre [1978] die Benutzung des Faktorensystems $\delta$ umgeht und zudem die einer zentral-einfachen Algebra $A$, $\dim_k A = d^2$, zugeordnete Brauer-Severi-Varietät $X$ aller $d$-dimensionalen Linksideale von A betrachtet. Eine zu $A_\delta$ Brauer-äquivalente Algebra $A_\rho$ erhält man nämlich als Fixpunktunteralgebra

$$\begin{aligned} A_\rho &= \{X \in M_{n+1}(K) \mid {}^\sigma X = \tilde{\rho}(\sigma)^{-1} X \tilde{\rho}(\sigma) \\ &= \operatorname{Int}(\rho(\sigma)^{-1})(X) \quad \text{für alle} \quad \sigma \in G\}. \end{aligned}$$

Ähnlich entsteht die zugehörige Brauer-Severi-Varietät $X_\rho$ durch Galoisabstieg aus der Brauer-Severi-Varietät $\mathbf{P}_K^n$ von $M_{n+1}(K)$. Insbesondere gilt für die $k$-rationalen Punkte

$$X_\rho(k) = \{x \in \mathbf{P}_k^n(K) \mid {}^\sigma x = \rho(\sigma^{-1})x \quad \text{für alle} \quad \sigma \in G\}.$$

(Aus galoiskohomologischer Sicht liegt dem die Injektivität der Korandabbildung

$$\Delta: H^1(Gal(K,k), PGL_{n+1}(K)) \longrightarrow H^2(Gal(K,k), K^*)$$

zugrunde, die die Klasse $[\rho]$ des als 1-Kozyklus aufgefaßten Homomorphismus $\rho: G \longrightarrow PGL_{n+1}(k)$ in die Klasse $[\delta]$ des Faktorensystems $\delta$ überführt. Die Gruppe $H^2(Gal(K,k), K^*)$ identifiziert sich mit der relativen Brauergruppe $Br(K,k)$

$$\begin{aligned} H^2(Gal(K,k), K^*) &\xrightarrow{\sim} Br(K,k) \\ [\rho] &\longmapsto [A_\rho], \end{aligned}$$

und $H^1(Gal(K,k), PGL_{n+1}(K))$ läßt sich als Menge der $k$-Isomorphieklassen der $k$-Formen von $M_{n+1}(K)$ als auch der von $\mathbf{P}_K^n$ auffassen. Für diesbezügliche Details vgl. Serre [1968 Chap. X].)

Es gilt nun die Äquivalenz der folgenden drei Aussagen:

i) Die Algebra $A_\rho$ zerfällt, d.h. $A_\rho \cong M_{n+1}(k)$.
ii) Die Varietät $X_\rho$ zerfällt, d.h. $X_\rho \cong \mathbf{P}_k^n$.
iii) Die Varietät $X_\rho$ besitzt einen $k$-rationalen Punkt, d.h. $X_\rho(k) \neq \emptyset$.

Nach Konstruktion sind die $k$-rationalen Punkte von $X_\rho$ aber nichts anderes als unsere früheren $\rho$-Solventen. Ist der Grundkörper $k$ unendlich, was wir ohne große Beeinträchtigung annehmen dürfen, so existieren mit $\rho$-Solventen auch immer primitive $\rho$-Solventen, d.h. Punkte $x \in X_\rho(k)$ mit ${}^\sigma x \neq x$ für alle $\sigma \in G \setminus \{1\}$. Daher erhalten wir unmittelbar die Äquivalenz der obigen vier Aussagen zu der folgenden:

iv) Die Konstruktion der Körpererweiterung $K \supset k$ ist auf das projektive Formenproblem $(G, \mathbf{P}_k^n)$ reduzierbar.

(Natürlich läßt sich auch die Reduzierbarkeit auf ein gewöhnliches Formenproblem $(G, \mathbf{A}_k^n)$ zu einer Darstellung $\rho: G \longrightarrow GL_n(k)$ galoiskohomologisch interpretieren. In diesem Fall besagt Speisers Resultat,

$$H^1(Gal(K,k), GL_n(K)) = 1$$

(Speiser [1919], Serre [1968 Chap. X § 1]), daß alle $k$-Formen von $\mathbf{A}_K^n$ $k$-isomorph zu $\mathbf{A}_k^n$ sind. Insbesondere gilt für den mit $\rho$ "getwisteten" Raum $(\mathbf{A}_k^n)_\rho$

$$(\mathbf{A}_k^n)_\rho(k) = \{x \in \mathbf{A}_k^n(K) \mid {}^\sigma x = \rho(\sigma^{-1})x \quad \text{für alle} \quad \sigma \in G\} \cong k^n,$$

d.h. es gibt genügend $\rho$-Solventen von $K$ über $k$, insbesondere primitive, wenn $k$ unendlich ist.)

Serres Brief ([1978]) konzentriert sich auf Galoiserweiterungen $k \subset K$, deren Gruppe $G$ die Ikosaedergruppe ist (der Brief wurde ohne Kenntnis der Arbeit von Brauer [1934] verfaßt). In dieser speziellen Situation läßt sich den obigen vier Bedingungen eine weitere hinzufügen, die die Witt-Invariante der quadratischen Form

$$x \longmapsto Tr(x^2), \qquad x \in k'$$

auf einer Zwischenerweiterung $k \subset k' \subset K$ fünften Grades involviert und Kleins Verwendung von "Hauptgleichungen" beleuchtet. In der Arbeit [1984] hat Serre die Untersuchung dieser Form bei allgemeinen Körpererweiterungen wiederaufgenommen und die Berechnung der Witt-Invarianten weitergeführt.

## 4. Andere Theorien

Abweichend von den zentralen Fragestellungen der Kleinschen Theorie haben sich andere Untersuchungen mit verwandten Aspekten der Gleichungstheorie beschäftigt. Im Zusammenhang mit dem von ihm gestellten 13. Problem (Hilbert [1900]) untersuchte Hilbert in [1927] die Frage, inwieweit sich die Wurzelfunktionen einer allgemeinen algebraischen Gleichung aus Funktionen möglichst weniger Argumente zusammensetzen lassen (Komposition und rationale Kombination). Eine Tschirnhaustransformation (wie bei Bring) reduziert die Zahl der nötigen Argumente unmittelbar auf $n-4$, wobei $n \geq 5$ der Grad der vorliegenden Gleichung ist. Für die Gleichung neunten Grades zeigte Hilbert jedoch, daß Funktionen von vier Argumenten genügen. Die Fragestellung wurde aufgenommen von Wiman, Tschebotarew, Segre und Brauer (vgl. van der Waerdens Kommentar in Hilberts gesammelten Abhandlungen II, S. 401–403, und Brauer [1975]).

Bei diesen Arbeiten treten die galoistheoretischen Gesichtspunkte in den Hintergrund. Dies gilt auch für die sich an Jordan [1870] und Lindemann [1884], [1892] anschließenden Untersuchungen zur Auflösung algebraischer Gleichungen mittels hyperelliptischer Modulfunktionen (Coble [1924], Umemura [1984]).

# Literatur

Die folgende Liste von Referenzen zu Themen, die den Gegenstand des "Ikosaederbuchs" berühren, reflektiert sowohl die Vorlieben des Herausgebers als auch die Zufälligkeiten einer wenig systematischen Sammlung und erhebt keinen Anspruch auf Vollständigkeit.


Abel, N.H. [1824]: *Mémoire sur les équations algébriques oú l'on démontre l'impossibilité de la résolution de l'équation générale du cinquième degré*; Gröndahl, Christiania, 1824. Oeuvres complètes de Niels Hendrik Abel t. I, 28–33, Ed. L. Sylow, S. Lie, 2 Vol., C. Gröndahl + Sons, Christiania, 1881

Abel, N.H. [1826]: *Démonstration de l'impossibilité de la résolution algébrique des équations générales qui passent le quatrième degré*; Crelle 1 (1826), 65–89 (in Deutsch). Oeuvres complètes de Niels Hendrik Abel t.I, 66–87, Ed. L. Sylow, S. Lie, 2 Vol., C. Gröndahl+ Sons, Christiania, 1881

Ahlfors, L.V. [1966]: *Complex Analysis*; McGraw-Hill, New York, 1966

Arnol'd, V.I. [1972]: *Normal forms for functions near degenerate critical points, the Weyl groups of $A_k$, $D_k$, $E_k$ and Lagrangian singularities*; Funct. Anal. 27 (1972), 254–272

Arnol'd, V.I. [1974]: *Critical points of smooth functions*; Proc. Int. Cong. Math. Vancouver, 1 (1974), 19–39

Arnol'd, V.I. [1983a]: *Singularities of Ray Systems*; Proc. Intern. Congr. Math., Warszawa, 1983, 27–49

Arnol'd, V.I. [1983b]: *Singularities of systems of rays*; Russian Math. Surveys 38 (1983), 87–176

Artin, E. [1968]: *Galoissche Theorie*; Verlag Harri Deutsch, Zürich-Frankfurt, 1968

Artin, M. [1966]: *On isolated rational singularities of surfaces*; Amer. J. Math. 88 (1966), 129–136

Artin, M., Verdier, J.L. [1985]: *Reflexive modules over rational double points*; Math. Ann. 270 (1985), 79–82

Auslander, M. [1986]: *Rational singularities and almost split sequences*; Transact. AMS 293(1986), 511–531

Ayoub, R.G. [1980]: *Paolo Ruffini's Contribution to the Quintic*; Arch. Hist. Ex. Sci. 23 (1980), 253–277

Ayoub, R.G. [1982]: *On the non-solvability of the general polynomial*; Amer. Math. Monthly 89 (1982), 397–401

Barth, W., Hulek, K. [1985]: *Projective models of Shioda modular surfaces*; manuscripta math. 50 (1985), 73–131

Barth, W., Hulek, K., Moore, R. [1984]: *Shioda's modular surface S(5) and the Horrocks-Mumford bundle*; in: Vector bundles on algebraic varieties, Bombay Colloquium 1984, 35–106, Oxford University Press, 1987

Barth, W., Hulek, K., Moore, R. [1987]: *Degenerations of Horrocks-Mumford surfaces*; Math. Ann.277 (1987), 735–755

Bartsch, R.G. [1985]: *Meromorphe Funktionen auf der universellen elliptischen Kurve mit Niveau-N-Struktur*; Dissertation, Math. Seminar Hamburg, 1985

Bennequin, D. [1984]: *Caustique mystique*; Séminaire Bourbaki, année 1984–85, no 634

Berry, T., Herrero, D., Kuplinsky, J., Slutzki, R. [1981]: *Las Ecuaciones de Quinto Grado, Partes I y II*; Seminar Notes, Departamento de Matematicas, Universidad Simon Bolivar, Caracas, Venezuela, no. 68 (1981), no. 75 (1982)

Betti, E. [1853]: *Sopra l'abassamento delle equazioni modulari delle funzioni ellitiche*; Annali di Scienze Matematiche e Fisiche 3 (1853)

Bézout, E. [1762]: *Sur plusieurs classes d'équations de tous les degrés qui admettent une solution algébrique*; Hist. Acad. Sci. Paris (1762)

Bézout, E. [1765]: *Sur la résolution des équations de tous les degrés*; Hist. Acad. Sci. Paris (1765)

Biermann, K.-R. [1988]: *Die Mathematik und ihre Dozenten an der Berliner Universität*; Akademie-Verlag, Berlin, 1988

Bourbaki, N. [1968]: *Groupes et algèbres de Lie, Chap. IV–VI*; Hermann, Paris, 1968

Bourbaki, N. [1969]: *Élements d'histoire des mathématiques*; Hermann, Paris, 1969

Brauer, R. [CP]: *Collected Papers I, II, III*; MIT Press, Cambridge Mass., 1980

Brauer, R. [1934]: *Über die Kleinsche Theorie der algebraischen Gleichungen*; Math. Ann. 110 (1934), 473–500, in CP III, 570–597

Brauer, R. [1975]: *On the Resolvent Problem*; Annali di Matematica pura ed applicata 102(1975), 45–55, in CP III, 536–546

Brauer, R. [1979]: *Symmetrische Funktionen. Invarianten von linearen Gruppen endlicher Ordnung*; Math. J. Okayama Univ. 21 (1979), 91–113, in CP III, 622–644

Bravais, A. [1849]: *Mémoires sur les polyèdres de forme symétrique*; Journ. de Math. XIV (1849), 141–180

Brieskorn, E. [1968]: *Die Auflösung der rationalen Singularitäten holomorpher Abbildungen*; Math. Annalen 178 (1968), 255–270

Brieskorn, E. [1970]: *Singular elements of semisimple algebraic groups*; Actes Congr. Int. Math. Nice 1970, t.2, 279–284

Brieskorn, E. [1976]: *Singularitäten*; Jber. Deutsch. Math.-Verein 78 (1976), 93–112

Brieskorn, E., Knörrer, H. [1981]: *Ebene algebraische Kurven*; Birkhäuser Verlag, Basel-Boston, 1981

Bring, E.S. [1786]: *Melemata quaedam mathematica circa transformationem aequationum algebraicarum*; Promotionsschrift Lund, 1786, reproduziert in Quarterly Journ. Math. 6 (1864), 45–47, Archiv Math. Phys. 41 (1864), 105–112, Annali di Mat. 6 (1864), 33–42

Brioschi, F. [1858a]: *Sur diverses équations analogues aux équations modulaires*; C.R.A.S. Paris, (August 1858)

Brioschi, F. [1858b]: *Sulle equazione del moltiplicatore per la transformazione delle funzioni elittichi*; Annali di Matematica 1 (1858)

Brioschi, F. [1878]: *Über die Auflösung der Gleichungen vom fünften Grade*; Math. Annalen 13 (1878), 109–160

Buchweitz, R.-O., Greuel, G.-M., Schreyer, F.-O. [1987]: *Cohen-Macaulay modules on hypersurface singularities II*; Invent. math. 88 (1987), 165–182

Burckhardt, H. [1890–93]: *Untersuchungen aus dem Gebiet der hyperelliptischen Modulfunktionen, I, II, III*; Math. Annalen 36 (1890), 371–434, Math. Annalen 38 (1891), 161–224, Math. Annalen 41 (1893), 313–343

Burckhardt, H. [1893]: *Ueber einen fundamentalen Satz der Lehre von den endlichen Gruppen linearer Substitutionen*; Math. Ann. 41 (1893), 309–312

Burns, D. [1983]: *On the geometry of elliptic modular surfaces and representations of finite groups*; in: "Algebraic Geometry", Proc., Ann Arbor 1981, Ed. I. Dolgachev, Springer Lecture Notes in Math. 1008 (1983), 1–29

Burnside, W. [1911]: *Theory of groups of finite order*; Cambridge University Press, 1911 (Dover reprint, New York, 1955)

Capelli, A., Itzykson, C., Zuber, J-B. [1987]: *The A-D-E-classification of minimal and* $A_1^{(1)}$ *conformal invariant theories*; Communications in Math. Phys. 113 (1987), 1–16

Caratheodory, C. [1960]: *Funktionentheorie II*; 2. Auflage, Birkhäuser, Basel, 1960

Cayley, A. [1861]: *On a new auxiliary equation in the theory of equations of the 5-th degree*; Phil. Trans. 152 (1861)

Cayley, A. [1881]: *On the Schwarzian derivative, and the polyhedral functions*; Transactions Cambridge Phil. Soc. XIII (1861), 5–68, Collected Mathematical Papers, Vol XI, 148–216, Cambridge University Press, 1896

Cayley, A. [1883]: *Presidential Address to the British Association for the Advancement of Science*; Report of the British Association for the Advancement of Science, 1883, 3–37, Collected Mathematical Papers, Vol XI, 429–459, Cambridge University Press, 1896

Clebsch, A. [1871]: *Über die Anwendung der quadratischen Substitution auf die Gleichungen fünften Grades und die geometrische Theorie des ebenen Fünfseits*; Math. Annalen 4 (1871), 284–345

Clebsch, A. [1872]: *Theorie der binären algebraischen Formen*; Teubner, Leipzig, 1872

Coble, A.B. [1908]: *An application of the form-problems associated with certain Cremona groups to the solution of equations of higher degree*; Transactions of the AMS 9 (1908), 396–424

Coble, A.B. [1911a]: *An application of Moore's cross-ratio group to the solution of the sextic equation*; Transactions of the AMS 12(1911), 311–325

Coble, A.B. [1911b]: *The Reduction of the Sextic Equation to the Valentiner Form-Problem*; Math. Annalen 70 (1911), 337–350

Coble, A.B. [1913]: *An application of finite geometry to the characteristic theory of the odd and even theta functions*; Transactions of the AMS 14 (1913), 241–276

Coble, A.B. [1915]: *Point sets and allied Cremona groups I*; Transactions of the AMS 16 (1915), 155–198

Coble, A.B. [1916]: *Point sets and allied Cremona groups II*; Transactions of the AMS 17 (1916), 345–385

Coble, A.B. [1917]: *Point sets and allied Cremona groups III*; Transactions of the AMS 18 (1917), 331–372

Coble, A.B. [1924]: *The equation of the eighth degree*; Bull. AMS 30 (1924), 301–313

Cohn, H. [1981]: *Iterated ring class fields and the icosahedron*; Math. Annalen 255 (1981), 107–122

Cohn, H. [1985]: *Introduction to the construction of class fields*; Cambridge Univ. Press, Cambridge, 1985

Cohn, H. [1985]: *Klein's paradox, the icosahedron, and ring class fields*; Number theory, Sem. New York 1983–84, Springer Lecture Notes in Math. 1135 (1985), 101–111

Cole, F.N. [1887]: *Klein's Ikosaeder*; Amer. J. Math. IX (1887), 45–61

Coxeter, H.S.M. [1940]: *The binary polyhedral groups and other generalizations of the quaternion group*; Duke Math. J. 7 (1940), 367–379

Coxeter, H.S.M. [1973]: *Regular Polytopes*; 3rd ed., Dover, New York, 1973

Coxeter, H.S.M. [1991]: *Regular Complex Polytopes*; 2nd ed., Cambridge University Press, 1991

Coxeter, H.S.M., Moser, W.O.J. [1975]: *Generators and Relations for Discrete Groups*; 3rd ed., Springer-Verlag, Berlin-Heidelberg-New York, 1975

Decker, W., Schreyer, F.O. [1986]: *On the uniqueness of the Horrocks-Mumford bundle*; Math. Ann.273 (1986), 415–443

Dedekind, R.: *Gesammelte Mathematische Werke*; Ed. R. Fricke, E. Noether, Ö. Ore, 3 Bde., Vieweg, Braunschweig, 1930, 31, 32

Dedekind, R. [1877]: *Schreiben an Herrn Borchardt über die Theorie der elliptischen Modulfunktionen*; J. Reine u. Angew. Math. 83 (1877), 265–292, in Ges. Math. Werke Bd. I, 174–201

Deuring, M. [1933]: *Galoissche Theorie und Darstellungstheorie*; Math. Ann. 107 (1933), 140–144

Dickson, L.E. [1908]: *Representations of the general symmetric groups as linear groups in finite and infinite fields*; Transactions of the AMS 9 (1908), 121–148

Dickson, L.E. [1911]: *A fundamental system of invariants of the general modular linear group with a solution of the form problem*; Transactions of the AMS 12 (1911), 75–98

Dickson, L.E. [1930]: *Modern Algebraic Theories*; Sanborn, New York, 1930

Dixmier, J. [1986]: *Sur les formes binaires dont certains covariants sont nuls*; Aspects of Mathematics and its Applications, Vol. 34 (1986), 321–334

Dixmier, J. [1991]: *Transvectants des formes binaires et représentations des groupes binaires polyèdraux*; Manuskript, Paris, 1991

Durfee, A.H. [1979]: *Fifteen characterizations of rational double points and simple critical points*; L'Enseignement mathématique, T.XXV 1–2 (1979), 131–163

Dutka, J. [1984]: *The early history of the hypergeometric function*; Arch. Hist. Ex. Sci. 31 (1984), 15–34

DuVal, P. [1934]: *On isolated singularities which do not affect the conditions of adjunction*; Proc. Cambridge Phil. Soc. 30 (1934), 453–459

DuVal, P. [1964]: *Homographies, Quaternions, and Rotations*; Clarendon Press, Oxford, 1964

Edge, W.L. [1978]: *Bring's Curve*; J. London Math. Soc. (2) 18 (1978), 539–545

Edwards, H.M. [1984]: *Galois Theory*; Springer Graduate Text in Math. 101, 1984

Esnault, H., Knörrer, H. [1985]: *Reflexive modules over rational double points*; Math. Ann. 272 (1985), 545–548

Esnault, H. [1985]: *Reflexive modules on quotient singularities*; J. Reine Angew. Math. 362 (1985), 63–71

Euler, L. [1732]: *Conjectio de formis radicum aequationum cujusvis ordinis*; Com. Petropol. 6 (1732)

Euler, L. [1762]: *De resolutione aequationum cujusvis gradus*; Nov. Com. Petropol. 9 (1762)

Feit, W. [1976]: *Exceptional Subgroups of GL(2)*; Appendix to Ch. XI, pp. 198–203, in S. Lang: *Introduction to modular forms*, Springer-Verlag, Berlin-Heidelberg-New York, 1976

Fischer, G. (Hrsg.) [1986]: *Mathematische Modelle*; Vieweg, Braunschweig, 1986

Fischer, W., Lieb, I. [1988]: *Ausgewählte Kapitel aus der Funktionentheorie*; Vieweg, Braunschweig-Wiesbaden, 1988

Ford, D., McKay, J. [1981]: *Representations and Coxeter graphs*; in *"The Geometric Vein" (The Coxeter-Festschrift)*, Ed. Ch. Davis, B. Grünbaum, F.A. Sherk, Springer-Verlag, 1981, pp. 549–554

Frei, G. [1984]: *Felix Klein (1849–1925) — A biographical sketch*; Jahrbuch Überblicke Mathematik 1984, 229–254, Bibliograph. Institut, Mannheim, 1984

Fricke, R. [1916/22]: *Die elliptischen Funktionen und ihre Anwendungen, I, II*; Teubner, Leipzig, 1916,1922

Fricke, R. [1924/26/28]: *Lehrbuch der Algebra, Bd. I, II, III*; Vieweg Verlag, Braunschweig 1924, 1926, 1928

Fricke, R., Klein, F. [1897]: *Vorlesungen über die Theorie der automorphen Funktionen I*; Teubner, Leipzig, 1897

Fricke, R., Klein, F. [1912]: *Vorlesungen über die Theorie der automorphen Funktionen II*; Teubner, Leipzig, 1912

Fuchs, L. [1876]: *Über die linearen Differentialgleichungen zweiter Ordnung, welche algebraische Integrale besitzen, und eine neue Anwendung der Invariantentheorie*; Journ. Reine u. Angew. Math. 81 (1876), 97–142

Galois, E. [1962]: *Écrits et Mémoires Mathématiques d'Evariste Galois*; (Ed. R. Bourgne, J.-P. Azra), Gauthier-Villars, Paris, 1962

Garver, R. [1928]: *The Tschirnhaus transformation*; Ann. of Math. 29 (1928), 319–333

Ginsparg, P. [1988]: *Curiosities at c=1*; Nuclear Physics B 295 (1989), 153–170

Gonzalez-Sprinberg, G., Verdier, J.L. [1981]: *Points doubles rationnels et représentations de groupes*; C.R.Acad.Sc. Paris, Ser. I t. 293 (1981), 111–113

Gonzalez-Sprinberg, G., Verdier, J.L. [1983]: *Construction géometrique de la correspondance de McKay*; Ann. Sci E.N.S. 16 (1983), 409–449

Gordan P. [1877]: *Über endliche Gruppen linearer Transformationen einer Veränderlichen*; Math. Annalen 12 (1877), 23–46

Gordan P. [1878]: *Über die Auflösung der Gleichungen fünften Grades*; Math. Annalen 13 (1878), 375–404

Gordan P. [1880a]: *Über das volle Formensystem der ternären biquadratischen Form* $f = x_1^3x_2 + x_2^3x_3 + x_3^3x_1$; Math. Annalen 17 (1880), 217–233

Gordan P. [1880b]: *Über die typische Darstellung der ternären biquadratischen Form* $f = x_1^3x_2 + x_2^3x_3 + x_3^3x_1$; Math. Annalen 17 (1880), 359–378

Gordan P. [1882a]: *Über Büschel von Kegelschnitten*; Math. Annalen 19 (1881/82), 529–552

Gordan P. [1882b]: *Weitere Untersuchungen über die ternäre biquadratische Form* $f = x_1^3x_2+x_2^3x_3+x_3^3x_1$; Math. Annalen 20 (1882), 487–514

Gordan P. [1882c]: *Über Gleichungen siebenten Grades mit einer Gruppe von 168 Substitutionen*; Math. Annalen 20 (1882), 515–530

Gordan P. [1885a]: *Über Gleichungen siebenten Grades mit einer Gruppe von 168 Substitutionen II*; Math. Annalen 25 (1885), 459–521

Gordan P. [1885b]: *Sur les équations du cinquième degré*; Journal de Math. 1 (1885), 445–458

Gordan P. [1887]: *Über Gleichungen fünften Grades*; Math. Annalen 28 (1887), 152–166

Gordan P. [1904]: *Über die Auflösung derGleichungen sechsten Grades*; Verh. des III. Internat. Mathematikerkongresses, Heidelberg 1904, (1905), 140–143

Gordan P. [1905]: *Die partiellen Differentialgleichungen des Valentinerproblems*; Math. Annalen 61 (1905), 453–526

Gordan P. [1908]: *Gleichungen sechsten Grades*; Atti del IV. Congr. Intern. dei Matem., Roma 1908, Vol. II (1909), 5–7

Gordan P. [1910]: *Über eine Kleinsche Bilinearform*; Math. Annalen 68 (1910), 1–23

Gray, J. [1982]: *From the history of a simple group*; The Mathematical Intelligencer 4 (1982), No 2, 59–67

Gray, J. [1984]: *Fuchs and the theory of differential equations*; Bulletin of the AMS N.S. 10 (1984), 1–26

Gray, J. [1986]: *Linear Differential Equations and Group Theory from Riemann to Poincaré*; Birkhäuser, Basel, 1986

Green, M.L. [1978]: *On the analytic solution of the equation of fifth degree*; Compositio Math. 37 (1978), 233–241

Greuel, G.M., Trautmann, G. (Eds.) [1987]: *Singularities, Representations of Algebras, and Vector Bundles*; Springer Lect. Notes in Math. 1273 (1987)

Griffith, Ph., Harris, J. [1978]: *Principles of Algebraic Geometry*; J. Wiley, New York, 1978

Grothendieck, A., Dieudonné, J. [EGA]: *Eléments de Géometrie Algébrique, Chap. I, II, III, IV*; Publications Math. IHES 8, 11, 17, 20, 24, 28, 32, 1961–1967

**H**aenzel, G. [1941]: *Die Diracsche Wellengleichung und das Ikosaeder*; Journ. Reine u. Angew. Math. 183 (1941), 232–242

Hamilton, W.R. [1856]: *Memorandum respecting a new system of roots of unity*; Phil. Mag. XII (1856), 446

Happel, D., Preiser, U., Ringel, C.M. [1980]: *Binary polyhedral groups and Euclidean diagrams*; manuscripta math. 31 (1980), 317–329

Hartshorne, R. [1977]: *Algebraic Geometry*; Springer Graduate Text 52 (1977), Springer-Verlag, Berlin-Heidelberg-New York

Hawkins, Th. [1970]: *The origins of the theory of group characters*; Arch. Hist. Ex. Sci. 7 (1970), 142–170

Hawkins, Th. [1972]: *Hypercomplex numbers, Lie groups, and the creation of group representation theory*; Arch. Hist. Ex. Sci. 8 (1972), 243–287

Hawkins, Th. [1974]: *New light on Frobenius' creation of the theory of group characters*; Arch. Hist. Ex. Sci. 12(1974), 217–243

Hazewinkel, M., Hesselink, W., Siersma, D., Veldkamp, F.D. [1977]: *The ubiquity of Coxeter-Dynkin diagrams (an introduction to the A-D-E problem)*; Nieuw Archief voor Wiskunde (3), XXV (1977), 257–307

Hermite, Ch.: *Oeuvres de Ch. Hermite*; 4 Bde., Gauthiers-Villars, Paris, 1905–1917

Hermite, Ch. [1850]: *Extraits de lettres de M. Hermite à M. Jacobi sur différents objets de la théorie des nombres*; Crelles Journal 40 (1850), 261–315. Oeuvres t. I, 100–163

Hermite, Ch. [1858a]: *Sur la résolution de l'équation du cinquième degré*; C.R.A.S. Paris 46 (1858). Oeuvres t. II, 5–12

Hermite, Ch. [1858b]: *Sur la résolution de l'équation du quatrième degré*; C.R.A.S. Paris 46 (1858). Oeuvres t. II, 22–29

Hermite, Ch. [1858c]: *Sur quelques théorèmes d'algèbre et la résolution de l'équation du quatrième degré*; C.R.A.S. Paris 46 (1858). Oeuvres t. II, 30–77

Hermite, Ch. [1859]: *Sur la théorie des équations modulaires*; C.R.A.S. Paris 48, 49 (1859). Oeuvres t. II, 38–82

Hermite, Ch. [1865/66]: *Sur l'équation du cinquième degré*; C.R.A.S. Paris (1865/66). Oeuvres t. II, 347–424

Herzog, J. [1978]: *Ringe mit nur endlich vielen Isomorphieklassen von maximalen unzerlegbaren Cohen-Macaulay-Moduln*; Math. Ann. 233 (1978), 21–34

Hesse, O. [1866]: *Ein Übertragungsprinzip*; Crelles Journal f. d. reine u. angew. Math. 66 (1866), 15–21

Hilbert, D. [GA]: *Gesammelte Abhandlungen, I, II, III*; Springer-Verlag, Berlin-Heidelberg-New York,1970 (2. Auflage)

Hilbert, D. [1890]: *Über die Theorie der algebraischen Formen*; Math. Ann. 36 (1890), 473–534. GA Bd. II, 199–257

Hilbert, D. [1897]: *Die Theorie der algebraischen Zahlkörper*; Jber. DMV 4 (1897), 175–546. GA Bd. I, 63–363

Hilbert, D. [1900]: *Mathematische Probleme*; GA Bd. III, 290–329

Hilbert, D. [1927]: *Über die Gleichung neunten Grades*; Math. Annalen 97 (1927), 243–250. GA Bd. II, 393–400

Hirzebruch, F. [1976]: *Hilbert's modular group of the field $Q(\sqrt{5})$ and the cubic diagonal surfaces of Clebsch and Klein*; Russian Math. Surveys 31 (1976), 96–110. Gesammelte Abhandlungen, Collected Papers, Nr. 57, Vol. II,394–408, Springer-Verlag, Berlin-Heidelberg-New York, 1987

Hirzebruch, F. [1977]: *The ring of modular forms for real quadratic fields of small discriminant*; in "Modular Functions of One Variable VI", Ed. J-P. Serre, D.B. Zagier, Springer Lecture Notes in Math. 627 (1977), 288–323. Gesammelte Abhandlungen, Collected Papers, Nr. 62, Vol. II, 501–536, Springer-Verlag, Berlin-Heidelberg-New York, 1987

Hirzebruch, F. [1981]: *The icosahedron*; Raymond and Beverly Sackler Dist. Lecture in Math., Tel Aviv University, 50–81. Gesammelte Abhandlungen, Collected Papers, Nr. 67, Vol. II, 656–661, Springer-Verlag, Berlin-Heidelberg-New York, 1987

Horrocks, G., Mumford, D. [1973]: *A rank 2 vector bundle on $\mathbf{P}_4$ with 15000 symmetries*; Topology 12 (1973), 63–81

Houzel, C. [1978]: *Fonctions elliptiques et intégrales abéliennes*; Chap. VII, in "Abrégé d'histoire de mathématiques", Ed. J. Dieudonné, t. II, 1–113, Hermann, Paris, 1978

Hulek, K. [1986]: *Projective Geometry of Elliptic Curves*; Astérisque 137, Soc. Math. France, 1986

Hulek, K. [1987]: *Geometry of the Horrocks-Mumford Bundle*; Proc. Symp. Pure Math. 46 (1987), 69–85

Hulek, K. [1989]: *Elliptische Kurven, abelsche Flächen und das Ikosaeder*; Jber. d. DMV 91 (1989), 126–147

Hulek, K., Lange, H. [1988]: *The Hilbert modular surface for the ideal (C5) and the Horrocks-Mumford bundle*; Math. Zeitschrift 198 (1988), 95–116

Hurwitz, A. [MW]: *Mathematische Werke*; Bd. 1, 2, Birkhäuser Verlag, Basel, 1932/62, 1933/63

Hurwitz, A. [1881]: *Grundlagen einer independenten Theorie der elliptischen Modulfunktionen und Theorie der Multiplikator-Gleichungen erster Stufe*; Math. Annalen 18 (1881), 528–592. MW I, 1–66

Hurwitz, A. [1886]: *Über endliche Gruppen, welche in der Theorie der elliptischen Transzendenten auftreten*; Math. Annalen 27 (1886), 183–233. MW I, 189–240

Hurwitz, A. [1888]: *Über diejenigen algebraischen Gebilde, welche eindeutige Transformationen in sich zulassen*; Math. Annalen 32 (1888), 290–308. MW I, 241–259

Hurwitz, A. [1893]: *Über algebraische Gebilde mit eindeutigen Transformationen in sich*; Math. Annalen 41(1893), 403–442. MW I, 391–430

Hurwitz, A. [1897]: *Über die Erzeugung der Invarianten durch Integration*; Nachr. königl. Ges. Wiss. Göttingen, Math.-phys.-Klasse, 1897, 71–90. MW II, 546–564

**I**wahori, N., Yokonuma, T. [1982]: *On self-dual, completely reducible finite subgroups of Gl(2,k)*; Journ. Fac. Sci.Univ. Tokyo, Sec. IA 28 (1982), 829–842

**J**änich, K. [1983]: *Analysis für Physiker und Ingenieure*; Springer-Verlag, Berlin-Heidelberg-New York, 1983

Jacobi, C.G.J.: *C.G.J. Jacobi's Gesammelte Werke*; Verlag G. Reimer, Berlin, 1881. Chelsea Reprint, 1969

Jacobi, C.G.J. [1829a]: *Fundamenta nova theoriae functionum ellipticarum*; Königsberg, 1829. Gesammelte Werke, Bd. I, 49–239

Jacobi, C.G.J. [1829b]: *Suite des Notices sur les fonctions elliptiques*; Gesammelte Werke, Bd. I, 266–275

Jerrard [1834]: *Mathematical Researches*; Longman, Bristol-London, 1834

Jordan, C. [1868]: *Mémoires sur les groupes de mouvements*; Ann. di Mat. II (1868/69), 167–215 u. 322–345. Oeuvres t. IV, 231–302, Gauthiers-Villars, Paris, 1964

Jordan, C. [1870]: *Traité des substitutions et des équations algébriques*; Gauthiers-Villars, Paris, 1870

**K**antor, S. [1895]: *Theorie der endlichen Gruppen von eindeutigen Transformationen in der Ebene*; Mayer und Müller, Berlin, 1895

Kiepert, L. [1879]: *Auflösung der Gleichungen fünften Grades*; Crelles Journal 87 (1879), 114–133

Kiernan, B. M. [1972]: *The Development of Galois Theory from Lagrange to Artin*; Arch. Hist. Ex. Sci. 8 (1972), 40–154

Klein, F. [GMA]: *Gesammelte Mathematische Abhandlungen I, II, III*; Springer-Verlag, Berlin, 1921/22/23

Klein, F. [1871]: *Über eine geometrische Repräsentation der Resolventen algebraischer Gleichungen*; Math. Annalen 4 (1871), 346–358. GMA II, 262–274

Klein, F. [1872]: *Vergleichende Betrachtungen über neuere geometrische Forschungen*; (Erlanger Programm). GMA I, 460–497

Klein, F. [1875]: *Über binäre Formen mit linearen Transformationen in sich*; Math. Annalen 9 (1875/76), 183–208. GMA II, 275–301

Klein, F. [1876]: *Über lineare Differentialgleichungen I*; Math. Annalen 11 (1877), 115–118. GMA II, 302–306

Klein, F. [1877a]: *Über lineare Differentialgleichungen II*; Math. Annalen 12 (1877), 167–179. GMA II, 307–320

Klein, F. [1877b]: *Sull'equazione dell'Icosaedro nella risoluzione delle equazione del quinto grado per funzioni ellitiche*; Rendiconti Reale Istituto Lombardo, Ser. II Vol 10 (1877). GMA III, 10–12

Klein, F. [1877c]: *Weitere Untersuchungen über das Ikosaeder*; Math. Annalen 12 (1877), 503–560. GMA II, 321–384

Klein, F. [1878a]: *Über die Transformation der elliptischen Funktionen und die Auflösung der Gleichungen fünften Grades*; Math. Annalen 14 (1878/79), 111–172. GMA II, 13–75

Klein, F. [1878b]: *Über die Erniedrigung der Modulargleichungen*; Math. Annalen 14 (1878/79), 417–427. GMA II, 76–89

Klein, F. [1878c]: *Über die Transformation siebenter Ordnung der elliptischen Funktionen*; Math. Annalen 14 (1878/79), 428–471. GMA III, 90–135

Klein, F. [1879a]: *Über die Auflösung gewisser Gleichungen vom siebenten und achten Grade*; Math. Annalen 15 (1879), 251–282. GMA II, 390–438

Klein, F. [1879b]: *Über die Transformation elfter Ordnung der elliptischen Funktionen*; Math. Annalen 15 (1879), 533–555. GMA III, 140–168

Klein, F. [1879c]: *Zur Theorie der elliptischen Modulfunktionen*; Math. Annalen 17 (1880/81), 62–70. GMA III, 169–178

Klein, F. [1884]: *Vorlesungen über das Ikosaeder und die Auflösung der Gleichungen vom fünften Grade*; Teubner, Leipzig, 1884. Englische Übersetzung von G.G. Morrice: *Lectures on the icosahedron and the solution of equations of the fifth degree*; Trübner and Co., London, 1888, 1913, Dover, New York, 1956

Klein, F. [1885]: *Über die elliptischen Normalkurven N-ter Ordnung*; Sächs. König. Ges. der Wiss. 13 (1885). GMA III, 198–254

Klein, F. [1886]: *Zur Theorie der allgemeinen Gleichungen sechsten und siebenten Grades*; Math. Annalen 28 (1886/87), 499–522. GMA II, 439–472

Klein, F. [1888]: *Sur la résolution, par fonctions hyperelliptiques, de l'équation du vingt-septième degré, de laquelle dépend la détermination des vingt-sept droites d'une surface cubique*; Journal de math. pure et appl., ser. 4, vol. 4 (1988). GMA II, 473–479

Klein, F. [1894]: *Lectures on Mathematics (The Evanston Colloquium)*; Macmillan and Co., New York, 1894

Klein, F. [1905a]: *Über die Auflösung der allgemeinen Gleichungen fünften und sechsten Grades*; Math. Annalen 61 (1905), 50–71. GMA II, 481–504

Klein, F. [1905b]: *Beweis für die Nichtauflösbarkeit der Ikosaedergleichung durch Wurzelzeichen*; Math. Annalen 61 (1905/06), 369–371. GMA II, 385–387

Klein, F. [1926]: *Vorlesungen über die Entwicklung der Mathematik im neunzehnten Jahrhundert*; Springer-Verlag, Berlin, 1926

Klein, F. [1933]: *Vorlesungen über die hypergeometrische Funktion*; Hrsg. von O. Haupt, Springer-Verlag, Berlin, 1933

Klein, F., Fricke, R. [1890]: *Vorlesungen über die Theorie der elliptischen Modulfunktionen I*; Teubner, Leipzig, 1890. Reprint Teubner, Stuttgart, 1966

Klein, F., Fricke, R. [1892]: *Vorlesungen über die Theorie der elliptischen Modulfunktionen II*; Teubner, Leipzig, 1892. Reprint Teubner, Stuttgart, 1966

Knörrer, H. [1985a]: *Group representations and the resolution of rational double points*; Contemporary Mathematics (AMS), Vol. 45 (1985), 175–222

Knörrer, H. [1985b]: *Cohen-Macaulay modules over hypersurface singularities*; pp. 147–164 in *"Representations of Algebras"*, LMS Lect. Notes 116, 1985

Knörrer, H. [1987]: *Cohen-Macaulay modules on hypersurface singularities I*; Invent. math. 88 (1987), 153–164

Kostant, B. [1985]: *On finite subgroups of SU(2), simple Lie algebras and the McKay correspondence*; in "Elie Cartan et les mathématiques d'aujourd'hui", Astérisque, Soc. Math. France 1985, 209–255

Kronecker, L.: *L. Kronecker's Werke*; 5 Bde., Berlin, 1895, 1897, 1899/-1931, 1929, 1930. Chelsea Reprint, New York, 1968

Kronecker, L. [1858]: *Sur la résolution de l'équation du cinquième degré*; C.R. Acad. Sci. 46 (1858), 1150–1152. Werke Bd. 4, 45–47

Kronecker, L. [1861]: *Mitteilung über algebraische Arbeiten*; Akad. der Wissenschaften Berlin, 1861. Werke, Band 4, 53–62

Kronecker, L. [1879]: *Über die Classe der Gleichungen, von denen die Theilung der elliptischen Funktionen abhängt*; Monatsberichte der Berliner Akad. der Wiss., 1879. Werke Bd. 4, 88–96

Kronheimer P.B. [1986]: *Instantons gravitationnels et singularités de Klein*; C. R. Acad. Sci. Paris, 303 Série I (1986), 53–55

Kronheimer P.B. [1989a]: *The construction of ALE spaces as hyper-Kähler quotients*; Journ. of Diff. Geometry 29 (1989), 665–683

Kronheimer P.B. [1989b]: *A Torelli type theorem for gravitational instantons*; Journ. of Diff. Geometry 29 (1989), 685–697

Kronheimer P.B. [1990]: *Instantons and the geometry of the nilpotent variety*; Journ. of Diff. Geometry 32(1990), 473–490

Krull, W. [1959]: *Elementare und klassische Algebra II*; Sammlung Göschen, Band 933, W. de Gruyter, Berlin, 1959

Kuplinsky, J. [1981]: *La Ecuacion de Quinto Grado en Cuerpos Locales*; Tesis a la Universidad Simon Bolivar, Caracas, Venezuela, 1981

Lachtin, L. [1899]: *Die Differentialresolvente einer algebraischen Gleichung 6. Grades mit einer Gruppe 360. Ordnung*; Math. Annalen 51 (1899), 463–472

Lagrange, J.L. [1771]: *Sur la résolution algébrique des équations*; Mem. Akad. Wiss. Berlin (1770/71)

Lamotke, K. [1986]: *Regular Solids and Isolated Singularities*; Vieweg Verlag, Wiesbaden, 1986

Lang, S. [1967]: *Algebra*; Addison-Wesley, Reading, Mass., 1967

Lang, S. [1973]: *Elliptic Functions*; Addison-Wesley, Reading, Mass., 1973

Lang, S. [1976]: *Introduction to modular forms*; Springer-Verlag, Berlin-Heidelberg-New York, 1976

Lindemann, F. [1892]: *Ueber die Auflösung algebraischer Gleichungen durch transzendente Funktionen I, II*; Göttinger Nachrichten (1884), 245–248, (1892), 292–298

Luther, E. [1847]: *De criteriis quibus cognoscatur an aequatio quinti gradus irreductibilis algebraice resolvi possit*; Crelle Bd. 34 (1847)

Lüroth, J. [1875]: *Beweis eines Satzes über rationale Curven*; Math. Annalen 9 (1875), 163–165

Malfatti, G. [1771]: *De aequationibus quadrato-cubicis, disquisitio analytica*; Atti dell'Accademia dei Fisiocritici di Siena (1771)

Maschke, H. [1887]: *Über die quaternäre, endliche, lineare Substitutionsgruppe der Borchardt'schen Moduln*; Math. Annalen 30 (1887),496–515

Maschke, H. [1889]: *Aufstellung des vollen Formensystems einer quaternären Gruppe von 51840 linearen Substitutionen*; Math. Annalen 33 (1889), 317–344

McKay, J. [1980]: *Graphs, singularities, and finite groups*; Proc. Symp. Pure Math. Vol. 37 (1980), 183–186

Milne, J. [1980]: *Etale Cohomology*; Princeton University Press, Princeton N.J., 1980

Moebius, A. [1852]: *Theorie der symmetrischen Figuren*; Ges. Werke Bd. 2, Hirzel, Leipzig, 1886, 561–708

Moore, E.H. [1899]: *Concerning the general equations of the seventh and eighth degrees*; Math. Annalen 51 (1899), 416–444

Murre, J.P. [1967]: *An Introduction to Grothendieck's Theory of the Fundamental Group*; Tata Institute Lecture Notes Vol. 40, Tata Institute of Fundamental Research, Bombay, 1967

Nahm, W. [1988]: *Lie group exponents and SU(2)-current algebras*; Communications in Math. Phys. 118 (1988), 171–176

Naruki, I. [1978]: *Über die Klein'sche Ikosaederkurve sechsten Grades*; Math. Annalen 231 (1978), 205–216

Noether E. [1932a]: *Normalbasis bei Körpern ohne höhere Verzweigung*; Journal Reine Angew. Math. 167 (1932), 147–152. Ges. Abhandlungen, Springer-Verlag, 1983, 624–629

Noether E. [1932b]: *Hyperkomplexe Systeme in ihren Beziehungen zur kommutativen Algebra und Zahlentheorie*; Verhandl. Intern. Math.-Kongress Zürich 1 (1932), 189–194. Ges. Abhandlungen, Springer-Verlag, 1983, 636–641

Noether, M. [1889]: *Über eine Klasse von auf die Ebene abbildbaren Doppelebenen*; Math. Ann. 33 (1889), 525–545

Noether, M. [1913]: *Paul Gordan*; Math. Ann. 75 (1913), 1–41

Perron, O. [1951]: *Algebra II*; 3. Auflage, W. de Gruyter u. Co., Berlin, 1951

Pierpont, J. [1895]: *Zur Geschichte der Gleichungen des fünften Grades (bis 1858)*; Monatshefte für Math. und Physik, Wien, 1895, 15–68

Reiten, I. [1987]: *Finite dimensional algebras and singularities*; in "Singularities, Representations of Algebras, and Vector Bundles", Ed. Greuel, G. Trautmann G.-M., Springer Lect. Notes in Math. 1273 (1987), 35–57

Riemann, B.: *Gesammelte Mathematische Werke und wissenschaftlicher Nachlaß, Nachträge*; Hrsg. R. Dedekind, H. Weber, M. Noether, W. Wirtinger, Teubner, Leipzig, 1902

Riemenschneider, O. [1977]: *Die Invarianten der endlichen Untergruppen von $GL(2, C)$*; Math. Zeitschrift 153 (1977), 37–50

Riemenschneider, O. [1986]: *Platonische Zahlentripel als Indikatoren verborgener Beziehungen zwischen einfachen mathematischen Objekten*; Bericht der Joachim-Jungius-Gesellschaft der Wissenschaften e.V., Heft 9, Hamburg, 1986

Ruffini, P. [1813]: *Riflessione intorno alla soluzione delle equazione algebraiche generali*; Modena, 1813

Runge, C. [1885]: *Über die auflösbaren Gleichungen von der Form $x^5 + ux + v = 0$*; Acta mathematica 7 (1885), 173–186

Schläfli, L. [1901]: *Theorie der vielfachen Kontinuität*; Denkschrift der Schweiz. naturf. Gesellschaft 38 (1901), 1–237. Ges. Math. Abh. Bd. I, Birkhäuser Verlag, Basel, 1950, 167–387

Schoeneberg, B. [1974]: *Elliptic Modular Functions*; Springer-Verlag, Berlin-Heidelberg-New York, 1974

Scholz, E. [1980]: *Geschichte des Mannigfaltigkeitsbegriffs von Riemann bis Poincaré*; Birkhäuser Verlag, Basel, 1980

Schreyer, F.O. [1987]: *Finite and countable CM-representation type*; in "Singularities, Representations of Algebras, and Vector Bundles", Ed. Greuel, G. Trautmann G.-M., Springer Lect. Notes in Math. 1273 (1987), 9–34

Schur, I. [GA]: *Gesammelte Abhandlungen*; 3 Bände, Springer-Verlag, Berlin-Heidelberg-New York, 1973

Schur, I. [1904]: *Über die Darstellung der endlichen Gruppen durch gebrochen lineare Substitutionen*; Journal Reine u. Angewandte Math. 127 (1904), 20–50. GA I, 86–116

Schur, I. [1907]: *Untersuchung über die Darstellung der endlichen Gruppen durch gebrochen lineare Substitutionen*; Journal Reine u. Angewandte Math. 132 (1907), 85–137. GA I, 198–250

Schur, I. [1911]: *Über die Darstellung der symmetrischen und der alternierenden Gruppen durch gebrochen lineare Substitutionen*; Journal Reine u. Angewandte Math. 139 (1911), 155–250. GA I, 346–441

Schur, I. [1919]: *Einige Bemerkungen zu der vorstehenden Arbeit des Herrn A. Speiser*; Math. Zeitschrift 5 (1919), 7–10

Schwarz, H.A. [1873]: *Über diejenigen Fälle, in denen die Gaussische hypergeometrische Reihe eine algebraische Funktion ihres vierten Elementes darstellt*; J. Reine u. Angew. Math. 75 (1873), 292–335. Ges. Math. Abh. II, Springer, Berlin, 1890, 211–259

Sekiguchi, J., Yano, T. [1979]: *A note on the Coxeter group of type $H_3$*; Science Reports of the Saitama University, Ser. A, Vol IX(1) (1979), 33–44

Serre, J-P. [1959]: *Groupes algébriques et corps de classes*; Hermann, Paris, 1959

Serre, J-P. [1965]: *Cohomologie galoisienne*; Springer Lect. Notes in Math. 5 (1965)

Serre, J-P. [1968]: *Corps locaux*; Hermann, Paris, 1968

Serre, J-P. [1970]: *Cours d'arithmétique*; Presses Universitaires Françaises, Paris, 1970

Serre, J-P. [1978]: *Extensions icosaédriques*; Séminaire de Théorie des Nombres de Bordeaux, Année 1979–1980, exposé no 19, in "Oeuvres-Collected Papers", Vol III, Springer, Berlin-Heidelberg-New York, 1985, 550–554

Serre, J-P. [1985]: *L'invariant de Witt de la forme $Tr(x^2)$*; Commentarii Math. Helvetici 59 (1984), 651–676. Oeuvres Vol. III, 675–700

Serret, J.A. [1866]: *Cours d'Algèbre Supérieure*; 3ème ed., Gauthiers-Villars, Paris, 1866, 4ème ed., Gauthiers-Villars, Paris, 1879

Sherbak, O.P. [1983]: *Singularities of families of evolvents in the neighborhood of an inflection point of a curve, and the group $H_3$ generated by reflections*; Funct. Anal. 17 (1983), 301–302

Sherbak, O.P. [1988]: *Wavefronts and reflection groups*; Russian Math. Surveys 43 (3) (1988), 149–194

Silvestri, R. [1979]: *Simple groups of finite order in the nineteenth century*; Arch. Hist. Ex. Sci. 20 (1979), 313–356

Slodowy, P. [1983]: *Platonic solids, Kleinian singularities, and Lie groups*; in "Algebraic Geometry", Proc., Ann Arbor 1981, Ed. I.( Dolgachev, Springer Lecture Notes in Math. 1008 (1983), 102–138

Slodowy, P. [1986]: *Das Ikosaeder und die Gleichungen fünften Grades*; in "Arithmetik und Geometrie", H. Knörrer et al., Mathematische Miniaturen Bd. 3, Birkhäuser, Basel, 1986, 71–113

Speiser, A. [1916]: *Gruppendeterminante und Körperdiskriminante*; Math. Ann. 77 (1916), 546–562

Speiser, A. [1917]: *L'équation du cinquième degré*; L'Enseignement mathématique 19 (1917), 331–332

Speiser, A. [1919]: *Zahlentheoretische Sätze aus der Gruppentheorie*; Math. Zeitschrift 5 (1919), 1–6

Speiser, A. [1956]: *Theorie der Gruppen von endlicher Ordnung*; 4. Aufl., Birkhäuser, Basel, 1956

Springer, T.A. [1977]: *Invariant theory*; Lecture Notes in Math. 585, Springer-Verlag, Berlin-Heidelberg-New York, 1977

Springer, T.A. [1987]: *Poincaré Series of Binary Polyhedral Groups and McKay's Correspondence*; Math. Annalen 278 (1987), 99–116

Springer, T.A. [1989]: *Some remarks on characters of binary polyhedral groups*; Preprint 1989

Steinberg, R. [1985]: *Finite subgroups of SU(2), Dynkin diagrams and affine Coxeter elements*; Pac. J. Math. 118 (1985), 587–598

Szurek, M. [1986]: *Binary quintics and the icosahedron*; in: "Algebraic Geometry, Vancouver 1984", CMS-Conf. Proc., Vol. 6, 1986, 473–475

Tits, J.L. [1980]: *Quaternions over $Q(\sqrt{5})$, Leech's lattice and the sporadic group of Hall-Janko*; Journal of Algebra 63 (1980), 56–75

Tobies, R. [1981]: *Felix Klein*; Teubner, Reihe Biographien, Leipzig, 1981

Tropfke, J. [1980]: *Geschichte der Elementarmathematik, Bd. 1*; W. de Gruyter, Berlin 1980

Tschirnhaus, E.W. [1683]: *Methodus auferendi omnes terminos intermedios ex data aequatione*; Acta Eruditorum (1683), 204–207

Umemura, H. [1984]: *Resolutions of Algebraic Equations by Theta Constants*; Ch. IIIc in D. Mumford, "Tata lectures on Theta", Progress in Math. 43, Birkhäuser, Basel-Boston, 1984

**V**andermonde, Th. [1771]: *Mémoire sur la résolution des équations*; Histoire Acad. Sci. Paris (1771), 365–416

Vigneras, M.F. [1980]: *Arithmétique des Algèbres de Quaternions*; Springer Lect. Notes in Math. 800 (1980)

Vivanti, G. [1906]: *Funzioni Poliedrichi e Modulari*; U. Hoepli, Milano, 1906. franz. Übers. *Les fonctions polyèdriques et modulaires*, Gauthiers-Villars, Paris, 1910

**W**aerden, van der, B.L. [1966]: *Algebra I*; Springer-Verlag, Berlin-Heidelberg-New York, 1966

Waerden, van der, B.L. [1967]: *Algebra II*; Springer-Verlag, Berlin-Heidelberg-New York, 1967

Weber, H. [1912]: *Lehrbuch der Algebra I*; (2. Aufl.) Vieweg Verlag, Braunschweig, 1912

Weber, H. [1899]: *Lehrbuch der Algebra II*; (2. Aufl.) Vieweg Verlag, Braunschweig, 1899

Weyl, H. [1930]: *Felix Kleins Stellung in der mathematischen Gegenwart*; Die Naturwissenschaften 18 (1930), 4–11. Ges. Abh. Bd. III, 292–299

Weyl, H. [1955]: *Symmetrie*; Birkhäuser, Basel, 1955

Wiman, A. [1896]: *Über eine einfache Gruppe von 360 ebenen Collineationen*; Math. Annalen 47 (1896), 531–556

Wiman, A. [1897]: *Zur Theorie der endlichen Gruppen von birationalen Transformationen in der Ebene*; Math. Annalen 48 (1897), 195–240

Wiman, A. [1899]: *Über die Darstellung der symmetrischen und alternierenden Vertauschungsgruppen als Kollineationsgruppen von möglichst geringer Dimensionsanzahl*; Math. Annalen 52 (1899), 243–270

Wiman, A. [1900]: *Endliche Gruppen linearer Transformationen*; Enzykl. Math. Wiss. IB 3f, Ed. W.F. Meyer, Teubner, Leipzig, 1900, 522–554

Wunram, J. [1988]: *Reflexive modules on quotient surface singularities*; Math. Ann. 279 (1988), 583–598

Wussing, H. [1969]: *Die Genesis des abstrakten Gruppenbegriffs*; VEB Deutscher Verlag der Wissenschaften, Berlin, 1969

GPSR Compliance

*The European Union's (EU) General Product Safety Regulation (GPSR) is a set of rules that requires consumer products to be safe and our obligations to ensure this.*

*If you have any concerns about our products, you can contact us on ProductSafety@springernature.com*

In case Publisher is established outside the EU, the EU authorized representative is:

Springer Nature Customer Service Center GmbH
Europaplatz 3
69115 Heidelberg, Germany

**Batch number: 10584556**

Printed by Printforce, the Netherlands